U0358254

中国科学院科学与社会系列报告

2013中国可持续发展战略报告

——未来10年的生态文明之路

China Sustainable Development Report 2013

The Road to Ecological Civilization: The Next Decade

● 中国科学院可持续发展战略研究组

科学出版社

北京

内 容 简 介

《2013中国可持续发展战略报告》以“未来10年的生态文明之路”为主题，围绕生态文明理念，回顾和总结了改革开放特别是2000年以来我国在资源利用、环境保护、生态建设、能源可持续发展及应对气候变化等生态文明建设相关领域取得的成绩，评估了存在的问题和可能面临的挑战，提出在新的经济社会发展背景下，必须正确认识生态文明建设的长期性、艰巨性和复杂性，科学预判未来的发展情景，并提出未来10年甚至更长时间内我国生态文明建设的战略目标、可行路径、优先领域和政策建议，以期引领我国生态文明建设走上良性循环轨道。

本报告利用更新的可持续发展评估指标体系和资源环境综合绩效指数，分别对全国和各地区1995年以来的可持续发展能力及2000年之后的资源环境绩效进行了综合评估和分析。

本报告对各级决策部门、行政部门、立法部门，有关的科研院所、大专院校、咨询机构，以及社会公众，具有一定的参考和研究价值。

中国可持续发展研究网 http://www.china-sds.org
中国可持续发展数据库 http://www.chinasd.csdb.cn

图书在版编目(CIP)数据

2013中国可持续发展战略报告：未来10年的生态文明之路/中国科学院可持续发展战略研究组编．—北京：科学出版社，2013.3
(中国科学院科学与社会系列报告)
ISBN 978-7-03-036762-4

Ⅰ.①2… Ⅱ.①中… Ⅲ.①可持续发展战略-研究报告-中国-2013
Ⅳ.①X22-2

中国版本图书馆CIP数据核字(2013)第035515号

责任编辑：侯俊琳 石 卉 李 娄／责任校对：刘小梅
责任印制：徐晓晨／封面设计：无极书装
封面与封底照片摄影：周 繇

科学出版社出版
北京东黄城根北街16号
邮政编码：100717
http://www.sciencep.com
北京京华虎彩印刷有限公司 印刷
科学出版社发行 各地新华书店经销
*
2013年3月第 一 版 开本：720×1000 1/16
2015年7月第四次印刷 印张：24 1/2 插页：2
字数：494 000
定价：98.00元
(如有印装质量问题，我社负责调换)

中国科学院《中国可持续发展战略报告》

总策划 曹效业 潘教峰

中国科学院可持续发展战略研究组

名誉组长 牛文元
组　　长 王　毅
副 组 长 刘　毅　李喜先
成　　员 胡　非　蔡　晨　杨多贵　陈劭锋　陈　锐

《2013 中国可持续发展战略报告》研究组

主题报告首席科学家 王　毅
研究起草组成员 （以姓氏笔画为序）
冯　超　朱跃中　刘　扬　汝醒君　苏利阳
李颖明　肖　燚　沈　镭　陈　迎　陈　茜
陈劭锋　陈枫楠　欧阳志云　周宏春
郑　华　侯西勇　骆建华　徐卫华　高　丽
高天明　谢来辉　潘明麒　薛静静　戴彦德

技术报告首席科学家 陈劭锋
研究起草组成员 陈劭锋　刘　扬　汝醒君　陈　茜　苏利阳
郑红霞　岳文婧　张静进

评　阅　专　家 孙鸿烈　李文华　傅伯杰

本报告得到中国科学院自然与社会交叉科学研究中心的资助，特此致谢

坚持科技创新　促进可持续发展*

（代序）

白春礼

当发达国家经历了两个多世纪的工业化之后，面对人口经济持续增长与资源供给短缺、生态环境恶化之间矛盾的日益加剧，人类开始重新审视和深刻反思发展的理念、价值、目标和途径。1992年，联合国环境与发展大会在巴西里约热内卢召开，来自183个国家和70个国际组织的代表（其中包括102位国家元首和政府首脑）参加了会议，并达成如下共识：人类必须走可持续发展的道路，这标志着人类发展模式实现了一次历史性飞跃，人类将由此迎接农业文明、工业文明之后新的生态文明时代的到来。1994年，我国在全世界率先编制了国家级《中国21世纪议程》。1996年，“可持续发展”又被确定为两大国家基本发展战略之一。此后，我国在人口总量和消费需求不断增长、工业化和城市化水平偏低、自然资源和生态环境并不优越的条件下，坚持走可持续发展道路，不断探索可持续发展模式，经济社会发展水平显著提高，可持续发展能力有所增强，开启了重视生态文明、实现中华民族伟大复兴的征程，成为发展中国家走可持续发展道路的表率，在人类可持续发展史上书写了光辉灿烂的篇章。

与可持续发展并列的另一国家战略是“科教兴国”。我国发展的实践表明，增强科技自主创新能力、建设国家科技创新体系，是化解资源环境矛盾、建设资源节约型和环境友好型社会的有效途径，是打造战略性

---

* 原文发表在《中国科学院院刊》2012年第三期上，略有修改

新兴产业体系、提高经济发展核心竞争能力的有力举措。在我国深入贯彻落实科学发展观、加快经济发展方式转型的现代化建设进程中，科技创新正在履行着人类发展史上最伟大的使命——为实现人与自然、经济与社会、城乡和区域之间协调健康可持续发展，发挥更加有力的引领、支撑和保障作用。

一、可持续发展是践行科学发展观的必然选择，科技创新是实施可持续发展战略的必由之路

中华民族的优秀传统文化，已经蕴藏着可持续发展理念的基本内涵。在进入农业文明之始产生的“天人相关”论和“天人合一”观，阐明了人与自然的关系是相互作用、相互影响的，应实现和谐统一。中华民族的文明史，也记载着许多可持续发展的成功实践，四川都江堰、新疆坎儿井、广东桑基鱼塘等成为合理开发利用自然、持久造福人类的经典之作。新中国成立以来，特别是改革开放以来，以资源环境为代价换取工业化和城市化加速发展的方式，导致经济社会发展与资源环境之间的矛盾日益加剧。实现人口、经济、资源、环境的协调发展，成为摆在党、政府和全国人民面前紧迫而艰巨的历史使命。“可持续发展”和“科教兴国”两大战略的确立，使可持续发展理念逐步深入人心；科学发展观的贯彻落实，使我国迈上历史发展的新起点：转变发展方式，建立创新型国家，走可持续发展之路。

1. 可持续发展理念的形成

我国人口众多、人均自然资源不足，加之生态环境整体不佳、软实力整体不强，可持续发展压力很大。实现人与自然的协调发展，解决既满足当代人不断增长的需求、又不以牺牲后代人的利益为代价，既满足一个区域不断增长的需求、又不伤及其他地区乃至全球发展利益的问题，具有更大的难度，面临更大的挑战。1949 年新中国成立以后，随着经济社会发展，可持续发展问题逐渐显现。其中，人口数量过快增长成为问题的关键。我国人口总量从 1949 年的 5.42 亿人增加到 1979 年的 9.75 亿

人，人口总规模翻了近一番。按照早期马尔萨斯人口论推断，人类不可持续发展的根本原因是人口增长过快、经济难以同步增长而无法满足消费需求的增长。因此，“可持续发展”理念尚在形成中，我国就已经在可持续发展领域付诸行动，开始实施计划生育政策。1978～2010年，人口增长率已从1.35%持续下降到0.48%，极大地缓解了可持续发展的压力。当然，通过控制人口动态变化实现人口总量低增长，以达到人口发展与资源环境的协调，是一种相对低层次和低水平的可持续发展方式。

当我国生产力水平和综合国力刚刚开始步入快速发展轨道之际，1992年联合国环境与发展大会通过的《里约环境与发展宣言》和《21世纪议程》等重要文件，给我国制定科学合理的发展目标和增长方式提供了具有指导价值的发展理念。《中国21世纪议程》强调了联合国环境与发展大会提出的可持续发展概念内涵，更强调了中国的国情，突出可持续发展思想的核心是发展，突出实施可持续发展战略、社会和经济可持续发展及资源合理利用与环境保护的方式和方法。我国政府为履行全球《21世纪议程》做出了庄严承诺并认真付诸行动。当然，实施过程是非常艰辛的。

可持续发展从此成为我国最重要的发展理念。我国决策层、理论界和广大民众都认识到，中国的可持续发展就是要实现人口、资源、环境、发展相互协调的发展，实现人与自然、社会与经济、城乡和区域之间、国内外的统筹发展。

2.“可持续发展”与“科教兴国”两大国家战略的确立

1995年，可持续发展第一次作为新的发展观出现在党的重大纲领性文献中。在现代化建设中，必须把实现可持续发展作为一个重大战略。可持续发展观的第一要义是发展，核心是以人为本，基本要求是全面协调可持续，根本方法是统筹兼顾。要实现控制人口、节约资源、保护环境，使人口增长与社会生产力的发展相适应，使经济建设与资源环境相适应，走向良性循环，离不开科学技术，更离不开自主创新。

1996年，在《中华人民共和国国民经济和社会发展第九个五年计划和2010年远景目标纲要》中，“可持续发展”和“科教兴国”被确定为国家两大基本发展战略，这是中国政府根据国情做出的重大抉择。如果说科技进步是人类进入工业文明社会以来社会生产力加速提高的核心动力，那么，科技创新将是人类步入新的文明时代、实现可持续发展的根本保障。正如联合国教科文组织受联合国可持续发展委员会委托撰写的《科学促进可持续发展》报告（1997）所指出的："没有科学就没有可持续发展。"可持续发展为科技进步明确了方向，科技进步又成为可持续发展的根本保障。

科技进步在实施可持续发展战略中已经并将继续发挥重要作用的核心领域如下。

1）满足人类发展的合理需求，提高人类福祉水平。其中，人口健康、食物安全、人居环境、文化进步等是人类基本需求与发展需求的主要方面。

2）消除资源环境瓶颈制约，保障生产活动的持续进行。其中，在海洋和天空中拓展生存与发展空间、节约和循环利用资源、保护环境和改善生态是破解可持续发展难题的关键所在。

3）支撑战略性新兴产业发展，巩固国民经济的物质基础。其中，新材料和新能源、绿色制造业、信息化等产业在全球竞争环境中对可持续发展具有特殊重要的意义。

4）助推社会进步与文化建设进程，增强发展的软实力。重点应在形成先进的环境伦理和发展观、构建国家科技－文化－体制三位一体的创新体系、提升战略决策和管理的科学化水平、探索新型工业化和城市化道路等方面发挥积极作用。

3. 科学发展观的贯彻落实

当中国社会迈上历史发展的新起点，以科学发展为主题、以加快转变经济发展方式为主线，成为"十二五"规划的核心所在，成为新时期贯彻落实科学发展观的中心任务。显然，这既是可持续发展战略的延续和提升，又是针对我国发展现状和发展环境所做出的正确抉择。

尽管《中国21世纪议程》和可持续发展战略已实施多年，但我国发展中的不平衡、不协调、不可持续的问题依然突出，资源消耗模式难以持续。“十一五”末期，我国石油和铁矿石的对外依存度、铁矿石和水泥的消费量在全球总量中的占比都超过了50%，单位国内生产总值能耗是全球平均水平的2倍以上，土地资源和水资源供需矛盾更加尖锐。我国环境污染日益严峻，环境总体恶化的趋势并没有得到根本扭转，固体废弃物、汽车尾气、持久性有机污染物、重金属等污染持续增加；按照欧盟和世界卫生组织的标准，我国90%以上的城市空气质量超标；我国204条河流的国控断面中劣V类水质占16.4%。发展差距扩大影响可持续发展，不同阶层人群之间的生活质量差距、城乡居民收入之间的差距、区域发展水平之间的差距都成为影响发展公平及引发社会矛盾的根源所在。此外，产业竞争力难以有力支撑国民经济健康稳定的发展，信息、生物、新材料、能源、资源环境和现代制造业等六个领域关键技术的自给率不足一半，发明专利仅占世界总量的2%，关键技术过多依赖进口和经济增长过于依赖出口同大国经济不相适应，也成为影响我国可持续发展的关键问题。

因此，必须坚持把经济结构战略性调整作为加快转变经济发展方式的主攻方向，着力培育和壮大战略性新兴产业；必须坚持把科技进步和创新作为加快转变经济发展方式的重要支撑，建设国家科技创新体系、提高自主创新能力；必须坚持把保障和改善民生作为加快转变经济发展方式的根本出发点和落脚点，满足全国人民不断增长的精神需求和物质需求，使全国人民共享改革开放成果；必须把坚持建设资源节约型、环境友好型社会作为加快转变经济发展方式的重要着力点，实现工业化、城市化与资源环境的协调；必须把坚持改革开放作为加快转变经济发展方式的强大动力，健全体制机制，优化发展模式，增强国家软实力。

二、增强科技支撑和保障力度，消除资源环境的瓶颈制约

资源供给能力与环境容量的有限性是导致增长极限和发展不可持续的关键所在。资源科技领域不断探索“开源节流”的途径，环境科技领域不断提高“降耗减排”的水平，大幅度地提高了我国资源环境的综合承载能力，使生存与发展空间持续扩大，使生存与发展质量有所改善。

1. 可持续利用自然资源

矿产资源、能源和水资源等是实现我国现代化目标最重要的物质基础，现代化建设对自然资源的需求总体仍呈现持续快速增长趋势。科学技术的发展，正在逐步改变人类无节制耗用自然资源的发展方式，实现资源高效可循环利用。在矿产资源科技方面，我国青藏高原新生代、秦岭造山带和中亚造山带、东部地区相关成矿理论和成矿规律研究的突破，以及在资源替代和循环利用研究中形成的多种新型替代资源技术，对我国矿产资源保障产生了重要影响。在能源科技方面，煤炭供热和发电技术与煤炭气化技术、石油应用技术、天然气新型技术、水能技术、家用太阳能热利用和风电场技术等相对成熟，煤炭液化与煤化工技术、太阳能热发电系统研发、生物质能源技术开发与应用、海洋能研究全面展开，核能、氢能、天然气水合物、核聚变等研究基本与国际同步，有力地支撑了我国形成以煤炭为主体、以电力为中心、石油与天然气及可再生能源全面发展的能源供应体系。在水资源科技领域，重视基础理论和国家重大实践需求两个层面的研究，水资源演化规律、水文监测、水循环模拟技术及水资源评价等基础研究，水资源配置技术、节水技术、非常规水资源利用、水污染防治、水生态修复、水综合管理等应用研究在优化我国水资源配置方面发挥了重要作用。

今后，推动自然资源可持续利用的科技创新重点是，质能转化及其本质，光能转化和光合作用的机理，可再生能源的存储、稳定、高效、分布式利用系统，高效制氢与存储技术，地球系统及其演化，深部地球和大陆架资源成因及探矿原理，不可再生资源的高效、清洁和循环利用，水资源的可再生性维持机理及高效利用，生物资源及仿生资源科学。同时，大幅提高自然资源利用效率，大力发展新能源、可再生能源与新型替代资源，构建我国可持续自然资源供给与利用体系。

2. 维系生态环境的可持续性

生态与环境问题始终是制约我国现代化进程的主要瓶颈之一，我国生态与环境科技针对全球生态与环境共同关注的重大问题及我国区域性的生态环境问题开展了大量创新研究，尤其是对全球变化、环境污染、生物多样性、城市生态、资源短缺问题的研究，整体缓解了我国生态环境恶化的进程，局部破解了生态环境约束的难题。近年来重点开展的气候变化机理及其适应、区域生态环境系统调控、环境变迁与生态系统演替的相互影响、人类活动对重要生态过程和环境变化的影响及其调控技术等研究，已经同国际研究前沿接轨。

针对生态系统健康水平下降和脆弱生态系统退化、野生动植物物种数量减少和生物多样性受到威胁、城市环境问题日益突出和持久性有毒有害污染物的危害逐步显现等问题，要加大生态环境领域科技创新的力度，系统认知环境演变规律，提升我国生态环境监测、保护、修复能力和应对全球变化的能力，提升对自然灾害的预测、预报和防灾、减灾能力，不断发展相关技术、方法和手段，提供系统解决方案，构建支撑我国人与自然和谐相处的生态与环境基础。

3. 在海洋和空天中拓展生存与发展空间

空天海洋蕴藏着丰富乃至无限的未开发利用资源，如海底天然气水合物蕴藏总量，保守估计相当于人类现在已知的化石能源总量的2倍，蓝色经济、海洋国土有可能成为支撑21世纪可持续发展最大增量资源的来源。目前人类对临近空间（20～200千米）的利用几乎还是空白，对月球乃至太阳系内潜在资源的利用还处在初步设想和探索阶段，对未知的巨大潜在物质和能量还只能用“暗”字来笼统地加以概括。因此，人类，特别是对于人口大国中国而言，只有不断向空天海洋拓展，才能真正实现可持续发展的目标。我国空间科学事业从无到有，1992年启动的载人航天工程、2001年开始的地球空间“双星探测计划”，有力地推动了我国空间科学事业的发展，逐步建立起了空间天文与太阳物理、空间物理与空间环境、空间地球科学、太阳系探测、微重力科学和空间生命科学等学科，形成了进行空间科学任务的基本能力，并逐步形成气象、海洋、陆地、灾害与环境监测对地观测体系。2007年，我国成功发射了“嫦娥一号”绕月探测卫星，开辟了我国深空探测的新纪元。

我国海洋和空天研究要加快追赶世界先进水平的步伐，通过海洋和空天探测与探索活动，获取海洋、宇宙和物质运动规律的新知识，牵引和推动海洋与空天高新技术创新跨越，占领新的产业制高点。大幅提高我国海洋探测和应用研究能力、海洋资源开发利用能力、空间科学与技术探测能力和对地观测与综合信息应用能力，在观测地球、信息传送、导航定位技术的支撑下，形成采集新能源和新资源的能力，开辟人类生存和发展的新空间。

三、发挥科技创新的先导作用，引领战略性新兴产业的健康发展

经济结构战略性调整是经济发展过程中增强可持续性的关键举措。发展战略性新兴产业，是实现经济结构战略性调整和拉动中国经济增长的重要引擎，同时，也是抢占科技制高点的重要契机。要加大新材料和绿色制造领域、食物安全和人口健康领域及信息化领域的科技贡献，维系产业经济稳定增长的资源供给和持续优化的生产过程，满足人类生命过程的基本需求和发展需求，提升生产生活品质与效率。

1. 新材料和绿色制造领域的科技贡献

材料和制造是人类工业文明的物质基础。我国已是材料大国，制造业是我国产业经济的主体，随着经济社会和资源环境的协调发展，对材料和制造的需求将持续增长。目前，我国传统材料生产能力急剧扩大，金属材料、无机非金属材料、高分子材料、复合材料等方面研究水平提高较快，但产学研结合仍然不够紧密，我国先进材料领域与国外先进水平仍存在较大的差距。我国已成为世界制造业大国，但现阶段产品仍多处于国际产业链低端，尽管在泛在制造信息处理、虚拟现实、人机互动、空间协同、平行管理技术、电子商务、系统集成制造等方面发展较为迅速，但高品质材料、核心部件和重大装备仍依赖进口，多数产业核心技术受制于人，自主研发能力远远不足。

目前和今后相当长的时期，要加快新材料和绿色制造业赶超世界先进水平的步伐，加速材料与制造技术智能化、绿色化与可再生循环的进程，促进我国制造业技术与结构升级和就业结构调整，有效保障我国现

代化进程的材料与装备的有效供给与高效、清洁、可再生循环利用，适应先进材料和制造的发展趋势，顺应制造过程的高标准严要求，显著提高资源能源利用率和生产效率，切实发挥科技创新在实现制造业强国发展目标中的引擎作用。

2. 食物安全和人口健康领域的科技贡献

食物安全与人口健康科技领域重点包括农业、人口健康和生物等科技领域。过去50年，我国之所以能够为不断增长的人口提供适量以至充足的衣食，受到国际社会广泛认可，是因为在作物种质资源核心种质、超级稻、基因工程疫苗和动物克隆技术、渔业科研、转基因抗虫棉及三系杂交棉等方面的科技创新起了关键作用。人口健康科技领域的科技成就主要集中在人口压力、生殖健康、膳食营养与食品安全、传染性疾病与慢性病等方面，通过计划生育、生殖保健、生命科学、医药科技、食品卫生的长足发展，我国人口过快增长势头得到有效控制，人口素质和健康状况得到明显改善。在生物质资源的相关研究领域，形成了光合作用传能和转能机理研究方面良好的基础，以微生物饲料、微生物肥料、微生物农药、微生物食品、沼气等为代表的农业生产技术的研究和开发利用取得了长足进步，在基因组与生物质基因资源、仿生科学与技术等前沿领域取得了比较丰硕的研究成果。

为保障食物安全，农业必须要跨入生态高效可持续的发展阶段，重点研究生物多样性演化过程及其机理，高效抗逆、生态农业育种科学基础与方法，营养、土壤、水、光、温与植物相互作用的机理和控制方法，耕地可持续利用科学基础，全球变化农业响应，食品结构合理演化等。为开创一条普惠健康之路，必须在保证食品、生命和生态安全，攻克影响健康的重大疾病等方面实现重大突破，重点研究营养、环境、行为对生理与心理健康的影响，基因的遗传、变异与作用机理，疾病早期预测诊断与干预的科学基础，干细胞与再生医学，生殖健康与早期诊断及修复，老年退行病的延缓和治疗的科学基础等。总之，要依靠科技创新，发展高产、优质、高效生态农业和相关生物产业，保证粮食和农产品安全，促进我国农业结构的升级与战略性调整；将当代生命科学前沿与我国传统医学优势相结合，推动医学模式由以疾病治疗为主向以预测与干预为主转变，壮大医药和健康产业，满足我国人口普惠健康的需要。

3. 信息化领域的科技贡献

信息技术革命强烈地改变着世界，信息化成为知识经济社会的重要标志，信息产业正在逐步成为体现国家竞争力和综合实力的重要产业部门。我国信息科学技术的显著成效主要体现在产业和用户的规模上，网络与用户规模均居世界第一，电子信息产业已成为我国近年支撑经济增长的第一支柱产业，通过发展电子化、数字化技术，我国已为迈向信息社会奠定了坚实基础。但必须清楚地看到，我国在信息领域的科技竞争力并不强，几十年来信息领域的数十项重大技术发明没有一项是中国人发明的。在21世纪上半叶，信息化过程将实现无论从何时、何地、何人、何物均可向互联互通、信息共享和协同工作的过渡，我国必须抓住信息科学变革性突破和信息技术跃变的机遇，加快和提升我国信息化进程和水平，消除数字鸿沟，走出一条普惠、可靠、低成本的信息化道路，建立自主创新能力强、核心知识产权多、信息科技供给足、产品利润率高、具有世界影响并能够有力支撑我国国民经济发展的电子信息产业集群。

四、发挥思想库功能，加快可持续发展管理决策的科学化进程

可持续发展具有深刻而系统的科学内涵，规范政策法规体系、提高国民整体素质、打造分配公平化的社会运行机制、建立良好的文化传承与社会可持续发展环境等，都是可持续发展的重要内容。在整体最优的前提下，协调好经济、社会、环境复合系统内各子系统的关系，实现有序、健康、可持续发展，是一项十分复杂而艰巨的工作。可持续发展从理念变为行动，首先取决于决策的科学化。只有在中央和地方及各行业各部门的发展战略、规划、政策中贯彻落实可持续发展的各项要求，才能有效地实施可持续发展战略。努力发挥科技在国家思想库建设中的功能，诊断可持续发展问题，探索可持续发展模式，为科学决策提供战略

咨询，已成为国家软实力的重要标志。

1. “国家中长期科技发展规划”和“中国至2050年科技发展路线图”

在知识社会和经济全球化背景下，按照可持续发展模式的要求，科技进步应成为引导社会经济发展的主导力量，自主创新应成为影响国家竞争能力的决定因素。国内外发展经验表明，正确的科技战略和发展规划对加快科技进步、增强科技对现代化建设的贡献具有至关重要的作用。

2006年公布的《国家中长期科学和技术发展规划纲要（2006—2020年）》，对我国未来15年科学和技术的发展做出了全面规划和部署，是指导我国科技发展、构建国家科技创新体系的纲领性文件。该纲要以增强自主创新能力为主线，以建设创新型国家为奋斗目标。实践表明，该纲要的实施，大幅度提高了国家竞争力，有力地促进了国家和地方及资源环境各领域和社会经济各个部门的可持续发展，为我国在21世纪中叶建成世界科技强国奠定了基础。

中国科学院是国家科学思想库，引领中国科技发展是中国科学院的重要责任。为了迎接新科技革命的到来，中国科学院发布了“中国至2050年重要领域科技发展路线图”，从经济持续增长和竞争力提升、社会持续和谐发展及生态环境持续进化与人类社会相协调等三大目标出发，以我国现代化进程不同阶段对科技需求为指引，设计了以科技创新为支撑的8大经济社会基础与战略体系的整体构想，凝练出战略性科技问题，提出了至2050年8大体系建设与16个重点领域的科技发展路线图。

2. 中国科学院“创新2020”与“一三五”规划

科技工作既要着力解决关系党和国家事业全局和长远发展的基础性、战略性的重大前瞻性科技问题，同时还要瞄准产业结构优化升级、培育发展战略性新兴产业和改善民生的重大现实科技问题。

2011年，中国科学院全面实施“创新2020”及随后院党组制定的“一三五”规划，使中国科学院发展的大政方针更加聚焦、更加明确。要统筹基础研究、应用开发研究、高技术研究，超前部署战略先导研究和重要基础前沿研究，大力增强原始创新、集成创新和关键核心共性技术创新能力，抢占未来科技制高点。

组织实施战略性先导科技专项是完成“创新2020”和“一三五”规划战略目标的关键步骤，重点是完成未来先进核裂变能、量子通信与量子计算、高温超导与拓扑绝缘体研究、空间科学、载人航天与月球探测工程科技任务、深海科学探测装备关键技术研发与海试、低阶煤清洁高效梯级利用、干细胞与再生医学研究、分子模块育种创新体系与现代农业示范工程、重大新药创制与重大疾病防控新策略、应对气候变化的碳收支认证及相关问题、深部资源探测核心技术研发与应用示范、储能电池、甲醇制烯烃、煤制乙二醇等重大科技任务和若干项国防科技创新重大任务，旨在加强产业核心技术和前沿技术研究，集中力量突破一批支撑战略性新兴产业发展的关键共性技术，促进技术变革和战略性新兴产业的形成发展，进而加快转变经济发展方式。

3. 可持续发展战略咨询与规划研制

发挥院士群体优势，持续开展战略研究和决策咨询，打造国家高端思想库和智囊团，是大幅提升对国家宏观决策的科技支持能力和咨询服务能力的有效途径。针对国家科技战略布局、战略性新兴产业发展、破解转型时期复杂社会矛盾、突破资源瓶颈和生态环境约束、增强我国国际竞争力等重大问题，院士专家们开展了大量的咨询研究，提供了系统建议，切实在我国可持续发展和现代化进程中起到了重要作用。上报党中央和国务院的“健康城镇化与交通建设”、“可持续能源体系建设”、“航空发动机与燃气轮机”、“科技体制改革”等咨询报告，得到中央领导的充分肯定和高度评价，为中央决策提供了重要参考。

发挥交叉学科优势，面向国家和地方可持续发展重大战略需求，组织开展主体功能区及各类重大地域规划的研制，取得良好的社会和经济效益，成为科技进步支撑政府决策、科技创新参与科学规划的最直接方式。“全国主体功能区规划”的科技支撑工作，有力地保障了规划的科学性，该规划成为指导我国提升区域发展战略、重塑可持续发展格局的纲领性文件。“汶川、玉树、舟曲灾后重建规划”中承担完成的“资源环境承载能力评价”成果，成为重建规划和重建工作的依据。“东北地区振兴规划”、“成渝经济区发展规划”等大量的国土规划、区域规划、城乡规划、土地利用规划、生态区划的研制，在服务政府决策的同时，有力地推动了我国以区域可持续发展研究为特色的可持续性科学的发展。

五、结　语

可持续发展已经提出20年了。这20年，是中国从一个相对贫穷的国家跨入中等收入国家，并开始迈向现代化征程最关键的20年，也是不断探索和践行可持续发展理念取得巨大成效的20年。20年的发展历程表明，科技进步和创新只有面向可持续发展才能够真正实现科学的价值，可持续发展只有依靠科技进步和科技创新才能够真正实现发展的可持续性。

我国当前和未来相当长的一段时期，依然面临着人口、资源、环境的巨大压力，国民经济尚未步入良性健康的发展轨道，政绩观和消费观、社会公平等深层次的社会问题还将严重地阻滞现代化的进程。只有坚持走可持续发展的道路，中华民族才能实现伟大复兴，才能在新的文明时代再创辉煌。

为此，要着力建设国家科技创新体系，从创新资源、创新机构、创新机制和创新环境等四个维度构筑国家科技创新体系，加强对基础前沿研究的超前部署，推动基础前沿、战略高技术、经济社会可持续发展相关研究的均衡协调发展，促进原始创新能力、集成创新能力和引进消化吸收再创新能力的同步提高。要着力打造国家公共安全体系，解决资源环境瓶颈制约，有效应对自然灾害与公共安全事故，确保食物安全和人口健康。要着力构建战略性新兴产业体系，加快经济结构战略性调整。要着力打造公平和谐的社会体系，统筹城乡和区域协调发展。要着力建设先进文化体系，培育和弘扬以科学知识为基础、以科学方法为支撑、以科学思想为核心、以科学精神为灵魂的先进文化。

展望未来，我们充满信心。在邓小平理论和“三个代表”重要思想的指引下，中华民族一定能够在贯彻落实科学发展观、实现全面建设小康社会目标的过程中，为人类可持续发展事业做出更大的贡献。

前言与致谢

本年度报告选择“未来10年的生态文明之路”作为报告主题是出于研究组专家研讨的一项动议。这不仅仅是因为党的十八大报告刚刚提出“生态文明建设”的新定位，使其成为当前的热点话题，更重要的是，我们认为生态文明的理念还在不断发展的过程中，如果缺少科学的认识和指导，很可能使良好的初衷再次因急于求成和浮躁而事倍功半或仅仅成为流于形式的口号和旗号。这在我国不长的环境保护发展史上不乏先例。

历史的经验和教训值得吸取。在经历了30多年的高速增长之后，尽管面临着新的形势和挑战，但中国已经具备了足够的能力去改变现状，关键看我们的决心和行动，发挥好我们的聪明才智。我们不该重蹈覆辙。同时，我们也应该对生态文明建设的长期性、艰巨性和复杂性予以足够重视。

为了在短时间内高质量地完成报告，我们在充分讨论报告结构和内容的基础上，邀请了国内生态文明建设相关领域的著名专家参与研究和撰写工作。力图通过总结过去我们在资源利用、环境保护、生态恢复、能源可持续发展及应对气候变化等方面所取得的进展，揭示我国当前和今后生态文明建设面临的主要问题和挑战，并结合我国未来发展情景预判及国际发展态势，提出未来10年甚至更长时间内我国生态文明建设的战略选择、可行路径、优先领域和重大对策建议，从而科学引领我国走上生态文明社会的良性循环轨道。

因此，我特别要感谢中国科学院地理科学与资源研究所沈镭研究员、中国科学院烟台海岸带研究所侯西勇研究员、全国工商联环境商会骆建华秘书长、中国科学院生态环境研究中心欧阳志云研究员、国家发展和改革委员会能源研究所戴彦德研究员、中国社会科学院可持续发展研究中心陈迎研究员、国务院发展研究中心周宏春研究员对本年度报告研究的积极参与和支持。他们平时深厚的学术积累和高水准的政策研究素养是本年度报告得以顺利完成的重要保障。

本年度报告由研究起草组成员分章撰写，主题报告由王毅修改、审定，技术报告由陈劭锋组织完成，全书最后由王毅统稿。

我们还要特别感谢中国科学院白春礼院长为本年度报告撰写了序言。感谢李静海副院长对报告的审阅。感谢曹效业、潘教峰副秘书长对报告主题的建议和认定，以及对报告提出的修改意见。感谢孙鸿烈、李文华、傅伯杰先生为报告所写的评阅意见。感谢中国科学院规划战略局陶宗宝处长在课题研究过程中和报告文稿起草过程中提出的宝贵建议，以及蔡长塔、刘剑等同志所提供的帮助。

此外，十分感谢程伟雪先生、吴昌华女士、罗斯（Lester Ross）先生为报告目录等有关部分的英文翻译提供的支持。感谢张冀强、骆建华、周宏春、吴昌华、钱勇、文灏、王平等在报告研究过程中提供的观点、建议和帮助。

感谢科学出版社科学人文分社侯俊琳社长对本书出版的一贯支持和帮助。特别感谢责任编辑石卉和李獒，他们牺牲宝贵的春节休假时间，加班编辑书稿，他们的辛勤工作为本书增色不少。

最后，请允许我向我的研究团队及所有为本年度报告做出贡献和提供帮助的朋友和同人表示衷心的感谢！

生态文明建设不是说出来的，更不是考核评估出来的，而是通过扎实的实践干出来的；美丽中国不只是概念，更需要实际行动。谨以此书献给那些为生态文明建设而努力实践的行动者。

王　毅

2013年2月18日

首字母缩略词

缩写	英文全称	中文全称
3R	Reduce, Reuse, Recycle	减量化、再利用和资源化
ADB	Asian Development Bank	亚洲开发银行
BaU	Business as Usual	照常情景
BEV	Battery Electric Vehicle	纯电动汽车
BT	Build-Transfer	建设—移交
BOT	Build-Operate-Transfer	建设—营运—移交
CAN	Climate Action Network	气候行动网络
CAS	Chinese Academy of Sciences	中国科学院
CCS	Carbon Capture and Storage	碳捕集与封存
CCUS	Carbon Capture, Utilization, and Storage	碳捕集、利用与封存
CDM	Clean Development Mechanism	清洁发展机制
CFB	Circulating Fluidized Bed	循环流化床
CE	Circular Economy	循环经济
CSR	Corporate Social Responsibility	企业社会责任
CGE	Computable General Equilibrium	可计算一般均衡模型
CO	Carbon Monooxide	一氧化碳
CO_2	Carbon Dioxide	二氧化碳
CO_2e	Carbon Dioxide Equivalent	二氧化碳当量
COD	Chemical Oxygen Demand	化学需氧量
CSDR	China Sustainable Development Report	中国可持续发展战略报告
DBO	Design-Build-Operation	设计、建设、运营一体化

续表

缩写	英文全称	中文全称
DfE	Design for the Environment	为环境而设计
DSM	Demand-Side Management	需求侧管理
EC	Ecological Civilization	生态文明
EE	Emerging Economies	新兴经济体
EEA	European Environment Agency	欧洲环境局
EED	Energy Efficiency Directive	（欧盟）能源效率指令
EEX	European Energy Exchange	欧洲能源交易所
EGS	Environmental Goods and Services	环境产品和服务
EKC	Environmental Kuznets Curve	环境库兹涅茨曲线
EMC	Energy Management Contract	合同能源管理
ESCO	Energy Service Company	节能服务公司
ESI	Emerging Strategic Industry	战略性新兴产业
EU	European Union	欧洲联盟（简称欧盟）
EUETS	European Union Emission Trading Scheme	欧盟排放交易体系
EV	Electric Vehicle	电动汽车
FCEV	Fuel Cell Electric Vehicle	燃料电池电动汽车
FDI	Foreign Direct Investment	外国直接投资
GDP	Gross Domestic Product	国内生产总值
GD	Green Development	绿色发展
GE	Green Economy	绿色经济
GEF	Global Environment Facility	全球环境基金
GHGs	Greenhouse Gases	温室气体
HEV	Hybrid Electric Vehicle	混合动力电动汽车
HSBC	The Hongkong and Shanghai Banking Corporation Limited	香港上海汇丰银行（简称汇丰银行）
ICSU	International Council for Science	国际科学理事会（简称国科联）

续表

缩写	英文全称	中文全称
ICT	Information and Communication Technology	信息与通信技术
IEA	International Energy Agency	国际能源署
IGCC	Integrated Gasification Combined-Cycle	整体煤气化联合循环
IMF	International Monetary Fund	国际货币基金组织
IPCC	Intergovernmental Panel on Climate Change	政府间气候变化专门委员会
IPM	Institute of Policy and Management	（中国科学院）科技政策与管理科学研究所
IPR	Intellectual Property Right	知识产权
ISO	International Organization for Standardization	国际标准化组织
IUCN	International Union for Conservation of Nature	国际自然保护同盟
KP	Kyoto Protocol	京都议定书
LCE	Low Carbon Economy	低碳经济
LED	Light Emitting Diode	半导体照明（发光二极管照明）
LNG	Liquefied Natural Gas	液化天然气
LM	Lead Market	先导市场
MDBs	Multilateral Development Banks	多边发展银行
MDGs	Millennium Development Goals	千年发展目标
MEAs	Multilateral Environmental Agreements	多边环境协议
NASA	National Aeronautics and Space Administration	（美国）国家航空航天局
NH_3-N	Ammonia-Nitrogen	氨氮
NGO	Non-Governmental Organization	非政府组织
NO_x	Nitrogen Oxides	氮氧化物
ODA	Official Development Assistance	官方发展援助
OECD	Organization for Economic Cooperation and Development	经济合作与发展组织（简称经合组织）

续表

缩写	英文全称	中文全称
PHEV	Plug-in Hybrid Electric Vehicle	插电式混合动力汽车
$PM_{2.5}$	Particulate Matter less than 2.5 μm	大气中粒径小于或等于2.5微米的细颗粒物
PM_{10}	Particulate Matter less than 10 μm	可吸入颗粒物（大气中粒径小于或等于10微米的细颗粒物）
POPs	Persistent Organic Pollutants	持久性有机污染物
PPP	Purchasing Power Parity	购买力平价
PPP	Public-Private Partnership	公私合作伙伴关系
PTS	Persistent Toxic Substances	持久性有毒污染物
PV	Photovoltaic	光伏
R&D	Research and Development	研究与试验发展（简称研发）
REEFS	Resource-Efficient and Environment-Friendly Society	资源节约型、环境友好型社会（简称两型社会）
REPI	Resource and Environmental Performance Index	资源环境综合绩效指数
Rio +20	The 20th Anniversary of the 1992 United Nations Conference on Environment and Development in Rio de Janeiro	“里约+20”，特指为1992年里约联合国环发大会20周年召开的联合国可持续发展大会
SCAG	South California Association of Governments	（美国）南加利福尼亚州政府联合会（简称南加州政府联合会）
SDGs	Sustainable Development Goals	可持续发展目标
SEA	Strategic Environmental Assessment	战略环境评价
SERI	Sustainable Europe Research Institute	欧洲可持续研究所
SG	Smart Growth	智能增长
SO_2	Sulfur Dioxide	二氧化硫
TBT	Technical Barriers to Trade	技术性贸易壁垒
TCE	Ton of Coal Equivalent	吨标准煤

续表

缩写	英文全称	中文全称
TMDL	Total Maximum Daily Load	最大日负荷量
TOE	Ton of Oil Equivalent	吨标准油或油当量
TOT	Transfer-Operate-Transfer	转让—运营—移交
TSP	Total Suspended Particulate	总悬浮颗粒物（大气中粒径小于或等于100微米的颗粒物）
UNCED	United Nations Conference on Environment and Development	联合国环境与发展大会（简称里约环发大会）
UNCSD	United Nations Commission on Sustainable Development	联合国可持续发展委员会
UNDESA	United Nations Department of Economic and Social Affairs	联合国经济及社会理事会（简称联合国经社理事会）
UNDP	United Nations Development Programme	联合国开发计划署
UNEP	United Nations Environment Programme	联合国环境规划署
UNESCAP	United Nations Economic and Social Commission for Asia and the Pacific	联合国亚洲及太平洋经济与社会理事会（简称亚太经社会）
UNFCCC	United Nations Framework Convention on Climate Change	联合国气候变化框架公约
USDOI	United States Department of the Interior	美国内务部
USEIA	United States Energy Information Agency	美国能源信息署
USEPA	United States Environmental Protection Agency	美国环境保护局
USGS	United States Geological Survey	美国地质调查局
VC	Venture Capital	创业投资或风险投资
VOCs	Volatile Organic Compounds	挥发性有机化合物
WB	World Bank	世界银行
WCED	World Commission on Environment and Development (Brundtland Commission)	世界环境与发展委员会（也称布伦特兰委员会）

续表

缩写	英文全称	中文全称
WEC	World Energy Council	世界能源理事会
WEF	World Economic Forum	世界经济论坛
WHO	World Health Organization	世界卫生组织
WSA	World Steel Association	国际钢铁协会
WTO	World Trade Organization	世界贸易组织（简称世贸组织）
WWF	World Wide Fund for Nature	世界自然基金会

报告摘要*

“生态文明”的理念早在2007年就写入了党的十七大报告，当时曾引起各方的热议。2012年，党的十八大报告进一步把“生态文明建设”纳入经济建设、政治建设、文化建设、社会建设的总体布局，提出优化国土空间开发格局、全面促进资源节约、加大自然生态系统和环境保护力度、加强生态文明制度建设四项基本内容，并使之成为关乎人民福祉、建设美丽中国、实现民族可持续发展的长远大计。“生态文明建设”、“美丽中国”等概念再一次受到世人关注。中国话语产生越来越大影响的事实说明，随着国家的崛起，中国对世界的贡献正在超越经济领域，上升到更广泛的文化和精神层面。

与此同时，我们也应该看到中国面临的资源环境挑战也是史无前例的。一方面，我国的油气资源和一些战略性资源的对外依存度不断攀升，能源环境安全日趋严峻。另一方面，我国的环境污染形势不容乐观，生态系统退化压力有增无减。仅2012年，我国就发生了多起因环境保护而起的重大群体性事件，影响广泛；进入2013年，我国遇到大面积严重雾霾天气，根据中国科学院和环境保护部的监测，本次强霾污染事件涉及我国中东部、东北及西南的10个省、直辖市、自治区，覆盖范围最大时达到国土面积的约1/7（王跃思，2013；鲍晓倩等，2013）。这也引起了各界对中国经济发展模式的质疑，提高发展的质量被提上日程。因此，生态文明建设不仅仅是抽象的理念，而且是十分具体的发展任务。生态文明建设从理想走向现实需要经过艰苦的努力，未来的发展之路任重道远。

一 生态文明提出的背景和内涵

1）生态文明的提出有着特殊的时代背景。当前的生态文明概念是在中国语境下产生出的话语，有着鲜明的中国特色和特定的国内外社会经济背景。从国内来讲，我国已经进入中等收入国家行列，总体上处于工业化中后期，传统生产要素的比较

* 报告摘要由王毅执笔，作者单位为中国科学院科技政策与管理科学研究所

优势正在消失，社会经济面临重大结构转型。同时，中国也面临一系列严重的人口、资源、能源和环境问题，人与自然关系紧张。因此，无论是转变发展方式，还是化解迫切需要解决的发展问题，都需要创新发展理念。而生态文明建设正是从更高层面推动上述转变的观念创新。从全球角度看，人类在享受工业文明带来的巨大财富的同时，也彻底打破了自然界的生态平衡。人类需要重新凝聚共识，恢复人与自然的和谐关系，谋求走向可持续发展的全球治理。所以，生态文明的提出同样具有世界意义，它还可以成为重建中国与世界和谐关系的共同话语。

2）建设生态文明体现了政府执政理念的重大转变。现代意义上的环境保护源自20世纪六七十年代，进而在1992年召开的联合国环境与发展大会上形成可持续发展的全球共识。进入21世纪，人类面临的资源环境问题不但没有缓解，反而因气候变化、新兴经济体崛起等因素不断加剧，加上国际金融危机的影响，发展绿色经济正在成为各国应对挑战的选择共识（中国科学院可持续发展战略研究组，2010）。在经历了30多年经济高速增长之后，中国如何克服发展中的问题，跨越“中等收入陷阱”，实现结构转型和可持续增长，成为执政党和政府面临的重大课题。在反思以往发展经验和教训的基础上，为进一步适应国内外形势变化，利用好战略机遇期，党和政府选择从建设生态文明的高度来推动问题的综合解决，寻求均衡发展，充分体现了治国理念的变化，希望借此改变过去片面追求经济增长的政策取向。尽管如此，十八大报告中的生态文明建设还是采取了务实的态度，主要针对生态文明建设所涉及的重点问题采取行动，为创造美丽中国奠定基础。

3）发展中的生态文明的理念。自生态文明的概念提出后，学术界和政府部门均从不同角度对其进行诠释和解读，但由于缺少基础研究和基本理论，对生态文明的认识并不统一（潘岳，2006；薛晓源等，2007；周生贤，2012；国家发展和改革委员会等，2012）。在西方，虽然从生态哲学、生态经济等角度，或是从生态马克思主义、生态现代化、环境治理等理论出发都讨论过类似的概念，但尚未形成系统的观点（Chertow et al.，1997；Norgaard，2010；Magdoff，2011；阿瑟·莫尔等，2011）。也就是说，有关生态文明的研究没有严格意义上的学术传承。虽然西方国家没有提出许多创新的概念，但其环境保护或者“绿色”理念，已通过具体的法律、政策、管理等措施逐步深入人心，并落实到具体行动中，使其实际的“生态文明水平”达到较高的程度。

文明是人类社会发展到一定程度所取得的物质和精神成果的总和。因此，文明建设是一项复杂的系统工程。从广义角度来理解生态文明，还缺少足够的证据证明它是继农业文明和工业文明之后，具有统治地位的高级文明形态；狭义上讲，作为与物质文明、精神文明并列的现代文明形态之一，生态文明又与其他文明形态密不可分。十八大报告中提出的生态文明建设则更倾向于在加强经济、社会等方面建设的同时，突出可持续发展领域的有限目标和任务。生态文明理念有待通过我们的实践不断总结、深化、循序渐进。

基于我们的研究和认识，环境保护、生态优先、绿色低碳发展将是未来文明形态或发展方式的重要特征之一而非全部。在此意义上，生态文明中的“生态”应是超越生态学科本身的理解，而具有更广泛意义上的“绿色、环保、人与自然和谐”的含义（中国科学院可持续发展战略研究组，2011）。

人类社会的发展是在认识、利用、改造和适应自然的过程中不断演进的（黄鼎成等，1997）。历史上，人类创造了多种文明模式，而每种文明形态又都以一定的人与自然相互关系为基础。工业文明是以改造自然的面目出现的，并为此付出了沉重的环境代价；而生态文明则必须树立尊重自然、顺应自然、保护自然的理念，促进人与自然的和谐发展。因此，人类走向生态文明的社会，改变人的观念和行为至关重要，这也是我们建设生态文明的基本前提。

二 生态文明建设的实践与形势判断

虽然生态文明的理念提出时间不长，但生态文明建设的实践并非刚刚开始。纵观我国环境保护的历史、节能减排和应对气候变化的实践，我们已经做出了不懈的努力，取得了不少经验和教训，同时也面临着前所未有的挑战。

1）我国已经开展了30多年的环境保护工作，但客观上并没有摆脱“先污染、后治理”的路径。究其原因，首先是作为一个发展中国家，中国还是将经济发展作为第一要务，尽管在环境保护工作的初始阶段就提出要避免重蹈发达国家的覆辙，但终因发展与环保难以两全，造成了今天环境问题依然严峻的局面。其次，我们对后发国家发展与环保相互关系的演变规律认识不足，在高速工业化和城市化的进程中，我们的环境治理赶不上污染排放增长的速度，所取得的一点点成绩都被迅速的环境破坏所淹没。而且我们在一开始持有的只要转变观念就能取得发展与环保双赢的想法是存在偏差的。由于发展阶段的限制，我们面临着观念、技术、资金、管理的系统性障碍，要获得双赢是有条件的（王毅，1997；中国科学院可持续发展战略研究组，2006）。最后，随着中国卷入全球化进程，受国际分工的限制，我国经济整体处于全球产业链的低端，以资源、能源和污染密集产业及产品为主，这无疑加大了我国的资源环境压力和治理难度。

2）我国在常规污染治理、生态建设工程及节能减排等方面取得成效。经过多年的努力，我国在工业点源和城市常规污染控制方面形成了比较成熟的做法，无论是治理技术、环保产业，还是环境管理体系都日趋完善。特别是1997年金融风暴、2008年金融危机和城市公用事业改革，我国大幅增加生态环境建设投资，使我国环境基础设施能力有了很大的提升。1998年以后开展的大规模生态建设工程也取得了一定的成效。2003年之后及“十一五”期间，我国开展的发展循环经济、节能减排和应对气候变化工作，更是在全社会节能环保意识提高、绿色产业创新、综合治理模式等方面取得了综合效果，在理论创新、制度建设、政策措施、工程实践、国际合作等方面为其他发展中国家做出了榜样，为全球可持续发展做出了贡献（中国科学院可持续发展战略研究组，2012）。

3）展望未来，我国的快速工业化、城镇化和消费升级都将给资源环境形成持续的压力。预计我国的重化工业还将持续10～20年时间，未来城镇化也将以1%左右的速度快速发展，在粗放增长方式短期内难以改变的情况下，城镇化基础设施建设将带动重化工业发展，并加大能源、水和土地资源的利用规模和强度，增加转变复合型的区域大气污染和流域水污染格局的难度（中国科学院可持续发展战略研究组，2008）。我国刚刚进入中等收入国家行列并向高收入国家迈进，人均生活水平也将进入持续的转型升级阶段，根据发达国家的经验，这就意味着人均资源消耗和污染物排放特别是人均能源消费量、二氧化碳排放量和固体废弃物产生量的不断攀升，从而进一步加剧我国的资源环境压力。基于上述判断及综合分析，我国的主要资源消耗和污染物排放量将在未来10～30年内先后达到峰值（详见本书各章）。

4）国际上，多边环境谈判面临困境，全球范围的绿色进程有所减缓。2012年6月在巴西里约热内卢召开的联合国可持续发展大会（简称“里约+20”）的结果表明，建立在国家利益基础上的多边环境谈判受到质疑。由于在绿色经济的政治意愿、发展目标、资金支持、技术转移和绿色贸易公平性等方面存在的分歧，以及巨大的国别差异，各国在绿色经济方面难以达成统一的目标、时间表和路线图，普遍采取观望态度和现实主义做法，全球绿色经济的发展进程有可能进一步放缓。实际上，在金融危机的影响下，欧美重启制造业发展的进程，许多国家开始放弃对清洁能源和技术的补贴，加之碳排放交易市场的前景不明，绿色产业发展受到很大影响。由于技术创新和页岩气开发，常规能源（特别是天然气）的价格大幅下降，也使得可再生能源的开发面临挑战。于2012年年底在卡塔尔多哈召开的联合国气候变化大会（简称“COP18”）也沿袭了“里约+20”会议的走向，未来通过谈判就长期碳减排目标达成共识将非常困难。对此，中国应该重新审视自己的绿色低碳发展战略，把握节奏，有序发展，防止因多方原因造成产能过剩或重复建设（王毅等，2012）。

三 生态文明建设的难点与路径选择依据

1）迄今，影响我国生态文明建设的最大难点是政府直接干预经济及官员的政绩观。作为一个东亚地区的后发国家，在经济起飞和加速发展时期，政府在经济发展中发挥着重要作用，这样的做法利弊并存。对于发展经济和环境保护来说，如果政府始终把推动经济发展作为其主要职能，其结果就是“经济与环保难以兼得”，我们设定的各项环境监管制度和生态文明考核评估恐怕就要流于形式。也正是由于这个原因，我国早在1989年颁发的《环境保护法》在修改过程中举步维艰，面对来自各个部门和既得利益集团的重重阻力；同时也不难理解我们为什么没有从一次次的环境突发事件中充分吸取教训，而这恰恰是西方国家掀起环境保护运动的主要推动力。《中华人民共和国宪法》第26条规定：“国家保护和改善生活环境和生态环境，防治污染和其他公害。”这说明各级国家机构在环境保护中应负主要责任。然而，面对政府在环境保护方面的失灵，需要重新定位新时期政府的职能，由政府主导、各利益相关方共同参与来推进环境保护，仅靠环境保护部门是难堪重任的。

2）思想上的雾霾不除，环境中的雾霾难消。改革开放30多年来，我国的经济实力已经今非昔比，而且随着传统比较优势的逐步丧失，经济不可能永远持续高速增长，跨越“中等收入陷阱”需要新的思路。目前到了加快政府职能转变、发展模式转型，以及真正改变片面强调GDP的政绩观的时候了，“保护优先”实际上是对我们的决心、智慧和行动的考验。政府需要从直接参与经济活动中退出来，重点加强提供包括环境保护在内的公共服务，创造良好的市场竞争环境，依靠科技创新，培育新的竞争力和现代生产要素，也只有这样才能充分发挥政府的监管效力。未来我国生态文明建设的发展战略和路径选择需要重点考虑以下四个方面的因素。一是选择适合国情的发展道路，包括考虑资源环境禀赋、地区差异、社会经济条件等，这是我们过去的成功之本。二是经济发展与环境保护的相互关系及演化规律，不同发展阶段的资源利用特征和污染减排机制，以及加快环保进程的推动力。三是我们在“干中学”所积累的经验、最佳实践和创新模式。四是认知作为一个后发大国的国际责任和关注普世生态价值。当中国经济日益全球化和采取“走出去”战略的时候，我们必须承担与自己增长能力相符的国际责任，甚至承担与国家战略相符的更多国际义务，遵循国际规则和惯例，尊重不同国家、民族的价值观。环境保护的价值绝非我们有些人理解的仅仅是“几条鱼”或“几只鸟”的灭绝那么简单。我们需要有生态文明的共同话语，需要把中国的传统文明与人类的普遍价值有机地结合起来，并不断发展、创新。

四 生态文明建设的顶层设计、长效机制与路线图

建设生态文明是一场涉及价值观念、生产方式、生活方式及发展格局的全方位变革，并非一蹴而就，因此我们必须充分认识生态文明建设的长期性、艰巨性和复杂性。如前所述，生态文明的理念还不完善，相关研究不够系统深入，为了防止出现偏差和误导，需要加强顶层设计和科学指导，制定关于生态文明建设的指导意见，明确其目标与定位，建立促进全面转型的长效机制和路线图，并在已有的节能环保和可持续发展实践的基础上，选择优先领域健康有序地开展工作，通过自上而下与自下而上相结合，多途径地探索生态文明建设的模式，促进人与自然和谐发展，保障社会公平正义。为此，我们提出以下六项制度建设与政策建议。

1）推动政府机构改革，形成生态文明建设的统一协调管理体制。实现政府职能从以经济建设为主转向以提供公共服务为主。按照大部制改革的基本思路，建议将现在国家发展和改革委员会、水利部、国土资源部、环境保护部、国家林业局等部门负责的资源管理、污染控制和生态保护的相关职能统一起来，组建资源和环境保护部，增加其机构编制，强化其能力建设，实施环境质量目标导向的分阶段、分区域、分指标控制的精细化管理，同时加强区域和流域环境监管机构的建立；将主要由国家发展和改革委员会负责的能源管理、节能、应对气候变化的职能独立出来，成立能源和应对气候变化部，负责协调能源安全、节能、应对气候变化、循环经济发展和低碳发展的相关事务；成立国际开发署，除负责统一管理海外投资、援助等事宜外，还重点协调这些活动所涉及的资源环境保护和可持续发展援助工作（中国科学院可持续发展战略研究组，2012）。在此基础上，加强政府节能减排的绩效管理，将相关的考核评估统一到生态文明建设框架下，建立统一的考评制度，提高管理的层级，设立部门联动机制，将考核结果与官员任职挂钩。

2）制定生态文明建设的目标和实施路线图。围绕生态文明建设的需求，分步实现以下目标：2010～2020年，主要常规污染物和部分重要战略资源（如铁矿石）的消费量达到峰值，资源环境紧张状况得以缓解；2020～2030年，经济社会发展与污染物排放量的绝对脱钩，环境质量开始全面改善；2030～2040年，经济社会发展与化石能源和不可再生资源消费量的绝对脱钩，生态环境全面好转；2040～2050年，资源消费和污染排放总量与承载力约束的绝对脱钩，生态系统良性循环。为此，要制定主要污染物减排和控制主要资源消费总量的具体时间表和区域或流域分解方案（详见第一、第四章），明确实现这些目标的技术实现途径和相关制度安排，包括修改《环境保护法》、《大气污染防治法》、《水污染防治法》等法律及配套法规

和政策，制定《自然保护地法》、《土壤污染防治法》、《核安全法》、《饮用水安全法》、《地下水水资源管理和水污染防治条例》及其他法律法规和技术标准，规范政府、企业和社会行为，落实公众参与和环保公益诉讼制度等。同时，还要建立健全突出环境事件的应急预案和工作协调机制。

3）改善生态文明建设的治理结构，鼓励各利益相关方特别是社会公众的参与。生态文明建设是一项跨部门、跨区域的复杂系统工程，需要全社会的共同参与，因此建立统筹协调和协商民主机制非常必要。打破政府部门绝对主导、单向推动的管理模式，通过法律法规的修改明确政府、企业和公众的责任，进一步形成政府为主导、企业为主体、市场有效驱动、全社会共同参与的生态文明建设新格局。要充分相信公众的觉悟和智慧，一方面，通过落实更透明的信息管理和公开制度，建立公众参与环境保护的保障机制，包括建立公众参与的环境决策平台、环境监督平台和环境司法救助平台，只有建立健全公众环境诉求的反映和沟通渠道，才是保障社会稳定的基本出路。另一方面，改革现行的社团管理制度，取消各种不合理的规定，放松对非政府组织的管制，鼓励民间环保公益组织的发展，真正把公众作为促进环境保护的骨干力量。

4）制定科学的发展规划，促进区域和流域生态文明建设。制定好区域和流域综合规划是优化空间结构、治理复合型环境污染（如 $PM_{2.5}$）、推进生态文明建设的基本前提。目前已经发布的“十二五”相关规划和地方发展规划有许多与生态文明建设有关，其中存在的两个主要问题：一是规划之间缺少协调和衔接；二是许多规划的制定还不是建立在科学研究的基础上，不少规划目标、行动及相关保障措施还只反映部门或地区利益，存在随意性，并不能真正实现生态文明建设的客观要求；三是在区域（包括城市群地区）和流域层面的跨部门综合规划还处于缺位状态，缺少科学的规划工具。因此，要加强区域和流域生态文明建设综合规划的研制，在充分考虑区域资源环境总量控制的基础上，将地区内的土地利用、能源结构、交通布局、环境保护、社会公共服务等内容统一起来，处理好中央与地方、发展与环保及地区之间的关系，通过情景分析和政策模拟实现动态管理，落实规划的项目，评估规划的效果。

5）更多利用各种经济政策，充分发挥市场手段的激励作用。第一，要加大环境保护的投入力度，争取环保投入占 GDP 的比重达到2% ~3%；同时通过加强企业监管，进一步改革和完善社会公用事业的特许经营制度，提高污染企业和环保型企业的环保投入力度；通过绿色信贷政策，拓宽环保融资渠道，规范企业环保投资。第二，实施资源有偿使用制度，加快资源能源价格改革，完善污染物减排成本内部化，包括提高水资源费、矿产资源补偿费等资源税费，推行污染减排的综合电价政策、综合水价和垃圾处理价格政策。第三，在综合考虑税收体制改革的框架下，加快出台环境税，优先征收二氧化硫、氮氧化物和化学需氧量三个税种，逐步建立绿色税收体系。第四，逐步取消石化能源补贴，进一步支持节能、清洁能源和可再生能源。第五，推行生态补偿制度，重点建立自然保护区、重要生态功能区、矿产资源开发、流域水环境保护等四个领域的生态补偿机制。第六，逐步开展排污权、水权、碳排放权（节能量）的交易试点，及时总结经验，时机成熟时再向更大范围乃至全国推广。同时，加强政府的资源环境监管，完善公私合作伙伴关系及各种特许经营制度，保证激励政策的效力正常发挥。

6）推动和深化国际交流与合作，积极参与全球环境治理，促进包容性发展。坚持按照“共同但有区别的责任”原则和公平原则，以对全球事务负责任的态度，承诺并履行与自己增长的能力相符合、与国际公约规定相一致的国际义务，通过南南合作帮助其他发展中国家提高可持续发展能力，树立积极的绿色国际形象，谋求良好的国际发展空间，争取更大的话语权和国家权益。积极参与双边、多边的国际可持续发展相关合作计划，并充分利用各种国际合作平台，建立全球绿色经济发展新秩序，构建主要能源消费大国的安全合作机制。争取国际绿色低碳领域的项目支持，通过多渠道、多层次、多样化的国家交流与合作，引进资金、先进的技术和管理经验，同时也向全世界介绍和推广中国可持续发展治理的经验和模式。

参考文献

阿瑟·莫尔，戴维·索南菲尔德．2011．世界范围的生态现代化．张鲲译．北京：商务印书馆．

鲍晓倩，冯其予．2013-01-31．143 万平方公里陷入“霾”伏．经济日报，第 11 版．

国家发展和改革委员会，环境保护部，农业部等．2012．关于生态文明建设与可持续发展研究．见：朱之鑫，刘鹤．中央“十二五”规划《建议》重大专题研究（第二册）．北京：党建读物出版社．

黄鼎成，王毅，康晓光．1997．人与自然关系导论．武汉：湖北科技出版社．

李克强．2012-12-14．建设一个生态文明的现代化中国——在中国环境与发展国际合作委员会 2012 年年会开幕式上的讲话．中国环境报，第 1 版．

迈克尔·斯宾塞．2012．下一次大趋同．王青等译．北京：机械工业出版社．

潘岳．2006．论社会主义生态文明．绿叶，（10）：10-18．

气候组织等．2012．中国气候融资管理体制机制研究．http：//www. theclimategroup. org. cn/publications/2012-11-20. pdf［2012-11-20］．

王毅．1997．中国清洁生产的优先选题与实施保证．见：中国环境与发展合作委员会．中国环境科学研究、技术开发与培训．北京：中国环境科学出版社：199-204．

王毅．2011．学做大国从“绿色”开始．财经年刊“2012：预测与战略”．北京：财经杂志社：

290-293.
王毅，于宏源.2012. 超越“里约+20”：启动新的绿色转型进程与行动. 见：中国可持续发展研究会. 里约之新：国际可持续发展新格局、新问题、新对策. 北京：人民邮电出版社，34-41.
王跃思.2013. 京津冀2013年元月强霾污染事件过程分析. 北京：中国科学院大气物理所“大气灰霾追因与控制”专项组之“大气灰霾溯源”外场观测项目组.
温家宝.2012. 共同谱写人类可持续发展新篇章——在联合国可持续发展大会上的演讲. http：//news. xinhuanet. com/politics/2012-06/21/c_ 112262485. htm [2012-06-21].
薛晓源，李惠斌.2007. 生态文明研究前沿报告. 上海：华东师范大学出版社.
中国科学院可持续发展战略研究组.2006. 2006中国可持续发展战略报告——建设资源节约型和环境友好型社会. 北京：科学出版社.
中国科学院可持续发展战略研究组.2008. 2008中国可持续发展战略报告——政策回顾与展望. 北京：科学出版社.
中国科学院可持续发展战略研究组.2010. 2010中国可持续发展战略报告——绿色发展与创新. 北京：科学出版社.
中国科学院可持续发展战略研究组.2011. 2011中国可持续发展战略报告——实现绿色的经济转型. 北京：科学出版社.
中国科学院可持续发展战略研究组.2012. 2012中国可持续发展战略报告——全球视野下的中国可持续发展. 北京：科学出版社.
周生贤.2012. 中国特色生态文明建设的理论创新和实践. 求是，(19)：16-19.
Chertow M R，Esty D C. 1997. Thinking Ecologically. New Haven and London：Yale University Press.
Cobb J B. 2010. Necessities for an ecological civilization. http：//www. religion-online. org/showarticle. asp? title=3605 [2012-12-06].
Daly H E，John B，Cobb C W. 1989. For the Common Good：Redirecting the Economy toward Community，the Environment，and a Sustainable Future. Boston：Beacon Press.
European Commission. 2010. Europe 2020：A European Strategy for Smart，Sustainable and Inclusive Growth [COM (2010) 2020]. Brussels：European Commission.
Hargroves K，Smith M. 2005. The Natural Advantage of Nations：Business Opportunities，Innovation and Governance in the 21st Century. London：Earthscan.
Magdoff F. 2011. Ecological civilization. http：//monthlyreview. org/2011/01/01/ecological-civilization [2012-12-06].
Norgaard R B. 2010. A coevolutionary interpretation of ecological civilization. http：//neweconomicsinstitute. org/webfm_ send/23 [2012-12-06].
The Climate Group，Chinese Academy of Sciences' Institute of Policy and Management. 2012. Consensus and cooperation for a clean revolution：China and global sustainable development. http：//www. theclimategroup. org/_ assets/files/TCG_ ChinaCC_ web. pdf [2012-06-18].
Thomas V，Dailami M，Dhareshwar A，et al. 2000. The Quality of Growth. Washington D C：The World

Bank.
UNEP. 2011. Decoupling Natural Resource Use and Environmental Impact from Economic Growth：A Report of the Working Group on Decoupling to the International Resource Panel. Nairobi：UNEP.
UNEP. 2012. Measuring Progress towards a Green Economy（Working Paper）Nairobi：UNEP.
WCED. 1987. Our Common Future. Oxford：Oxford University Press.

目　　录

第一部分　主题报告——未来 10 年的生态文明之路

第二部分　技术报告——可持续发展能力与资源环境绩效评估

CONTENTS

Part Two Technical Report: Methodology and Technical Analysis—Assessment of Sustainable Development and Resource and Environmental Performance

第一部分　主题报告

——未来10年的生态文明之路

第一章 迈向生态文明的战略框架*

建设生态文明首次进入党的十七大报告，标志着生态文明由理论争鸣的象牙塔开始迈向治国理念和付诸行动的轨道。党的十七大报告中把建设生态文明作为实现全面建设小康社会奋斗目标的新要求，并且提出其基本目标："基本形成节约能源资源和保护生态环境的产业结构、增长方式、消费模式。循环经济形成较大规模，可再生能源比重显著上升。主要污染物排放得到有效控制，生态环境质量明显改善。生态文明观念在全社会牢固树立。"随后，国家"十二五"规划也把提高生态文明水平作为努力的方向之一。

2012 年 11 月召开的党的十八大更是将生态文明建设提升到与经济建设、政治建设、文化建设、社会建设并列的战略高度，要求把生态文明建设放在突出地位，融入经济建设、政治建设、文化建设、社会建设各方面和全过程，努力建设美丽中国，实现中华民族可持续发展，并且进一步明确了生态文明建设的相关目标，即到 2020 年"资源节约型、环境友好型社会建设取得重大进展。主体功能区布局基本形成，资源循环利用体系初步建立。单位国内生产总值能源消耗和二氧化碳排放大幅下降，主要污染物排放总量显著减少。森林覆盖率提高，生态系统稳定性增强，人

---

* 本章由陈劭锋、苏利阳、刘扬、陈茜、汝醒君、李颖明、潘明麒执笔，作者单位为中国科学院科技政策与管理科学研究所

居环境明显改善”。同时还提出了生态文明建设的四大任务，包括基本优化国土空间开发格局、全面促进资源节约、加大自然生态系统和环境保护力度、加强生态文明制度建设。这无疑为今后建设生态文明和美丽中国指明了方向。

一 生态文明建设的战略意义

“生态文明建设”的提出有其特定的国内外政治、经济和社会背景。围绕生态文明建设的行动不仅关系到我国能否实现全面建设小康社会的目标，而且也关系到人民的福祉和民族的未来，尤其是对应对当前和今后面临的资源、能源和环境等问题的严峻挑战，具有极为重要的战略意义。

（一）有利于缓解资源环境压力、保障民生并提高发展可持续性

在经历30多年的高速发展后，我国面临着资源约束趋紧、环境污染严重、生态系统退化等问题的严峻挑战，开展生态文明建设的需求十分迫切。

首先，资源约束趋紧，风险不断增加。由于人口众多，我国人均资源特别是战略性资源的拥有量先天不足，人均水资源量、耕地面积分别是世界平均水平的1/4、1/3，人均煤炭、石油、天然气仅为世界平均水平的69%、6.2%、6.7%。近年来，资源能源的消耗规模在利用效率不高的情况下迅速膨胀，使得我国战略性资源能源的供需矛盾日益突出，对外依存度节节攀升。图1.1显示，2011年我国原油、铁矿石、铜、铝、钾肥等大宗矿产的对外依存度均超过50%；即使是相对丰富的煤炭资源，净进口量也在不断增加。同时，我国海外资源开发正面临着越来越多的限制。在上述情形下，战略性资源的对外依存度过高已成为我国经济社会安全稳定发展的重大潜在风险源。

其次，环境污染严重，格局更加复杂。2010年我国二氧化硫（SO_2）、氮氧化物（NO_x）、化学需氧量（COD）、氨氮排放分别达到2267.8万吨、2273.6万吨、2551.7万吨、264.4万吨，远远超过环境容量，环境污染十分严重。根据亚洲开发银行的报告（ADB，2012），世界上污染最严重的10个城市有7个在中国；中国最大的500个城市中，只有不到1%达到了世界卫生组织推荐的空气质量标准。2012年冬季以来，我国城市雾霾天气更是频发，涉及全国17个省市，覆盖全国近1/7的国土面积，首都北京的空气污染更是多次达到重度污染，严重影响到人体健康。据估算，中国的空气污染每年造成的经济损失，基于疾病成本估算相当于国内生产总值的1.2%，基于支付意愿估算则高达3.8%（ADB，2012）。2011年环境状况公报

显示，全国地表水总体为轻度污染，在监测的十大水系469个国控断面中，劣V类水质断面占13.7%，湖泊（水库）富营养化问题仍然突出（环境保护部，2012a）。应该关注的是，伴随着快速的工业化进程，我国环境污染格局越来越复杂多样。例如，在传统酸雨污染问题依然突出的情况下，受机动车数量快速增加的影响，许多城市的大气污染由传统的单一煤烟型向煤烟、汽车尾气复合型污染转型，细颗粒物（特别是$PM_{2.5}$）的污染问题凸显；在水方面，水资源、水环境、水生态和水灾害等四大水问题相互作用、彼此叠加，形成影响未来中国发展和安全的多重水危机（中国科学院可持续发展战略研究组，2007；中国科学院可持续发展战略研究组，2008）。

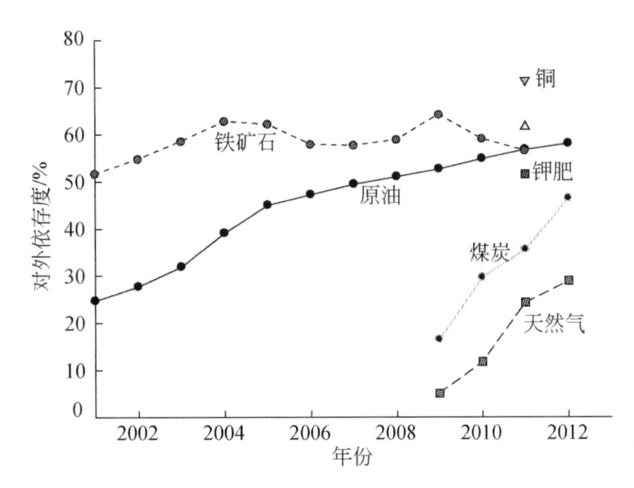

图1.1　我国主要矿产资源和能源的对外依存度

资料来源：国土资源部，2012

最后，部分生态系统退化严重，生物多样性面临威胁。据统计，由于全球气候变化及一些地区不合理的开发活动，我国部分重要生态功能区的生态环境继续恶化。目前全国水土流失面积高达356万平方千米，占到全部国土面积的37.1%，我国是世界上水土流失最为严重的国家之一；2009年荒漠化土地面积达262.4万平方千米，沙化土地面积为173.9平方千米，占国土面积的1/5；全国约90%的天然草地存在不同程度的退化。同时，生物多样性面临严重威胁，野生高等植物濒危比例达15%~20%，裸子植物和兰科植物高达40%以上；野生动物濒危程度不断加剧，233种脊椎动物濒临灭绝，约44%的野生动物呈数量下降趋势，部分珍贵和特有的农作物、林木、花卉、畜、禽、鱼等种质资源流失严重，一些地方传统和稀有品种资源丧失。外来入侵物种严重威胁我国的自然生态系统，初步查明我国有外来入侵物种500种左右，每年造成的经济损失约为1200亿元（环境保护部，2012b）。

（二）有利于推动产业升级、促进国内发展方式转型

产业转型升级问题一直是我国经济发展的一大难题，迄今为止仍未有显著的进展。从产业结构看，自2003年以来，我国步入新一轮的经济增长周期，作为工业化基础的钢铁、水泥、汽车等行业迎来了快速增长，产业结构的重型化特征明显。从产业发展模式看，我国目前仍然未能摆脱以要素投入和规模扩张为主要特征的粗放型发展模式，钢铁、水泥、平板玻璃、煤化工等产业面临着产能过剩的威胁。从产业竞争力看，产业基本特征是“大而不强”，即产业规模虽然很大，但产品结构和技术水平偏低，总体上仍然处于全球产业链的低端。以汽车为例，我国一方面拥有世界第一的产销规模，另一方面却面临着自主品牌竞争力薄弱、国内中高端市场尤其是高端市场几乎完全被国外产品占领的不利局面。

生态文明建设为推动我国产业转型升级提供了重要契机。大力发展节能环保、新能源、新能源汽车等战略性新兴产业，不仅可以促进节能减排，而且还能够提高竞争力、提供新的就业机会，使其成为新的经济增长点，进而促进产业结构转型。根据HSBC（2010）的研究，在确信情景（conviction scenario）下，中国低碳经济规模在2009~2020年将保持14%的年均名义增长率，在2020年达到5260亿美元，其中低碳能源生产约占44%（约2300亿美元），其余约56%为能效市场（约2980亿美元）（表1.1）。目前，我国战略性新兴产业发展虽然整体上仍处于起步阶段，但值得庆幸的是，西方发达国家尚未完成这些行业的专利和标准布局，这意味着我国依然存在占据国际竞争制高点的机会窗口。通过推进生态文明建设，以创新驱动绿色新兴产业发展，中国完全有可能最终成为国际社会的领军者。

表1.1　HSBC确信情景下2020年中国低碳经济各领域的市场规模（单位：亿美元）

领域	低碳能源生产				能效和能源管理				
	风能	太阳能	其他可再生能源	核能	建筑能效	工业能效	交通能效	模式转变	其他
市场规模	950	180	460	540	580	460	1730	280	200

资料来源：HSBC，2010

（三）有利于提升国家形象和国际影响力、实现绿色崛起

从世界范围来看，伴随着中国、印度等新兴经济体的崛起，世界资源环境格局也随之发生变化，全球资源消耗与污染物排放的重心逐渐向东方转移，中国在国际分工中的地位日益凸显。统计数据显示，2009 年，中国的 GDP 约占世界的 7.6%，而主要资源消耗和污染物排放占世界的比重远高于 GDP 所占的比重。其中，一次能源消费量约占世界的 19.3%，成品钢材消费量约占世界的 48.1%，水泥消费量约占世界的 53.4%，臭氧层消耗物质消费量约占世界的 44.5%，化石燃料燃烧 CO_2 排放量约占世界的 23.7%（中国科学院可持续发展战略研究组，2012）。

与之相伴，资源环境问题也正成为中国与世界其他国家的交锋点及影响国家安全、国际形象和地缘政治的潜在隐患。例如，在全球气候政治谈判中，中国在世界碳排放格局中的突出地位致使西方国家一直指责中国不作为，甚至成为一些国家（如美国）逃避自身责任的借口；中国对矿产资源、化石能源的全球性获取及跨境水资源利用等问题也容易为一些西方国家捕风捉影、散布“中国资源威胁论”和“中国环境威胁论”等言论提供口实和依据；以国有企业为主导的海外投资、开发和并购模式，正引起一些国家对中国崛起的“警惕”或“恐惧”。与此同时，国际社会对中国的期望也越来越高，希望中国积极承担与能力增长相符合的责任和义务，成为国际能源和环境问题的重要参与者。正如欧盟驻中国大使 Markus Ederer 先生所说的，“中国与其他高资源能源消耗国家应该采取一切可能的方式，去表明获取全球资源不是一种竞争，而是一种合作。”

总之，中国推进生态文明建设不仅关系到国内经济社会发展的可持续性，而且也惠及全球的可持续发展。一方面，中国解决好自身发展过程中带来的资源环境问题本身就是对人类发展最大的贡献，这是对相关威胁论最有力的回应。另一方面，中国特色的生态文明建设还能够为世界上其他发展中国家的发展提供有益的经验，从而引领全球的文明转型。因此，战略意义重大。

二 生态文明建设的理论及其评估

（一）生态文明的基本内涵

自生态文明建设的理念提出后，学术界和政府部门均从不同角度对其进行诠释

和解读，从而产生了五花八门的定义，也导致认识上存在一定程度的模糊和混乱。总体而言，目前对生态文明的定义大同小异，可以从广义和狭义两方面来理解。

广义的生态文明是指人类社会继原始文明、农业文明、工业文明后的新型文明形态（沈国明，2005；王金南等，2010；夏光，2009），是人类社会发展演变的一个新阶段，囊括整个社会的各个方面，不仅要求实现人与自然的和谐，而且要求实现人与人的和谐，是全方位的和谐。它是相对于传统的工业文明在给人类带来巨大物质财富的同时，也造成了自然资源的耗竭、生态环境的日趋恶化，导致人与自然关系严重失衡的弊端而言的。正如马克思曾指出的，“文明如果是自发地发展，而不是自觉地发展，则留给自己的是荒漠”。从这个角度来讲，生态文明是人类按照自然、经济和社会系统运转的客观规律，建立起来的人－自然－社会良性运行、和谐发展的高级文明形式，更是人类历史发展的必然产物，如图1.2所示（王金南等，2010）。

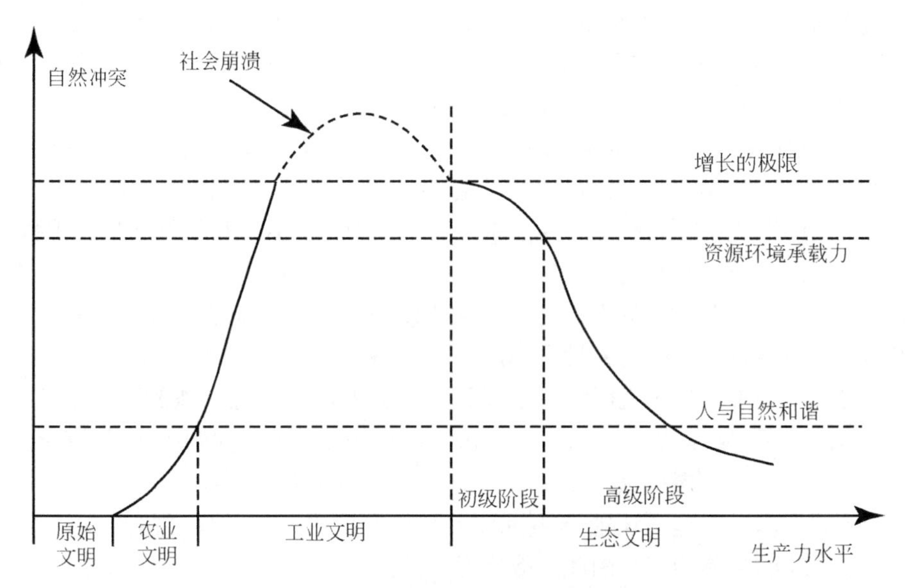

图1.2　不同文明进程下人与自然的冲突

资料来源：王金南等，2010

狭义的生态文明是指与物质文明、政治文明（制度文明）和精神文明相并列的现实文明形态之一，是人类文明的一个方面，着重强调人类在处理与自然关系时所达到的文明程度。在这个层面上，物质（经济）、精神、文化、社会、政治、生态环境等是社会经济发展的关键维度。但生态文明不等同于物质文明、制度文明和精神文明，而是渗透于物质文明、制度文明和精神文明之中或以物质文明、制度文明和精神文明为载体的（邱耕田等，2002），因为生态文明需要扎实的物质积淀、坚定的精神动力和有力的政治决策支撑（高珊等，2009）。如果没有和谐的生态环境，人类不可能达到高度的物质文明、精神文明和政治文明，甚至连现有成果也可能全部失去。生态文明给其在物质、精神和政治领域的成果都贴上了“生态”的标签，如生态产业、生态伦理、生态经济、绿色政治等。有鉴于此，严耕等（2009）指出生态文明可以具体表现为生态物质文明、生态制度文明和生态精神文明。这种理解可用图 1.3 表征。

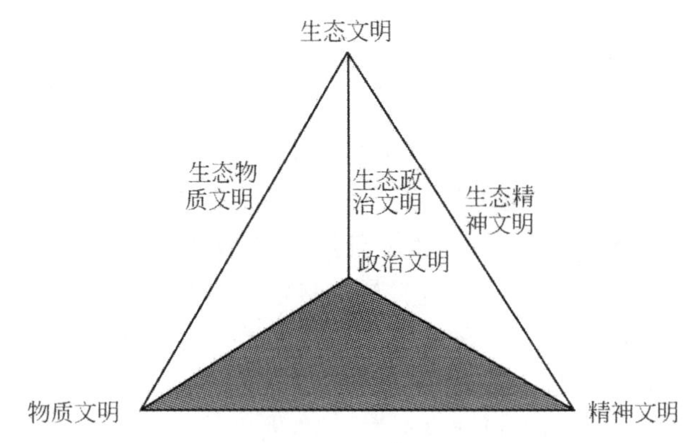

图 1.3　物质文明、精神文明、政治文明与生态文明之间的关系

也有人认为，生态文明可以理解为生态理念在人类行动中的具体体现，是人类社会开展各种决策或行动的生态规则。随着社会发展，人类通过法律、经济、行政、技术等手段及自然本位的风俗习惯，以生态理论和方法指导人类各项活动，实现人（社会）与自然和谐、可持续发展。

生态文明与物质文明、精神文明、政治文明之间相互联系、相互促进、不可分割（图 1.3）。其中物质文明为生态文明提供物质支持和资金保障，而生态文明要求物质文明的发展以资源环境的约束或承载力为前提和基础；政治文明为生态文明提供政治导向、决策支持和制度保障，可以引领、凝聚和动员各种社会资源和力量参与到生态文明建设中，而生态文明也要求政治文明具有生态化取向，使政府能够矫正市场在供给环境公共物品方面的失灵，并制定更为积极的环境保护政策；精神文明为生态文明提供智力支持、思想保证、精神动力和行为准则，而生态文明则要求精神文明的“绿化”，积极树立人与自然和谐相处的价值观、道德观和伦理观，以及正确的生态意识和行为，为生态文明建设创造和谐的社会氛围，体现环境的公平公正。

有部分定义介于广义与狭义之间，抑或是两者的结合。例如，周生贤（2009）

认为，生态文明是人类在利用自然界的同时又主动保护自然界、积极改善和优化人与自然关系而取得的物质成果、精神成果和制度成果的总和。王如松认为，生态文明是人类在改造环境、适应环境的实践中所创造的人与自然持续共生的物质生产和消费方式、社会组织和管理体制、伦理道德和社会风尚，以及资源开发和环境影响方式的总和（刘蔚，2007）。

还有人认为，生态文明是指人类在生产生活实践中，协调人与自然生态环境和社会生态环境的关系，正确处理整个生态关系问题方面的积极成果，包括精神成果和物化成果，实现生态系统的良性运行，人类自身得到进步和改善，人类社会得到全面、协调、可持续发展（沈国明，2005）。潘岳（2006）认为，生态文明是指人类遵循人、自然、社会和谐发展这一客观规律而取得的物质与精神成果的总和。俞可平（2007）认为，生态文明就是人类在改造自然以造福自身的过程中为实现人与自然之间的和谐所作的全部努力和所取得的全部成果，它表征着人与自然相互关系的进步状态。生态文明既包括人类保护自然环境和生态安全的意识、法律、制度、政策，也包括维护生态平衡和可持续发展的科学技术、组织机构和实际行动。

从人类历史的角度来看，一种文明在人类社会发展进程中的确立和主导需要相当长的时间。而从人类环境意识真正觉醒到现在也不过半个世纪的时间，即使在发达国家，人们的环境意识虽然已经达到较高的水平，但生态文明观念仍未占据绝对主导地位，不可持续的消费模式依然存在，每个公民消耗的资源和形成的生态足迹往往是发展中国家的数倍甚至数十倍。正如世界自然基金会发布的《2000 年地球生命力报告》指出的，如果全球都像英国和其他欧洲国家一样消费的话，那么地球人需要立即找到另外两个像地球一样的星球，才能满足其自然资源需求（WWF，2000）。因此，单纯就发达国家而言，转变不可持续的消费模式还有很长的路要走。

因此，基于上述分析，十七大和十八大报告所提出的生态文明建设理念显然针对的是狭义的生态文明，即将生态文明作为一种治国理念和手段来看待，即在一个相对较短的时期内，提出比较清晰的目标和任务，并且通过努力和可操作的手段来实现。

无论是广义还是狭义的定义，生态文明都以人与自然的相互作用关系为主线，承认资源环境对人类活动承载力的有限性，并且涉及自然、社会、经济等多个维度，侧重于规范人类对自然的行为。总之，生态文明是以尊重、顺应和保护自然为前提，以人与人 、人与自然、人与社会和谐共生为宗旨，以资源环境承载力为基础，以建立可持续的生产方式、消费模式及增强可持续发展能力为着眼点，强调人的自觉与自律，强调人与自然的相互依存、相互促进、共处共融（环境保护部，2012b）。

（二）生态文明建设的理论基础

1. 生态文明与生态文明建设

如果把生态文明视为一种目标、理想或发展愿景，那么实现它则需要经历长期的建设过程。因此，可以说生态文明建设是迈向或实现生态文明的操作途径和实践过程。建设生态文明是理念、行动、过程和效果的有机统一体。其中，牢固树立生态文明理念、绿色低碳发展理念、环保优先理念是前提。采取一切有利于推进生态文明建设的政策举措，抓紧行动起来是关键。生态文明是长期艰巨的建设过程，坚持不懈地加以推进是基础。注重生态文明建设效果的最优化和可持续性是目的（周生贤，2010）。生态文明本身是一个结构复杂、内涵丰富、意蕴深刻的综合性概念，建设生态文明必然涉及自然、社会、文化、经济、政治、技术等多个维度和要素，跨越意识和行为两大层面，包括先进的生态伦理观念、发达的生态经济、完善的生态制度、良好的生态环境（周生贤，2009；2010）。因此，生态文明建设是一项系统的工程，需要社会系统全方位转型，从人们的思想观念、生产生活方式到政治经济体制等，都需要彻底的改变。

当前的生态文明概念主要是从中国语境中产生出的话语。在西方，无论从生态哲学、生态经济等角度出发，还是从生态马克思主义、生态现代化、环境治理（governance）等理论出发，虽然都讨论过类似的概念，但并没有形成系统的阐述（Cobb，2010；Norgaard，2010；Magdoff，2011；阿瑟·莫尔等，2011）。因此，从严格意义来讲，有关生态文明的研究并没有学术传承，这一概念的提出、成立及演化尚未得到理论上的论证和实践的检验，也就是说，生态文明建设还有待于其在中国的理论探索和实践引领。

2. 生态文明建设的基本前提探索

深刻认识人与自然的相互作用关系和作用机理是开展生态文明建设的出发点和理论依据。黄鼎成等（1997）比较系统地研究了人与自然的相互作用关系。从物质层面来看，人与自然的相互作用，即自然系统和社会系统的相互作用，主要发生在社会物质产品的生产和消费过程中。从人与自然相互作用的角度来分析，社会物质产品的生产和消费包括四个环节：从自然系统获取自然资源，将自然资源转化或加工为社会产品，社会产品的消费，获取资源、加工产品和产品消费过程中向自然系统排放废物。控制人与自然相互作用基本过程的是技术结构、消费结构和控制结构。

技术结构决定了人类从自然界获取的自然资源的种类和获取方式，决定了自然资源转化为社会产品的加工工艺，决定了社会产品的种类，也决定了生产和消费过程中产生的废物的种类和方式。

消费结构决定了人类从自然界获取自然资源的总量、社会产品总量和人类向自然界排放废物的总量，它是由人口规模和人均消费水平所决定。技术结构决定了人与自然相互作用的方式，消费结构决定了人与自然相互作用的规模和强度。它们直接控制了社会物质产品的生产和消费过程，也直接控制了人与自然相互作用的基本过程。

调控结构由人类的价值观念、人类社会系统的制度安排和社会的组织管理方式组成。价值观念，特别是自然观是指导人类处理人与自然关系的基本原则，也是生态文明建设的前提条件和最基础的“元因素”。人类社会系统的制度安排及社会的组织管理方式都与价值观念息息相关。换言之，价值观念是影响制度安排和组织管理方式的深层根源。人类社会的制度安排作为规范人类行为的一系列规则，其中涉及人与自然相互作用的制度安排。社会的组织管理方式外延较广，其中包括人类社会的组织管理方式和开发利用自然系统的组织管理方式，也包括社会对消费结构和技术结构的调控方式。调控结构对技术结构和消费结构均有直接影响，从而间接地决定了人与自然相互作用的基本过程。人与自然相互作用的基本过程与控制结构如图1.4所示。

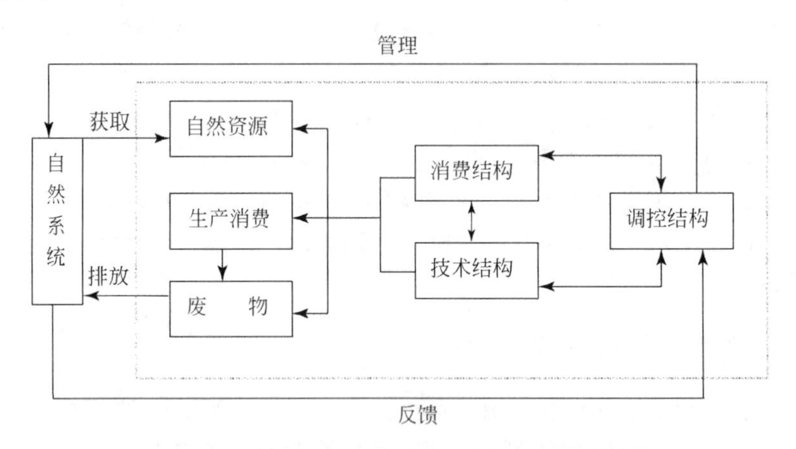

图1.4　人与自然相互作用的基本过程与控制结构

资料来源：黄鼎成等，1997

3. 生态文明建设的概念模型

建设生态文明囊括多个维度（包括自然、经济、文化或社会、政治或制度、技术等维度)，跨越多个层次（微观、中观和宏观)，涉及多个主体（政府、企业、社会公众)，涵盖多种环节（生产、分配、流通、消费)，包含多种要素（资本、技术、人口素质、环境意识、价值观、产品、产业等)。因此，生态文明建设既是一项复杂的系统工程，也是一个社会深刻变革和调整的过程，其最终目标是促进人与自然的和谐，实现人类的可持续发展。

可持续发展包括两个重要概念："需要"和"限制"（WCED，1997)。"需要"的概念，是指要满足人们体面、有尊严的生活需求，尤其是把满足世界上贫困人民的基本需求，放在特别优先的地位来考虑。"限制"的概念，是指技术状况和社会组织对环境满足眼前和将来需要的能力施加的限制。

生态文明亦是如此，既要考虑满足人们合理的消费需求，又要考虑人们需求的环境承载力和社会经济技术条件的限制。结合生态文明的内涵、人与自然的相互作用机理及生态文明与其他文明之间的相互关系，我们形成了生态文明建设概念模型，如图 1.5 所示。

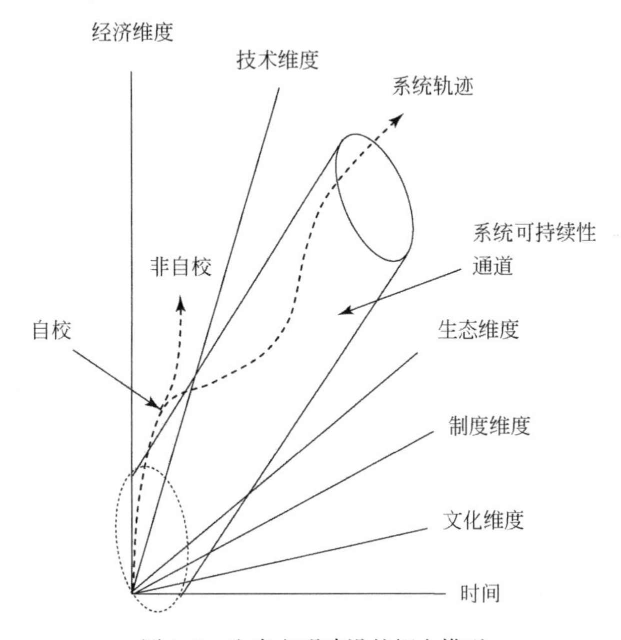

图 1.5 生态文明建设的概念模型

资料来源：根据 Cabezas et al（2003）的资料修改

在这个概念模型中，生态文明建设可以视为在经济、技术、生态、文化、制度构成的多维空间中，通过政府行为、企业行为和公众行为的自我调整和良性互动，引导和促进自然－社会－经济复杂系统沿着一定的边界约束“通道”实现正向演化的积极干预过程。在这一过程中，生态文明水平不断提高，可持续发展能力不断增强。

值得一提的是，生态系统的约束——承载力——是有限的，但其本质上又是动态的而非固定的，它是由自然限制和人类关于经济、环境、文化、人口的选择共同来决定的。人类可以借助技术使其增大，但往往是以生物多样性或生态服务功能的减少或损失为代价。承载力的提高是有限的，这取决于系统自身的更新或废弃物的安全吸收能力（IUCN et al，1992；陈劭锋，2003）。

4. 生态文明建设的基本构成

由生态文明建设的维度，可以派生出生态文明建设的五大基本组成，即生态经济建设、生态科技建设、生态环境建设、生态制度建设、生态文化建设。

生态经济建设是把生态文明和环境保护的理念贯穿到经济发展过程中，以环境保护优化经济增长，提高增长质量。促进清洁生产，发展绿色产业和循环经济，绿化经济结构，减少经济增长的资源环境代价，推动形成可持续的生产模式，为生态文明建设提供坚实的物质基础。

生态科技建设就是要大力发展资源节约、环境友好型的技术、工艺系统和产品，淘汰落后产品、技术和工艺，加强技术的综合集成和开发，绿化现有产业主导技术群，特别是通过信息通信技术等智能技术的广泛应用，提升产业的资源节约和节能减排效果，提供不同尺度上生态环境问题的系统化技术解决方案，为生态环境治理和生态文明建设提供强有力的科技支撑。

生态环境建设就是加强环境保护力度，包括加大污染防治力度，强化退化土地的治理，修复受损或退化的生态系统，恢复和提高资源和生态系统的再生能力、自净能力、服务功能和承载能力，为生态文明建设提供生态安全屏障。

生态制度建设就是建立和完善相应的资源利用和环境保护法律法规、标准和政策体系，特别是重视和加强经济手段的开发、应用和创新，建立跨部门和多主体合作的良性治理结构和治理机制，为生态文明建设保驾护航和提供制度保障。

生态文化建设就是在对传统文化扬弃的基础上，推动建立适应生态文明建设的价值观念、伦理道德、社会氛围和文化，促进生态文化产品开发和推广，促进形成资源节约、环境友好的可持续消费模式，为生态文明建设提供源源不断的精神支柱和思想动力。

5. 生态文明建设的逻辑架构

生态文明建设涉及生产方式和生活方式的根本变革。物质的生产和消费过程也是人与自然相互作用的主要载体和界面。促进生产和生活方式的改变，建立可持续的生产和消费模式是生态文明建设努力的方向。

建立可持续生产和消费模式需要把资源节约和环境保护纳入生产和消费的全过程，把源头预防、过程控制和末端治理结合起来，基本的逻辑架构和调控区间如图1.6所示。

从纵向看，生产和消费模式的转变都涉及微观、中观和宏观三个层次。与之相对应，政策调控的区间也形成了相应的等级。从引导微观层面的行为调整到中观层面的过程控制再到宏观层面社会经济系统的目标导向和激励约束。

在生产领域，微观上，通过教育、培训、宣传、管制、经济、自愿协议等手段和工具的激励与约束，提高生产者的环境意识，引导和促进生产者行为的改变，包括鼓励企业开展清洁生产和绿色认证，改造和淘汰资源、能源和污染密集型的产品和工艺，设计、开发、采用和引进资源节约、环境友好型的产品、工艺和技术，提高企业生产过程的生态效率和污染治理水平，控制企业资源能源消耗和污染物排放；中观上，通过严格行业准入标准、淘汰落后产能、发展节能产业、鼓励行业兼并重组、加强环境基础设施建设等，促进整个行业或区域层面产业和产品结构、增长方式、产业组织方式的转变，提高行业生态效率的提高和控制行业层面的资源能源消耗和污染物排放；宏观上，通过总量控制、区域限批、功能区划等手段及其形成的倒逼机制，控制宏观层面经济活动的资源消耗和污染排放量。

在消费领域，微观上，通过教育、培训、宣传，以及必要的行政手段和经济激励手段，提高消费者的环境意识，促进消费者个体行为和消费偏好的改变；中观上，通过绿色采购、税收、信贷、阶梯式电价、水价等经济手段，促进节约型产品的示范、应用和推广，加快绿色交通、绿色住宅和相关环境基础设施建设，引导社会群体的消费结构和消费模式的转变，提升消费过程的生态效率和降低污染排放；宏观上，通过综合运用经济、行政等手段，加强需求侧管理，提升全社会生活领域的生态效率，控制资源消耗和污染物排放总量。

从横向看，生产和消费紧密相连、互相推动、相互依存。生产决定消费对象、消费方式、消费水平和消费质量，而消费则是生产的目的和动力，其变化往往带动生产的调整和升级。生产和消费作为整个社会生产大循环的主要环节是以产品和服务的分配和流通为纽带连接起来的。因此，可持续生产和消费也是互为关联、不可分割的。如果把促进形成可持续生产和消费作为生态文明建设的两大核心或基石，再加上将资源节约和环境保护贯穿到从生产到消费的全过程，则可以构筑起资源节约型、环境友好型社会的整体框架。

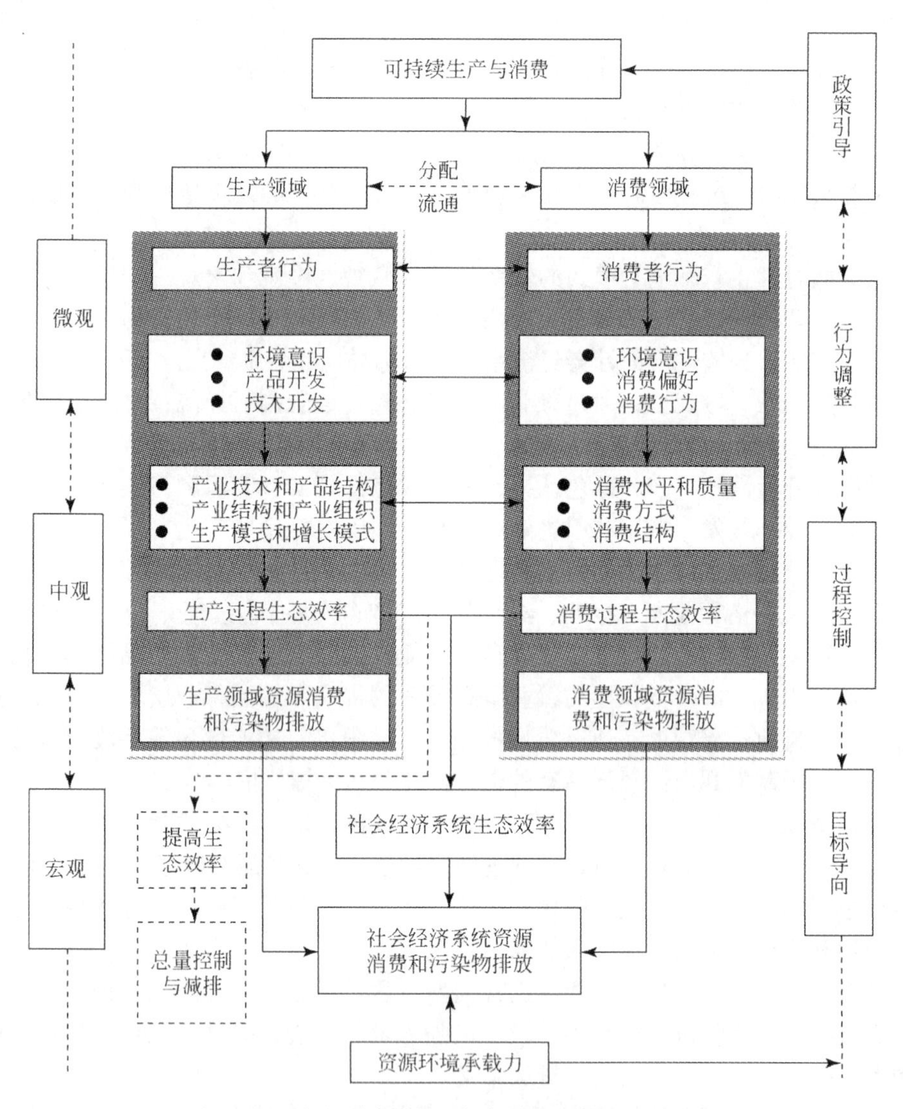

图 1.6　生态文明建设的逻辑架构和调控区间示意图

（三）生态文明建设的监测评估

自生态文明理念提出以来，国内出现大量文献和报告探讨生态文明概念和理论，其中有不少涉及生态文明建设的监测和评估。毫无疑问，生态文明建设是一个复杂的、发展中的动态过程，为了对该过程进行调控以便使其向预定的目标前进，需要建立相应的指标体系来开展监测和评估。这既是生态文明从理论探讨进入实践操作的必要环节，也是生态文明建设现状分析、问题诊断、正确决策、科学规划、路径选择和动态优化的依据，更是评判实施效果或政策效果、反应进展状况并且发挥导向作用的手段和工具。

继十七大报告首次提出建设生态文明后，学术界和政府部门不仅对生态文明理念和内涵纷纷进行解读，并且还各自发展或提出了五花八门的指标体系，希望能够用于推进生态文明建设的实践。

从政府部门来看，在国家层面上，1995 年，国家环保局就开展了生态示范区建设试点工作，并于 2000 年在全国组织开展生态示范区建设，制订了生态示范县（市、省）建设指标，并且经历了多次修订。目前，全国已经有多个省、直辖市、自治区开展了生态省、生态市、生态县的建设。1997 年，国家环保局还启动了创建国家环境保护模范城市活动。模范城市考核指标先后经过五次修订，其中 2010 年 1 月1 日开始实施的《国家环境保护模范城市指标体系（修订稿）》对模范城市提出了更高的要求。在经过多年试点后，国家发展和改革委员会、国家环保总局和国家统计局于 2007 年联合发布了分别用于宏观和工业园区两个层面评价的循环经济评价指标体系。在“十二五”规划中，也明确提出将实行各有侧重的绩效评价来推进主体功能区规划，优化国土空间结构。这也是生态文明建设区域差异性的体现。

在地方政府层面，浙江生态省建设工作领导小组办公室 2003 年制定了浙江省生态文明综合评价指标体系。贵阳 2007 年通过了《关于建设生态文明城市的决定》，随后形成了《贵阳市建设生态文明城市指标体系及监测方法》。中共厦门市委与中共中央编译局 2008 年联合发布了《厦门市生态文明（城镇）指标体系》。2009 年，云南省政府颁布了《七彩云南生态文明建设规划纲要（2009—2020 年）》，提出了云南生态文明指标体系等。

在学术研究方面，学者们分别对国家、区域、城市、农村等尺度上的生态文明或生态文明建设指标体系进行了大量的探讨。

在国家层面上，相关的研究主要包括生态文明指标体系的特征或逻辑架构，基于不同角度制定相关生态文明指标体系，以及利用所建立的指标体系或指数对生态文明程度或节约型社会进展等方面进行评估（朱成全等，2009；范小杉等，2010；白杨等，2011；王会等，2012；中国科学院可持续发展战略研究组，2012）。

在省市层面上，相关的研究主要集中在一般意义上的省（直辖市、自治区）科学评价指标体系构建，不同省市的指标体系构建、评估和比较研究，利用单一角度的指标或综合指数对生态文明相关活动进行评估（王丽坷，2008；北京林业大学生态文明研究中心 ECCI 课题组，2009；谢鹏飞等，2010；侯鹰等，2012；马文斌等，2012；王家贵，2012；国务院发展研究中心“科学发展评价指标体系研究”课题组，2012）。

此外，还有学者探讨城市化与生态文明建设协调发展、城市生态竞争力指标体系及评估研究，生态小区指标体系，矿区生态文明指标体系，农村生态文明监测体系构建及文明生态村评估指标体系研究等。

从上述指标体系进展来看，存在着诸多问题。就政府部门而言，虽然环保部门制定了生态示范区指标体系，但是其内容仅仅是生态文明建设的一个重要组成部分，而不能作为考量整个生态文明建设的指标体系。目前我国相关部委尚未出台国家层面的有关生态文明建设考核的、比较统一规范的指标体系，难以有效地指导全国、各地区和城市生态文明建设的实践。由于地方政府部门对生态文明或生态文明建设内涵的理解不同，加上区情不同，导致其指标体系的架构存在一定的差异，而且实施的程度有限。

就学术研究而言，学者们虽然形成了从国家尺度到地方尺度形形色色的指标体系，但是差异极大，这在很大程度也反映了学术界在生态文明或生态文明建设的概念和内涵认识上极不统一，缺乏公认的理论支撑，从而为不同学者从不同角度解读预留了空间。大多数研究还仅停留在理论研究层面，加之评估目的性不清晰，不少论文属于低水平重复，可操作性较差。一些生态文明指标体系与一般意义上的可持续发展指标体系难以区分，如都涉及经济、社会、环境三个维度。还有一些指标体系倾向于选择终端治理状况指标，而较少涉及经济发展过程、经济发展结构及人类消费结构和消费理念相关的指标。许多指标体系还对生态文明与生态文明建设不加区分，在评估中仅限于横向比较而缺乏动态变化研究，难以反映生态文明建设的过程特点。即使在相同的维度下，一些指标体系的指标设置和子系统结构的逻辑安排也会出现明显差异。在技术上，很多生态文明指标体系存在着指标之间关系复杂含糊、指标选取与统计资料不相符、基础统计资料难以获得等问题。

生态文明建设是一个涉及政治、经济、文化、技术、自然等方面的复杂系统工程，因此生态文明建设评价体系必须从系统整体出发，科学地体现生态文明的综合性与整体性特征。但是，任何一个既定的指标体系都无法完整而有效地评价各地区和城市的实际情况。有鉴于此，一个科学的生态文明评价指标体系必须具有一定的弹性、灵活性和可操作性，即在包含大部分共性基础指标的同时，也应该有一些自主选项空间。这样不同的城市和地区就可以根据自身条件的不同进行灵活调整，在遵循共性指标的基础上，有重点、有选择性地设立个性指标，而不是用统一的标准衡量进行硬性比较和评价。

三　生态建设和环境保护的重大实践回顾

在党和政府明确提出探索中国特色的生态文明之路之前，中国已经开展了一系列相关的重大实践，尤其是在生态建设和环保领域，包括大规模生态保护与建设、节能减排、重点流域水污染治理等，积累了许多有借鉴意义的经验。

（一）大规模生态保护与建设工程①

1. 1998 年以来的生态保护与建设工程概况

由于 20 世纪我国的生态环境保护工作长期滞后，导致生态退化问题日趋严重。到 1998 年前后，中国生态退化问题已经严重威胁到国民经济的发展和人民群众的生活。特别是当年长江流域的特大洪水和北方地区的严重沙尘暴，给我国经济和社会带来了极大危害。以长江洪水为例，根据不完全统计，当年受灾人口超过 1 亿人，受灾农作物达 1000 多万公顷，死亡 1800 多人，倒塌房屋 430 多万间，经济损失超过 1500 亿元②。

在上述背景下，1998 年 11 月国务院通过了《全国生态环境建设规划》，提出我国生态环境建设的总体目标："用大约 50 年左右的时间，动员和组织全国人民，依靠科学技术，加强对现有天然林及野生动植物资源的保护，大力开展植树种草，治理水土流失，防治荒漠化，建设生态农业，改善生产和生活条件，加强综合治理力度，完成一批对改善全国生态环境有重要影响的工程，扭转生态环境恶化的势头；力争到下个世纪中叶，使全国适宜治理的水土流失地区基本得到整治，适宜绿化的土地植树种草，'三化'草地基本得到恢复，建立起比较完善的生态环境预防监测和保护体系，大部分地区生态环境明显改善，基本实现中华大地山川秀美。"

---

① 本节参考了《2008 中国可持续发展战略报告——政策回顾与展望》的相关内容

② 参见 98 长江特大洪水．http：//www. weather. com. cn/zt/kpzt/65137. shtml

为了落实这一规划，国家先后启动了一系列的生态建设和保护工程。迄今为止，我国基本形成了涉及森林、草原和湿地三大生态系统的重点生态建设和保护工程布局（图1.7），并投入了大量的资金。

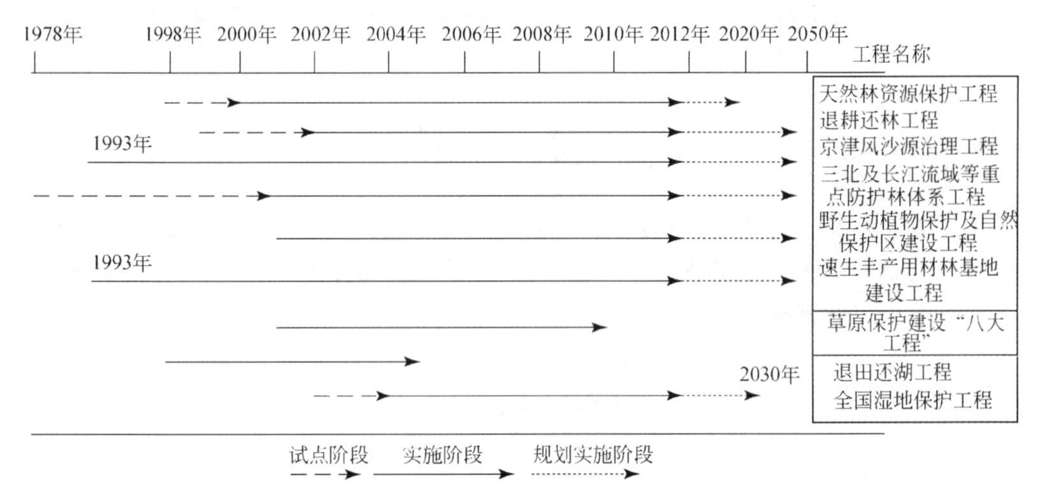

图1.7　主要生态保护与建设工程进展

森林生态系统建设和保护是我国生态建设和保护工程的重点。2001年，国家在统筹兼顾的基础上，对当时的17项林业生态建设工程进行了优化整合，开展了天然林保护、退耕还林等六大林业重点工程。进入“十一五”以来，又完善、调整、新增了沿海防护林、湿地保护、岩溶地区石漠化综合治理及三江源保护工程。截止到2011年，我国在森林生态系统建设和保护工程方面共计投入4395亿元（国家林业局，2012）。

在草原方面，国家发布2001～2010年《全国草原生态保护建设规划》，先后实施了包括草原封育围栏、划区轮牧、草场改良、草场节水灌溉、飞播牧草、人工种草（包括人工草场、退耕还草、饲草料基地）、治虫灭鼠和自然保护区建设等在内的草原保护建设“八大工程”，以改善草原生态系统，其中退牧还草工程于2003年实施。同时，相继出台了一系列方针、政策，实行草畜平衡，加强草原保护和建设。统计显示，自2003年实施退牧还草工程以来，中央共投入资金209亿元（陆娅楠，2011）。

在湿地保护方面，国家主要围绕退田还湖、湿地保护区和湿地恢复示范工程建设等工程开展工作。退田还湖的主要实施期在1998～2002年，期间长江中游退田还湖工程共安排移民62万户242万人。国家林业局还选择生态环境脆弱、生物多样性丰富的湿地地区开始试点，批准或实施了11个湿地恢复示范项目。“十一五”期间，湿地保护工程完成项目投入超过31亿元（梅青，2012），再加上退田还湖工程的投入，国家在湿地保护方面的总投资规模超过 140 亿元。

2. 生态保护与建设工程的效果

总体上，我国生态保护与建设工程取得了比较明显的成效。在林业建设方面，据统计，1998 ~ 2011 年，我国林业重点工程完成造林面积共计 2.33 亿亩（国家统计局农村社会经济调查司，2012），项目区森林覆盖率有所提高。退耕还林工程的实施，大大加快了我国国土绿化进程，水土流失率有所下降，风沙危害得到减轻。

在草原建设方面，据统计，全国 20% 的可利用草原实施了禁牧、休牧和划区轮牧，全国禁牧休牧草原已超过 13 亿亩，国家在退牧还草工程中安排草原禁牧休牧任务 4.4 亿亩。退牧还草工程实施后，工程区生态环境明显改善。根据 2010 年农业部监测结果，工程区平均植被盖度为 71%，比非工程区高出 12 个百分点，草群高度、鲜草产量和可食性鲜草产量分别比非工程区高出 37.9%、43.9% 和 49.1%，生物多样性、群落均匀性、饱和持水量、土壤有机质含量均有提高（陆娅楠，2011）。通过保护和建设，草原植被得到初步恢复，防风固沙和水土保持能力显著增强，生态环境明显改善。

在湿地保护和恢复建设方面，通过实施退田还湖工程，在长江流域增加蓄洪面积 2900 平方千米，增加蓄洪容积 130 亿立方米，实现了千百年来从围湖造田、与湖争地到大规模退田还湖的历史性转变[①]。自 2006 年开始启动的湿地保护与恢复工程，使得全国每年新增湿地保护面积超过 30 多万公顷，恢复湿地近 2 万公顷，自然湿地保护率平均每年增加 1 个多百分点，约一半的自然湿地得到有效保护。青藏高寒湿地、黑龙江三江平原湿地、长江中下游湖泊湿地等重要湿地，经过工程治理得到恢复，在维护国家生态安全中发挥了重要作用（梅青，2012）。

尽管我国的生态保护与建设工程成效明显，但是我国生态环境“局部改善、整体恶化”的基本格局仍未得到根本性扭转，许多生态保护与建设工程的规划、设计、实施和可持续性等方面还存在不少问题，生态保护与建设任务依然十分艰巨。

（二）节能减排战略

1. 节能减排战略的概况

节能减排是我国当前乃至今后相当长一段时间内落实可持续发展战略和推进绿

---

① 参见朱镕基总理在第十届全国人民代表大会第一次会议上的政府工作报告，2003 年 3 月 5 日

色低碳发展的主要任务，其核心主要围绕实现“国民经济与社会发展五年规划”中的资源环境目标，包括围绕单位GDP能耗、单位GDP碳排放及SO_2、COD等污染物排放总量下降等目标而开展的一系列行动。

我国“十一五”规划首次把相关资源环境指标列入约束性指标，提出2010年的单位GDP能耗比2005年下降20%，SO_2、COD排放总量下降10%的约束性目标。这标志着我国节能减排战略的正式实施。到“十二五”时期，我国结合国内节能减排潜力和经济形势，继续“十一五”的政策取向，提出到2015年单位GDP能耗和单位GDP碳排放分别比2010年下降16%、17%，SO_2、COD排放总量下降8%，氮氧化物和氨氮排放下降10%的约束性目标，并增加非化石能源比重等约束性指标，提出了合理控制能源消费总量、逐步建立碳排放交易市场等新政策。

实现节能减排约束性目标在国内是具有法律约束力的，围绕这些目标制定的政策手段和行动主要包括以下七方面。

第一，实施目标责任制。在把节能减排目标分解落实到省级人民政府和主要高耗能企业的基础上，将节能减排目标完成情况和政策措施落实情况作为领导班子和领导干部综合考核评价的重要内容，纳入政府绩效和国有企业业绩管理，实行问责制和“一票否决”制。

第二，强化结构调整。控制高耗能、高污染行业过快增长，加大淘汰电力、钢铁、建材平板玻璃等行业落后产能的力度。整个“十一五”期间，关停小火电机组7000多万千瓦、炼铁产能超过1亿吨、水泥产能超过2.6亿吨等，总共节能约6.3亿吨标准煤。

第三，开展节能减排重点工程建设。支持涉及工业、建设、交通等领域的十大重点节能工程；推动污染物减排工程，实施城镇污水处理设施及配套管网建设、重点流域水污染防治、规模化畜禽养殖场污染治理及脱硫脱硝等四大工程。

第四，加强重点领域节能管理。组织开展企业节能行动，开展能源审计，编制节能规划，实施能效水平对标，公告能源利用状况等。中央国家机关广泛开展了节能诊断和改造。发布汽车燃料消耗量限值标准，加快淘汰老旧汽车，发展电气化铁路。积极推动工业、建筑、农村节能管理。

第五，构建有利于节能减排的经济政策。深化资源性产品价格改革，实施成品油价格和税费改革，制定烟气脱硫机组上网电价政策。完善财政激励政策，加大中央预算内投资和中央财政节能减排专项资金的投入力度，加快节能减排重点工程实施和能力建设。落实国家支持节能减排所得税、增值税等优惠政策。

第六，健全法规标准。“十一五”期间修订了《节约能源法》、《水污染防治法》，制定了民用建筑节能条例和公共机构节能条例。发布了27项高耗能产品能耗限额强制性国家标准；41 项主要终端用能产品强制性能效标准（涉及六大类产品，包括家用电器类 12 种，照明器具类 8 种，商用设备类 4 种，工业设备类 9 种，办公设备类 2 种，交通工具类 6 种）和 24 项污染物排放标准。

第七，加强能力建设。完善能源计量、统计制度，改进核算方法。推动各地区建立节能监察机构、污染源监控中心。组织开展节能法执法检查、节能减排专项督查和环保专项行动。

2. 节能减排战略的进展

在一系列政策的刺激下，中国的节能减排战略取得了一系列的成就，不仅完成了规划既定的目标，同时也积极地促进了社会经济发展。

首先，完成了既定的规划目标。统计数据显示，“十一五”期间，全国单位 GDP 能耗下降 19.1%，SO_2 排放量减少 14.29%，COD 排放量减少 12.45%，基本完成或超额完成了“十一五”规划纲要确定的目标。

其次，产业结构得到优化升级。落后产能被加速淘汰，产业结构向清洁化转变，如电力行业 300 兆瓦以上火电机组占火电装机容量比重由 47% 上升到 71%，可再生能源技术得到大规模应用，风电装机规模已达世界第一，我国在一些节能减排领域的技术和装备制造上已经达到国际先进水平。

再次，促进了节能环保产业发展。培育和带动了节能环保战略性新兴产业的发展，创造大量的就业机会并提升了经济增长的质量。有关研究显示，2009 年全国约有节能服务公司 502 家，完成总产值 580 多亿元，从业人员数为 11.3 万人。燃煤电厂脱硫脱硝行业快速发展。

最后，全社会节能环保意识普遍提高。从各级领导干部到普通公众的节能环保意识得到显著提高，全社会共同推进节能减排行动的基础条件正在形成。

不可否认，中国的节能减排战略也面临着许多挑战，需要在实践中不断加以改进。较为突出的问题如下：自上而下的决策过程和过分依赖行政手段导致各类资源不能被有效利用；在缺少有效协调机制的条件下，部门利益和特殊利益集团妨碍了改革的深化、国家利益的实现及造成各种重复性工作等（中国科学院可持续发展战略研究组，2012）。

（三）重点流域水污染防治

中国重点流域水污染防治旨在改善重点流域的总体水质，起始于淮河，以 1994

年淮河水污染事故为标记。此后，国家确定的重点流域范围不断扩大，“九五”计划为“三河三湖”，“十五”计划增加了三峡库区及其上游，“十一五”规划又增加松花江、黄河中上游和丹江口库区及上游。迄今为止，我国重点流域水污染治理已扩大至10个流域，共涉及23个省254个市1578个县。这些流域和湖泊流经我国人口稠密的聚集地，水污染防治工作事关我国接近半数省市的社会经济发展和人民群众的生活质量。

在过去的10多年里，我国相继制定并发布了一系列重点流域、湖泊的水污染防治规划（表1.2）。从采取的措施看，我国重点流域水污染防治主要包括以下模式：①污染物排放总量控制，指标主要为COD和氨氮，主要污染控制对象为工业和生活源、农业源；②实行分区防控、分类管理，建立流域－控制区－控制单元分区管理体系，按照水质状况区分了水质维护型、水质改善型、风险防范型三种类型，进而采取相应对策；③注重工程和技术治水，实施城镇污水处理工程、饮水工程等。

表1.2 国家重点流域水污染防治规划

规划名称	批复单位	批复时间
淮河流域水污染防治规划及“九五”计划	国务院	1996年
淮河流域水污染防治规划及“十五”计划	国务院	2003年
淮河流域水污染防治规划（2006—2010年）	国务院	2008年
海河流域水污染防治规划	国务院	1999年
海河流域水污染防治规划及“十五”计划	国务院	2003年
海河流域水污染防治规划（2006—2010年）	国务院	2003年
辽河流域水污染防治规划及“九五”计划及2010年规划	国务院	1999年
辽河流域水污染防治规划及“十五”计划	国务院	2003年
辽河流域水污染防治规划（2006—2010年）	国务院	2008年
太湖水污染防治规划及“九五”计划及2010年规划	国务院	1998年
太湖水污染防治“十五”计划	国务院	2001年
太湖水环境综合治理方案	国务院	2008年
巢湖水污染防治“九五”计划及2010年规划	安徽省人民政府	1997年

续表

规划名称	批复单位	批复时间
巢湖流域水污染防治规划及“十五”计划	国务院	2002 年
巢湖流域水污染防治规划（2006—2010 年）	国务院	2008 年
滇池流域水污染防治“九五”计划及 2010 年规划	国务院	1998 年
滇池流域水污染防治规划及“十五”计划	国务院	2003 年
滇池流域水污染防治规划（2006—2010 年）	国务院	2008 年
三峡库区及其上游水污染防治规则	国务院	2001 年
三峡库区及其上游水污染防治规则（修订本）	国务院	2007 年
南水北调东线治污规划	国务院	2001 年
丹江口库区及上游水污染防治和水土保持规划	国务院	2006 年
松花江流域水污染防治规划（2006—2010 年）	国务院	2006 年
黄河中上游水污染防治规划（2006—2010 年）	国务院	2008 年
重点流域水污染防治规划（2011—2015 年）	国务院	2012 年

然而，重点流域水污染治理项目进展并不顺利，流域的整体水质依然较差。根据审计署公布的数据，2001～2007 年，中央和地方各级政府投入 910 亿元财政性资金及国内银行贷款，用于“三河三湖”流域城镇环保基础设施、生态建设及综合整治等 7 大类共 8201 个水污染防治项目建设。结果显示：淮河、辽河水系Ⅰ～Ⅲ类水质断面比例上升，劣Ⅴ类水质断面比例有所下降；巢湖整体水质由劣Ⅴ类变为Ⅴ类，太湖、滇池水质一直为劣Ⅴ类。我国在重点流域水污染治理的经验和教训充分显示出流域治理的艰巨性和水质改善的复杂性（国家审计署，2009）。

四 生态文明建设面临的主要挑战和问题

未来 10～20 年，我国的生态文明建设面临着一系列不利因素的制约和挑战，任务十分艰巨。

（一）建设难度不断加大

首先，国民经济仍将在今后一段时间内保持较快增长，给资源环境带来巨大的压力。世界银行数据显示，中国目前仍有超过 1.5 亿人每天生活支出低于 1.25 美元（World Bank，2013），发展任务仍然非常繁重，这决定了促进经济发展、减少贫困人口仍是中国压倒一切的首要任务。预测表明，未来我国仍将维持较高的发展速度：2011～2020年，GDP增速稳定在7%左右（Kuijs，2009；HSBC，2011），此后逐渐下降，但在2040～2050年仍高达4.0%左右（HSBC，2011）。在其他条件不变的情况下，经济规模的扩大通常需要消耗更多资源和排放更多废弃物，这意味着中国经济增长将持续为国内和国际的资源环境带来冲击和压力。

其次，城市化进程远未完成，重化工业化阶段还将持续10～20年。2010年中国的城市化率超过50%，预计2020年将达到60%左右，在2050年左右实现全国城市化率75%。其间，随着人口在城市的大量聚集，能源、居住、基础设施的需求大大增加。城市化进程还与重化工业化相互支撑：城市化的基础设施建设带动了重化工业发展并为重化工业发展提供聚集条件，同时重化工业发展为城市化提供产业支撑（金成晓等，2006）。中国城市化进程的长期性，意味着中国的重化工业化进程也将持续，经济结构的重型化特征难以在短期内发生巨大变动。不仅如此，中国城市化长期沿袭粗放式发展道路，片面追求发展规模和速度，加剧了中国土地资源、水资源、环境污染压力。

再次，人均生活水平还不高，消费结构长期处于升级阶段。在过去的30年里，中国居民消费水平和生活质量在迅速提高。但迄今为止，中国2011年人均能源消耗水平、人均耗电量、机动车保有量分别仅为2.6吨标准煤、3400度电、44辆/千人，远低于发达国家的水平（World Bank，2013）。未来，城乡居民提高生活质量的需求仍然长期存在，从而拉动对家电、住房、汽车、电子通信产品、肉蛋奶的需求，大大强化了资源能源的需求，从而加剧了中国资源环境的压力，并使得生活消费成为资源消耗和环境污染的主要领域。

最后，处在国际产业链的低端，全球分工格局短期内难以深刻变动。从全球分工格局看，中国处于国际产业链的下游，其特征是低附加值、高能耗。片面追求出口增长而粗放式地开发利用资源对中国生态环境造成了消极的影响，一些重要矿产品（如钨、锑、稀土等）的盲目出口与无序生产形成恶性循环，不但严重破坏了资源，而且严重恶化了生态环境（中国社会科学院环境与发展研究中心，2001）。同时，环境标准相对较为宽松，配套制度不完善和监管不力，使得中国承接国际产业转移的环境风险，成为“污染避难所”。展望未来，由于要素禀赋、技术等的限制，要想改变中国在国际分工格局中的地位需要付出长期、艰苦的努力。

（二）法律体系不完善

中国虽然初步建立起资源利用和环境保护法律法规体系，但是还存在不少问题，不能适应生态文明建设的需要。

第一，不同法律之间缺乏协调和配合，存在重叠、交叉乃至矛盾和冲突的地方。这不仅可能造成人力、物力和财力上的浪费和损失，还会影响到法律的权威性和效能。特别是我国的立法以政府部门起草法律为主，法律所体现的部门利益明显，在一定程度上导致法律之间的冲突与不和谐，如《水污染防治法》和《水法》。

第二，部分法律缺乏与之配套的行政法规，导致法律缺少程序性规定和可操作性。例如，现行的行政和环境立法中缺乏专门针对环境管理体制的条款和对环境行政行为的监督和制约规定；社区或基层实施条例对各方责任的界定和对具体细则的规定与《环境保护法》的要求不符合，从而弱化了环保部门的执法地位等。一些自然资源权属没有明确界定，使得许多事关可持续发展大局的问题陷入无休止的扯皮和冲突中。

第三，在许多重要资源环境领域仍缺乏相应的法律规定。例如，现有环境法律法规仍是以控制污染排放为主要目标，而缺乏生态保护方面的法律，如在自然保护地管理、荒漠化防治、生物多样性保护、生物技术安全控制、野生植物保护、土壤修复等重要领域，缺乏专门法律法规等。此外，有毒化学品管理、应对气候变化等方面的法律也未进入全国人大的立法程序。

第四，执法不严问题比较突出。由于法律法规的规定较为“软弱”，地方保护主义严重干扰资源环境执法，导致“有法不依”、“执行难”问题普遍存在，降低了资源环境立法的效果。

（三）管理体制未理顺

生态文明建设涉及发改、环保、农业、水利、住建、国土、工信、林业等多个部门，有赖于相关部门统筹规划、相互合作、共同推进。但是，目前我国生态文明建设的管理体制远未理顺。

第一，我国经济部门和资源环境部门乃至资源环境各部门之间存在着严重的条块分割，并且部门间缺乏有效的协调与合作，导致多头管理、职责交叉、政出多门，沟通难、协调难等问题降低了整个政府宏观管理的效率和效能。以水资源为例，尽管多个部门和机构有涉水职能，但是作为管理水的两个重要方面（水量和水质）的行政主管部门，水利部和环境保护部之间的合理分工与合作对实施流域综合管理至关重要，然而，现实中两个部门之间缺乏协作并且容易产生矛盾和冲突，因而成为影响流域综合管理的主要障碍之一。

第二，作为部门分割管理问题的延伸，中国的环境与发展综合决策缺乏实质性的融合与实施。迄今为止，可持续发展主流化仍然停留在口号上，环境保护难以融入社会经济发展这一主流决策过程。以建设高铁为例，环境保护部在认为铁路客运专线不能通过环境影响评价的情况下曾叫停数条高铁，但由于铁道部的强势最终不了了之。

第三，中央部门与地方政府之间的环境管理体制问题。以环保部门为例，从权责上看，地方环保部门的人事安排、财政资金来源主要隶属于当地的人民政府，中央的环保部门负责制定各项环保政策，并组织各地环保局学习、落实，指导各地环保工作，但不能强制性命令地方环保部门。而在地方政府层面，往往出于地方利益和追求政绩的考虑，常常把发展经济作为首要的任务，对资源和环境问题则采取忽视或拖延态度，也导致中央环保部门出台的相关规定不能完全得到落实。

（四）制度和政策不健全

第一，在针对地方政府的政绩考核上，我国仍然是以经济指标为主，资源环境等指标的重要性远远不足，对地方政府的行为缺乏足够的震慑力。这也在一定程度上导致以数量投入、规模扩张为主要特征的粗放型经济增长方式迟迟不能得到转变。

第二，“谁污染谁治理”的原则没有得到真正体现，生态补偿机制、公众参与机制尚未全面建立起来。资源和环境保护政策在实施过程中仍存在各种违规违纪现象。

第三，我国在产品的强制性能效标准、节能产品的标准与标识、行业能效的标杆管理、政府节能减排产品采购、市场准入与退出机制等方面与国外先进做法还有明显的差距，不利于我国节能减排工作的深入开展及行业、企业绿色低碳转型。

第四，资源能源价格、财税政策及市场化改革相对滞后，环境经济手段的使用范围有限，不能形成有效激励的长效机制。针对化石能源、水资源的价格补贴造成这些价格未能完全反映其全部成本，这也刺激使用者对能源和资源的过度利用，未能对资源节约、技术进步和结构调整产生足够的正向激励。

第五，生态文明建设还面临相关统计、监测制度不完善的问题，存在统计口径不一致、数字失真等严重问题，不能真实反映经济社会运行过程中的资源消耗和环境污染问题等。

（五）科技支撑能力不足

推进生态文明建设需要依赖绿色领域先进技术的创新、综合集成和大规模应用。

近年来，尽管我国的科技水平有了长足的进展，R&D 投入不断增加，研究人员数量和质量也大幅提高，但总体上我国的科技水平仍与西方国家有相当大差距，不足以支撑生态文明建设。我国 R&D 投入不足，2010 年全国研发投入仅相当于 GDP 的 1.8%，与世界领先国家 3% 左右的比例有较大差距。在节能减排核心技术研发上，我国自主创新能力还比较薄弱，科技创新储备不足，与国外先进水平存在一定的差距（表 1.3）。新能源领域的一些核心技术缺失，如光伏产业存在“两头在外”的现象。

表 1.3　关键节能减排技术与国外的差距

序号	节能减排技术	与国外差距/年
1	百万千瓦级核电技术	9
2	海洋油气资源开发技术	9
3	以煤气化为基础的多联产技术	8
4	可再生资源和废弃物的综合利用技术	10
5	煤炭液化技术	8
6	超大规模电网安全与调度技术	7
7	煤炭高效发电技术	10
8	油气勘探开发技术	8
9	大功率高压电机变频技术	8
10	能源作物及其燃料制造技术	8
11	绿色照明技术	7
12	超导输电、特高压等提高输电能力技术	8
13	新一代先进核电技术	9
14	氢能与燃料电池技术	9
15	风能、太阳能、生物质能等新能源发电技术	9
16	建筑节能与能耗输配系统	8
17	环保节能汽车和新能源汽车设计制造技术	9
18	粉煤发电烟气处理技术	9
19	流程工业装备制造技术	8
20	绿色设计与制造技术	10

资料来源：钱祖，2008

（六）环保意识普遍不高

我国环境意识普遍不高，使得节约资源能源和保护生态环境的观念难以渗透到各级政府、生产企业和社会公众的自觉行动和行为中，从而构成了生态文明建设的极大障碍。一项针对公众节能环保意识的调查显示，公众的环保意识总体得分为42.1分，环保行为得分为36.6分，环保满意度得分为44.7分。这表明公众的环保意识总体水平较低，环保参与度也不高，环保满意度令人担忧（中国环境文化促进会，2008）。这充分反映我国公众的环保意识仍有较大的提升空间。

节能环保意识不高，在一定程度上导致了不可持续的生产模式和消费方式。一些地方、一些人群受西方消费模式的影响，加上传统的“从众、攀比和虚荣”的消费心理，导致超前消费、过度消费、奢侈消费等不可持续的消费行为日益盛行。城市化过程中也存在着超标准建设、大搞形象工程和标志性建筑、在建筑风格上“求新、求大、求洋、求奇”等现象。这不仅造成了不必要的浪费，而且会通过“用脚投票”的方式进而影响到生产领域和技术创新方向。

五　生态文明建设的战略框架

（一）生态文明建设的基本原则

1. 人与自然和谐原则

这是生态文明建设的道德准则。人与自然相互依存，因此要尊重自然权益，将自然视为与人类密切相连又具有独立价值的生命体，树立尊重自然、顺应自然、保护自然的理念，坚持节约优先、保护优先、自然恢复为主的方针，促进人与自然的和谐，不能凌驾于自然之上，从而规范人类对自然的行为。

2. 全面系统推进原则

生态文明建设是系统工程，涉及自然、经济、社会文化、技术、制度等多个维度，因此不仅要重视生态环境的建设，而且也要重视发展绿色经济、培育环境文化、研发可持续技术、构建生态文明制度，不仅要将生态文明的理念融入工业化、城镇化的具体实践，而且也要整合到生产、消费、投资、外贸等各个环节，同时注重通过技术、制度、组织、文化等领域的全面创新来驱动实现全方位转型。

3. 空间格局分异原则

中国各地区资源环境承载力、社会经济技术条件不同，因此各地区推动生态文明建设的目标、重点和途径也应有所差异。要按照主体功能区战略，以资源环境承载力为基础，控制开发强度和优化调整空间结构，提高区域的整体可持续发展能力。

4. 多主体参与合作原则

生态文明建设不仅仅限于政府某一部门，而是需要各主体的共同努力，需要各主体间的沟通和合作，包括中央和地方，地方与地方，以及政府、企业和公众间的合作和互动，促进形成良好的治理结构，以及自上而下和自下而上相结合的多层级治理机制，以便充分发挥社会各界的积极性，参与到生态文明建设的实践中。

5. 国内外统筹兼顾原则

生态文明建设处于开放的环境下，不仅对国内，也会对国际产生影响。中国作为全球第二大经济体、资源能源消费和主要污染物排放大国，其生态文明建设既要着眼国内，也要着眼国际，在复杂多变的国际形势中把握机遇、应对风险与挑战。包括积极促进贸易结构绿化，促进贸易增长方式转变；绿化外国投资结构，引导外资流向绿色低碳产业；绿化走出去战略，强化对外投资企业的环境意识；绿化对外援助的布局、结构、领域和方式；加强绿色低碳领域的国际合作，推进全球环境治理，共同应对全球环境问题的挑战。

（二）生态文明建设的转型方向

从经济社会转型的角度来看，生态文明建设需要积极、努力地推动和实现八大转变。

1. 在价值观念上，实现人与自然对立向人与自然和谐方向转变

价值观是影响人类行为的基础性、深层次、长期性因素。人与自然关系的价值观改变是生态文明建设的必要条件，如果没有价值观的根本性变化，生态文明建设就不可能完全实现。也只有将生态文明价值观深入人心并且转化为人们的自觉行动，人类才能达到生态文明的彼岸。而这将需要一个长期的努力过程。

人与自然和谐发展的价值观更多的是对工业经济时代机械自然观的反思和批判，

要求人们从机械自然观中摆脱出来，改变对整个自然的态度。首先要认识到人类是自然界的一部分，人类破坏了自然就等于破坏自己赖以生存的物质基础，就等于自毁家园；在自然界面前保持谦逊的态度，尊重自然、爱护自然，承认自然的存在价值和对人类的各种服务价值；在人与自然相互作用关系中主动实现角色上的转变，从“自然界的主宰者、统治者或征服者、立法者”转变为“自然界的朋友和邻居”，从“自然界的对立者”转变为“自然界的合作者”，从“自然界的索取者或破坏者”转变为“自然界的保护者”，与自然和睦共处，协同发展。

同时承认自然生态系统对人类活动的承载力存在着极限或者经济活动的范围存在着生态边界（Pearce et al，1993）。原则上，必须把人类活动对生态系统的作用限制在其承载力的范围内，尤其是保持关键自然资本的恒定，其中包括可再生资源的消耗速率不超过其可再生速率，不可再生资源的消耗速率不超过其可再生替代速率，污染物的排放速率不超过自然生态系统的自净能力（Daly，1990）。

2. 在发展方式上，实现经济价值与生态价值的背离向两者耦合方向转变

从经济增长来源上看，经济增长如何产生及技术朝什么方向发展，决定着能否实现生态可持续的经济发展（Anderson et al，1998）。这涉及经济增长方式问题，即依赖什么要素、借助什么手段、通过什么途径来实现经济增长。如果经济增长主要依靠各种生产要素投入数量的增加来推动，就属于粗放型增长；如果经济增长主要依靠效率提高来推动，就属于集约型增长。粗放型经济增长与可持续发展目标是背道而驰的。

我国长期以来走的是一条粗放型的经济增长道路，经济高速增长在很大程度上是依靠资本的投入、资源的大规模消耗、污染物的大量排放取得的。这就意味着需要促进经济增长由主要依靠物质和资本增加驱动向主要依靠科技进步、劳动者技能提高和管理创新驱动转变，从数量外延型向质量效益型转变，从利益驱动型向“生态效率”型转变，也意味着经济结构优化和调整要有利于整个经济体系从物质型向非物质型转变。同时通过发展循环经济，实现生产模式从“资源—产品—污染”单向线性开放式流程向“资源—产品—废物—再生资源”的闭合循环式流程转变。最近获得国务院通过的《“十二五”循环经济发展规划》为我国今后循环经济发展提供了行动指南。

尽管多数研究认为我国的经济增长属于资本驱动型，但该结论是在排除了资源环境因素影响后得出的。最近研究表明，在纳入资源环境因素后发现，1980～2005年，资源环境对工业增长的贡献大大高于资本的贡献，说明我国的工业增长目前仍属于资源驱动型（张其仔等，2008）。因此，需要从传统工业化道路向新型工业化道路转变，力求科技含量高、经济效益好、资源消耗低、环境污染少、人力资源优势得到充分发挥（江泽民，2002）。

3. 在技术开发和应用上，实现从单项绿色技术的研发和应用向大规模绿色技术综合集成与创新方向转变

从技术扮演的角色来看，科学技术作为调节人与自然关系的中介手段和实现人的价值目标的工具而存在。特别是工业革命以来，随着科学技术的发展，人类干预和改造自然的能力在时间、空间、规模和强度上都得到延伸和强化，人与自然的矛盾和冲突开始激化，西方一些发达国家接连遭受环境“公害事件”的困扰和能源危机的冲击。技术最重要的历史作用在于把人从环境的制约中解放出来，下一个挑战则是广泛使用技术力量把环境从人类的干预中解放出来（Grübler，2003）。应将生态学或可持续发展原则渗透到技术的开发和应用中，为生态文明建设提供科技支撑。

从世界范围来看，绿色创新正在呈现出由单项技术、工艺、单种产品和单个过程改进或增量创新向大规模、集成化、智能化、深层次的系统创新方向转变的趋势。许多区域性和全球性环境问题的解决需要技术系统更深层次的变化，也就是现代人类的生态环境问题不是仅靠单项技术的开发就能解决的，必须依靠整体技术体系的历史性转变才能解决，这也将是一项艰巨的任务（中国科学院可持续发展战略研究组，2010）。

4. 在环境保护上，实现从部门分割管理向跨部门、跨行业、多主体的治理思路转变

环保工作要推动实现三个历史性转变，即从重经济增长轻环境保护转变为保护环境与经济增长并重（乃至环境优先），从环境保护滞后于经济发展转变为环境保护和经济发展同步，从主要用行政办法保护环境转变为综合运用法律、经济、技术和必要的行政办法解决环境问题（温家宝，2006）。这标志着我国环境与发展的关系正在发生战略性、方向性、历史性的转变，环境保护成为优化经济增长的重要选项。

污染防治思路从末端治理向预防为主及生产和消费的全过程控制转变。通过加强需求侧管理，进一步加大消费领域的污染防治力度。2002 年《清洁生产促进法》和 2008 年《循环经济促进法》的出台，为我国加快污染治理模式由末端治理向全过程控制的转变提供了有力的法律保障。同时，环保领域由传统的工业污染防治转向工业、农业和城市环境污染防治，以及从点源治理转向包括面源治理在内的流域和区域环境综合治理。

环境管理模式从传统的政府主导的管理模式向多部门、多层级、多主体参与的新型治理模式转变，从部门分割封闭式的决策模式向环境与发展综合决策模式转变，注重建立政府、企业、社会的合作伙伴关系。实行战略环境影响评价制度，将环境影响评价从注重项目层面向经济决策的源头包括社会经济发展战略、政策、行动方案等层面延伸，从而达到源头预防的目的。

林业从以木材生产为主向以生态建设为主转变，并且加速实现由以采伐天然林为主向以采伐人工林为主、由毁林开荒向退耕还林、由无偿使用森林生态效益向有偿使用森林生态效益、由部门办林业向全社会办林业的重要转变（周生贤，2002）。

治水理念从工程水利向资源水利、现代水利和可持续发展水利转变。具体包括认识到淡水资源的有限性；强调对水资源的配置、节约和保护；积极推动节水灌溉；在重视工程建设的同时，重视非工程措施，强调科学管理；从水资源的无偿使用到有偿使用；从以需定供转为以供定需；由多头管理到统一配置、调度和管理等（汪恕诚，2005）。国务院于 2012 年发布《关于实行最严格水资源管理制度的意见》（国务院，2012），开始对水资源实施最严格的"红线管理"制度，包括实行用水总量控制、用水效率控制、水功能区限制纳污控制等"三条红线"。

5. 在人口调控上，从单纯的人口数量控制向统筹解决人口问题转变

自 20 世纪 70 年代实行计划生育政策以来，中国人口问题的性质发生了变化，人口进入低增长时期，对资源的压力大大减轻，人口结构开始成为制约经济和社会发展的重大现实问题，有鉴于此，需要从人口控制向人力资源开发，统筹解决人口的数量、素质、结构、迁移和安全问题转变（中国教育与人力资源问题报告课题组，2003）。

6. 在城市化模式上，从传统城市化发展模式向新型城市化发展模式转变

把资源节约和环境保护纳入城市化进程中，促进城市发展由摊大饼式的、依靠要素扩张拉动的粗放型城市发展模式向以新型工业化为动力的集约、高效、紧凑的节约型城市发展模式转变。"十二五"规划提出要"以大城市为依托，以中小城市为重点，逐步形成辐射作用大的城市群，促进大中小城市和小城镇协调发展"。这也为城市化发展模式的绿色转型提供了契机。可以借鉴美国大都市区的综合规划和治理经验（注释专栏 1.1），开展城市群的可持续发展综合规划，加快促进城市化的绿色转型进程。

7. 在消费模式上，从趋向过度消费模式向适度和绿色消费模式转变

居民消费总体从重视消费水平的提高向重视生活质量的提高转变，从追求物质消费向追求精神消费和服务消费转变，从满足基本生存需求向追求人的全面发展转

变，从环境损害型消费模式向环境友好型消费模式转变。提倡一种以“资源节约”为核心，与经济发展阶段、生产力发展水平、资源条件和生态环境承载力相适应的适度的“绿色”消费模式和生活方式，反对盲目攀比、超前消费和高消费，反对奢侈和浪费。资源的利用要把保障人与环境的基本需求置于优先地位，确保充分利用现有资源以满足人类需要，而不是为部分人谋取更多的资源（Gleick，2001）。

8. 在国家行动上，从单纯注重国家责任向全方位国际合作、积极参与全球环境治理转变

环境要素的流动性和环境问题时空上的关联性，把地方、区域、国家和全球紧密地结合在一起。地球只有一个。伴随着环境问题的全球化，越来越需要通过加强各国之间的有效合作及全球环境治理来解决全人类共同面临的问题，诸如全球变暖、臭氧层损耗、POPs和汞排放等。而这些问题已经超出单个国家的能力范围。因此，在生态文明建设过程中，应考虑在更深层次和更大范围内采取协调行动，应对全球环境问题的挑战，以惠及全球和各国的可持续发展。

注 释 专 栏 1.1

美国大都市区的综合规划与治理模式
——基于南加州政府联合会（SCAG）的经验

作为美国联邦政府授权的全美最大的大都市区规划管理机构（MPO）和地方政府委员会（COG），南加州政府联合会（SCAG）致力于通过规划、评估、协调等治理手段，解决区域交通、土地利用、碳减排等问题，促进区域协调发展。

SCAG所属区域包括南加州大洛杉矶地区的6个县和191个城市，面积超过99000平方千米，居民超过1800万人，注册车辆达1400万辆，2010年GDP约为8900亿美元，经济实力相当于世界第16大经济体。预计2035年，南加州地区人口将达到2200万人，就业人数约为1000万人。该区域人口众多、城镇绵延、产业多元、环境容量有限，因而交通运输、土地利用、空气质量、住房等区域问题十分突出。

为了解决区域规划及存在的问题，根据联邦和州政府相关法律，SCAG于1965年成立，负责研究、制定南加州地区社会经济持续、平衡、和谐发展规划方案，并编写综合报告。SCAG需要和联邦、加州、地方政府充分协调与全面合作，其制定的各项规划既要符合联邦和加州政府（交通部、环保署、住房和城市发展部）在交通、土地、住房和环保方面的法律规定和资金政策，又要达到地方政府的发展需求。

SCAG编写的主要规划和报告包括《区域长期交通规划》、《可持续社区战略报告》、《区域环境评估报告》、《区域短期联邦交通改善项目计划》、《区域城市群现状分析报告》、《区域发展和项目实施绩效评估报告》、《城市社区示范和发展报告》、《区域物流规划》、《区域环境正义分析报告》、《土地住房发展战略蓝图和指南》等。

SCAG每年通过举办各种论坛和峰会，了解地区经济、交通、环境、资金等重大社会发展议题，掌握政府政策走向，改善分析技术，为SCAG编写的报告提供了帮助和支持。SCAG运用交通、经济、环境等模型和规划分析工具，结合地理信息系统（GIS），对未来发展指标进行定量预测，进行相关政策模拟，并经过利益相关方咨询，确定区域发展目标、采取的政策，实施的具体项目、资金计划，以及效益评估。

SCAG最著名的是根据联邦法律要求每四年编写一次的《区域长期交通规划》。2012年4月，SCAG区域议会通过了轰动全美的《2012—2035年南加州大洛杉矶区域长期交通规划和可持续社区发展战略综合报告》（RTP/SCS）。该报告首次将可持续发展与综合交通规划作为最重要环节，强调南加州地区在未来发展的三大重要原则：振兴经济、改善交通和可持续发展。该报告为南加州地区提出一系列行之有效的投资规划政策，帮助南加州地区吸引雇主，提高地区竞争力，振兴地区、加州乃至全国的经济发展。

依据区域认可的SCAG预测数据，该报告提出在未来25年投入5247亿美元来改进南加州地区的交通系统、增加就业、保护环境、提高居民生活水平。该报告的内容包括交通发展、住房和土地利用、社会经济和人文发展数据预测、零污染物流规划、项目资金分配、低碳环保、生态环境评估、社会环境正义分析等。该报告强调在2023～2035年更加广泛地采用零污染的交通技术，打造世界一流的零污染排放的货运系统。该报告鼓励新建的住宅区和就业发展区优先集中在高质量高效率的公共交通服务地区和其他重点人口住宅商业发展区（包括目前的主街道、城镇中心和商业区），以达到住宅区和就业区空间的平衡发展，促进以公交服务为中心的土地开发模式。为了为更多的居民提供居住、工作、休闲及出行选择，报告首次鼓励居民改变美国驾车文化，使用更多非机动交通（步行，骑车）和公共交通等低碳出行方式。同时，该报告提倡保护地区的传统及历史特色，维护现有的和谐社区模式及大量的绿地空间，以供后代享用。

SCAG 的决策机构是区域议会，区域议会由地方政府的议员代表组成，如下图所示。

SCAG 组织架构图

过去 50 年，SCAG 坚持促进各级政府、利益相关团体及居民在区域发展过程中的合作，统筹规划南加州地区发展的共同愿景，提出有效的策略来帮助地方政府得到长期的、稳定的联邦资金。当今经济社会发展的现实，要求 SCAG 更加紧密的协调各级政府间的合作，进一步推动区域一体化，促进区域可持续发展。

资料来源：根据王平为本报告提供的专稿修改，作者是 SCAG 高级规划师

（三）生态文明建设的战略思路与战略目标

1. 战略思路

以科学发展观和可持续发展理论为指导，资源环境承载力为依据，生态经济建设为基础，生态科技建设为动力，生态环境建设为阵地，生态文化建设为纽带，生态制度建设为保障，将生态文明建设的理念融入经济建设、政治建设、文化建设、社会建设各方面和全过程，提高过程的生态效率及控制过程的资源消费和污染物排放，积极促进自然－社会－经济复合系统的全面转型和正向演化，不断提高整个社会的生态文明水平和可持续发展能力。

2. 战略目标

（1）总体目标

结合生态文明建设的概念模型、调控逻辑和转型方向，我国生态文明建设的战

略目标可以在十八大报告提出的 2020 年相关目标基础上，进一步通过提升生态效率有序实现三个“脱钩”展开，即：

到 2030 年，实现经济社会发展与污染物排放量的绝对“脱钩”；

到 2040 年，实现经济社会发展与化石能源和资源消费量的绝对“脱钩”；

到 2050 年，实现资源消费和污染排放总量与承载力约束的绝对“脱钩”。

（2）具体目标

到 2030 年，生态文明建设取得长足进步，资源节约型、环境友好型社会基本建成，主体功能区布局比较完善，资源循环利用体系明显形成，主要污染物排放总量在 2020 年基础上削减 20% 左右，主要城市群的灰霾问题基本得到解决，钢材、水泥消费量和总用水量先后达到峰值，建设用地面积趋于稳定，化石能源消费量、CO_2 排放量和有色金属消费总量增长明显减缓，重金属污染和持久性有机物污染得到控制，生态安全格局基本形成，生物多样性逐步恢复，生态系统稳定性显著增强。

到 2040 年，生态文明建设取得实质性突破，资源节约型、环境友好型社会更加健全，主体功能区布局臻于完善，资源循环利用体系完全形成，主要污染物在 2020 年基础上削减 35% 左右，化石能源消费量、CO_2 排放量、有色金属消费总量等先后达到峰值，生态安全格局趋于稳定，生物多样性明显恢复。

到 2050 年，资源消费和污染排放总量持续稳定地下降到承载力约束范围内，主要污染物排放在 2020 年基础上减半，生态文明在全社会确立，并且达到高度发达水平，生态系统进入良性循环的轨道，实现人与自然的和谐发展。

（四）生态文明建设的战略任务和重点

十八大已经明确了到 2020 年生态文明建设的四大任务。从更长的时间尺度来看，生态文明建设的战略任务可以围绕社会大生产主要环节和过程的绿色化来展开，即绿色生产、绿色消费、绿色分配、绿色流通及绿色能力建设。

绿色生产涉及产业结构和增长来源的绿化问题。产业结构的绿化包括绿色工业、绿色农业、绿色服务业（如生态旅游、绿色交通业、绿色建筑业），发展绿色经济、循环经济和低碳经济；增长来源的绿化包括投资的绿化、消费的绿化和国际贸易的绿化。

绿色消费涉及消费意识、消费行为和消费结构的绿色化转变和调整问题。这也与整个社会文化氛围的变革和创新有关。

绿色分配，实质上是探索增长方式转型与收入分配机制合理配置优化发展的绿色路径，需要将生产服务与消费相结合，城乡互动与代际互动相联系，经济活动与生态恢复及环境治理相联系（韩孟，2012）。

绿色流通是与资源节约、环境友好、健康安全、循环经济相关的流通活动，是包括绿色商流、绿色物流、绿色信息流、绿色资金流、绿色消费的一个有机整体，通过健全绿色供应链、产业链和价值链，形成一个完善的绿色流通体系（洪涛，2011）。

绿色能力建设是指为社会大生产提供辅助支撑的环节和过程的绿色化，如环境基础设施建设、绿色制度建设、能力发展等。

为实现和落实生态文明建设的战略目标和任务，未来 10 ~ 40 年，战略重点应着力构筑 10 大支撑体系。

1）绿色经济体系。大力发展绿色的战略性新兴产业，积极推动高效生态农业、资源节约型和环境友好型工业及绿色服务业的发展，淘汰落后和过剩产能，以高技术产业改造和促进产业结构转型升级，努力实现发展方式转变，构筑以绿色战略性新兴产业为主体的绿色经济体系，为生态文明建设奠定坚实的物质基础。

2）资源可持续利用体系。通过技术和制度创新加速实现资源能源的高效、可持续利用，包括资源的高效利用、节约利用、循环利用和综合利用，能源的高效、梯级利用和加大新能源、可再生能源的消费比重，逐步形成以资源高效循环利用为特征的资源可持续利用体系。

3）生态安全支撑体系。加大环境污染防治和生态建设力度，打造以“山、江、河、湖、海”工程项目为骨干的生态安全支撑体系，加强农、林、水利、环保等部门的沟通、协调与合作，把资源承载力、环境容量作为社会经济发展的重要依据，为保障经济社会的可持续发展和生态文明水平的提高提供强有力的生态安全支撑。

4）绿色科技体系。加大人力资源开发和科技创新力度，加快信息通信技术和智能技术的运用与融合，加强技术综合集成，建立以资源节约型、环境友好型产业及绿色战略性新兴产业为导向的绿色科技创新体系，不断提高自主创新能力和绿色竞争力，增强生态文明建设和可持续发展的内在动力。

5）可持续消费体系。倡导绿色消费观念，建立与资源环境承载力相适应的可持续消费模式和文化体系。在不断提高人民生活水平的同时，实现由注重单一的物质消费向多元的减物质化的文化和功能性消费转变，从注重自然资本密集型的消费转向技术、知识和服务密集型的消费。

6）绿色制度体系。保障和促进形成生态文明建设的长效机制，包括建立健全有关资源节约和环境保护的法律法规体系；改革资源环境保护的管理体制；完善经济激励与行政手段相结合的政策体系；形成多主体合作的良性治理结构；制定和实施强制性的行业、产品的资源能源消耗或效率标准体系。

7）绿色城镇体系。稳步推进可持续的城镇化进程，创建绿色、低碳、智能的城镇化模式。根据国情和区情，促进城市绿色低碳发展，重点发展“紧凑型、组团式”的城市群，提高资源的规模效益和效率；建立公交导向的城市发展模式和可持续的城市综合公共交通系统，促进城市理性增长；发展绿色建筑和节地、节能、节材、节水的城市基础设施。

8）绿色分配体系。以推进经济增长模式转变和生态文明建设为导向，构建相应的收入分配机制、生态补偿机制及配套政策体系，使得收入的分配和机制更好地流向绿色经济、生态恢复和环境保护领域，促进生态文明水平的提高和可持续发展能力的增强。

9）绿色流通体系。通过建立和健全相关法律法规，综合运用财政、经济、试点示范、宣传等手段，加快绿色流通体系建设，包括建立和完善绿色环保旧货流通体系，完善相关的物流服务体系，提高和促进流通领域的生态效率和节能减排。

10）绿色开放体系。适应生态文明建设统筹国内国外的需求，通过政策制定、制度安排、平台建设等手段和途径，构建全方位、宽领域、多渠道的绿色开放体系，包括绿色贸易、绿色海外投资、绿色对外援助、绿色外资及促进绿色领域的经济技术交流与合作，不仅为我国的生态文明建设，也为全球的生态安全做出贡献。

六 生态文明建设的对策建议

1. 加强战略规划，明确目标和路线图

把“生态文明建设”的理念整合到各项规划和政策中，同时制定生态文明建设战略规划，明确生态文明建设的长期目标和阶段性目标、发展路线图和优先领域，逐步实现经济社会发展与资源环境压力的绝对脱钩。

各地区应结合自身的特点，制定本地的生态文明建设战略规划，科学制定相应的目标和重点领域，并与国家规划进行衔接。

2. 推动顶层设计，形成完善的治理结构

在坚持大部制改革的框架下，重新组建和成立相关机构，包括组建能源与气候变化部、资源与环境保护部、大农业部、大交通部等，尤其是提升环境保护部门的能力和作用，尽可能减少经济建设部门和地方保护主义的干预。

打破政府部门绝对主导、单向推动的管理模式，明确公众、企业的社会责任，进一步形成政府为主导、企业为主体、市场有效驱动、全社会共同参与的推进生态文明建设新格局。

3. 创新制度安排，推动建立长效机制

围绕生态文明建设的中心任务，完善法律法规，建立符合生态文明建设需求的资源利用和环境保护法律体系，加快制定《自然保护地法》、生态补偿法规，大力修改《环境保护法》，完善《节约能源法》、《循环经济促进法》、《清洁生产促进法》、《森林法》等的相关配套法规及其标准体系。

把资源消耗、环境成本、生态效益纳入经济社会发展的评价体系，建立体现生态文明要求的目标体系、考核办法、奖惩机制，加强专项指标评估和政府绩效考核，将生态文明建设政绩与干部任用有机结合起来，全面落实生态环境保护问责制和一票否决制。继续完善节能减排统计核算体系。

出台全国生态文明建设规范，制定生态文明建设指标体系框架，在指标的选择上，给地方和城市留出足够的灵活性和弹性，用以指导地方和城市的生态文明建设实践。

建立健全资源开发和环境保护制度。完善国土空间开发保护制度，落实最严格的耕地保护制度和节约用地制度；积极实施最严格的水资源管理制度，确立水资源开发利用控制红线、用水效率控制红线、水功能区限制纳污红线；建立健全和实施最严格的环境保护制度。

完善行业准入标准和退出机制，严格执行产品的强制性能效标准等，并加强执行力度，严格执行节能环保法律法规和标准。

加强环境监管，健全生态环境保护责任追究制度、环境损害赔偿制度、环境公益诉讼制度等。

4. 完善经济政策，充分发挥市场手段的激励作用

实施资源有偿使用制度，建立能够反映资源稀缺程度和环境恢复成本的价格形成机制；进一步完善污水、垃圾处理费征收和使用办法，适当提高排污费收费标准。

制定财税鼓励政策，结合整个税收体制改革，统筹考虑能源、资源、环境与碳排放的税种和税率，研究建立绿色税收制度。

推行生态补偿制度，重点建立自然保护区、重要生态功能区、矿产资源开发、流域水环境保护等四个领域的生态补偿机制。

逐步开展排污权、水权、碳排放权（节能量）的交易试点，时机成熟时在全国推广。

5. 投资绿色创新，提高科技创新能力

实施生态文明建设的重大科技专项，在充分协调节能环保、低碳经济、生态建设等方面的科技项目的基础上，重点部署具有全局影响的关键绿色技术和技术群，特别要关注商业化示范项目和吸纳更多企业的参与。

要继续加大绿色科技 R&D 投入和政策倾斜力度。要充分发挥信贷、税收、补贴等政策手段的作用，积极促进绿色技术和产品的研发、示范、推广。

建立官产学研相结合及公私合作伙伴关系的技术开发模式，特别要整合相关研究机构、企业及资本市场的力量，采取协调行动，促进企业创新能力和竞争力的提高。

在具体技术研发领域，要结合自身的特点，重点布局和开发低成本的节能减碳技术、可再生能源技术，并推动实现产业化等。例如，对于技术本身已相对成熟但在市场推广中面临外部经济性、信息不通畅等问题的那些技术，应当综合使用约束性和鼓励性政策促进技术的推广。

严格实施知识产权保护制度，加大对违反《知识产权法》的行为的打击力度。

6. 加大生态保护力度，构筑生态安全屏障

依据十八大报告有关生态文明建设的方针，重新评估现行生态建设和保护工程，整合和创新现有生态建设和保护模式，因地制宜，突出自然恢复为主，利用协议保护等手段提高资金投入的效果和效率，以更好地巩固退耕还林、退牧还草所取得的成果。

继续推进天然林保护、生物多样性保护、小流域水土保持等重点工程，全方位构筑我国的生态屏障。

完善相关政策，加大生态建设与保护的投入力度，在解决好长远生计的前提下推动生态脆弱区的人口流动。

7. 推动结构调整，促进增长方式转型

按照“淘汰、改造、提升、引导”的原则，在遵循产业发展规律前提下，尽快推进经济结构的战略性调整步伐，推动产业结构向绿色转型，最终使资源节约型、环境友好型、低碳导向型产业发展成为推动经济经济增长的动力和提供就业机会的主要来源。

定期发布并更新落后生产能力和工艺产品名录，综合运用包括差别电价、调整进出口退税在内的经济激励、行政性命令等多种手段加快推进落后产能淘汰。

加快利用高新技术、先进适用技术和智能技术对传统制造业进行升级改造，全面提高高新技术产业和服务业特别是现代服务业的发展水平。

要结合发展战略性新兴产业的要求，出台国家层面的绿色战略性产业的发展路线图、行动计划和长效政策，明确产业发展目标、方向、优先领域和空间布局，并进行动态评估和调整，以引导产业选择合理的技术路线，培育壮大节能环保产业、新能源产业和新能源汽车产业。

综合运用取消常规化石能源补贴、理顺能源价格形成机制等经济手段，建立鼓励新能源、可再生能源发展的长效机制和相关计划，促进能源结构的调整，提高可再生能源消费比重。

8. 开展试点示范，积累实践经验

按照各地区推进生态文明建设的意愿、自身的经济基础、资源禀赋等因素，选择一些典型地区开展生态文明建设示范试点工作，形成梯次推进的生态文明建设格局。

对经济发达地区，示范试点的重点应当在提高环境质量、加快转变生产方式、改变过度消费模式、加强制度建设等方面；在欠发达地区，则应探索如何在经济基础薄弱的条件下进行生态文明建设。

对一些跨行政辖区的区域、流域，在开展生态文明建设试点工作时，要鼓励结合自身实际，探索建设生态文明的目标模式和跨行政区的联动机制。

对重点流域，如太湖、辽河干流，开展流域性生态文明建设试点工作，探索与流域治理目标相适应的“两型”社会建设模式。

9. 加强宣传教育，倡导绿色消费文化

加强生态文明宣传教育，增强全民（特别是政府官员）的节约意识、环保意识、生态意识，形成合理消费的社会风尚，营造爱护生态环境的良好风气。

整合可持续发展的相关内容，把生态文明教育作为国民素质教育的重要篇章，纳入大中小学、职业学校的课程体系，引导公众树立善待自然、和谐共处的生态文明观，增强生态忧患意识。

构筑绿色低碳生活方式，积极促进可持续消费，抵制过度、奢侈消费甚至扭曲性消费行为。

政府率先示范，严格落实有利于生态文明建设的政府采购制度，并对消费者购买节能环保型产品和设备予以补贴。

10. 采用多种途径，构建绿色贸易和投资模式

采取税收等政策对进出口产品进行调整，定期公布并更新海关进出口产品目录，进行产品的环境分类指导，限制高能耗高污染产品的出口。

采用多种手段和途径，引导外国直接投资向绿色低碳产业领域流动。

积极参与多边贸易谈判，推动建立新型的国际贸易规则和相关制度，降低贸易对我国资源环境的影响。

加快实施“走出去”战略的绿化进程，制定相关制度和政策，转变海外开发模式，规范企业的投资开发行为，要求海外企业在当地承担社会和环境责任，支持当地的可持续发展能力建设，分享发展成果。

11. 加强国际合作，参与全球环境治理

坚持按照“共同但有区别的责任”原则，以对全球事务负责任的态度，承诺并履行与自己增长的能力、职责相一致的国际义务，树立积极的国际形象，谋求良好的国际发展空间。

积极参与双边、多边的国际合作计划，推进可持续发展领域的国际交流与合作。争取国际绿色低碳领域的项目支持，通过多渠道、多层次、多样化的国家交流与合作，引进资金、先进的技术和管理经验。

参考文献

阿瑟·莫尔，戴维·索南菲尔德. 2011. 世界范围的生态现代化. 张鲲翻译. 北京：商务印书馆.

白杨，黄宇驰，王敏等. 2011. 我国生态文明建设及其评估体系研究进展. 生态学报，31（20）：6295-6304.

北京林业大学生态文明研究中心 ECCI 课题组. 2009. 中国省级生态文明建设评价报告. 中国行政管理，(11)：13-18.

陈劭锋. 2003. 承载力：从静态到动态的转变. 中国人口·资源与环境，13（1）：13-17.

范小杉，韩永伟. 2010. 中国国家生态文明指标建设探析. 中国发展，(1)：22-25.

高珊，黄贤金. 2009. 生态文明的内涵辨析. 生态经济，(12)：186，187.

国家林业局. 2012. 中国林业统计年鉴 2011. 北京：中国林业出版社.

国家审计署. 2009. “三河三湖”水污染防治绩效审计调查结果. http：//www. audit. gov. cn/n1057/n1072/n1282/1877504. html［2013-01-25］.

国家统计局农村社会经济调查司. 2012. 中国农村统计年鉴 2012. 北京：中国统计出版社.

国土资源部. 2012. 2011 中国国土资源公报. http：//www. mlr. gov. cn/zwgk/tjxx/201205/P020120516305280627517. pdf［2012-08-12］.

国务院.1998. 全国生态环境建设规划. http://www.zhb.gov.cn/ztbd/rdzl/2010sdn/zcfg/201001/t20100113_184241.htm [2012-12-30].

国务院. 2012. 国务院关于实行最严格水资源管理制度的意见（国发〔2012〕3号）. http://www.gov.cn/zwgk/2012-02/16/content_2067664.htm [2013-01-30].

国务院发展研究中心"科学发展评价指标体系研究"课题组. 2012. 各省区市科学发展评价指标体系研究. 发展研究，(10)：4-8.

韩孟.2012. 收入分配机制改革需走绿色良性路径.http://opinion.cntv.cn/shourufenpei220121022/index.shtml [2013-01-30].

洪涛. 2011. 促进绿色流通向低碳流通的转型与升级. 中国流通经济，(7)：12-17.

侯鹰，李波，郝利霞等.2012. 北京市生态文明建设评价研究. 生态经济，(5)：436-440.

环境保护部. 2012a. 2011年中国环境状况公报. http://jcs.mep.gov.cn/hjzl/zkgb/2011zkgb [2013-01-24].

环境保护部. 2012b. 以生态文明建设为指导，积极探索中国环保新道路. 见：朱之鑫，刘鹤. 中央"十二五"规划《建议》重大专题研究（第二册）. 北京：党建读物出版社.

黄鼎成，王毅，康晓光. 1997. 人与自然关系导论. 武汉：湖北科学技术出版社.

江泽民.2002. 全面建设小康社会，开创中国特色社会主义事业新局面.http://www.china.org.cn/chinese/2002/Nov/233867.htm [2012-05-06].

金成晓，任妍. 2006. 重化工业化是中国经济发展的必经阶段——基于产业结构调整角度的分析. 经济纵横，(7)：34-36.

刘蔚. 2007-10-22. 和谐社会亟待建立生态文明（专访王如松）. 中国环境报，第2版.

陆娅楠. 2011-09-02. 国家发改委农业部财政部联合出台意见：退牧还草新政致力补"短板". 人民日报，第6版.

马文斌，杨莉华，文传浩. 2012. 生态文明示范区评价指标体系及其测度. 统计与决策，(6)：39-42.

梅青. 2012. 加快湿地保护脚步 中国刻不容缓！——我国湿地保护工程建设综述.http://www.forestry.gov.cn/portal/main/s/72/content-575598.html [2013-01-28].

潘岳.2006. 论社会主义生态文明.http://www.china.com.cn/environment/txt/2007-02/05/content_7765148.htm [2013-02-26].

钱祖.2008. 我国节能减排关键技术和路线图. 创新科技，(8)：54，55.

邱耕田，张荣洁. 2002. 利益调控：生态文明建设的实践基础. 社会科学，(2)：55-57

全国干部培训教材编审指导委员会. 2011. 生态文明建设与可持续发展. 北京：人民出版社.

沈国明. 2005. 21世纪生态文明：环境保护. 上海：上海人民出版社.

世界环境与发展委员会（WCED）. 1997. 我们共同的未来. 王之佳等译. 长春：吉林人民出版社

王会，王奇，詹贤达. 2012. 基于文明生态化的生态文明评价指标体系研究. 中国地质大学学报（社会科学版），(3)：27-31.

王家贵. 2012. 试论"生态文明城市"建设及其评估指标体系. 城市发展研究，(9)：14-16.

王金南，张惠远．2010. 关于中国生态文明建设体系的探析．环境保护，(4)：35-38.
王丽坷．2008. 基于生态文明的政府环境管理绩效评价．北京工业大学学报（社会科学版），(6)：16-19.
汪恕诚．2005. 资源水利：人与自然和谐相处．北京：中国水利水电出版社．
温家宝．2006. 全面落实科学发展观，加快建设环境友好型社会．http：//www.gov.cn/ldhd/2006-04/23/content_ 261716.htm［2013-01-05］．
夏光．2009. "生态文明"概念辨析．政研参考，(3)：5.
谢鹏飞，周兰兰，刘琰等．2010. 生态城市指标体系构建与生态城市示范评价．城市发展研究，(7)：12-18.
严耕，杨志华．2009. 生态文明的理论与系统建构．北京：中央编译出版社．
俞可平．2007. 科学发展观与生态文明．见：薛晓源，李惠斌．生态文明研究前沿报告．上海：华东师范大学出版社．
张其仔，郭朝先．2008. 中国工业增长的性质：资本驱动或资源驱动．中国工业经济，(3)：14-22.
中国教育与人力资源问题报告课题组．2003. 从人口大国迈向人力资源强国．北京：高等教育出版社．
中国科学院可持续发展战略研究组．1999. 1999 中国可持续发展战略报告——可持续发展战略设计．北京：科学出版社．
中国科学院可持续发展战略研究组．2007. 2007 中国可持续发展战略报告——水：治理与创新．北京：科学出版社．
中国科学院可持续发展战略研究组．2008. 2008 中国可持续发展战略报告——政策回顾与展望．北京：科学出版社．
中国科学院可持续发展战略研究组．2010. 2010 中国可持续发展战略报告——绿色发展与创新．北京：科学出版社．
中国科学院可持续发展战略研究组．2011. 2011 中国可持续发展战略报告——促进绿色的经济转型．北京：科学出版社．
中国科学院可持续发展战略研究组．2012. 2012 中国可持续发展战略报告——全球背景下中国的可持续发展．北京：科学出版社．
中国社会科学院环境与发展研究中心．2001. 中国环境与发展评论（第一卷）．北京：社会科学文献出版社．
中国环境文化促进会．2008. 中国公众环保民生指数绿皮书（2007）．http：//www.tt65.net/zhuanti/zhishu/2007minshengzhishu/mydoc004.htm［2012-04-12］．
周生贤．2002. 中国林业的历史性转变．北京：中国林业出版社．
周生贤．2009. 积极建设生态文明．今日中国论坛，(11)：17-19.
周生贤．2010. 探索环保新道路 大力推进绿色发展．中国环境管理，(2)：3，4.
朱成全，蒋北．2009. 基于 HDI 的生态文明指标的理论构建和实证检验．自然辩证法研究，

25（8）：114-118.

Anderson T，Folke C，Nystrom S. 1998. 环境与贸易——生态、经济、体制和政策．黄晶，周乃君，陆永祺译．北京：清华大学出版社．

Asian Development Bank（ADB）. 2012. Toward an environmentally sustainable future：Country environmental analysis of the People's Republic of China. http：//www. adb. org/sites/default/files/pub/2012/toward-environmentally-sustainable-future-prc. pdf［2012-12-05］.

Cabezas H，Pawlowski C W，Mayer A，et al. 2003. Sustainability：Ecological，social，economic，technological，and systems perspectives. Clean Technologies and Environmental Policy，5（3）：167-180.

Cobb J B. 2010. Necessities for an ecological civilization. http：//www. religion- online. org/showarticle. asp? title＝3605［2012-12-06］.

Daly H. 1990. Commentary：Toward some operational principles of sustainable development. Ecological Economics，2：1-6.

Gleick P H. 2001. Making every drop count. Scientific American，284（2）：41-45.

Grübler A. 2003. Technology and Global Change. Cambridge，UK：Cambridge University Press.

HSBC. 2010. Sizing the climate economy. http：//www. ens. dk/da- DK/Politik/groenvaekst/Documents/sizing_ the_ climate_ economy. pdf［2012-12-08］.

HSBC. 2011. The world in 2050：Quantifying the shift in the global economy. http：//www. hsbc. com/～/media/HSBC-com/about-hsbc/in-the-future/pdfs/120508-the-world-in-2050. ashx［2012-12-08］.

IUCN，UNEP，WWF. 1992. 保护地球——可持续生存战略．北京：中国环境科学出版社．

Kuijs L. 2009. China through 2020：A macroeconomic scenario. World Bank China Office Research Working Paper，No. 9.

Magdoff F. 2011. Ecological civilization. http：//monthlyreview. org/2011/01/01/ecological- civilization［2012-12-06］.

Norgaard R B. 2010. A coevolutionary interpretation of ecological civilization. http：//neweconomicsinstitute. org/webfm_ send/23［2012-12-06］.

Pearce D W，Warford J J. 1993. World without End. New York：Oxford University Press.

World Bank. 2013. World development indicators. http：//databank. worldbank. org/ddp/home. do［2013-01-08］.

WWF. 2000. Living planet report 2000. http：//wwf. panda. org/about_ our_ earth/all_ publications/living_ planet_ report［2013-01-05］.

一 世界资源利用趋势与影响因素

经济全球化带来的益处是能够实现资源在世界范围内优化配置，但同时也使得国际社会对资源的争夺更加激烈。进入21世纪后，全球石油价格大幅度攀升，铁、钨、铜、铝、铅、锌、镍、金等重要矿产品价格一路走高，使资源问题成为举世关注的焦点。

（一）世界资源利用总体趋势

20世纪以来，世界经济和人口增长迅速，全球人口数量增加了4.33倍，达到67.64亿人，GDP增长了25.85倍，达到50.97万亿美元（1990年美元）（Maddison，2010）。随着经济社会的扩张，对资源的需求量也不断增加，2009年全球资源

---

* 本章由沈镭、陈枫楠、薛静静、高天明、高丽执笔，前四位作者单位为中国科学院地理科学与资源研究所，后者单位为中国科学院科技政策与管理科学研究所

需求量达到681.4亿吨，比1900年增加了9.57倍。其中，生物资源需求量增长了3.85倍，化石能源增长了13.38倍，矿石及工业矿物增长了31.03倍，建筑矿物增长了42.53倍（Krausmann，2013）。人口数量的增加及人们生产、生活条件的改善，导致对资源需求的加大，尤其是对矿产资源的需求量增长迅速（图2.1），从1900年的8.77亿吨，增长到2009年的348.93亿吨。

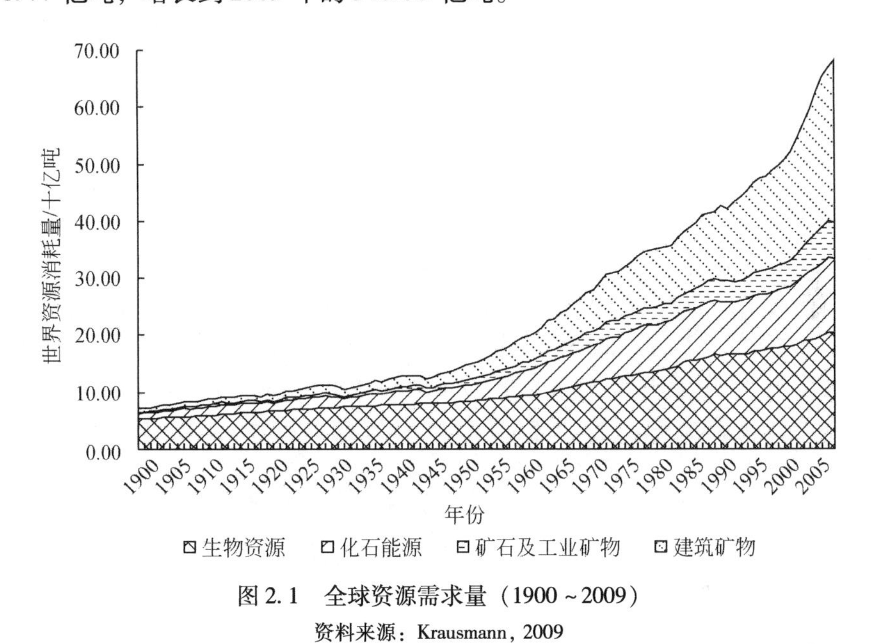

图2.1　全球资源需求量（1900～2009）

资料来源：Krausmann，2009

（二）主要资源特点及供需形势

1. 资源赋存丰富

世界矿产资源探明储量丰富，保证程度较高，可以保障21世纪上半叶的发展需求。随着全球矿产勘查投入持续增加，找矿新技术、新方法不断取得突破，资源总量不断得到补充和增加，大部分矿产资源储量总体保持相对稳定，部分矿种甚至有增长的趋势。以石油和天然气为例，其储量增长及储产比情况如表2.1所示。1991～2011年，世界石油和天然气的产储比分别增长了54.2%和63.6%。

表2.1 世界石油和天然气的储量增长及储产比

类别	1991年	2001年	2011年	储产比/%
石油/十亿桶	1032.7	1267.4	1652.6	54.2
天然气/万亿立方米	131.2	168.5	208.4	63.6

资料来源：BP，2012

2. 资源分布不均衡

形成于不同地质作用的矿产资源在地理分布上具有极大的不均衡性，国家间赋存资源种类及拥有量存在巨大差异。

矿产资源的分布和开采主要在发展中国家，而消费量最多的是发达国家。煤炭主要分布在亚欧大陆中部（从我国华北向西经新疆，横贯中亚和欧洲大陆，直到英国）、北美大陆的美国和加拿大，以及南半球的澳大利亚和南非。世界石油主要分布在七大储油区：中东波斯湾（世界最大的石油储藏区、生产区和出口区）、拉丁美洲（墨西哥、委内瑞拉等）、非洲（北非撒哈拉沙漠和几内亚湾沿岸）、俄罗斯、亚洲（东南亚和中国）、北美洲（美国和加拿大）和西欧（北海地区的英国和挪威）。其中，中东和中南美洲分别占54.4%和17.3%。天然气探明储量及分布状况如表2.2所示。全球铁矿探明储量为4000亿吨，含铁量为930.8亿吨。主要分布在巴西（17.5%）、俄罗斯（16.8%）、加拿大（11.7%）、澳大利亚（11.5%）、乌克兰（9.8%）、印度、中国、法国、南非、瑞典、英国等。铜矿储量的约70%分布在智利和秘鲁的斑岩铜矿区（世界最大的铜矿藏区，占世界总储量的27%）、美国西部的班铜矿区和砂页岩型铜矿（20%）、赞比亚北部与扎伊尔毗邻处的砂页岩铜矿带（15%），以及俄罗斯和哈萨克斯坦（10%）。全球铝土矿总储量为250多亿吨。其中60%分布在几内亚、澳大利亚、巴西、牙买加、印度，另外，中国、喀麦隆、苏里南、希腊、印度尼西亚、哥伦比亚等也有分布。已探明铅矿和锌矿储量分别为1.5亿吨和1.15亿吨。铅矿储量的70%和锌矿储量的60%分布在美国、加拿大、澳大利亚、中国和哈萨克斯坦。各种矿产资源对一国经济社会发展是不可或缺的，仅仅依靠自身的资源无法满足经济发展的需要，国际合作和贸易等方式是实现资源优化配置与互补的重要手段。

表 2.2　世界天然气探明储量分布状况（2011）

区域	储量/万亿立方米	占总量比重/%	储产比/%
北美洲	10.8	5.2	12.5
中南美洲	7.6	3.6	45.2
欧洲及欧亚大陆	78.7	37.8	75.9
中东	80	38.4	—
非洲	14.5	7.0	71.7
亚太地区	16.8	8.0	35.0

资料来源：BP，2012

3. 跨国公司垄断世界资源市场

通过大规模联合和兼并，矿业公司扩大了规模，增强了实力，对国际矿业市场的控制力和影响力进一步扩大，全球矿业的产业集中度进一步提高。2012 年 2 月 7 日，全球大宗商品贸易行业最大上市企业瑞士嘉能可与全球第五大矿业公司瑞士斯特拉塔达成合并协议，并称新公司将成为全球第四大矿业集团。如今，世界矿产行业正掀起一轮并购浪潮。2011 年全球矿业并购规模达 980 亿美元，比 2010 年增加 220 亿美元，行业集中度进一步提高。

在矿业行业中，居前十位的矿业公司控制了西方国家 70.2% 的铁矿石产量，79.3% 的锡矿产量，74.6% 的铜矿产量，57.4% 的金矿产量和 57.1% 的锌矿产量，占西方国家矿业产值的 26.7%（张文驹，2007），其中，淡水河谷矿业经营收入占世界矿业收入的 6.7%，为世界第一大矿业公司。淡水河谷是世界第一大铁矿石生产和出口商，也是美洲大陆最大的采矿业公司，在全球 15 个国家和地区有业务经营和矿产开采活动。淡水河谷拥有铁矿石的保有储量约为 40 亿吨，产量占巴西全国总产量的 80%。其 2006 年矿产品产量创历史纪录，其中铁矿石和球团矿为 2.76 亿吨，氧化铝为 320 万吨，原铝为 48.5 万吨，铜为 16.9 万吨，钾为 73.3 万吨，高岭土为 130 万吨。经营收入达到 204 亿美元，纯利润达到 65 亿美元。

4. 主要工业国进口依赖性加大

由于世界矿产资源分布极不均匀，开发已知矿产需大量投资等因素，许多国家和地区仍不能摆脱能源和矿物原料的短缺局面。特别值得注意的是，世界矿物原料最大需求者西欧、日本和美国（三者矿物原料消费量约占世界矿物原料消费量的 2/3）的矿产资源保证程度都有所下降，其大多数矿产需求量大大超过其国内开采量，对进口的依赖程度进一步增大。例如，美国铅、镁、铬铁矿、稀土、铝、铜和镍等矿产品的年消费量分别占世界总消费量的35%、13%、17%、50%、29%、21%和14%，石油、天然气、煤炭、铜、铅、锌、铝、镍、钼、磷矿石和钾盐这11种主要矿产品，美国的人均消费量是世界平均水平的3.4~6.6倍。6种主要金属矿产（铜、铅、锌、铝、镍、钼）的消费量，美国是中国的5.9~32.4倍（郑秉文，2009）。2010年锰表观消费量为72万吨，对外依存度为100%，主要来自南非、加蓬、中国等国家。镍表观消费量为8300吨，而美国进口量为8500吨。钴的对外依存度也高达81%，进口1.1万吨。钨、铬等矿产主要的对外依存度也超过50%。

中国近些年来经济高速增长，对资源消耗量逐渐增加，一些矿产资源对外依存度不断提高。自20世纪90年代以来，中国一直是锌的净出口国，但从2004年开始，中国锌消费量呈现持续增长的势头，成为锌的净进口国。2008年净进口精炼锌18.25万吨。2009年铁矿石进口量为6.28亿吨，对外依存度超过60%。随着矿产勘查、开采和冶炼进一步向发展中国家转移，主要工业国家的矿产保证程度进一步降低，对进口的依赖程度可能会进一步增大。

5. 资源价格普遍上涨

近10年来，世界经济增长，固定资产投资增加，资源需求强劲增长，主要矿产品价格普遍攀升。矿产品价格自2003年以来一直持续高速增长，处于高位运行状况，2008年又有新的大幅攀升，综合价格指数达到130.9（刘树臣等，2009）。2008年下半年以来，受到国际金融危机的影响，国内外矿产品价格一路大幅下跌，但随后矿产品价格翻转上升。2000年以来，世界铁矿石贸易增量的85%都流向中国（王宏剑等，2010），需求的增加使得国际市场铁矿石的价格急剧增长，2000年中国进口铁矿石价格为32.8美元/吨，而2008年则上升到136.4美元/吨，2009年金融危机导致资源价格有所下降，但2010年又攀升超过100美元/吨。近10年世界铜价也有上涨的趋势，自2001年起一路攀升，2008年达到历史最高位8926美元/吨，之后受金融危机影响，铜需求量降低，铜价大幅下滑，2009年年初价格开始回升。同样，铝、铅、锌等金属矿产价格也经历了相似的变化。另外，垄断企业在很大程度上左右着资源价格，以铁矿为例，淡水河谷、力拓和必合必拓三大公司控制着全球铁矿的出口市场，三者促使铁矿石价格由2000年的27.35美元/吨增长到2008年的133美元/吨（王申强等，2009）。如果全球矿产资源现有的市场格局和价格机制没有改变，未来高涨的全球矿产资源价格有可能还会出现。

（三）世界资源利用的主要影响因素

1. 人口和经济快速增长

人口的基数及其增长率变化是影响矿产资源消费的关键要素。人口的增加要求更多的资源投入，以适应相对应的人均经济增长和矿产资源消费水平。据联合国人口基金会公布的统计数字，截至2011年10月31日，世界人口总数突破70亿人大关。人口每增长10亿人所用时间逐渐缩短，尤其是20世纪50年代以来，世界人口数量剧增40亿人。根据全球人口数据库预测，2030年全球人口将超过76.74亿人。人类的生存和繁衍离不开自然资源，自然资源是人类安身立命和经济发展的基本条件。化石能源是不可再生资源，短时间内难以再生，人口快速增长缩短了化石能源的耗竭时间，巨大的人口压力也使存在再生循环时间限制的可再生资源受到破坏。人口剧增导致人均资源占有量减少，人口与资源环境之间的矛盾加剧。

经济发展是影响矿产资源消费的核心要素。人类的工业化历史表明，矿产资源消费与经济发展之间具有密切关系，不同经济发展阶段矿产资源消费数量差别巨大。资源利用与经济发展水平紧密相关，呈倒“U”形规律。在进入工业化之前，资源的需求量随着GDP的增长缓慢增加；在工业化初期，投资重点放在工业及基础建设，资源需求量增长速度加快；在工业化的进程中，资源需求量将继续增加，但是增长速度会逐渐降低；工业化完成时，资源需求量达到峰值，之后需求量转而下降。

2. 工业化和城市化发展

工业化和城市化是现代化的重要表现，工业化过程中农村人口不断向城镇转移，带动城市化发展。工业化以丰富的原材料为基础，工业革命之前，人类对能源资源开发利用的规模、数量、应用范围都十分有限。随着工业进程推进，能源需求急剧上升，对自然资源的消耗明显大幅增加。西方发达国家较早实现工业化，其在完成工业化的过程中，消耗了占全球60%左右的资源。工业化的实现需要一个较长的过程，20世纪60年代以来工业化进程在全球快速推进，出现了韩国、新加坡、巴西、阿根廷等一大批新兴工业化国家，新加坡、韩国等相继加入发达国家的行列。其他新兴工业化国家和广大发展中国家实现工业化还需要较长的时间，因此对主要矿产资源的需求还存在很大张力。工业化和城市化的发展相辅相成，发达国家城市化起步早，城市化水平高，并且出现逆城市化现象（孟祥林等，2004）；发展中国家城市化起步较晚，城市化水平低，但目前城市化发展很快。伴随着城市化的发展，城市人口增多，地域扩张，经济发展水平和消费水平提高，对基础设施和服务水平的要求也越来越高，城市化不仅加快资源消耗，而且对城市地域范围内的部分资源的损耗具有不可逆性，尤其是矿业城市的发展更是如此（盛广耀，2009）。工业化和城市化快速推进，势必会加速资源短缺，使资源短缺的形势更加严峻。

3. 技术进步和资源替代

每一次技术进步都带来生产力的腾飞，新兴工业部门的出现和工业化生产是技术进步的重要标志。技术进步对自然资源的影响具有两面性。一方面，技术进步不仅扩大自然资源的利用范围，并且使自然资源的大宗利用成为可能，随着技术更新和进步，人类对资源开发利用的规模、数量、应用范围不断扩大，资源消耗速度加快；另一方面，技术进步提高了资源利用效率，促进资源替代，资源高效利用和替代资源出现可以缓解资源短缺。

伴随着技术进步，主导能源逐渐发生改变，前两次技术革命分别大力推动了煤炭和石油工业的发展。目前，可再生能源的开发和利用日益呈现在大众视野，新能源技术是今后世界各国大力发展的重点。广大发展中国家的资源利用水平较低，资源利用效率与发达国家相比还存在较大差距，短时间内提高难度较大。以技术进步为指导，提高资源利用效率，研发替代资源，降低其使用成本和扩大推广使用是应对资源短缺的核心。

4. 资源利用对新兴经济体的挑战

近年来，一些国家经济蓬勃发展，成为新兴经济体，包括被称为“金砖四国”的中国、巴西、印度和俄罗斯，以及被称为“新钻十一国”的巴基斯坦、埃及、印度尼西亚、伊朗、韩国、菲律宾、墨西哥、孟加拉国、尼日利亚、土耳其和越南。虽然近年来金融危机等不稳定性因素增加，但以中国为代表的新兴经济体发展势头仍然十分强劲。

2011 年发达经济体的平均经济增长率为 2.2%，而新兴经济体为 6.4%，远高于世界平均经济增长率。发达国家在工业化以后，对资源的需求呈现饱和态势。2008 年，美国、德国、日本等发达国家对资源的需求量分别是 1980 年需求量的 1.15 倍、0.68 倍和 0.71 倍；而新兴经济体，如中国、巴西、印度等国家对资源需求量的增长显著地快于全球的增长，其 2008 年资源需求量分别是 1980 年的 6.45 倍、2.19 倍和 2.64 倍（图 2.2）。新兴经济体国家工业化和城市化进程的加快仍然以资源为基础，随着世界范围内资源竞争的加剧，未来新兴经济体的发展将面临“资源安全”这一严峻挑战。

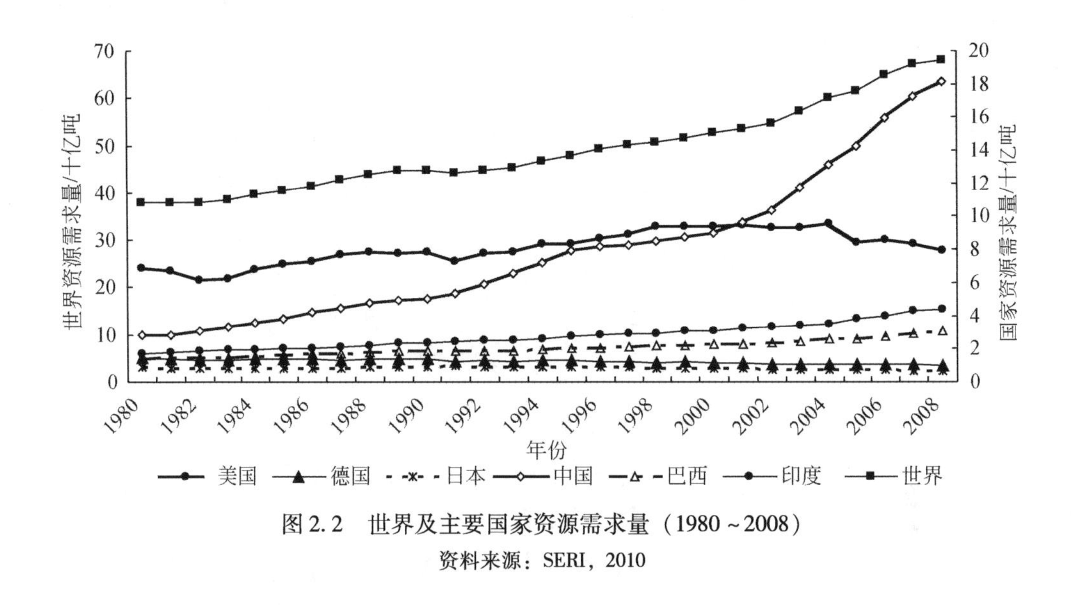

图 2.2　世界及主要国家资源需求量（1980 ~ 2008）
资料来源：SERI，2010

（四）世界资源发展趋势预测

1. 总体态势

欧洲可持续研究所（Sustainable Europe Research Institute，SERI）在假定无任何增加或减少资源需求政策影响的情况下，应用全球产业间预测系统（Global Inter-industry Forecasting System）模型预测了全球 2030 年资源需求的情况。到 2030 年，世界资源总需求量将超过 1000 亿吨（图 2.3），其中，生物、金属、矿物和化石能源需求量分别达到 312 亿吨、126 亿吨、411 亿吨和 168 亿吨。2005 ~ 2030 年，金属和矿物资源需求量仍是世界资源需求增长的主要因素，分别增长 2.42 倍和 1.92 倍。

2. 主要矿产资源需求预测

本文主要通过人均矿产资源消费与人均 GDP 之间的相关关系来分析未来全球主要金属矿产的资源需求量。人均矿产资源与人均 GDP 的相关分析表明，从“农业社会—工业社会—后工业化社会”的演变过程来看，人均矿产资源消费与人均 GDP 呈现全周期“S”形变化关系（王高尚，2003）。“S”形曲线的起点和顶点（即人均金属消费量峰值）因各国的经济结构、资源禀赋、资源政策等不同而异，从起点到顶点，资源消费的增长方式也有差异。

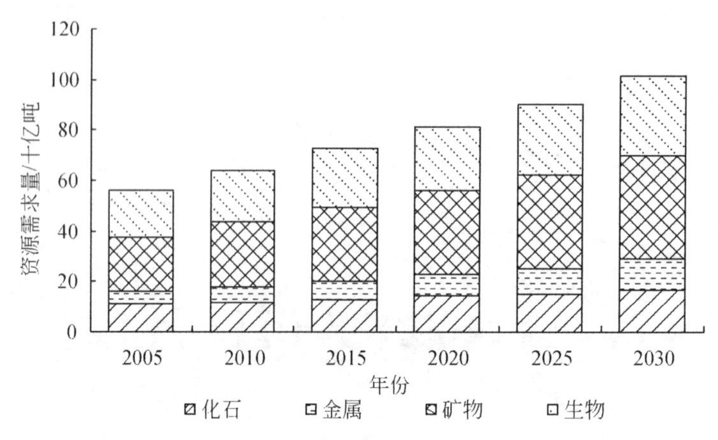

图 2.3　未来世界资源需求量预测（2005 ~ 2030）

资料来源：SERI，2012

鉴于全球各国经济和社会发展极不平衡，矿产资源消费的特点也不同，为了使预测更加科学、合理，本研究采用分类预测的方法，主要依据社会经济发展水平，同时参考各国经济结构、城市化率、基础设施建设等指标，对全球所有国家进行系统的分类，将全球121个国家（人口占全球总人口的93%；GDP总量占全球的99%以上）分为发达国家、工业化国家和欠发达国家等三类，依次作为基本预测单元。以全球历史及未来人口、GDP数据为基础，以历史消费数据为支撑，根据人均粗钢、铜、铝消费与人均GDP的相关关系，对全球未来主要矿产资源需求进行预测（表2.3）。

表 2.3　2008 ~ 2030 年世界主要矿产资源需求预测

	项目	2008 年	2010 年	2015 年	2020 年	2025 年	2030 年
全球发展	人口/亿人	63.04	64.05	67.7	70.96	73.99	76.74
	GDP/1990 年亿 GK 美元	497052	535273	648082	753810	881577	1036624
	GDP 增长率/%	3.95	3.77	3.9	3.07	3.18	3.29
	人均 GDP/GK 美元	7884	8357	9573	10622	11915	13508
	人均 GDP 增长率/%	2.82	2.96	2.75	2.1	2.32	2.54
铝消费量/万吨	发达国家	1402	1387	1270	1141	1057	1050
	工业化国家	2058	2359	2963	3324	3260	3055
	欠发达国家	389	470	666	1157	1815	2696
	全球	3849	4216	4899	5622	6132	6801

续表

项目		2008 年	2010 年	2015 年	2020 年	2025 年	2030 年
铜消费量/万吨	发达国家	800	789	744	675	629	613
	工业化国家	880	954	1154	1362	1464	1357
	欠发达国家	140	162	228	340	508	732
	全球	1820	1905	2126	2377	2601	2702
粗钢消费量/万吨	发达国家	51503	49720	46350	43723	42623	41850
	工业化国家	67777	81320	120400	153680	156570	152710
	欠发达国家	11494	13350	22560	44620	85380	141530
	全球	130774	144390	189310	242023	284573	336090

从铝的需求形势来看，2008 年全球铝资源消费总量为 3849 万吨。未来全球铝需求在逐渐增加，但增速逐渐变小，到 2030 年，全球铝资源消费总量达到 6801 万吨，比 2008 年的 3849 万吨增加近 77%。2015 年之前，工业化国家将成为全球铝资源需求的主要拉动者；2020 年之后，欠发达国家将成为未来铝资源需求的主要拉动者。预计 2009～2030 年，全球累积铝需求量将达到 15 亿吨，其中发达国家和工业化国家和欠发达国家分别为 3 亿吨、8 亿吨和 4 亿吨，工业化国家仍是未来铝资源需求的主体。

根据铜消费数据分析，2030 年全球铜消费量为 2702 万吨，累积消费量为 64702 万吨。发达国家人均铜需求量已过顶点，未来铜需求量将呈缓慢下降的趋势，2030 年铜消费量为 613 万吨，人均铜消费量为 6.02 千克/人，累积消费量 18325 万吨；处于工业化进程的国家铜需求量呈不断增长的趋势，之后趋于下降，预测人均铜需求量将在 2025 年前后到达峰值，预测量为 5.3 千克/人，2030 年累积消费量为 27714 万吨；欠发达国家未来铜需求呈不断上升的趋势，将在 2035 年之后到达峰值，2030 年其铜消费量为 732 万吨，与 2008 年相比增加了 4 倍多，预测 2030 年人均铜消费量为 2.4 千克/人，累积消费量为 9128 万吨。

粗钢需求量在发达国家呈逐渐下降的趋势，2008 年发达国家人均需求量已经达到 540 千克/人，预测到 2030 年将下降到 410 千克/人。工业化国家 2008 年人均粗钢需求量仅为 272 千克/人，随着经济的发展，其对钢铁的需求量将呈上升趋势，2025 年左右达到需求顶峰，人均消费量约为 566 千克/人，2030 年粗钢需求量为 15.271 亿吨。欠发达国家未来粗钢需求增长迅速，2008 年人均占有量仅为 40 千克/人，到 2030 年人均消费量约为 367 千克/人，2015～2025 年粗钢需求量增加迅速，到2030年预计粗钢需求量将达到14.153亿吨，全球粗钢需求量将为33.6亿吨。

二 中国资源利用现状、问题与供需态势

从总量上说，中国是一个资源大国，但按人均占有水平看又是一个资源相对贫乏的国家，而且部分资源在结构等方面也存在许多不足，与我国社会经济发展对资源的需求还有一定的差距。

（一）中国资源利用现状评估

1. 土地资源

我国的人均土地资源相对稀缺，人均土地面积不及世界平均水平的1/3，人均耕地面积只有世界人均耕地面积的40%左右（石玉林，2008），远低于世界平均水平。由于人口增加，中国人均土地面积已从1949年的1.76公顷下降到2008年的0.72公顷；人均耕地面积从1952年的0.19公顷下降到2008年的0.09公顷。随着人口继续增加，土地资源短缺的趋势将进一步增强（图2.4）。

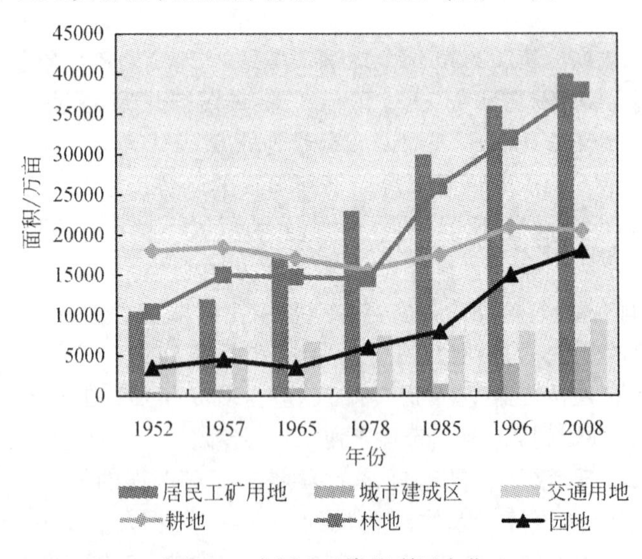

图2.4　中国土地资源利用变化

资料来源：中国统计年鉴，2009

土地利用结构方面，2005 年我国农业用地总面积为 6.57 亿公顷，占国土面积的 69.11%（表 2.4）。可见，农业用地在我国土地资源中比重较大。其中，农业用地中，耕地仅占土地总面积的 12.84%，位居第三，而所占比重最大的是牧草地和林地，占土地总面积的比重分别为 27.57% 和 24.8%。不同于耕地，林草地兼具生产与生态两种功能，我国的林草地覆盖面积广阔，因此如何协调林草地的生产功能和生态功能是未来土地资源利用中必须面临的挑战。在建设用地中，以居民点及工矿用地为主，占国土总面积的 2.74%，虽然建设用地所占比重较低，只有总面积的 3.36%，但近年来建设用地正不断增加。我国未利用土地占总面积的 27.53%，多为荒草地、盐碱地、沼泽地、沙地等难利用土地，因此我国后备土地资源的开发潜力有限。

表 2.4 2005 年中国土地资源的利用结构

土地类型		面积/万公顷	占土地总面积比重/%
农用地	总计	65704.74	69.11
	耕地	12208.27	12.84
	园地	1154.9	1.21
	林地	23574.1	24.8
	牧草地	26214.38	27.57
	其他农用地	2553.09	2.69
建设用地	总计	3192.24	3.36
	居民点及工矿用地	2601.51	2.74
	交通运输用地	230.85	0.24
	水利设施用地	359.87	0.38
未利用地	总计	26171.78	27.53
	未利用土地	23223.74	24.43
	其他土地	2948.04	3.10
合计		95068.75	100.00

资料来源：石玉林，2008

中国土地资源利用在宏观格局上分布不平衡、开发历史各异，因而区域间土地利用差异显著，表现为东西差异和南北差异。整体而言，我国土地资源在东南部条件较好，平原面积比重高，农业发展历史悠久，生产力水平高，绝大部分土地已有不同程度的开发，集中了全国 92% 左右的耕地和林地，但同时也存在人多地少、部门间争夺土地资源等问题；而西北地区虽然人口稀少、土地资源丰富，但由于难利用土地面积大，加之高寒干旱的气候，进一步开发利用土地资源较为困难。

2. 大宗矿产资源

从总量上看，我国矿产资源总体上丰富，种类比较齐全，是矿产资源大国。在当前已知的170余种矿产资源中，我国已查明的矿产共168种。按45种主要矿产的价值计算，我国矿产资源储量总值占全世界的14.64%，居世界第3位（李占寅等，2008）。我国有45种主要矿产保有量位居美国、俄罗斯之后的第3位，约占世界的12%。根据已探明的主要矿产资源储量特征分析，我国的矿产资源有以下特征：一些矿产资源在世界上占有优势，如稀土、石膏、钛、钨、锡、石墨等，探明储量居世界前列；一些矿产在区域上有一定优势，如煤、汞、萤石、磷等，探明储量居世界第2位、第3位，但人均占有量低于世界人均水平；具有潜在优势的矿产如铝土矿、高岭土、黏土等，储量居世界前列，但人均占有量偏低；一些矿产资源探明储量相对不足，如铁、锰、镍、铅、铜、金、银、石油、铀等；一些矿产资源属于短缺类资源，如金刚石、铂、铬、钾盐等矿产。

从分布上来看，我国矿产资源在地理分布上非常不均衡，具有明显的区域性。煤炭保有储量的92%集中分布在12个省区，其中，山西、内蒙古、陕西和新疆四个省区就集中了全国74%的储量；铁矿80%集中在10个省区，其中鞍山、冀东、攀西三地就集中了全国近50%的储量。另外，矿产分布的区带性使得各大行政区的矿产资源组合存在差异。华北地区主要有煤、铁、稀土、黏土、天然碱、石材等26种矿产；东北地区以铁、石油、金、镁、滑石、金刚石等19种矿产为主；华东地区主要有铜、钨、金、银、铂、镁、萤石等22种矿产；中南地区以有色金属、化学矿产及建材为主；西南地区以金属矿产、化学矿产为主；西北地区拥有镍、钴、钼、铂、煤、铅、锌、铜、石油、钾盐等31种矿产。这些特征为我国矿产资源区域性综合开发利用提供了各具特色的资源基础。

我国相当一部分经济发展必需的矿产资源总量不足，保证程度呈下降趋势。油气缺口不断增大，铁、锰、铬需大量进口，铜矿也严重短缺，农业生产必不可少的钾盐资源十分有限，主要依靠进口。在优势矿产中有相当一部分是市场用量并不大的非大宗矿产，而不能保证的矿产中许多是经济发展需求量大的支柱性矿产资源。从满足人口对生产生活需要的角度来看，我国矿产资源结构不合理，主要表现为中小型矿偏多、大型矿偏少，贫矿多、富矿少，综合矿偏多、单一矿偏少。这导致矿山开发成本高、投资较大，影响了矿山企业经济效益的提高，进而影响矿产资源的可持续开发利用。

我国的矿产资源需求形势严峻。作为新兴工业化国家，我国目前处于工业化中期，尚未跨越重化工业化阶段，高耗能耗材产业快速增长。快速推进的工业化不可避免地导致了矿产资源的大量需求和消耗。由于经济规模位居世界第2位，目前中国已经成为世界上煤炭、铁矿石、氧化铝、铜、水泥消耗量最大的国家，石油消耗量居世界第2位，是世界上主要的资源消耗大国。中国消耗的石油和铁、铜等主要金属矿产对外依存度较大。

3. 森林资源

我国森林面积为1.95亿公顷，居世界第5位，但人均森林面积只有0.145公顷，不足世界人均占有量1/4，排列在全世界的第119位。森林蓄积量为137.21亿立方米，占全世界森林总蓄积量的2.63%，名列第6位，而中国人均森林蓄积量仅为10.15立方米，在世界排第160位，不及世界平均水平的12%。森林覆盖率只有20.36%，排在世界第139位（表2.5）。可见，我国现在是一个森林资源相对短缺的国家，加之经济社会发展对木材需求的增加及我国对森林资源的保护，造成我国森林资源的供需态势相当严峻。

表2.5　中国森林资源现状及在世界的比重

项目	森林面积/亿公顷	人均森林面积/公顷	森林蓄积量/亿立方米	人均森林蓄积量/立方米	森林覆盖率/%
中国	1.95	0.145	137.21	10.15	20.36
中国占世界的比重/%	3.77	18.0	2.63	11.85	61.3
世界排名	第5位	第119位	第6位	第160位	第139位

资料来源：国家林业局，2009

我国森林资源的分布不平衡。受自然条件、人为活动、历史原因及地区经济社会发展不平衡等因素的影响，我国森林资源主要分布在东北的大、小兴安岭和长白山，西南的川西、川南、云南大部、藏东南，东南、华南低山丘陵区，以及西北的秦岭、天山、阿尔泰山、祁连山、青海东南部等区域；而地域辽阔的西北地区、内蒙古中西部、西藏大部，以及人口稠密经济发达的华北、中原及长江中下游地区，森林资源分布较少。东部地区森林覆盖率为34.27%，中部地区为27.12%，西部地区仅为12.54%，而占国土面积32.19%的西北五省区森林覆盖率总共只有5.86%（国家统计局，2010）。从人均拥有量看，人均森林面积超过世界平均水平的只有西藏和内蒙古，人均蓄积量超过世界平均水平的只有西藏，可见我国森林资源分布的东西差异巨大。

森林质量方面，我国现有宜林地质量高的仅占13%，质量差的占52%。尽管我国的森林覆盖率有所增加，从新中国成立初期的8.6%提高到现在的20.36%，但森林资源总体质量仍呈下降趋势，森林的生态功能严重退化，其中人工林和中幼龄森林占多数，且人工林质量不高，多为纯林，林相简单，生物多样性较差，森林生态效益下降。另外，林业用地的利用率较低导致林地生产力低，我国现有林业用地3.378亿公顷，其中林地只占53.67%。由于历史和社会的原因，余下的森林资源多分布在边远贫穷山区和主要江河的上游，基本上属于应保护的资源，可采森林资源不足20亿立方米。按现在的消耗水平，只能维持不到10年（国家林业局，2009）。

同时，我国森林资源承受的压力加重。2010年1～10月全国林产品进出口总值为766.91亿美元，同比增长33.99%（表2.6），可见我国林产品的需求正在急速增加。目前，我国人均木材消耗量仅为0.12立方米，远远不及世界平均水平0.68立方米，从我国经济高速增长的趋势判断，未来，对木材及其他林产品的需求量日益增加，人均消耗木材每增长0.1立方米，就需要增加1.3亿立方米的木材需求，相当于目前全国森林总面积的67%。我国林产品需求的增加会给森林资源和生态建设带来巨大的压力。

表2.6　中国林产品进出口额及其变化

总额/亿美元	2010年1～10月	2009年1～10月	增长率/%
进出口总额	766.91	572.36	33.99
出口额	389.3	300.11	29.72
进口额	377.61	272.25	38.70

资料来源：国家海关总署，2010

“十一五”以来，我国在节约能源、发展循环经济等方面采取了一系列卓有成效的政策与行动，取得了显著的成就。与2005年相比，2010年全国单位GDP能耗下降19.1%，万元工业增加值用水量降低37.9%。到2010年，中国近1/4的钢产量来源于废钢，20%的水泥原料来自于固体废物，1/3的纸浆原料来自再生资源，形成了一批循环经济的典型企业和产业园区，在法律、产业、技术和财政等方面初步建立了节约能源和发展循环经济的政策框架。

1）启动十大节能重点工程。以《“十一五”十大重点节能工程实施意见》为基础，提出了燃煤锅炉改造、余热余压利用、节约和替代石油、点击系统节能、能量系统优化等十大重点节能工程。五年来，中央共安排资金305亿元，其中，中央预算内投资81亿元，中央财政奖励资金224亿元，支持了5127个节能改造项目，可形成节能能力1.5亿吨标准煤。十大重点节能工程实施以来，带动社会资金投入约

8000亿元，可形成节能能力3.4亿吨标准煤，对“十一五”单位GDP能耗降低目标的贡献率为54%（国家发展和改革委员会资源节约和环境保护司，2011）。

2）开展千家企业节能行动。为推动重点耗能企业开展能源审计、编制节能规划、加强用能管理，2006年印发了《关于印发千家企业节能行动实施方案的通知》，在钢铁、有色金属、煤炭、电力、石油石化、化工、建材、纺织、造纸等九个重点耗能行业，年综合能源消费量在18万吨标准煤以上的998家企业中开展“千家企业节能行动”，该行动的主要目标是大幅度提高能源利用效率，促进主要产品单位能耗达到国内同行业先进水平，部分企业达到国际先进水平或行业领先水平，带动行业节能水平的大幅提高。“十一五”期间，千家企业实现节能1.5亿吨标准煤。

3）推广节能产品。开展绿色照明产品补贴活动，通过财政补贴方式推广节能灯，对居民用户和大宗用户分别给予50%和30%的补贴。超额完成“十一五”计划推广1.5亿只的目标。开展节能产品惠民工程，据有关部门测算，利用财政补贴推广高效节能空调，在两年内，使我国高效节能房间空调器的市场份额从2008年的5%提高到30%以上，拉动消费需求600多亿元。鼓励汽车、家电“以旧换新”，在北京、上海、天津、江苏、浙江、山东、广东、长沙等地，开展电视机、电冰箱、洗衣机、空调、电脑等五类家电产品“以旧换新”试点。2009年中央财政将汽车报废更新补贴资金从10亿元增加到50亿元。

4）淘汰落后产能。《节能减排综合性工作方案》明确提出了“十一五”期间电力、钢铁、建材、电解铝、铁合金、电石、焦炭、煤炭、平板玻璃及酒精等行业落后产能的淘汰目标，“十一五”期间，水泥产业累计淘汰落后产能3.4亿吨（中国建筑材料联合会，2011），电力行业累计关停小火电机组7077万千瓦（国家能源局，2010），钢铁行业淘汰落后炼铁产能11696万吨、炼钢产能6914万吨，淘汰造纸落后产能1030万吨。通过积极的淘汰落后产能行动，提高了行业能效水平。

5）资源综合利用。制定并发布了《“十一五”资源综合利用指导意见》，开展资源综合利用电厂认定工作，每年利用煤矸石、煤泥、生活垃圾等废弃物近7000万吨，回收利用焦炉、高炉煤气等210亿立方米，同时研究推进大宗工业固体废物综合利用、脱硫石膏综合利用。另外，工业余热资源也被部分回收用于发电等。到2010年年底，水泥行业累计约有700条生产线建成余热发电设备，总装机容量达到4800兆瓦（中国建筑材料联合会，2011），利用水泥窑协同处置工业废弃物、危险废弃物、城市生活垃圾、污泥等的综合利用工程陆续启动，以可燃性废弃物替代燃料的研究与应用也在积极推进之中。

6）循环经济试点示范。经国务院同意，启动实施两批共192家单位开展国家循环经济试点示范工作。涉及钢铁、有色金属、化工、建材等七个重点行业，以及再生资源回收利用等四个重点领域，批复了“甘肃省循环经济总体规划”、“青海柴达木循环经济试验区总体规划”及27个省市循环经济试点的实施方案。在企业层面，通过清洁生产方式，实现企业内部的原料循环利用和能量梯级利用；在园区层面，在园区内的企业之间搭建生态产业链条，同时建设高校共享的能源、水等公共资源的园区基础设施体系；在社会层面，建立回收、再利用和资源化各类废弃物的产业，同时，在消费领域倡导合理消费和绿色消费，创建绿色社区。

总体上，中国资源高效利用的政策体系正沿着两条途径不断得到完善：一是以《循环经济促进法》为引导，形成循环经济专项法规、标准及其配套政策，如废旧资源综合利用的管理和优惠政策、循环经济评价指标体系等；二是将循环经济原则纳入相关法律法规和政策之中，如修订后的《节约能源法》强化了节能的法律责任，修订后的《资源综合利用目录》调整了部分矿产资源和资源税额的标准，提高了成品油、大排量汽车、木质一次性筷子等产品的消费税等。初步形成了中国特有的资源高效利用框架体系。

（二）中国资源利用存在的问题

1. 资源供需矛盾突出

受客观条件和社会经济因素制约，我国资源的供需形势较为严峻。我国森林资源总量不足，人均占有量少，并且国内对林产品的需求不断增加，造成木材进口增长迅速，供给压力上升。我国土地资源的供需也存在矛盾，并将长期存在。耕地作为食物的主要来源，维持一定面积的耕地、提高土地持续生产能力，是保证我国食物安全的关键。但在目前的生产水平下，我国耕地资源的人口承载力有限，并且随着我国工业化、城镇化进程的加快，大量的耕地转为建设用地，土地资源面临日趋严峻的挑战。矿产资源方面，我国的铁、锰、铜、铝等大宗矿产后备储量不足，铬、钾盐短缺严重，油气资源可采储量少，且后备资源不足，钢铁产品市场、铜金属市场等长期供不应求，需要大量从国外进口，中国的矿产资源供需矛盾尖锐。

2. 资源分布不均衡阻碍社会经济发展

我国东部地区城市群密集，城镇人口数量大，经济发展水平较高，然而东部地区的资源相对西部地区较贫乏，在耕地资源稀缺性越加显著的形势下，对土地的居住和生活功能需求的增长，加剧了土地资源不同利用功能间的冲突，如建设用地占用耕地影响农业生产。1996～2005年，非农建设占耕地总面积最大的五个省分别是江苏、山东、浙江、河南、河北，合计占用耕地 85.86 万公顷，占全国非农建设占用耕地总面积的 40.82%（石玉林，2008）。另外，我国优质耕地较少，而且主要分布在用地需求增长较快的经济发达地区，使得耕地丧失问题更为严重，对我国粮食安全和社会经济发展产生一定影响。我国的矿产资源在地理上分布极不均匀，煤炭、铁矿产区相对集中，矿产资源消耗量较大的东部发达地区矿产资源相对贫乏，因此出现了矿产资源生产与消费在空间上的错位。总体来说，资源分布的不均衡已经成为阻碍我国社会经济发展的突出因素。

3. 资源的不合理利用导致生态环境恶化

近年来，全国草原生态环境呈现整体恶化态势（农业部，2011），目前的畜牧业是一种建立在城乡二元结构的经济规制下，随着不断增强的生活压力挤压和市场需求拉动，形成的从草地系统之外购进草料、以草地系统内部不断耗竭地力和地下水资源为支撑、以外销为目的的产业形态，严重破坏了草原的自然动态平衡。西南地区的森林资源被大量砍伐，转而种植橡胶和其他林种，致使森林生态系统涵养水源、保持水土等生态功能受到严重损害，西南地区的森林生态系统作为维护长江中上游生态屏障的功能受到破坏。另外，在城镇化的过程中，大量农田和天然湿地被改造为水泥地面，大规模的填河、填湖、填海造地，用于修建高速公路、高速铁路、城市扩张和建立工业园区，原有的局域生态被破坏，导致生态环境恶化，影响了人们的生存安全。

4. 资源浪费严重、消费模式不合理

长期以来我国在资源利用方面制度不完善、价格不合理、监管力度较弱，导致原本就稀缺的资源被严重浪费或低效配置。以北京的水资源为例，在全世界人口过千万的特大城市中，北京人均水资源量是最少的。随着城市规模和人口规模持续而急剧地扩张，北京的“灾难性水缺乏”状况持续恶化。与此同时，北京各种高耗水场所的奢侈性水消费随处可见，如洗浴、人工温泉、人造滑雪场、高尔夫球场等，这些场所需要大量的给水、换水、浇灌维护，仅高尔夫行业，就耗掉了相当于首都中心城区大约一半常住人口的标准用水量。这种资源消费模式没有得到合理的规制。再如，在西北缺水地区建设机场绿化带，由于存活率极低，需要浪费大量的人力物力资源引水灌溉，既浪费树种、土地、水资源，又浪费大量的社会资源。严重浪费资源和高消费的模式并没有得到很好地遏制，这将影响我国“两型”社会的建设及绿色低碳发展理念的贯彻，甚至导致相关的生态和环境问题。

5. 资源利用效率低下

长期以来，我国的土地利用主要靠外延扩展，利用方式粗放，利用效率低下。建设用地方面，城市用地盲目外延扩大，实际利用效率较低；农业用地中，中低产田的面积占耕地总面积的78.8%，高产田只占21.2%；林地的利用也不充分，林地生产力较低，森林平均每公顷蓄积量只有世界平均水平的78%；牧草地经营粗放，单位面积产草量远低于发达国家的平均水平。我国矿产资源总回采率仅为30%左右，而世界平均水平在50%以上；对共生、伴生矿进行综合开发的只占1/3，综合回采率不足20%；我国铜、铅、锌伴生金属冶炼回收率为50%左右，而发达国家平均在80%以上；我国9种主要有色金属的采矿回收率为53%，选矿回收率为62.5%，采选总回收率约为33%，相当于发达国家70%的水平；我国尾矿回收利用率不到10%，而发达国家高达60%。我国单位国民生产总值消耗的矿物原料比发达国家高2~4倍，单位GDP能耗是发达国家的3~4倍（国家统计局，2010）。

（三）中国资源未来供需态势

1. 主要资源的峰值年份预测

1）水资源预测。随着社会的不断发展，以及工业化、城市化的加快，未来将可能利用更多的水资源。根据预测，2030年左右我国人口达到峰值15亿人，城市化水平达到70%，生活用水比重将进一步提高，在充分考虑节水的情况下，预计总用水量为7000亿立方米（表2.7），其中城乡生活用水量约为1000亿立方米；工业重心逐渐由东南的广东、福建、上海、江苏、湖北、安徽等向北部和中、西部转移，考虑未来产业结构调整和节水因素，中国工业用水将适度增长，预计2030年工业需水量达到2000亿立方米左右（周少华，2008）；随着社会进步和人民生活水平的不断提高，迫切需要改善和恢复生态环境，估计全国生态环境用水量为800亿~1000亿立方米。随着农村生活条件的改善，农村人均生活用水将不可避免地继续增长，而在生活节水意识提升与生活用水收费限额的联合抑制作用下，城镇人均生活用水将进一步下降。如果将城乡生活用水耗水率优化至50%，人均生活日用水量优化至115升，如果在2050年我国人口达到16亿人，生活用水总量将减少为668亿立方米（刘昌明等，2001）。

表 2.7 中国水资源需求预测（单位：亿立方米）

项目	2009 年	2030 年（预测）
总量	5965	7000
农业用水	3723	3000 ~ 3200
工业用水	1391	2000
生活用水	748	1000
生态用水	103	800 ~ 1000

2）土地资源预测。由于中国处于工业化、城市化的过程中，未来工业建设占地规模将不断扩大，包括交通、能源、水利、原材料等基础设施用地数量均会增加。根据中国的国情，虽然在工业化城镇扩展中尽可能少占用耕地，估计仍将占用160万公顷以上，加上灾害毁地等其他因素的影响，估计到2030年耕地面积减少975万公顷。1996 ~ 2030年，由于垦荒、土地整理、复垦等因素，使土地面积增加445万公顷，因此土地资源净减少530万公顷。根据预测，到2030年中国耕地面积是12470万公顷，人均占有耕地0.08153公顷；林地和牧草地在总量上有所增加，分别达到25300万公顷和27600万公顷，但人均占有量仍然在减少，降低为0.165公顷和0.180公顷（邹玉川，2001）；园地的总面积和人均占有量几乎不变（表2.8）。

表 2.8 中国主要类型土地资源预测

类别	1996 年			2030 年（预测）		
	总面积/万公顷	占土地总面积的比重/%	人均面积/公顷	总面积/万公顷	占土地总面积的比重/%	人均面积/公顷
耕地	13004	13.5	0.106	12470	13	0.082
园地	1010	1.05	0.008	1000	1.04	0.006
林地	22778	23.7	0.186	25300	26.4	0.165
牧草地	26610	27.7	0.217	27600	28.8	0.180

资料来源：邹玉川，2001

3）大宗矿产资源预测。从大宗矿产资源来看，目前，中国是世界铝生产和消费第一大国、铝净出口国，随着经济的发展，对铝的需求量将不断增长，中国将成为铝的净进口国，铝需求的高峰将在2020年达到1917万吨（表2.9），主要进口地仍将集中在几内亚和澳大利亚。作为世界头号铜消费国，中国是目前全球第一大铜进口国，中国对铜资源需求的高峰将在 2025 年达到 789 万吨，进口地主要集中在智利、秘鲁、澳大利亚等国。在城镇化的驱动下，中国对粗钢的消耗将持续高增长，预计粗钢需求的高峰在 2015 年达到 75664 万吨，目前，铁矿石的进口主要来自于巴西、澳大利亚、印度等国，未来将开辟乌克兰、俄罗斯，以及东南亚等国家的进口渠道。

表 2.9　中国主要矿产资源需求预测（2008～2030）（单位：万吨）

矿产	2008 年	2010 年	2015 年	2020 年	2025 年	2030 年
铝	1241	1401	1742	1917	1744	1505
铜	513	566	690	746	789	724
粗钢	45285	59996	75664	72560	70850	69340

2. 水土资源供需结构性紧张

未来中国水土资源供应将面临总量和结构性挑战。水资源、土地资源与经济社会资源的空间不匹配将加剧这种矛盾（图 2. 5）。中国长江以北广大地区，耕地占全国的 65%，而水资源量仅占全国的 19%，人口占全国的 47%；长江及其以南地区耕地面积仅为全国的 35%，水资源总量却占到 81%，人口占全国总人口的 53%。由此可见，北方水资源供需矛盾更加突出，南方土地资源的供需矛盾更加显著。在以“大兴安岭—太行山—雪峰山”为界的东西方向上，水资源、土地资源与社会经济资源的空间匹配差距同样显著。由于我国城镇化水平和社会经济发展南部地区大于北部地区、东部地区快于西部地区，所以未来水土资源供需的结构性紧张会更加凸显。

在考虑经济社会对水土资源需求不断增加的境况下，我国将加大水土资源的开发利用力度。由于水土资源开发和配置难度增加，过度开发和不合理使用无疑会导致生态环境的进一步恶化。如果不采取有力措施，加上水土污染等其他问题，我国有可能在未来出现严重的综合性水土安全问题。

3. 大宗矿产资源将出现全面短缺

20 多年来，中国矿产品消费增长迅速，矿产资源透支严重，国内供应不足导致大量进口矿产资源，不仅进口份额不断增长，而且进口集中度较高，市场风险扩大，使中国在世界矿产资源的贸易中占据越来越重要的地位。一些优势矿产资源丰富，但开采过度，浪费严重，优势逐步减弱，对国民经济的保障程度逐步下降。未来

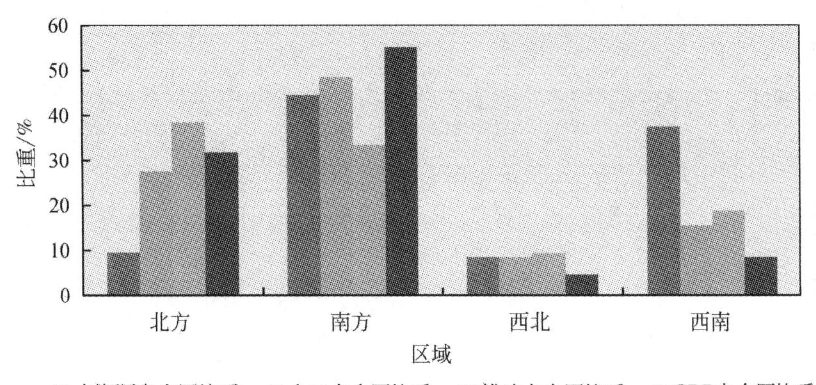

图 2.5　中国水土资源与人口、经济的匹配情况

资料来源：国家统计局，2008

10～20 年，由于中国仍将处于快速工业化和城镇化过程中，经济增长速度较快，对矿产资源的需求量将继续增长（表 2.10），一些关键矿产资源的需求将进入全面紧张状态。

表 2.10　中国主要矿产资源需求量的预测

矿产	2015 年	2020 年
铁（矿石）/亿吨	4.5～5.01	4.11～5.63
锰（矿石）/万吨	700～1100	700～1100
铬铁矿（矿石）/万吨	210～357	225～440
铅（金属）/万吨	90～95	100～110
锌（金属）万吨	140～205	200～215
磷（矿石）/万吨	4900～5200	5000～5500
钾（KCl）/万吨	1000～1562	1717

资料来源：何贤杰等，2002；“经济分析与宏观政策”课题组，2005

4. 工业化中后期的资源供给趋势

资源的需求与经济结构紧密相关，在重工业化发展阶段，对钢铁、有色等矿产资源的需求巨大，工业大而不强，服务业发展滞后，资源消耗偏高，供需不协调，要素利用效率低下，环境污染严重。今后，随着经济结构向服务业的转移，中国将步入工业化后期阶段，届时，靠自然资源和要素投入驱动的传统经济发展模式将弱化甚至被取代，经济发展主要依靠资源配置效率的提高和各类创新活动的引导，资源安全的综合性保证需求将会提高。

毫无疑问，资源安全对我国具有重要意义，这是由我国特殊的国情决定的。第一，我国人口众多，这对资源开发利用构成严重压力，从这个角度看，中国资源安全保障既关系到中华民族的生存和发展，也关系到全球的可持续发展。第二，我国自然资源相对匮乏，人均资源占有量少，资源安全阈限小（罗其友等，2010），严重制约了人民对生活方式的选择，经济的增长和生活水平的提高更加重了对资源的压力。第三，从大国地位和国家政治稳定出发，中国作为世界性大国，在战略上不能完全受制于他人。近年来的金融危机、气候变化、淡水和粮食可供性、战略矿产价格高抬等问题正以前所未有的方式加速汇聚，威胁中国的综合资源安全，因此走资源节约型城镇化和工业化之路对中国具有重要意义。

中国科学院预测，到2050年我国人口将达15亿人，粮食产量至少要增加1.2亿吨才能满足需求。除了大米、小麦等主要粮食作物的需求在未来10年会出现先缓慢增长、然后下降的趋势外，其他农产品需求都将出现不同幅度增加。例如，奶制品需求将增长近3倍，畜产品、饲料、水果、粮食和纤维总量需求将增长1.5倍多，蔬菜和食糖需求将分别增长75%和100%（潘希，2010）。在城镇化水平不断提高、土地高强度利用的形势下，未来一段时间内耕地面积将不断减少，质量也将有所下降。因此，基于粮食安全等因素的考虑，保证一定面积的耕地是必要的，但是否需要18亿亩耕地有待进一步论证。同时，保障工业化中后期的耕地可持续发展与粮食安全仅靠耕地面积是不能满足的，需要在耕地资源质量和效益方面进行改善，通过提高水肥效率、增加复种指数（尤其是黄淮海平原、成都平原、长江中下游北部、华南南部等地区）、减少水肥能耗、改造中低产田、提高农业科技投入等有效途径来提高粮食产量和效益（左丽君等，2009；赵其国等，2010）。预计到2025年，全国可增耕地约为0.147亿公顷，即增长到1.33亿公顷的水平，粮食产量有潜力增加0.5%~1%，即在现有粮食生产能力基础上，达到6亿~6.5亿吨，确保满足粮食需求。

在经济社会发展的驱动下与水利开发技术水平提高的配合下，未来全国水资源开发利用程度不断上升的趋势将持续，供水结构将产生巨大变化。预计2030年全国供水能力可提高到1万亿立方米，其中，地表水约占86%，地下水为14%；到2050年，全国供水能力将超过1.15亿立方米，地表水与地下水的比例约为17∶3。在跨区输送水工程的作用下，未来水资源开放利用率在南方地区将进一步上升，而在北方会继续下降，北方的地下水超采程度有望得到缓解（刘昌明，2001）。

未来20~30年，中国、印度、印度尼西亚等国将先后步入工业化中后期，其经济增长速度将远超世界平均水平，经济规模迅速成长，由此可能带来区域性资源竞争和冲突的加剧。2030年，亚太经济区将成为全球资源需求和贸易的主要地区，因此该地区的地缘经济及区域合作程度将决定获取世界资源的竞争格局。从国际环境看，世界经济复苏与增长有利于拉动全球大宗资源产品需求，尤其将有利于中国资源性企业广泛参与国际合作与竞争。但是，国际金融危机影响深远，国际资源市场各种形式的贸易保护主义抬头，全球铁矿石等原材料供应及价格波动将继续对中国资源供给产生重大影响。

三　保证综合资源安全的对策措施

（一）十八大报告中的资源利用问题

党的十六大报告明确提出了“全面建设小康社会”的目标。十七大报告在此基础上提出了更高的要求，即“增强发展协调性，努力实现经济又好又快发展。在优化结构、提高效益、降低消耗、保护环境的基础上，实现人均国内生产总值到2020年比2000年翻两番”，并且首次提出“生态文明”理念。十八大报告从中国所处的重要战略机遇期出发，进一步确定了生态文明建设的战略地位，把生态文明建设纳入“五位一体”的总体布局，特别是通过生态文明建设，实现以节约资源和保护环境为特征的产业结构、增长方式和消费模式，全面实现小康社会的目标。

在生态文明建设战略指导下，资源安全、资源利用问题将进一步成为关注热点。从国内形势看，中国果断采取措施应对金融危机，经济逆势上扬，成为提振全球经济复兴的重要力量；与此同时，中国经济发展中不平衡、不协调、不可持续的问题和矛盾也暴露出来，转变经济发展方式已经不再是一种愿景，而是当务之急。从国际形势分析，中国在应对金融危机中负责任的国家行为赢得了国际社会的普遍赞赏，但同时中国的经济发展及其效果，也使许多国家做出了“中国已经不再是发展中国家”的判断，“中国责任论”甚嚣尘上，这给中国这样一个世界上最大的、问题最为复杂的发展中大国带来了空前的压力。同时，中国国内资源供给能力的不足，“走出去”战略的客观需求，经济增长处于缓慢下行通道，都使保证资源安全、不断提升资源利用效率成为实现经济社会可持续发展的重大课题。

（二）未来10年中国资源开发利用战略、目标与优先领域

1. 战略选择

当前，中国经济发展越来越受到国内资源保障和环境容量的制约。中国贯彻落实科学发展观，坚持节约资源、保护环境的基本国策，努力建设资源节约型和环境友好型社会。保证资源安全，大幅提高资源效率，逐步建立可持续资源体系，既是应对资源短缺的根本战略选择，也是实现可持续发展的内在需求。

结合国内已展开的“循环经济”、“绿色经济”、“低碳经济”的理念，未来10年中国在资源开发与利用方面将以“综合资源安全”、“资源效率倍增”、“增长与资源脱钩”为主要指导，通过全面的创新驱动，不断开拓国土、海洋空间，更负责任地利用好全球资源，提高资源安全的综合保障能力，在转变经济发展方式的同时，既满足当代人的利益诉求，又给后代留下更多发展的余地，给自然留下更多修复的空间，给中国留下更加安全的未来。

2. 目标

节约资源、实现资源的高效利用、应对国内资源供需的矛盾对中国既是挑战，也是促进中国转变发展方式、实现可持续发展的重要机遇。因此，把资源节约型、环境友好型社会建设纳入国民经济和社会发展规划及地方规划，能够促进全球及国内可持续发展的双赢。

为建设低投入、高产出、低消耗、少排放、能循环、可持续的国民经济体系和资源节约型、环境友好型社会，未来10年，中国需要转变经济发展方式，建立可持续的消费模式。在这一目标下，对资源开发利用也提出了新的要求：一方面加强资源的循环利用，按照减量化、再利用、资源化的原则，在资源开采、生产消耗、废物产生、消费等环节，逐步建立全社会的资源循环利用体系；另一方面大幅度提高资源能源的利用效率。“十二五”规划提出单位GDP能耗降低16%、单位GDP二氧化碳排放降低17%、单位工业增加值用水量降低30%、农业灌溉用水有效利用系数提高到0.53、工业固体废物综合利用率提高到72%、资源产出率提高15%、提升各类资源保障程度、建设国家重要能源和战略资源接续地、建立和完善重要能源和矿产资源的战略储备体系等目标。

3. 优先领域

随着经济社会发展和环境变化，我国资源短缺、资源生态、资源管理等方面的问题复杂交叉，解决这些问题，需要以不同的时空尺为基本单元，阐明以资源高效循环利用和保证资源安全为纽带的资源供给和使用系统的战略关系及其反馈机制，建设多要素、多过程、多尺度的资源利用时空格局的模拟平台，着重研究资源利用如何更好地改善社会民生，在生态文明建设战略的指导下将资源利用过程与生态环境效应相结合，这不仅是当前国际资源领域研究的前沿，也是缓解我国复杂资源问题对经济社会发展所产生的压力的科学基础与核心。

未来将重点研究以下两大领域：一是研究节约集约利用资源、控制资源开发强度，研究资源勘查、保护与合理开发技术方法，为构建节约资源的空间格局提供科技支持。二是研究资源利用与经济社会发展协调关系，研究资源利用过程的生态环境效应，建立健全保证资源安全、提高资源利用效率的相关制度，为全面实现“十二五”规划的资源领域目标提供保障。

（三）资源循环与高效利用的政策措施

1. 调整产业结构，优化产业布局

转变经济发展方式，对产业结构进行战略性调整，是应对资源短缺、保障资源安全的根本途径。长期以来，经济增长方式粗放、高耗能、高耗材产业比重过高，使得中国经济发展与资源的矛盾日益尖锐，资源的产出效益低。要改变这样的状况，必须坚持全面协调可持续发展，加快转变经济发展方式，调整产业结构和工业内部结构，努力形成“低投入、低消费、高效率”的经济发展方式。积极发展高新技术产业和服务业，推动经济增长由主要依靠第二产业带动型向第一、第二、第三产业协同带动转变；加快构建节约资源型产业体系，严格限制高耗能、高耗材、高耗水产业的发展，加快淘汰落后产能，将主要依靠增加物质资源消耗的经济增长模式转变为主要依靠科技进步、劳动者素质提高、资源管理创新的可持续经济增长模式，推动产业结构优化升级。同时，由于中国资源的空间分布具有明显的功能分异与不均衡性，所以要因地制宜，依赖不同区域的发展功能。在宏观尺度上优化产业布局。虽然黄渤海、长三角、珠三角的经济发展水平都较高，但是其经济产业增值能力水平各具差异，内蒙古西部、山西和陕西依靠丰富的煤炭资源发展了矿业经济，但是其工业产业增值能力水平较低，因此调整产业结构和优化产业布局是促进资源高效利用的基础。

2. 加大法律法规和政策激励，促进循环经济发展

进一步加强资源节约、资源高效循环利用的相关法律政策的制定与修改完善，为增强中国资源安全提供制度保障。大力加强资源立法工作，建立健全资源法律法规体系，促进中国生态文明战略的实施，促进资源利用结构的优化，减缓由资源供需矛盾产生的社会经济问题。尽快制定和完善中国资源开发利用的总体规划及土地、森林、水、矿产资源等专项规划，以及地方的资源利用专项规划，加强规划间的衔接，提高中国资源的可持续供应能力。明确发展目标，将资源节约作为经济建设的考核指标，通过法律等途径引导和激励国内外各类经济主体参与开发利用资源。制定和修订资源节约的法规和标准，建立严格的管理制度，完善各行业资源效率标准和规范，强制淘汰能耗高、工艺落后的技术和设备，完善市场准入制度。加强对重点单位资源利用状况的监督检查力度，大力推动资源节约型产品的认证和标识管理制度的实施，运用市场机制，鼓励引导用户购买资源节约型产品。

3. 调整消费结构，提高资源利用效率

中国既是资源生产大国、消费大国，又是资源浪费严重的国家。我们要坚持开源与节流并重，把节约放在首位，在全社会树立节约资源的意识，建设节约型社会。调整能源、矿产资源等的消费结构，减少常规化石能源和矿产资源的消费，增加可再生能源、可再生资源、替代资源的利用比例，对战略性和关键性矿产资源（如稀土资源）进行必要的战略储备，控制其开发和利用总量，重点提高资源利用率、产品回收率。同时，避免奢侈浪费和攀比消费是优化资源利用效率的重要措施。世界经验表明，提高消费水平与资源节约并不冲突。对于居民来讲，太阳能供暖采暖设备、电动汽车、替代燃料汽车、低碳标识产品等，是优化资源利用、促进可持续发展的选择；对于企业来讲，选择可再生能源和可再生资源，或许目前成本较高，但在未来的产品和产业竞争中可能会获得优势。除此之外，还要考虑环境成本问题，化石能源除了排放二氧化碳，还可能造成二氧化硫、粉尘、氮氧化物等污染，相比之下，可再生能源的环境负荷较低。综合考虑长远战略、环境成本、竞争力等因素，调整消费结构、提高资源利用效率将为占领未来竞争的制高点取得先机。

4. 加大科研投入，以科技进步带动资源高效利用

资源开发利用技术水平决定了资源与社会经济发展的可持续能力。为此，在今后相当长的时间内，需要加强资源开发利用技术研究，采用新手段和新技术处理利用目前难以利用的资源，同时提高资源利用效率，加强资源处理新技术及系统集成化利用的开发，从而提高资源的利用效率。根据科学技术部发布的中国《可持续发展科技纲要》，在油气与战略矿产资源安全、水资源利用与水灾害防治、土地资源利用等领域，突破关键技术，加速科技成果转化。充分利用新型工业化实践不断取得的科技成果，努力发展新能源、新材料，将其作为新的经济增长点，从多角度、多渠道和可持续性方面丰富国内资源供给。总之，中国要充分依靠科技进步，加大研发力度，科学应对资源问题，通过加强自主创新，提升引进技术消化吸收和再创新能力，增强发展后劲。

5. 统筹利用国内外市场和资源，加强国际合作交流

我们要坚持立足国内、全球开拓的方针。首先，加强国土资源调查评价工作，继续开展全国能源、矿产、地下水和土地资源潜力调查评价，调查勘探程度低的海洋资源。其次，有效地利用国外资源，开拓全球市场。我国应综合利用政治、经济、外交手段，加强与世界资源生产国、消费国、国际能源机构和跨国石油公司之间的交流与合作，建立稳定的协作关系和利益链条，特别是协调好与资源大国和地区关系，在加强双边合作的基础上，寻求多边的保障资源和能源安全的解决机制。在政策、财政、税收等方面，支持有条件的企业集团跨国经营，积极面向和开拓国际市场，参与国际资源开发；将资源投资逐步从产业化转向商业化、金融化等多种方式，通过商业企业或金融企业的资本运作迂回进入国外资源领域。积极参与双边和多边的国际合作计划，与有关国际组织和国家建立资源合作机制，积极引进国外的先进管理经验、技术和设备，加强资源领域的人力资源建设和开发，提升资源领域信息服务的能力，尽快缩小与国际先进水平的差距。

参考文献

国家发展和改革委员会资源节约和环境保护司. 2011. “十一五”资源节约和环境保护主要工作进展. 中国经贸导刊，(9)：7-10.

国家海关总署. 2010. 进出口商品数据查询. http：//www.chinacustomsstat.com/aspx/1/Self_Search/OnlineCom.aspx [2010-11-10].

国家林业局. 2009. 中国林业发展报告. 北京：中国林业出版社.

国家能源局. 2010. 我国提前完成“十一五”淘汰落后小火电机组目标. http：//news.bjx.com.cn/html/20100726/252641.shtml [2010-07-26].

国家统计局. 2008. 中国统计年鉴2008. 北京：中国统计出版社.

国家统计局. 2009. 中国统计年鉴2009. 北京：中国统计出版社.

国家统计局. 2010. 中国统计年鉴2010. 北京：中国统计出版社.

国家统计局国民经济统计司. 2010. 新中国六十年统计资料汇编. 北京：中国统计出版社.

何贤杰，余浩科，刘斌等 . 2002. 矿产资源管理通论 . 北京：中国大地出版社 .
“经济分析与宏观政策”课题组 . 2005. 矿产资源可持续发展战略的经济分析与宏观政策研究 . 北京：科学出版社 .
李占寅，吴小飞 . 2008. 中国矿产资源现状分析及对策 . 中国煤炭地质，(11)：84-87.
刘昌明，陈志恺 . 2001. 中国水资源现状评价和供需发展趋势分析 . 北京：中国水利水电出版社 .
刘树臣，王淑玲，崔荣国等 . 2009. 当前矿产资源形势及未来走势 . 国土资源情报，(7)：29.
罗其友，高明杰，姜文来等 . 2010. 农业综合生产能力安全与我国农业资源安全阈值测算 . 农业现代化研究，(4)：392-396.
孟祥林，张悦想，申淑芳 . 2004. 城市发展进程中的“逆城市化”趋势及其经济学分析 . 经济经纬，(01)：64-67.
农业部 . 2011. 全国草原监测报告 . http：//www. agri. gov. cn/V20/SC/jjps/201204/t20120409 _ 2598547. htm [2012-04-09] .
潘希 . 2010-09-06. 我国须走生态高值农业之路 . 科学时报，A1.
盛广耀 . 2009. 城市化模式与资源环境的关系 . 城市问题，(1)：11.
石玉林 . 2008. 农业资源合理配置与提高农业综合生产力研究 . 北京：中国农业出版社 .
王高尚 . 2003. 未来 20 年世界铜铝需求趋势预测 . 世界有色金属，(7)：6.
王宏剑，刘义生 . 2010. 基于垄断竞争视角的中国进口铁矿石市场分析及对策研究 . 冶金经济与管理，(4)：43.
王申强，王建国 . 2009. 全球铁矿石资源态势与中国铁矿石资源战略分析 . 资源与产业，(2)：12.
张文驹 . 2007. 中国矿产资源与可持续发展 . 北京：科学出版社 .
赵其国，段增强 . 2010. 中国生态高值农业发展模式及其技术体系 . 土壤学报，(6)：1249-1254.
郑秉文 . 2009. 纵观美日两国全球矿产资源战略 . 新远见，(2)：42.
中国建筑材料联合会 . 2011. 建筑材料工业“十二五”发展指导意见 . 中国建材，(7)：7-10.
周少华 . 2008. 中国水资源安全现状及发展态势 . 广西经济管理干部学院学报，(4)：10-17.
邹玉川 . 2001. 建立耕地资源安全体系 . 小城镇建设，(9)：10-11.
左丽君，张增祥，董婷婷等 . 2009. 耕地复种指数研究的国内外进展 . 自然资源学报，(3)：553-560.
BP. 2012. BP 世界能源统计年鉴 2012. http：//www. bp. com/liveassets/bp_ internet/china/bpchina_ chinese/STAGING/local_ assets/downloads_ pdfs/Chinese_ BP_ StatsReview2012. pdf [2013-01-23] .
Krausmann F. 2009. Growth in global materials use, GDP and population during the 20th century. Ecological Economics, (68)：2696-2705.
Krausmann F. 2013. Global materials extraction 1900 to 2009. http：//www. uni- klu. ac. at/socec/inhalt/3133. htm [2013-01-23] .
Maddison A. 2010. Maddison historical statistics. http：//www. ggdc. net/MADDISON/oriindex. htm [2013-01-23] .
SERI. 2010. Resource use. http：//www. materialflows. net/data [2010-10-05] .
SERI. 2012. Global resource extraction, 2005-2030. http：//www. materialflows. net [2012-12-09] .

第三章 强化水资源综合管理*

一 近年来中国水问题的特征与态势

“水”是具有多种功能和属性的战略资源，对一个区域乃至国家自然环境和生态系统的维持和改善、经济社会的可持续发展和长治久安至关重要。近年来，水资源已逐渐成为评价一个国家或者地区综合竞争力的重要指标之一。中国的水问题由来已久，具有显著的多样性、区域性、流域性和复杂性等特征，总的来说，可以归纳为水资源、水环境、水灾害、水生态和水管理五个方面的问题（中国科学院水资源领域战略研究组，2009）。

（一）水资源供需失衡

1. 水资源供需的总体状况与区域差异

中国水资源时空分布不均、人均占有量低，与土地资源、人口和能源生产等的

---

* 本章由侯西勇、王毅执笔，作者单位分别为中国科学院烟台海岸带研究所和中国科学院科技政策与管理科学研究所

空间分布不相匹配，局部区域严重缺水，而且污染和浪费问题严重，因此，长期以来，水资源一直是制约中国经济社会可持续发展的重要因素之一。

全国淡水资源（降水）的多年平均总量大约为6.2万亿立方米，约占全球总量的0.018%，折合降水深大约为648毫米，低于全球平均水平（约800毫米）；多年平均水资源总量（地表水和地下水之和）约为2.8万亿立方米，居世界第6位；水资源可利用量为8140亿立方米，仅占水资源总量的29%；单位面积国土水资源量为29.9万立方米/平方千米，单位面积耕地水资源量2.16万立方米/公顷，约为世界平均水平的1/2（中国科学院水资源领域战略研究组，2009）。

近50年来，受气候变化和人类活动的影响，我国水资源整体朝着不利的方向演变。进入21世纪以来，这种演变趋势仍在继续，2001～2009年的全国年均降水量与1956～2000年的对应值相比，减少了2.8%，地表水和水资源总量分别减少了5.2%和3.6%，其中，缺水问题突出的海河流域减少尤其显著，降水减少9%，地表水减少49%，水资源总量减少31%，我国北少南多的水资源格局进一步加剧（王浩等，2012）。

长期以来，中国的水资源开发利用存在非常严重的区域性供需失衡问题。以2010年为例（表3.1），全国总供水量为6022.0亿立方米，占当年水资源总量的19.48%。其中，地表水源供水量占81.1%，地下水源供水量占18.4%，其他水源供水量占0.5%。北方六区供水量为2704.9亿立方米，占全国总供水量的44.9%，开发利用率高达44.71%；南方四区供水量为3317.1亿立方米，占全国总供水量的55.1%，开发利用率低于全国平均水平。海河流域、黄河流域和淮河流域是全国水资源开发利用率最高的三个流域。

在供水来源方面，南方各省级行政区以地表水源供水为主，大多占其总供水量的90%以上，北方各省级行政区地下水源供水占有较大比例，尤其是河北、北京、河南和山西四省市，地下水供水量占总供水量的一半以上。在一定的社会经济条件下，水资源承载力将对一个区域或国家的未来经济社会发展形成重要制约。特别是在我国的北方地区，随着人口增长和收入增加，水资源承载力成为工业化和城镇化的重要限制因素。例如，在西北地区，新疆、宁夏、甘肃等省区水资源严重短缺，水资源超载问题突出；华北地区的北京、天津、河北和山西四省市的水资源承载力渐趋枯竭，水资源绝对量短缺已成为经济社会发展的瓶颈（刘佳骏等，2011）。

表 3.1　中国主要流域（区域）水资源利用程度（2010）

流域或区域	水资源总量/亿立方米	总供水量/亿立方米	开发利用率/%
全　　国	30906.4	6022.0	19.48
北方六区	6049.5	2704.9	44.71
南方四区	24856.9	3317.1	13.34
松花江	1640	456.6	27.84
辽　　河	812.8	208.9	25.70
海　　河	307.2	368.3	119.89（地下水超采）
黄　　河	679.8	392.3	57.71
淮　　河	962.9	639.3	66.39
长　　江	11264.1	1983.1	17.61
东南诸河	2869	342.5	11.94
珠　　江	4936.1	883.5	17.90
西南诸河	5787.7	108	1.87
西北诸河	1646.7	639.5	38.84

资料来源：中华人民共和国水利部，2012

2. 水资源供需的历史演变

新中国成立以来，我国用水总量逐年增长（图 3.1）。大体以 1997 年为分界点，全国用水量的发展可以分为两个阶段（何希吾等，2011）。第一个阶段是 20 世纪 80 年代末至 1997 年用水量缓慢增长的时期：1980 年全国用水量为 4437 亿立方米，其中，农业、工业和生活用水量分别为 3699 亿立方米、457 亿立方米和 281 亿立方米，分别占 83.4%、10.3% 和 6.3%；1997 年全国用水量为 5566 亿立方米，其中，农业、工业和生活用水量分别为 3920 亿立方米、1121 亿立方米和 525 亿立方米，分别占 70.4%、20.1% 和 9.4%；1997 年用水量比 1980 年高出 1129 亿立方米，年均增长率为 1.34%。第二个阶段是 1998 年以来用水量相对稳定的时期。1998 ~ 2011 年，全国年均用水量为 5693 亿立方米。2010 年，由于工业用水、生活用水、生态与环境用水均大幅增加，全国用水量首次超出 6000 亿立方米，达到 6022 亿立方米；2011 年，农业用水小幅反弹，工业用水、生活用水持续增加，使得全国用水量继续增加，达 6107 亿立方米；2011 年用水量与 1997 年相比，总量增加 541 亿立方米，年均增长率仅为 0.69%。需要注意的是，自 2003 年开始单独统计生态用水量（人为措施供给的城镇环境用水和部分河湖、湿地补水），如果不考虑这一项，则截至 2011 年，农业、工业和生活用水量之和仍然低于 6000 亿立方米。

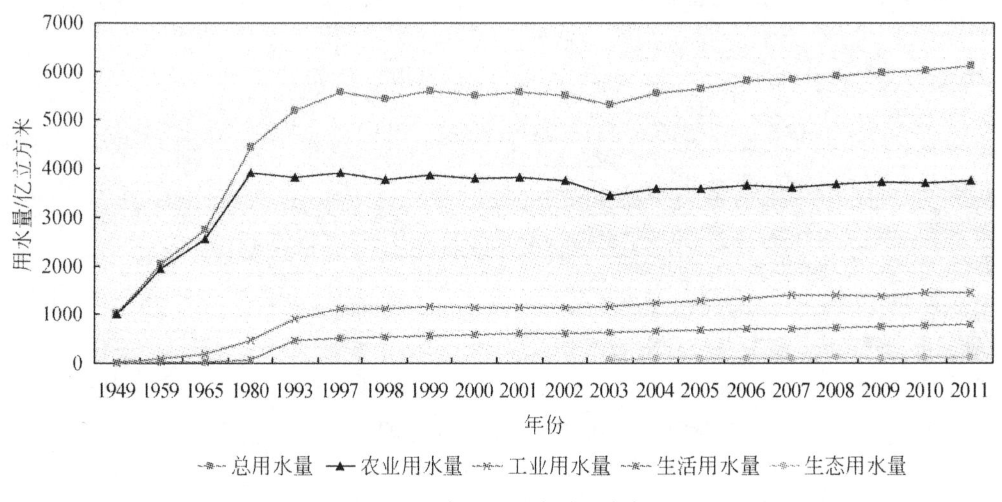

图 3.1　中国的用水总量变化

资料来源：《水利辉煌 50 年》编撰委员会，1999；历年中国水资源公报

（二）水环境污染严重

我国水环境质量的变化过程主要受经济社会发展因素的影响，尤其与工业化和城镇化的进程密切相关，并且表现出不同的阶段性特征。经历了 20 世纪八九十年代水污染不断扩张的时期后，尽管我国在环境保护方面做出了一些努力，但水污染恶化趋势并没有得到根本遏制。从 20 世纪 90 年代末期到“十一五”期间，我国开始大力调整产业结构，加强水环境治理，水环境污染加剧的趋势得到一定程度的遏制，局部区域水环境质量有所改善。尤其是“十一五”以来，我国水环境质量总体上稳中趋好，重点流域干流水质明显改善，一些支流的主要污染物浓度大幅下降，流域水污染防治工作取得显著成效。但同时，流域复合型污染问题依然突出，城乡居民饮用水安全及部分行业的环境风险挑战还十分严峻。

中国的水污染问题具有成因复杂、影响范围广、污染物类型多样、负荷高和数量大等特征，不仅使水资源短缺问题雪上加霜，而且严重威胁人体健康及生活质量。我国水环境污染的主要原因如下：一是工业污染排放；二是城市生活污水排放，集中处理设施及运转不足；三是种植业和畜禽养殖业等造成的面源污染。总体来看，近年来我国工业废水经过治理已有所减少，但城市生活污水有增无减，比重逐渐上升；自1999年开始，城市生活污水排放量开始超过工业污水排放量；近年来，种植业和畜禽养殖业等所造成的面源污染的影响日渐显著。据环境保护部、农业部联合印发的《全国畜禽养殖污染防治“十二五”规划》，2010年全国畜禽养殖业化学需氧量和氨氮排放量分别达到1184万吨和65万吨，约占全国排放总量的45%和25%，以及农业源的95%和79%。畜禽养殖污染已经成为我国环境污染的重要因素。

水环境污染的影响范围非常广泛，除了为数众多的河流，主要湖泊、近岸海域及部分地区的地下水也受到不同程度的污染：河流以有机污染为主，主要污染指标是氨氮、生化需氧量、高锰酸盐指数和挥发酚等；湖泊以富营养化为特征，主要污染指标为总磷、总氮、化学需氧量和高锰酸盐指数等；近岸海域主要污染指标为无机氮、活性磷酸盐和重金属。

部分流域及区域水污染极为严重，突发性水环境事件高发易发，成为全社会普遍关注的重大问题。1995～2010年，全国突发性水环境事件共发生11298次，年平均发生706次，即平均每天发生约2次，我国突发性水环境事件发生频次占全国环境事件发生频次的比重达48%，显示水环境事件在全国突发性环境事件中占据绝对主要的地位，同时也说明水环境风险长期面临严峻的形势（范小杉等，2012）。我国饮用水安全和人群健康问题也十分突出，2004年全国农村饮水不安全人口为3.23亿人，截至2010年仍有超过1亿人。水污染问题和水质管理已经成为当前我国水危机中最严重和最紧迫的问题。

（三）水灾害风险加剧

我国的水灾害问题由来已久。由于所处的地理位置、海陆格局特征、地形地貌特征和季风气候等综合因素，决定了我国干旱和洪涝多发、易发的基本特征。近年来，随着经济社会持续快速发展和气候变化胁迫作用的加强，水灾害问题出现了一些新的特征和趋势。例如，空间分布及发生时间的异常和反常、分布范围扩大、持续时间延长、旱涝交替频率及强度增加等，大大提高了水灾害的防治难度。

我国是世界上干旱灾害发生最频繁、影响最严重的国家之一。我国的旱灾往往具有发生范围广、持续时间长、救助难度大等特点。新中国成立以来，旱灾的发展进一步呈现出频率加快、成灾率提高、灾情加重、极端干旱事件频发、区域性跨年跨季等新特征和新趋势。黄会平（2010）的研究表明：全国每年因干旱而造成的损失占各种自然灾害造成损失之和的15%以上，1949～2007年所统计的干旱、雨涝、台风、冻害和干热风五项气候灾害中，干旱发生频次约占总灾害频次的1/3，为各项灾害之首。干旱在全国的空间分布不均衡，北方地区成灾面积及成灾率总体高于南方地区，但近年来，西南地区和南方地区也成为旱灾受灾显著增加的区域（张强等，2011），个别年份甚至发生全国性的干旱（表3.2）。究其原因，气候变化背景下降水变率加大、水资源总量不足、极端天气和气候事件变化复杂、气温地温升高等是重要的原因，同时，农田水利年久失修、欠账严重等人为因素不容忽视。

表3.2　近年来较为严重的干旱事件

年份	灾情特征
1997	黄河流域发生严重干旱，造成黄河下游出现有记录以来最严重的断流，利津河段全年累计断流13次226天，断流长度超过700千米
2000	新中国成立以来最为严重的全国性干旱，20多个省（直辖市、自治区）发生严重旱灾，尤其是东北西部、黄淮海大部、西北东部及长江中下游地区旱情最为严重
2004	南方遭受53年来罕见干旱
2005	华南南部严重的秋冬春连旱，云南近50年少见的初春旱
2006	重庆和四川东部发生百年一遇的伏旱，重庆极端高温，干旱历时之长、强度之大、范围之广为该区域1891年有资料记录以来之最
2007	华北、江南、华南及西南等区域大范围夏旱，合计22省（直辖市、自治区）发生旱情
2008	江南、华南、东北、云南大旱，其中云南连续3个月干旱
2009	华北、黄淮、江淮等春旱，东北夏伏旱，江南和华南伏秋旱
2010	西南五省（自治区）冬春大旱，华北和东北秋旱等

资料来源：顾颖等，2011；刘涛，2011；徐海亮，2011；许朗等，2012

洪水是一种自然现象，其形成机理比较复杂，主要取决于气候、地貌、下垫面和河流水系等自然地理条件。我国大部分地区的洪水是由暴雨引发的，适度的暴雨洪水是水资源的重要来源，但较为严重的洪水则形成灾害。我国的洪涝灾害比较频繁，常常给人民的生命财产安全和区域经济社会发展造成巨大的危害。而且，我国洪水灾害风险与工农业生产、人口及资产等的空间分布具有较高的一致性，人员或资产密集的地方，往往也是我国洪水灾害风险较高的地方。具体而言，辽河中下游、京津唐地区、淮河流域、长江中游、四川盆地，以及广东和广西南部沿海等地区是洪水和洪灾的高风险区（李林涛等，2012）。

重大灾害性洪水的发生存在较明显的重复性和周期性特征。例如，20世纪我国曾出现三次洪水高频期，其中，20世纪90年代以来即为第三次洪水高频期，在高频期内，各大江河普遍发生大洪水或特大洪水，而在洪水频发期到来之前，则往往经历一段较为严重的干旱期（王家祁等，2006）。张辉等（2011）、万新宇等（2011）的研究表明：1949年以来，我国因洪涝灾害年均农田受灾面积为6667万公顷，1990年以来全国年均洪涝灾害损失在1100亿元左右，约占同期全国GDP的2%和自然灾害总损失的48%，而在发生流域性大洪水的年份，如1991年、1994年、1996年和1998年，水灾损失占GDP的比例高达3%～4%，占自然灾害总损失的比例则高达64%～96%；2000～2010年，我国（不包括香港、澳门和台湾地区）洪涝灾害年平均受灾人口为12831.5万人，农业年平均受灾面积为1057.9万平方米，年平均直接损失为989.15亿元；2003年和2010年是最近10年洪涝灾害最严重的两年，其中，2010年受灾人口达1.99亿人，农业受灾面积为1752.46万公顷，直接经济损失为3505亿元。

（四）水生态恶化形势严峻

我国的水生态恶化问题主要因水资源过度开发、水污染加剧、水灾害胁迫和水利设施管理不善等因素而日益凸显，表现形式有江河断流、湖泊萎缩、水土流失、土地沙化、海水入侵、湿地减少与退化、地下水漏斗与地面沉降、土壤盐渍化、生态需水被挤占、水生外来物种入侵、水生物种多样性降低、淡水生态系统功能退化与服务价值降低、河口与潮间带生态系统退化等。其中，比较突出的问题如下。

1）河流断流与湖泊萎缩。河流断流主要发生在我国北方地区，以海河区、辽河区和西北诸河区最为严重，几乎成为常态（秦天玲等，2011）。湖泊萎缩表现为湖泊的数量减少和面积萎缩，主要发生在长江流域和西北诸河区域。1950年以来，全国面积大于10平方千米的635个湖泊中，有231个湖泊发生不同程度的萎缩，其中，干涸湖泊89个，湖泊总萎缩面积约为1.38万平方千米（含干涸面积0.43万平方千米），约占现有湖泊面积（7.7万平方千米）的18%，湖泊储水量减少（不含干涸湖泊）517亿立方米，与萎缩相伴随的还有水质恶化和生态功能退化等问题（谭飞帆等，2012）。

2）湿地减少与退化。牛振国等（2012）的研究表明：1978～2008年中国湿地面积持续减少，总体上减少了约10.2万平方千米，但人工湿地增加了约11 952平方千米，因此实际减少的自然湿地面积超过11万平方千米，其中内陆沼泽减少5.6万平方千米，占全部减少湿地面积的49.37%，减少的河流和洪泛湿地面积达3.4万平方千米，占29.70%；从湿地减少的速度看，湿地减少的趋势在明显放缓，各个时期内减少的速度分别为5523平方千米/年（1978～1990年）、2847平方千米/年（1990～2000年）和831平方千米/年（2000～2008年）。气候变化和农业活动是中国湿地变化的主要驱动因素，其中，西部区域尤其是青藏高原，湿地变化的驱动因子以气候增温为主，新疆湿地由于气候增温和农业活动共同作用，造成的变化不大，北部省/自治区的湿地变化则主要由农业活动引起，而其他省市区的湿地变化几乎完全受控于人类的农业经济活动。

3）地下水超采与污染。近20年来，北方地区地下水开采量增加较快，辽河、海河、黄河和淮河平原区多年平均浅层地下水实际开采量与其可开采量之比均超过0.5（秦天玲等，2011），华北平原出现了世界上最大的地下水漏斗。目前，全国地下水的开采量达到1100亿立方米，已经接近全国平原区浅层地下水的可开采量1230亿立方米。由于地下水的大量开采，造成了全国400多个地下水超采区，总面积达19万平方千米，大约占到全国平原面积的11%，其中海河流域平原超采区面积占海河平原面积的91%（刘虹桥，2012）。与此同时，我国的地下水污染问题也触目惊心，近期整体呈现由点向面、由浅到深、由城市到农村蔓延和由浅部向深部的发展趋势，地下水污染面积不断扩大，污染程度不断加深。据《2010年中国国土资源公报》，在全国182个开展了地下水水质监测的城市中，有57.2%的城市水质属“较差”和“极差”，全国118个大中城市约有64%，即75个城市的地下水属于“较重污染”。地下水超采对水生态安全的影响极为突出，长期严重超采地下水，不仅破坏了地下水系统水源涵养与保护的功能，还改变了地表水与地下水之间的转换和补给关系，并对依靠地下水生存繁衍的地面植被系统造成直接的影响，这些不利的影响在较短的时期内极难得到扭转和修复。

4）生态需水得不到保障，水生态压力突出。生态需水是指为维护生态系统不再恶化并逐渐改善所需要消耗的水资源总量。在我国，水资源开发利用过程中对生态需水的忽视或重视不足是一个比较普遍的问题，在很多地区，工业用水挤占农业用水、农业用水挤占生态环境用水的现象长期存在。生态需水得不到保障，导致不同程度的水生态压力和水生态风险，局部区域甚至出现严重的水生态安全问题，如水环境容量降低，水生生态系统功能退化、水生生物生存受到威胁、突发性水生态事件频发等。海河流域和西北地区的内陆河因水资源过度开发、生态用水被严重挤占，是水生态状况最差、水生态压力最大的地区。

5）水生动植物减少，生物多样性下降。由于河道断流、水质污染、湿地萎缩退化、水利工程建设、生态需水难以保障等因素，水生态恶化、水生动植物减少、生物多样性急剧下降的问题在我国非常普遍。

6）水利工程利弊兼具。水库大坝建设在我国具有悠久的历史，截至2008年年底，中国建成各类水库8.6万座，这些库坝在提高供水能力、水力发电降低碳排放、增强内陆航运能力、蓄水防洪减缓旱灾影响、改善局部区域小气候和景观休闲等方面发挥了显著的效益，但是，库坝的建设过程和运行阶段大大改变自然的地貌、水系、水文和水生态，给生物多样性维持、水资源配置、防灾减灾等方面带来负面效应。

（五）水资源管理

广义的、综合的水资源管理既包括对水资源数量与质量、水环境污染、干旱与洪涝灾害、应对气候变化等问题的管理，也包括河流与湿地保护、水土流失防治、生态需水保障等水生态问题的管理。管理的方式和手段主要包括水利基础设施建设、重大政策与法规的颁布与实施、财政投入与税费等经济措施的运用、流域管理与行政区域管理相协调、水土保持与生态建设、加强部门管理与部门协调、强化行政执法与监督考核、科技发展与创新等。

自 1949 年以来，随着经济社会的不断变迁，我国的水资源管理体制总体上处于不断变革、调整和发展的过程中。改革开放以前，我国的水资源管理以工程管理为主，开展了以防洪灌溉为主要目的的大规模水利基础设施建设，涉水事务分散于各政府部门。1988 年颁发的《中华人民共和国水法》及 2002 年修订的“新水法”标志着中国水资源管理进入了一个新阶段，水资源管理开始逐步确立了流域管理与行政区域管理相结合的水资源管理体制。特别是 1998 年的特大洪水促使我国的水资源管理开始转向资源水利和可持续发展水利。与此同时，水污染管理则采取的是“统一管理与分级、分部门管理相结合”的管理体制。进入 21 世纪，虽然我国的涉水管理工作的重点逐步从资源开发利用转移到资源管理上来，强调水量和水质并重，而且对水环境和水生态问题的重视程度和治理力度也前所未有，但“多龙治水”的格局并没有改变（王毅，2007；陈宜瑜等，2007；中国科学院水资源领域战略研究组，2009；王亚华等，2011；陈雷，2012）。

2011 年 1 月 29 日，中共中央、国务院发布《中共中央国务院关于加快水利改革发展的决定》，该决定被认为是新中国成立以来中共中央首次系统部署水利改革发展全面工作的决定，其中首次提出了“实行最严格的水资源管理制度”，主要包括建立用水总量控制制度（确立水资源开发利用控制红线）、建立用水效率控制制度（确立用水效率控制红线）、建立水功能区限制纳污制度（确立水功能区限制纳污红线）和建立水资源管理责任和考核制度。2011 年 7 月，中央水利工作会议召开，试图拉开我国新一轮水利综合治理的大幕，形成了“加强水利建设是强国富民的重大举措”的共识。2012 年 1 月 29 日，国务院发布《关于实行最严格水资源管理制度的意见》，对全国实行最严格水资源管理制度做出全面部署和具体安排。

2012年11月召开的党的十八大将大力推进“生态文明建设”提到了前所未有的新高度，形成社会主义现代化经济建设、政治建设、文化建设、社会建设和生态文明建设“五位一体”的总体布局，并提出优化国土空间开发格局、全面促进资源节约、加大自然生态系统和环境保护力度、加强生态文明制度建设等四大任务。“实行最严格水资源管理制度”和“生态文明”建设新理念的提出预示着我国水资源管理的重大变革，为未来我国各种水问题发展态势的根本性扭转及最终解决带来了巨大的希望。

综上所述，长期以来，水资源管理发展滞后、体制不健全是我国的一个基本特征，也是各种水问题产生和水危机加剧的一个重要原因。与此同时，我国的水资源管理经历了一系列的改革和发展，并取得了巨大的成绩，目前，我国水资源管理仍旧存在的问题如下所述。

1）水资源领域科技发展基础薄弱、发展水平低，科技在水资源管理中的贡献较小，难以满足我国水资源管理的现实需求。

2）水资源管理未能明确政府、市场和社会的不同角色及其相互关系，尚未建立起基于流域和面向市场经济的体制与机制，社会参与水管理的作用没有得到有效发挥，水资源具有多种功能的性质被忽视，现行的水资源管理体制不利于水资源综合效益的发挥。

3）水资源综合管理、流域综合管理的法律法规不健全，涉水政府部门过多，职能分工不合理，存在职能交叉和空白，部门之间缺乏充分的协调，主要是按照行政区划实行分散管理，导致了长期以来的“条块分割”局面，水资源管理效率低。

4）缺少信息共享机制和公众参与机制，各类涉水制度的实施存在潜在的矛盾冲突，尤其是随着“最严格水资源管理制度”及相关涉水政策的执行，各种制度和政策间的冲突将不断显现。

二 中国水问题未来发展趋势及面临的挑战

当前及未来时期，中国水问题的发展主要受到全球气候变化和我国经济社会发展战略目标与发展模式的影响。气候变化因素将显著影响我国水资源的数量及时空分布，并进而影响各种水资源问题的发展和演变；而且，气候变化因素的影响具有很大的不确定性，对我国的水资源管理是一个严峻的挑战。我国仍然处于工业化中期和城镇化加速阶段，属于经济社会快速增长的关键时期，同时，我国改革开放进入了攻坚克难的关键期，我国及重大区域层面经济社会发展战略目标与发展模式的制定或调整都将在很大程度上影响甚至决定我国水问题的发展与演变。因此，有必要对中国水问题的未来发展趋势及可能面临的挑战进行前瞻性的系统分析和深入思考。

（一）中国水问题发展趋势判断

1. 气候变化可能会加剧水资源短缺，并显著影响水资源格局

我国水资源系统面临气候变化与经济社会发展的双重压力。我国人均水资源占有量远远低于世界平均水平，整体上属于水资源缺乏的国家；而且，我国人口众多，经济发展迅速，耗水量不断增加，许多地区面临着水资源短缺的问题；同时，我国水旱灾害频发，给人民生命财产和国家经济建设造成了巨大的损失；经济社会的快速发展使单位面积及人均资产迅速增加，进而使洪水、干旱造成的经济损失日益加大。我国是气候变化的敏感区和脆弱区，未来全球气候变化究竟在多大范围和程度上可能改变水资源的数量及空间配置状态并加剧水资源供给压力和脆弱性，将直接影响水资源短缺地区的可持续发展。

据《第二次气候变化国家评估报告》（第二次气候变化国家评估报告编写委员会，2011），气候变化对中国地表水资源的可能影响如下：未来东北、华北地区夏季增温幅度较大而降水量和径流深呈减少趋势，其中东北地区夏季减少明显，这些地区夏季高温少雨日可能增多，将出现暖干化趋势；西北地区的新疆西南部以冬春季降水量和春夏季径流深增加为主，可能出现湿化趋势，西北其他地区降水量和径流深变化不明显，可能维持暖干现状；华东地区北部主要以山东半岛春季降水量和径流深增加为主，华东北部其他地区降水量和径流深变化不明显，可能维持现状；华东南部、华中、华南和西南等南方地区夏季降水量和径流深均呈增加趋势，特别是华东南部增加显著，这些地区夏季洪涝将加重；而南方地区冬季气温增幅较明显而降水量和径流深呈减少趋势，特别是华南地区减少显著，这些地区冬季干旱将加重。总的来看，气候变化可能进一步增加中国洪涝和干旱灾害发生的概率，海河、黄河流域所面临的水资源短缺问题及浙闽地区、长江中下游和珠江流域的洪涝问题难以从气候变化的角度得到缓解，这将给水资源的管理提出更加严峻的挑战。

其他的研究也得到了基本相同的结论。例如，王浩（2011）指出：中国地处东亚季风气候区，大部分区域受气候变化影响显著，是遭受气候变化不利影响较为显著的国家；中国气候变化的基本情势与全球基本一致，即气温整体持续升高，全国年均降水量空间格局有所改变，整体表现为南方增加、北方减少，洪旱灾害发生的频度增强；未来气候变化总体上会朝着不利的方向发展；气候变化造成地表地下水

资源量的衰减，可能会导致中国干旱区范围扩大；同时，随着经济社会和生态环境用水需求量的进一步上升，水资源系统的脆弱性将进一步增加，水资源保护难度加大。

2. 未来我国经济社会将持续快速发展，水资源情势依然严峻

虽然我国已经进入中等收入国家，但仍处于工业化和城镇化进程中。未来时期，人口变化、收入增加、改革创新、区域差异及国际环境等因素的发展态势将深刻影响我国的水资源供需和管理（中国科学院水资源领域战略研究组，2009）。

1）人口变化。根据第六次人口普查结果，截至2010年11月1日，我国内地总人口为13.39亿人，计入香港、澳门、台湾人口，则为13.7亿人。如果计划生育政策保持不变，预计在2030年前后达到人口峰值和拐点，约为15亿人。未来时期，人口老龄化和区域失衡问题将日渐突出，并将与总人口一起成为影响我国水资源情势的重要因素。

2）工业化进程。我国工业化的历史任务尚未完成，多数经济学家的总体判断认为我国还处于工业化中期阶段。工业化和现代化的任务仍很繁重，既要加速推进工业化，又要尽快赶上世界新技术革命的步伐。预计未来10年中国将进入工业化后期阶段。

3）区域差异。中国存在着极为严重的城乡和区域差异，近年来，虽然实施了西部大开发、东北老工业基地振兴、中部崛起等区域发展战略，但是区域间差距扩大的趋势并未得到根本性扭转，仍然存在众多加剧区域差异的因素，缩小差距的目标难以在较短时期内实现，区域发展的不均衡及由此所引发的资源、环境等方面的矛盾更将长期存在。

4）城乡差异。城乡二元经济是中国的一个根本特征，农村经济社会发展及居民生活水平等均严重落后于城市区域，而弥补和削弱这种差异的主要途径在于推进城镇化。中国正经历着世界上最大规模的城镇化过程，20世纪90年代以来城镇化进程突飞猛进，2011年城镇化率首次超过50%，达到51.27%，据此预计，2020年中国城镇化率可望达到60%左右（将超过世界平均水平，但仍然明显低于发达国家水平），2030年中国城镇化率将超过65%（目前世界城市化率已超过50%，发达国家则普遍在80%以上，据预测，2030年世界城市化率将超过60%）。

5）国际竞争力。改革开放以来，中国经济一直保持了年均9.9%的增长速度，最近10年更高达10.7%，2010年中国超越日本成为仅次于美国的全球第二大经济体。我国经济总体规模可观，具有一定的国际竞争力，人均GDP已超过5000美元。收入提高、消费转型升级、参与意识加强，将会对水资源消费、水环境质量及水管理等产生新的需求和压力。

3. 中国水问题发展趋势判断

综上所述，气候变化及未来中国人口增长和经济社会发展态势等因素总体上决定了中国当前及今后的水资源情势将依然严峻，预计在2030年之前，中国仍将面临较为突出的水供需矛盾及其他的各种水问题。针对中国用水总量走势和水质拐点问题的认识和判断是有效解决各种水资源问题的前提和基础，对制定未来我国水资源管理和水环境保护等方面的战略至关重要。因此，在对二者进行深入分析的基础上，对其他的水问题予以判断，具体如下。

1）用水总量走势。1998年以来是我国用水总量相对稳定的时期，但是存在的问题如下：与发达国家相比，中国的工业生产与工业用水效率仍然处于较低的水平，由于工业在今后较长时间内仍然处于快速增长阶段，所以工业用水比重将会进一步增加。在农业用水方面，我国的农业用水效率远远低于西方发达国家。未来时期，通过调整种植结构、发展高效节水农业、加强管理等措施，有望不断提高农业用水效率，减少部分地区的农业用水需求，但是，为了保障我国的粮食安全，一些地区仍可能增加农业灌溉用水量（王浩，2011）。此外，我国1998年以来的用水总量平稳发展态势并不能被简单地等同于美国、日本等发达国家20世纪80年代以来的“需水零增长”，原因在于长期以来我国存在极为严重的地下水超采和生态环境需水历史欠账等问题。在此，总结近年来众多学者对我国用水量发展趋势的预测性分析，预计未来我国的用水峰值将在6500亿～7000亿立方米之间（表3.3）。

表3.3　对中国用水量发展趋势的预测性分析

文献	分析结果
贾绍凤等，2000	中国的用水最迟在2010年进入稳定期乃至减少期。高峰期的总用水量上限：如果用1980～1997年的年用水增长率1.3%作为1998～2010年年均增长率的上限，以20世纪末总用水量5500亿立方米为基数，2010年用水高峰的上限为6500亿立方米；如果拿用水经济增长弹性来估算，用水增长弹性系数采用1980～1997年总用水量的GDP增长弹性系数0.13，1998～2010年的GDP年均增长率按8%计算，则2010年用水高峰的上限为6300亿立方米。估计实际的用水高峰为6000亿立方米左右
中国工程院中国可持续发展水资源项目组，2000	用水高峰将在2030年左右出现。全国总人口为16亿人左右，农业用水总量为4200亿立方米左右，工业用水总量增至2000亿立方米，城乡生活用水增至1100亿立方米左右。考虑到未来发展前景的不确定性，估计全国用水总量可能达到7000亿～8000亿立方米，人均综合用水量为400～500立方米

续表

文献	分析结果
柯礼聃，2004	2020年全国人口达到14.5亿人（人口高峰15.2亿人将在2035年出现），全国总用水量将维持在5500亿立方米左右（如果加上为北方一些河流的生态补水则可能达到6000亿立方米），其中，农业用水量（含农田灌溉用水、林牧渔业用水和农村生活用水）为3900亿立方米左右，工业用水量（含发电用水）为1100亿立方米左右，城镇生活用水量（含城市公共用水）为550亿立方米（届时，城镇人口将达到7亿人以上）
中国科学院水资源领域战略研究组，2009	中国总体上还处于工业化中期阶段，快速城镇化也将延续相当长时间，因此，根据保守的估计，中国将在2030年前后跨越用水量的最高峰，预计在6500亿立方米左右
《全国水资源综合规划》(2010年)	到2020年，全国用水总量力争控制在6700亿立方米以内；万元GDP用水量、万元工业增加值用水量分别降低到120立方米、65立方米；到2030年，全国用水总量力争控制在7000亿立方米以内；万元GDP用水量、万元工业增加值用水量分别降低到70立方米、40立方米
何希吾等，2011	采用产业结构法并以时序法验证，研究我国需水量零增长问题，认为我国在2026～2030年全国需水量可能进入零增长期，需求量最大值将达到6300亿立方米左右
王浩等，2012	预计到2030年我国人口总量将接近15亿人，人均水资源量将下降到不足1900立方米，用水总量将达到7000亿立方米左右

2）水质拐点问题。正确判断我国的水环境形势，分析我国水环境状况是否或者何时到达“拐点”，已经成为社会各界关注的重点。如前所述，进入21世纪以来，我国水环境污染加剧的趋势开始得到一定程度的遏制，部分流域和区域的水环境质量开始有所改善，重点流域干流水质明显改善，支流主要污染物浓度开始大幅下降。在这种背景下，张晶等（2012）研究认为，我国水环境状况现阶段已处于转折期，但是由于表征方法的改变，保持水环境改善的趋势，还需要进一步加大污染控制和环境保护力度。王亚华等（2011）认为，随着水环境治理力度的继续加大，预计到2015年左右，主要水污染物排放量达到顶峰后开始下降，水环境恶化的趋势得到逆转；到2020年，中国主要江河湖泊水质有望明显改善；到2030年，水环境得到全面改善，进入人与环境协调发展的新阶段。

3）水灾害发展态势。受气候变化和经济社会发展因素的共同影响，我国洪水灾害的新特点如下（万新宇等，2011；奥利维亚·博伊德，2013）：极端降水事件频发，洪水暴发越来越频繁，且多样性更突出；人类活动影响增强，“小水大灾，大水巨灾”趋势显著；水利工程欠账严重，高坝溃决风险加大；大江大河洪水防控能力得到提高，但山地丘陵区洪水灾害日益突出；城镇化进程的推进大大加剧城市洪水风险，人口数量增长及其空间分布趋向沿海地区大大加剧沿海洪水灾害风险；洪水灾害容易伴随疾病暴发等。干旱灾害的发展趋势如下（顾颖等，2011；徐海亮，2011）：重大干旱发生频次增加的趋势日益显著，旱灾的影响范围扩大；农村受旱灾影响饮水困难问题突出，农田水利抗旱能力不足，农业受旱率增加，灾情加重；城市因旱缺水状况也有所加剧；旱灾对自然环境和生态系统的威胁程度加剧；旱灾造成的经济损失不断增加等。

4）水生态发展态势。受水资源时空分布不均、全球气候变化、土地利用变化、河道断流、湖泊萎缩与消失、水土流失、地下水超采和地面沉降、生态需水欠账、湿地萎缩和退化、水生生态系统受损、水利工程建设等因素的影响，未来时期，我国水生态系统将表现出如下发展态势：抵御洪涝和干旱灾害的能力下降，河流物质输运能力下降并对河口、海岸带演变造成显著的影响，水体自净能力减弱，水环境容量降低，生境破碎化和破坏严重，水体的生物栖息地功能下降，水生态系统恢复力和抵抗力减弱，水生态系统生物多样性降低等。

（二）当前及未来面临的挑战

党的十八大已经将大力推进“生态文明建设”提到了前所未有的新高度，形成社会主义现代化经济建设、政治建设、文化建设、社会建设和生态文明建设“五位一体”的总体布局。十八大报告指出：坚持节约资源和保护环境的基本国策，坚持节约优先、保护优先、自然恢复为主的方针，着力推进绿色发展、循环发展、低碳发展，形成节约资源和保护环境的空间格局、产业结构、生产方式、生活方式，从源头上扭转生态环境恶化趋势，为人民创造良好生产生活环境，为全球生态安全做出贡献。但是，从中国水问题的现状特征及未来发展态势的角度出发，生态文明建设战略目标的实现将不可避免地面临如下挑战。

1. 水资源与土地、能源、生态系统等之间的互联性日益增强，水资源问题日趋复杂化

受全球气候变化因素和人口增长、城镇化、土地利用变化等人类活动因素的影响，我国水资源的数量、质量和空间分布将会发生显著的变化，其与土地资源和粮食生产、能源生产和使用、生态系统演变、生态系统服务及气候变化之间的关联特征也将发生显著的变化，水资源问题的复杂性增强，水资源安全、能源安全、粮食

安全与生态安全之间的相互耦合与作用趋于复杂，冲突和矛盾逐渐显现或加剧，不确定性及风险水平大大增加，面临的挑战极为严峻。

2. 跨境水资源开发风险及国际涉水冲突将不断加剧

水资源短缺已经成为困扰我国经济社会可持续发展的重要资源环境问题，当前及未来时期，积极探索与周边国家和地区之间的跨境水资源开发与保护势在必行，也是有效应对和缓解我国水资源短缺及区域重大旱灾等的重要途径。随着中国“走出去”战略的实施和国际河流的开发，国际涉水冲突将不断加剧，同时也将面临着多方面的风险和挑战，如全球生态安全准则、企业社会责任、流域环境与生态灾害、航道安全、公共外交与国际关系处理、上下游利益平衡及流域综合管理策略等，因此，应该加强跨境水资源开发与保护的风险与危机处理研究。

3. 水利设施建设将进入新的发展阶段

未来10年，水利工程将从大规模建设转向建设与管理并重及注重协调发展的阶段，流域水功能的综合开发、大型水利工程的运行管理及联合调度、中小型水利设施的建设与维护、需水管理与提高用水效率、避免水利设施建设造成的生态破碎化等成为优先领域。

4. 流域性水功能恢复将成为一项长期工作

流域环境质量和生态服务水平下降是历史积累的结果，其治理和恢复需要经历一个长期而艰巨的过程，也是一项重大的系统工程。各项相关措施包括灾害应急管理、保险等的制度化、常规化等基本任务。

5. 各类涉水制度的实施存在潜在的矛盾冲突

如何有效推进“最严格的水资源管理制度”的执行，是当前及未来的重大挑战。随着该制度及其他相关涉水政策的执行，各种制度和政策间的冲突将不断显现。未来时期，迫切需要大力提升水资源领域的科技发展水平，通过科技创新以最大限度地保证和促进“最严格水资源管理制度”的顺利实施。另外，需要对各类制度和政策进行综合评估，以及合理的安排和调整，以避免管理成本的提高和资源浪费。

6. 水资源领域科学研究面临揭示水科学规律和水问题复杂化的新挑战

“生态文明”战略目标的顺利实现有赖于资源、环境和生态领域科技创新步伐的加速，其中，水资源领域基础研究和技术发展扮演着至关重要的角色。人类需求增长与气候变化影响正在加剧全球水危机，给全球及区域水资源带来显著的不确定性和风险。因此，“水与气候”是得到普遍关注的全球性问题，也是我国经济社会可持续发展面临的重大战略问题。全球气候变化改变水文过程和水资源的时空分布，加剧水环境污染、洪涝灾害、水生态恶化和涉水国际纠纷，而且其对水文与水资源的影响具有显著的长期性、复杂性、非线性、区域差异性和不确定性等特征。“水与环境”也是我国正在面临的巨大现实挑战之一，水污染问题的有效解决，既需要在基础研究领域取得重大创新，又迫切需要技术领域的不断创新和发展。“水与社会”涉及我国的用水需求管理问题，既具有深刻的科学内涵，又涉及大量的技术管理问题。水文规律、水资源科学和水资源管理问题的复杂性，及其在全球变化背景下新的不确定性，对水文学和水资源学的理论创新提出了新的巨大挑战。

三 未来时期的战略选择和重大对策

党的十八大报告从优化国土空间开发格局、全面促进资源节约、加大自然生态系统和环境保护力度、加强生态文明制度建设四个方面指出了推进生态文明建设的具体目标和要求。未来时期，为加快各种水问题解决的步伐和推进“生态文明”建设，亟待确立如下与水密切相关的战略选择和对策措施。

（一）战略目标和基本原则

基本的战略选择是以科学发展观为指导，推进水生态文明建设。包括如下战略目标：提高用水效率，促进“用水零增长”；加强水污染防治，尽早跨越“水质拐点”；加强水旱灾害风险管理，提高应急能力，降低灾害损失；保障生态环境需水，促进水生态安全；转变政府职能，推进涉水大部制改革，实施水的统一协调管理。需要遵循的基本原则如下：节水先行，以供定需；因地制宜，分区实施；因时制宜，阶段推进；重视科技，示范先行；深化改革，统一管理；发挥水的综合功能，实现水资源高效、循环、可持续利用。

（二）重点采取的对策措施

1. 开展气候变化背景下的水资源安全战略研究与保障技术研发

开展气候变化背景下的水资源安全战略研究与保障技术研发，深入地认识气候变化对水资源系统的影响特征，揭示其中的机制与规律，从而为我国适应和应对气候变化的影响，提供有针对性的政策依据及实用性的技术和措施。应同时从基础研究和技术研发两个层面，长期坚持和不断加强对“气候变化背景下的水资源安全”问题的研究，重点包括气候变化背景下我国的水资源格局变化；气候变化背景下我国极端灾害事件的时空演变；气候变化背景下我国水生态系统的演变；气候变化对区域及流域水综合功能维持与发挥的影响；适应气候变化影响的水资源安全保障技术体系；水资源安全保障的分区策略，重点区分东北、黄淮海、西北、西南和东南沿海等地区，因地制宜地制定和实施不同的水资源安全保障战略。

2. 提升水文水资源基础研究能力，发展水资源综合管理关键技术

深入开展区域（流域）至全球不同尺度的水文水资源基础研究，重点建立全球尺度水文水资源监测与研究的技术体系，从全球的视角出发评价气候变化和全球化背景下的中国水资源安全态势，并在此基础上建立有效的国家水资源安全战略。加强对国际河流及周边国家和地区水文水资源特征、规律与态势的深入研究，以及加强对当地社会文化、历史风俗等的研究，分析境外水资源对我国水资源安全、环境安全、生态安全及经济社会可持续发展的潜在支撑作用和开发利用战略，指导我国确立国际水资源开发利用与风险规避的战略措施和具体方案。继续加强我国大江大河源头区域水资源演变、重点流域和区域水环境治理与水生态保护、华北平原地下水演变、沿海区域海水入侵防治与水环境治理、大型水利工程规划与管理等重大水资源问题的科学研究和技术研发，综合运用工程和非工程技术措施，积极适应气候变化，应对干旱、洪水等灾害。大力推进涉水领域研究的学科交叉与融合，尤其是水文水资源领域研究与能源、生态、疾病与卫生、公共政策与管理、全球气候变化、国际政治等领域的交叉与融合。

3. 应对复杂多样的综合性水问题，维持和发挥水的综合功能

我国存在着突出的水资源短缺、水环境污染、水灾害加剧、水生态恶化等问题，给水资源管理、流域综合管理等提出了严峻的挑战。因此，有必要将“应对前所未有的、复杂多样的综合性水问题，维持和发挥水的综合功能”作为水资源科技发展及水资源管理的基本目标。具体而言，要从区域或流域水资源数量及其时空分布特征出发，协调人类社会用水需求与自然界环境和生态需水之间的关系；改变过去以单一功能为主要特征的水资源利用方式，使其逐渐向多功能综合开发利用转变；维持和提高水资源与土地资源、能源生产、生态系统服务之间的协调性。维持和发挥水的综合功能，离不开对如下问题的深入研究：区域及流域水资源演化规律、可再生性维持机理及综合调控机制；水体复合污染、非点源污染及重点区域地下水污染的特征、机制与趋势；区域或流域良性水循环维持机理、生态需水定量评估方法及综合调配技术；变化环境下水灾害演变特征、机制与趋势，以及人类适应与调控技术；气候变化背景下水资源与土地、能源及生物多样性之间的关联特征；可持续的水资源综合管理与流域综合管理政策与措施。

4. 完善针对“最严格水资源管理制度”的统计和评价体系

开展大规模水利工程开发和“最严格水资源管理制度”的影响研究与评估。随着2011年中央一号文件的发布及中央水利工作会议的召开，可以预计，我国将开展新一轮大规模的水利工程建设，并将加快水利改革步伐和采取“最严格水资源管理制度”，由此产生的一系列影响需要进行跟踪和评估，以利于进行调整和改进。但是，相关的研究尚处于起步阶段，迫切需要研究和解决的核心问题如下：未来大规模水利工程开发对我国及重点区域和流域水资源系统、生态系统和经济社会发展的影响特征；大规模水利工程开发和“最严格水资源管理制度”成效综合评价的理论方法及指标体系等。基本的目标是通过分析水资源管理制度变化和水利工程建设新阶段对水资源系统的影响，以及建立其成效评估的理论方法与指标体系，保障水资源管理制度的有效实施，提高水利工程建设的合理性，促进区域和流域的水资源安全和生态安全。

5. 在未来水利事业发展中应进一步突出流域综合管理理念

流域综合管理是在流域尺度上通过跨部门与跨行政区的协调管理，开发、利用和保护水、土、生物等资源，最大限度地适应自然规律，充分利用生态系统功能，实现流域的经济、社会和环境福利的最大化及流域的可持续发展。流域综合管理强调发挥流域的整体性、综合性功能与利益相关方的广泛参与，试图打破部门管理和行政管理的界限；它既非仅仅依靠工程措施，也非简单恢复河流自然状态，而是通过综合性措施重建生命之河的系统综合管理。流域综合管理更注重河流经济功能与生态服务功能的协调，将其作为维持人与自然协调发展、提供清洁淡水的先决条件，强调发挥河流经济功能要与河流的自然生态过程相协调，统一用水指标、用水效率与生态需水。除了行政手段外，流域综合管理注重通过综合规划、公众有效参与、信息共享等方式，促进利益相关方的交流与沟通，并将其作为解决流域内上下游、左右岸、不同部门与地区间冲突的综合手段。

为了推进流域综合管理，应重点从如下方面入手：统筹协调相关涉水法律，强化公益性水利设施建设与管理的责任和义务，促进流域管理的立法进程；综合论证大江大河的流域综合规划及重大水利建设项目，积极推进中小河流规划，开展以流域为单元的河流治理；加大流域管理体制改革力度，建立和完善涉水部门之间的联络与协调机制，开展跨行政区的流域综合管理试点。

6. 把水生态保护作为水利工程建设和调度的重要目标，维持和重建关键河段、湖泊和湿地等水生态系统的服务功能

目前，我国重大水利工程调度主要有防洪、抗旱、发电、航运等目标。重大水利工程的合理科学调度，可以缓解下游地区的旱情，但值得注意的是，长期以来，流域水生态并未成为其基本目标之一。应尽快制订和实施大江大河水利设施综合管理条例或联合调度的指导意见，综合协调其防洪抗旱、水质水量、发电、航运、生态等功能的发挥，应以流域为单元制定相应的综合调度方案，将高质量的水利工程建设与不断增长的生态保护需求统一起来，缓解日益紧张的流域性水问题及其利益冲突。

国际经验表明，维持和重建生态系统的自然生态过程是流域管理的重要任务，应将生态管理目标纳入重大水利工程管理的目标体系，满足具有生物多样性保护意义的关键河段、湖泊和湿地对水量的需求。在我国，也已经有一些有益的尝试。例如，白洋淀、扎龙、乌伦古湖等北方湖泊和湿地对维持全流域的整体健康具有重要意义，应通过水利工程调度，满足这些湖泊与湿地的水量需求；又如，在长江干流，5～6 月是我国“四大家鱼”产卵的关键时期，通过三峡工程生态调度，形成若干人造洪峰，可满足“四大家鱼”产卵的需求。今后的重点是，将满足生态需求的水利工程调度由“一事一议”转变为常态化和制度化。

7. 改革水资源税费、水价政策等，推进水资源制度创新

我国现行的综合水价政策包括水资源费、自来水费、污水处理费和排污收费，由中央、省、市三级政府和价格、财政、水利、城建、环保等多个部门相对独立定价，形成复杂的价格体系；征收过程是由县级以上政府的相应行政主管部门（如水行政、环保部门）向用水户（包括单位和个人）征收；水费收入归不同级别的政府和部门使用，其中水资源费和排污收费收入由中央和地方共享，而自来水费和污水处理费则归地方使用（马中等，2012）。这种水价政策的主要不足在于：征收标准普遍偏低、工业和居民水价差别小、水价结构不合理等。另外，目前，中国还没有统一的末级渠系水价制定机制，不同区域之间在水价制定方法、末级渠系水价制定和管理、用水户协会等方面存在较大的差异。未来时期，应该以逐步推广和实施“综合水费制”、统一定价方法为目标，并通过强化水资源制度的社会主体作用、完善水资源市场基础、规范政府主导职能，以及构建法律保障体系等方面的措施推进水资源制度的创新（李雪松等，2012）。

8. 加快发展涉水环保产业，进一步推行特许经营制度，不断提高其规模、竞争力和专业化服务水平

作为战略性新兴产业，我国涉水环保产业未来有待进一步加快发展的重点任务如下：保持稳步增长势头，促进产业结构优化；推进产业重组；不断提高建设和治理的专业化服务水平，进一步开拓国际市场。具体内容如下：拓宽水产业投融资渠道，建立环保产业发展基金；提高环保科技开发水平，组建环保产业技术创新联盟和产业化科技创新示范园区；规范环保产业产品标准、标识体系；完善环保产业税收优惠政策，制定环境公用设施用地、用电优惠政策；完善水资源和污水处理定价收费机制，缺水地区推行阶梯水价；发挥行业协会作用，进一步开拓国际市场；深化市政公用事业市场化改革，推行工业企业污染治理专业化运营模式。

参考文献

奥利维亚·博伊德.2013. 中国面临洪水危机——德巴拉蒂·古哈－萨皮尔访谈.http：//www.chinadialogue.net/article/show/single/ch/5510-China-faces-a-flooding-crisis-as-natural-disasters-triple-in-3-years [2013-01-01].

陈雷.2012. 全面落实最严格水资源管理制度　保障经济社会平稳较快发展.中国水利，10：1-6.

陈宜瑜，王毅，李利锋等.2007. 中国流域综合管理战略研究.北京：科学出版社.

第二次气候变化国家评估报告编写委员会.2011. 第二次气候变化国家评估报告.北京：科学出版社：224，225.

范小杉，罗宏.2012. 中国突发环境事件时间序列分析.中国环境管理，4：11-16.

顾颖，倪深海，林锦等.2011. 我国旱情旱灾情势变化及分布特征.中国水利，13：27-30.

何希吾，顾定法，唐青蔚.2011. 我国需水总量零增长问题研究.自然资源学报，26（6）：901-909.

黄会平.2010. 1949～2007年我国干旱灾害特征及成因分析.冰川冻土，32（4）：659-665.

贾绍凤，张士锋.2000. 中国的用水何时达到顶峰.水科学进展，11（4）：470-477.

柯礼聃.2004. 人均综合用水量方法预测需水量——观察未来社会用水的有效途径.地下水，26（1）：1-5，10.

李林涛，徐宗学，庞博等.2012. 中国洪灾风险区划研究.水利学报，43（1）：22-30.

李雪松，夏怡冰，张立.2012. 中国水资源制度创新目标模式.水利经济，30（2）：1-5.

刘虹桥.2012. 水利部称将严控地下水超采.http：//szy.mwr.gov.cn/kpyd/2/201210/t20121024_331070.html [2012-07-31].

刘佳骏，董锁成，李泽红.2011. 中国水资源承载力综合评价研究.自然资源学报，26（2）：258-269.

刘涛 . 2011. 近年来旱灾的成因与治理对策——基于“治理性干旱”视角的分析 . 水利发展研究, 12: 28-32.
马中, 周芳 . 2012. 我国水价政策现状及完善对策 . 环境保护, 19: 54-57.
牛振国, 张海英, 王显威等 . 2012. 1978 ~ 2008 年中国湿地类型变化 . 科学通报, 16: 1400-1411.
秦天玲, 严登华, 宋新山等 . 2011. 我国水资源管理及其关键问题初探 . 中国水利, 3: 11-15.
《水利辉煌 50 年》编撰委员会 . 1999. 水利辉煌 50 年 . 北京: 中国水利水电出版社 .
谭飞帆, 王海云, 肖伟华等 . 2012. 浅议我国湖泊现状和存在的问题及其对策思考 . 水利科技与经济, 18 (4): 57-60.
万新宇, 王光谦 . 2011. 近 60 年中国典型洪水灾害与防洪减灾对策 . 人民黄河, 33 (8): 1-4.
王浩 . 2011. 中国未来水资源情势与管理需求 . 世界环境, 2: 16, 17.
王浩, 王建华 . 2012. 中国水资源与可持续发展 . 中国科学院院刊, 3: 331, 352-358.
王家祁, 骆承政 . 2006. 中国暴雨和洪水特性的研究 . 水文, 26 (3): 33-36.
王亚华, 胡鞍钢 . 2011. 中国水利之路: 回顾与展望 (1949—2050) . 清华大学学报 (哲学社会科学版), 26 (5): 99-112.
王毅 . 2007. 中国的水问题、治理转型与体制创新 . 中国水利, (22): 22-26, 30.
徐海亮 . 2011. 近十年来我国干旱灾害趋势变化及其灾害链之二——试析与社会环节关联的结构性干旱 . http: //economy. guoxue. com/? p = 2981 [2011-08-10] .
许朗, 李梅艳, 刘爱军 . 2012. 我国近年旱情演变及其对农业造成的影响 . 干旱区资源与环境, 26 (7): 53-56.
张辉, 许新宜, 张磊等 . 2011. 2000 ~ 2010 年我国洪涝灾害损失综合评估及其成因分析 . 水利经济, 29 (5): 5-9.
张晶, 李云生, 梁涛等 . 2012. 中国水质“拐点”分析及水环境保护战略制定 . 环境污染与防治, 34 (8): 94-98.
张强, 孙鹏, 陈喜等 . 2011. 1956 ~ 2000 年中国地表水资源状况: 变化特征、成因及影响 . 地理科学, 31 (12): 1430-1436.
中共中央国务院 . 2011. 中共中央国务院关于加快水利改革发展的决定 (中共中央国务院 2011 年 1 号文件) . http: //www. gov. cn/jrzg/2011-01/29/content_ 1795245. htm [2011-01-29] .
中国工程院中国可持续发展水资源项目组 . 2000. 中国可持续发展水资源战略研究综合报告 . 中国水利, 8: 5-17.
中国科学院水资源领域战略研究组 . 2009. 中国至 2050 年水资源领域科技发展路线图 . 北京: 科学出版社 .
中华人民共和国水利部 . 2012. 2010 年中国水资源公报 . http: //www. mwr. gov. cn/zwzc/hygb/szygb/qgszygb/201204/t20120426_ 319624. html [2012-04-26] .

第四章 探索环境保护的战略路径*

一 跨入中等收入国家的中国环境

近期，有关国际组织发布的两份报告，对中国来说可谓喜忧参半。一则以喜。2012年10月，国际货币基金组织发布世界各国GDP和人均GDP数据（IMF，2012），按汇率计算，2011年中国GDP总量达到7.29万亿美元，占世界经济的比重为10.4%，仅次于美国，位居世界第二；人均GDP达到5416美元，在181个国家中排名世界第91位，业已跨入世界银行定义的中等偏上收入国家行列。一则以忧。2011年9月，世界卫生组织（WHO）公布了首次全球城市空气细颗粒物污染调查数据（WHO，2011），包括91个国家1082个城市PM_{10}年均浓度值，以及38个国家565个城市的$PM_{2.5}$年均浓度值。数据显示，2009年中国31个省会城市PM_{10}年平均浓度达到98微克/立方米，是世界卫生组织推荐标准的4.9倍，在91个国家中排名第71位。其中，兰州的PM_{10}浓度最高，达到150微克/立方米；海口的PM_{10}浓度最低，为38微克/立方米，但也超过了世界卫生组织推荐的标准值（20微克/立方米）。

* 本章由骆建华执笔，作者单位为全国工商联环境商会

这两份报告，恰恰揭示了中国当前所面临的尴尬境地。一方面，改革开放30多年来，中国经济高歌猛进，以年均9.9%速度增长，从一个贫困落后的低收入国家成为中等收入国家，完成了惊人一跳。另一方面，中国环境状况每况愈下，尚未摆脱西方国家先污染后治理的藩篱，伴随着经济高增长，呈现出环境高污染，重蹈了当年发达国家的覆辙。

近几十年来，中国在经济发展方面交出了一份漂亮的成绩单。1990年，中国GDP总量在世界排名第10位；到1995年，中国超过了加拿大、西班牙和巴西，排在第7位；到2000年，中国超过意大利，上升至第6位。进入21世纪后，中国加快了赶超进程，2001～2010年，GDP年增长率达到10.5%，其中有6年是在10%以上。其结果，中国10年间经济总量依次超过了法国、英国和德国；到2010年终于超过了日本，成为仅次于美国的第二大经济体（图4.1）。

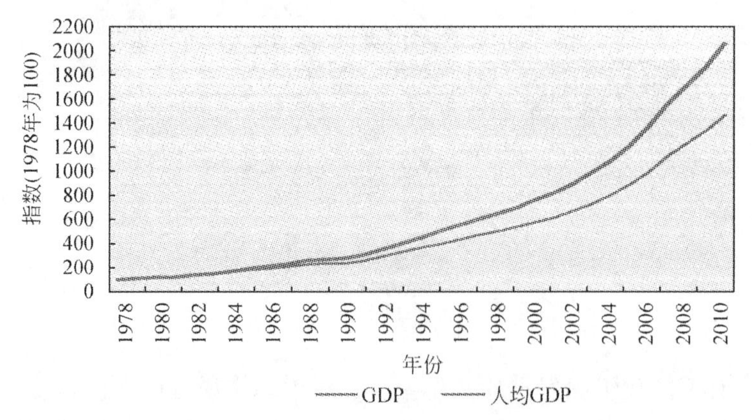

图4.1　改革开放以来的经济增长

资料来源：国家统计局，2011

与此相对照的是，中国在环境保护方面的答卷就逊色许多。早在1997年，世界银行发布的《碧水蓝天：展望21世纪的中国环境》报告中，认为中国每年因空气和水污染造成的经济损失高达540亿美元，相当于中国GDP的3.5%～8%。事隔10年后，2007年世界银行在其与中国政府合作研究的《中国环境污染损失》报告中，认为中国空气和水污染损失每年1000亿美元，相当于中国GDP的5.8%。同时，世界银行在上述报告中，估算1995年中国城市因空气污染过早死亡人数为17.8万人，因室内空气污染过早死亡人数为11.1万人。世界卫生组织估算，中国2001年因各种污染造成的过早死亡人数近80万人。国内有专家估算（於方等，2009），2001年因城市空气污染造成的过早死亡人数为30万人。总体上看，近30年来，中国既没有遏制住环境污染加剧的趋势，也没有遏制住生态退化的趋势。环境质量在局部有所改善的同时，总体仍在继续恶化。其主要表现在以下四个方面。

（一）污染物排放量居高不下

中国各类污染物排放量均居世界首位，并远远超过自身的环境容量。目前，中国消费了世界约21%的能源，11%的石油，49%的煤炭，排放了占世界26%的SO_2，28%的NO_x，21%的CO_2。在大气污染物排放方面，2011年，中国SO_2排放量达到2218万吨（表4.1），与1981年美国排放量相当。而目前美国排放量为1036万吨，欧盟27国为598万吨，日本为78万吨（表4.2）。据环保部门测算（解振华，2005），中国空气中SO_2浓度达到国家二级标准时的环境容量为1200万吨/年，2011年实际排放量超过环境容量的84.8%。2011年，中国NO_x排放量达到2404万吨，而目前美国为1394万吨，欧盟27国为1041万吨，日本为187万吨。在水污染物排放方面，2011年，中国化学需氧量（COD）排放量为2500万吨，氨氮（NH_3-N）排放量为260万吨。同上测算，按十大水系常年平均径流量计算，中国地表水全部达到国家Ⅲ类水质标准时的COD容量为800万吨，2011年实际排放量超过环境容量的212.5%。

表4.1 中国2011年主要污染物排放量（单位：万吨）

2011年全国废水中主要污染物排放量									
COD					NH_3-N				
排放总量	工业源	生活源	农业源	集中式	排放总量	工业源	生活源	农业源	集中式
2499.9	355.5	938.2	1186.1	20.1	260.4	28.2	147.6	82.6	2.0
2011年全国废气中主要污染物排放量									
SO_2					NO_x				
排放总量	工业源	生活源	集中式		排放总量	工业源	生活源	机动车	集中式
2217.9	2016.5	201.1	0.3		2404.3	1729.5	37.0	637.5	0.3

资料来源：环境保护部，2012

表4.2 中国与美国、欧盟、日本主要污染物排放量（单位：万吨）

国家（组织）	SO_2	NO_x
中国	2218	2404
美国	1036	1394
欧盟	598	1041
日本	78	187

注：中国为2011年数据，美国、欧盟27国、日本为2008年数据

资料来源：国家统计局等，2011；环境保护部，2012

（二）区域复合型污染日渐显现

目前，随着NO_x排放量的持续增加，由NO_x、SO_2、VOCs等引起的O_3、$PM_{2.5}$等复合型污染问题日趋严重，大气污染已由传统的局地煤烟型污染转向区域复合型污染。这在中国东部地区长三角、珠三角和京津冀三大城市群区域表现得尤为明显，其主要特征是，光化学烟雾频繁发生，灰霾天气显著增加。2005年，美国Nature杂志公布的美国国家航空航天局卫星遥感数据表明，在其他国家NO_2浓度普遍降低的情况下，中国NO_2浓度急剧升高，特别是京津冀、长三角、珠三角等东部地区，其NO_2浓度值明显高于其他地区，北京到上海之间工业密集地区已成为全球对流层NO_2污染最为严重的地区。

酸雨污染依然严重。20世纪80年代以来，中国酸雨污染呈加速上升趋势，成为继欧洲和北美洲之后世界第三大酸雨区。近年来，中国酸雨分布区域保持稳定，2008年约为140万平方千米，重酸雨面积为60万平方千米。部分地区酸雨频率有所升高，长三角2000～2006年酸雨频率从38.0%增加到62.2%。由于NO_x排放量持续增加，降水中硝酸根离子浓度快速升高，已由2005年的2.6毫克/升增加到2008年的3.1毫克/升，硝酸根与硫酸根当量浓度比值已由0.205升高到0.258，酸雨类型已由硫酸型向硫酸、硝酸复合型过渡。

臭氧污染严重。O_3是光化学烟雾代表性污染物，城市大气中的O_3是由VOCs、NO_x和CO经过一系列化学反应形成的，而机动车排放的NO_x与VOCs，是城市，特别是市区O_3污染的主要来源。O_3前体物和O_3本身在大气中输送，使光化学烟雾成为一个区域性问题，其覆盖范围可达几十甚至数百公里以上。目前，北京及其周边地区、珠三角和长三角地区，呈现明显的光化学烟雾污染和高浓度O_3污染，在典型地区经常出现O_3最大小时浓度超过200微克/立方米的重污染现象。2011年，南方试点城市O_3年均浓度为61微克/立方米，北方试点城市为57微克/立方米，南方浓度水平总体上高于北方。2008年，全国O_3监测点的7个试点城市均有不同程度的超标，时间大部分集中在4～9月，其中广州万顷沙和上海青浦淀山点超标天数最多，全年达到78天和69天。

PM_{10}和$PM_{2.5}$污染严重。2012年2月，环境保护部修订了《环境空气质量标准》，调整了PM_{10}浓度限值。依据新标准，PM_{10}二级空气质量标准为年平均70微克/立方米（原为100微克/立方米），一级空气质量标准为40微克/立方米。该标准与世界卫生组织于2005年公布的空气质量标准过渡时期第一阶段目标相吻合，即70微克/立方米，但世界卫生组织公布的PM_{10}目标值为20微克/立方米。如果按世界卫生组织这一指导值，中国没有一座城市达标。如按环境保护部颁布的新标准，2011 年直辖市和省会城市中，也只有拉萨、海口、昆明、广州、福州五座城市达标，其中只有拉萨达到一级标准，广州、福州勉强达到二级标准。而污染最为严重的是兰州、乌鲁木齐、西安、北京和合肥（图 4.2）。

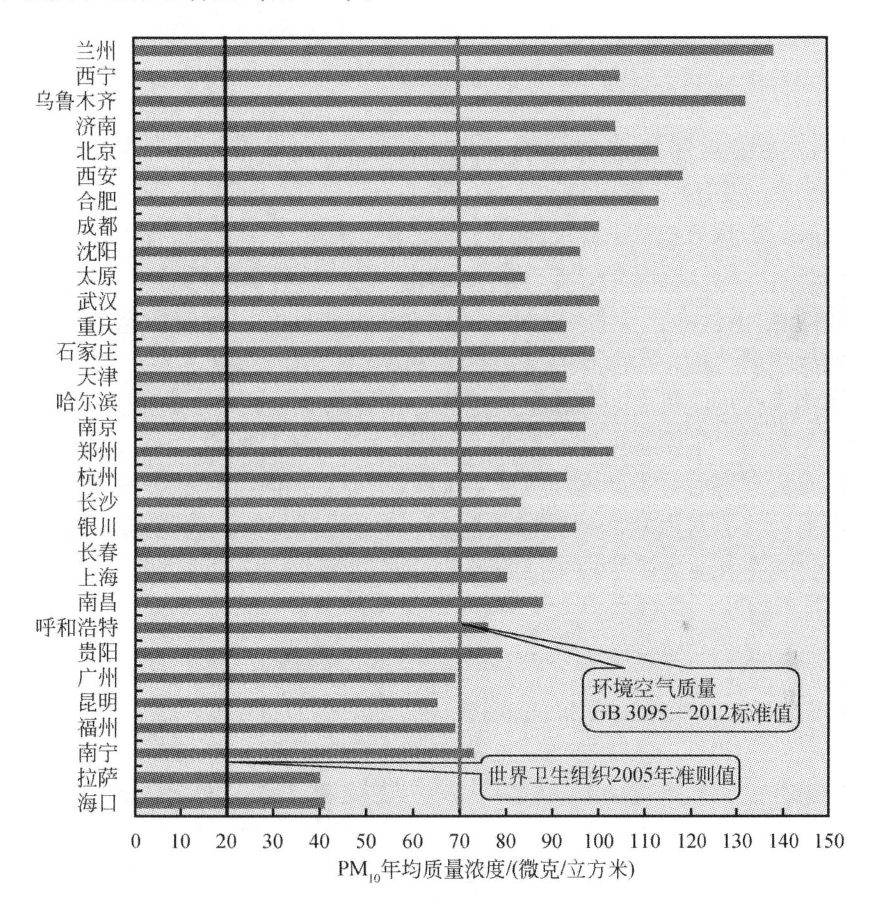

图 4.2 中国 2011 年主要城市 PM_{10}年均值

资料来源：国家统计局等，2011

大气中的颗粒物（PM）主要是由 SO_2、NO_x、NH_3及 VOCs 等经化学反应后形成的，它与 O_3等共同作用，并在不利的气象条件下，进一步积累诱发大气灰霾现象。能见度下降可反映 $PM_{2.5}$与霾污染的变化和严重程度。近 50 年，中国东部地区平均能见度下降 10 千米，下降速率为 0.4 千米/年，西部地区能见度下降幅度和速率约为东部地区的一半，显示出中国 $PM_{2.5}$与霾污染日趋严重。从大的区域范围看，中国目前存在四个明显的灰霾区，分别是黄淮海地区、长江河谷、四川盆地和珠三角地区。从监测情况看，2008 年灰霾监测试点地区中，以上海、深圳和广州灰霾现象最为突出，灰霾天数超过 100 天。其中，上海 2006 年和 2007 年出现灰霾天数为 167 天和 143 天，分别占全年天数的 45.6% 和 39.1%；深圳 2008 年灰霾天数为 154 天，占全年天数的 42.1%；广州 2008 年灰霾天数为 110 天，占全年天数的 22.1%。卫星图片显示，中国华东地区成为全球 $PM_{2.5}$ 污染最为严重的地区。

（三）流域水污染形势依然严峻

中国水污染防治工作十分艰巨，自“九五”开展以“三河三湖”为重点的流域治理以来，水污染急剧恶化的势头有所遏制，但水环境状况仍然不容乐观。环境保护部发布的《2011 年中国环境状况公报》显示，2011 年，全国地表水为轻度污染，但局部河段污染严重，湖泊水库富营养化问题仍然突出。

如图 4.3 所示，在七大流域中，长江、珠江流域水质总体良好，Ⅰ～Ⅲ类水体占比分别达到 80.9% 和 84.8%，但长江支流岷江、沱江为轻度污染，乌江为重度污染，珠江支流深圳河污染严重。黄河、松花江、淮河和辽河流域为轻度污染，劣Ⅴ类水质断面占比分别为 18.6%、14.3%、15.1% 和 10.8%，这些流域支流污染仍然十分严重，黄河支流大黑河为中度污染，汾河、涑水河一些河段为重度污染；松花

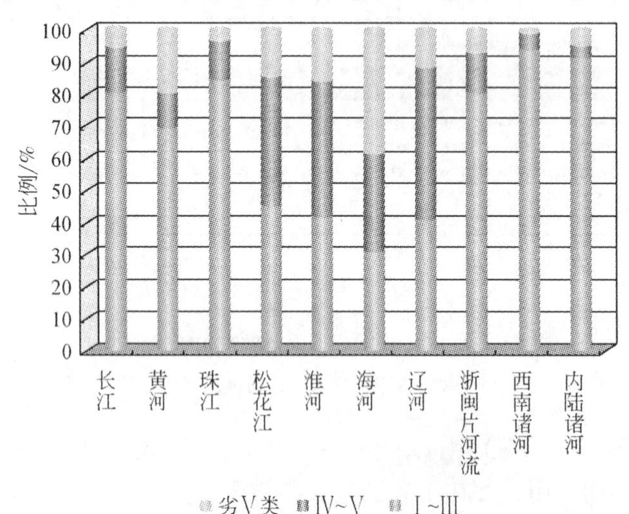

图 4.3 2011 年十大水系水质类别比例

资料来源：环境保护部，2012

江、淮河支流均为中度污染，劣Ⅴ类水质断面占比分别为28.6%、22.2%；辽河支流总体中度污染，其浑河沈阳段和太子河鞍山段污染严重；海河流域总体为中度污染，劣Ⅴ类水质断面占比38.1%，其大沙河、子牙新河、徒骇河、北运河和马颊河为重度污染。

湖泊富营养化问题依然突出。滇池草海总体水质为劣Ⅴ类，湖体总体为中度富营养状态；巢湖总体水质为Ⅴ类，西半湖为中度富营养状态；太湖总体水质为Ⅳ类，轻度富营养状态；达赉湖为劣Ⅴ类水质，中度富营养状态；洪泽湖、南四湖和白洋淀为Ⅴ类水质，轻度富营养状态；洞庭湖、鄱阳湖、镜泊湖和博斯腾湖为Ⅳ类水质，中度富营养状态。湖泊水体流动性差、交换能力弱，限制其自净能力和环境容量，如滇池换水周期高达2.5年，太湖为309天，这一因素也是其治理难度大的客观原因。

2011年，中国200多个城市开展了地下水监测，在总共4700多个监测点中，水质较好至优良的占比为45%，水质较差至极差的占比为55%。由此表明，中国一半以上的地下水已受污染。今后一段时期，伴随地下水超采、填埋场渗滤液污染及其他人为因素，地下漏斗和地下水污染将进一步加剧。

由于地表水和地下水受到大面积污染，中国饮用水安全面临挑战。到2005年，中国还有90%的城市地表水域受到不同程度的污染（水利部，2006），仍有大量城乡人口无法得到符合安全卫生标准的饮用水。

（四）新的环境问题日趋突出

中国传统的水和大气污染问题尚未解决，常规污染物SO_2和COD尚未得到完全控制，新的污染问题又接踵而至，新老环境问题交相叠加，不断加剧中国业已恶化的环境形势。

汞（Hg）污染。汞具有高毒性、难降解性、生物富集性等特征，对环境和人体健康都会产生严重危害。20世纪80年代末科学界在北美、北欧甚至北极圈陆续发现某些鱼类体内甲基汞（MeHg）含量非常高，而这些地区并没有汞污染源，由此说明人类活动排放的汞可经过大气长距离迁移沉降。此后，汞污染及其控制问题成为国际环境界一个新的热点问题。2003年联合国环境规划署（UNEP）发布的《全球汞状况评估》报告称，自工业革命以来，汞在全球大气、水和土壤中的含量已增加3倍左右，每年各种人为污染源向大气排放的汞为1900~2200吨，其中燃煤发电和垃圾焚烧排放的汞为1500吨，占人类活动排放量的70%。而亚洲地区排放达860吨，为全球最高。目前，国际社会已就签署限制汞排放的国际公约达成一致。

中国是燃煤大国，也被认为是向大气中人为排放汞最多的国家。据专家估算（杨金田等，2010），目前每年中国人为源的大气汞排放量为500～700吨，其中燃煤和有色金属冶炼是两个最主要的排放源，约占总排放量的80%。2003年中国汞排放量已达696吨，考虑到“十一五”燃煤机组按照控制措施对汞的协同去除作用，2010年燃煤汞排放量已由2003年的257吨降至119吨。

目前，中国汞污染十分严重。在贵阳，采暖期大气汞浓度高达565.8纳克/立方米，超过我国规定的居住区300纳克/立方米的标准；降水中汞浓度为0.116微克/升，超过了地面水质量标准中的Ⅲ类标准。沈阳大多数监测点的大气汞浓度超过或接近居住区大气汞标准，北京、上海、重庆和兰州大气汞监测研究表明汞污染也十分严重。此外，我国一些无明显汞污染源地区，陆地生态系统中的汞污染也十分严重，土壤汞含量比背景值高3～10倍，相应地，蔬菜作物、田间杂草汞含量也超过卫生标准的20～30倍。

持久性有机污染物和有毒污染物。工业水污染排放中，除了常规污染物外，有些还含有持久性有机污染物（POPs）和持久性有毒污染物（PTS）。这些污染物不同于常规污染物，表现为形态多，毒性大，产生毒性的浓度非常低，易于同其他物质形成毒性更大的化合物，难以在环境中降解或消除，环境危害具有隐蔽性，突发性并可长距离传输，对人体健康影响具有潜伏性和累积性。中国属于POPs生产、使用和排放大国，特别是二噁英类POPs排放规模和排放量均居世界前列。环境保护部从2006年开始调查全国POPs排放，目前基本掌握了全国废弃物焚烧、钢铁等17个行业排放二噁英类POPs近1.5万家企业的信息，监测了13个重点行业二噁英类POPs排放水平，量化评估了二噁英类POPs排放量，2009年完善调查POPs排放清单。此外，中国还有历史上遗留下来的含大量POPs的废物和污染场地，治理任务十分艰巨。

挥发性有机化合物（VOCs）。是指沸点在50～260℃，常温下饱和蒸汽压超过133.32帕的易挥发性有机化合物。VOCs主要成分有芳香烃、脂肪烃、卤代烃、醇、醛、酮、酯、醚、萜烯等，这些物质不仅有刺激性，而且很多具有毒性，在一定情况下会导致肾肺肝、神经系统、造血系统及消化系统病变。有些VOCs物质是公认的“三致”物质，即致癌、致畸、致突变，对人体健康有较多影响。同时，VOCs又是形成O_3的前体物，在光化学烟雾形成中起着重要作用。VOCs来源非常广泛，主要有天然源、工业源、生活源和垃圾填埋等，工业源包括石化废气、印刷、工业生产、锅炉燃烧废气、油漆涂料生产和使用等，生活源包括汽车尾气、建筑装修材料、厨房油烟等。据有关专家测算（卢亚灵等，2012），2003～2008年，中国VOCs排放量由1523万吨上升到2014万吨（表4.3），五年间增长32.2%。其中，生活源占比51%，呈逐年下降趋势；工业源占比49%，呈逐年升高势头。2005年，美国排放量为424万吨，是同期中国排放量的24.4%，两国VOCs的主要来源大致相似，主要来自于溶剂使用、机动车和工业过程。

表4.3 中国不同来源VOCs排放量（2003～2008）（单位：万吨）

年份	2003	2004	2005	2006	2007	2008
总计	1523	1669	1733	1882	1976	2014

资料来源：卢亚灵等，2012

此外，重金属污染、土壤污染、电子垃圾等问题也非常突出，但囿于数据，这里就不再展开论述。综合以上分析，对现阶段中国环境问题得出以下几点结论。

结论一：中国传统污染问题尚未得到有效解决，常规污染物排放量仍然居高不下，在世界各国中居于首位，其对环境压力不断加大。

结论二：中国新的污染问题接踵而至，新污染物排放量同样巨大，并与常规污染物产生叠加效应，形成复合型污染，对环境雪上加霜。

结论三：中国环境恶化的趋势尚未得到有效遏制，污染物排放拐点及环境质量拐点均未出现，少数几项污染物排放指标下降并不意味着环境状况开始好转。

结论四：中国现阶段环境污染问题，比历史上任何国家、任何时期都要严重。中国所面临的环境挑战前所未有，未来任重道远。

二 过去40年中国环境演变历程

1972年，中国政府决定派团参加在瑞典斯德哥尔摩召开的人类环境会议，1973年中国召开第一次全国环境保护会议，这两起事件标志着中国环境保护正式起步。到今天，中国环境保护事业已经走过40年历程。从环境保护工作角度看，40年环境保护大致经历了四个阶段（曲格平，2013），即环境启蒙阶段（1972～1978）、制度建设阶段（1979～1992）、规模化治理阶段（1993～2001）和综合治理阶段(2002～2012)。

从环境污染演变趋势看，40年环境状况大致经历了三个阶段，即低排放、低投入、低恶化阶段（1972～1985），高排放、低投入、高恶化阶段（1986～1999），高排放、中投入、高恶化阶段（2000～2012）。划分这三个阶段主要依据三个变量。

1）污染物排放量，主要以SO_2和COD为指标，以全国环境容量为标杆，若实际排放量大于环境容量则为高排放，反之则为低排放。据环境保护部环境规划院测算，中国SO_2环境容量为1200万吨，COD环境容量为800万吨，本章划分阶段主要以这两个指标为依据。随着污染治理的推进和监测数据的完善，将来污染指标还将

相应增加 NO_x、CO、VOCs 及 NH_3-N、总磷（TP）、总氮（TN）等。

2）污染治理投入，主要以污染治理投资占 GDP 比重为标杆，若环保投资小于1%则为低投入，1% ~2%则为中投入，2% ~3%则为高投入。当然，目前中国的环保投资与欧盟国家的环保投入概念不完全一致，下文将予以厘清。

3）环境质量状况，主要以空气质量和水环境质量为依据。空气质量以 PM_{10}为指标，以环境保护部最新发布的空气质量标准为依据，即 50%以上的城市人口生活在 PM_{10}低于二级标准空气环境（PM_{10}年均浓度 >70 微克/立方米）中则为高恶化，反之则为低恶化。水环境质量以七大水系水环境质量为依据，即Ⅰ~Ⅲ类水质[①]断面比例≤60%则为高恶化，反之则为低恶化（表 4.4）。

表 4.4 中国环境变动趋势指标

阶段划分		指标	
污染排放水平	高排放	SO_2 >1200 万吨	COD >800 万吨
	低排放	SO_2 ≤1200 万吨	COD≤800 万吨
环保投资水平	高投入	环保投资占 GDP 比重在 2% ~3%	
	中投入	环保投资占 GDP 比重在 1% ~2%	
	低投入	环保投资占 GDP 比重 <1%	
环境恶化程度	高恶化	城市 50%以上人口生活在 PM_{10} >70 微克/立方米	七大水系Ⅰ~Ⅲ类水质断面比例≤60%
	低恶化	城市 50%以上人口生活在 PM_{10} ≤70 微克/立方米	七大水系Ⅰ~Ⅲ类水质断面比例 >60%

（一）低排放、低投入、低恶化阶段（1972 ~1985）

这一阶段，中国环境保护刚刚起步，监测手段还不完备，甚至是空白，所以环境数据匮乏，难以系统定量分析。但我们可以根据有限的数据进行粗略分析。

1. 主要污染物排放

1986 年，环保部门开始统计 SO_2和工业 COD 排放量，SO_2排放量为 1208 万吨，工业 COD 排放量为 725 万吨（国家环境保护局，1994）。SO_2排放量刚刚超过环境容量 1200 万吨，由此看出从这一年开始，SO_2排放量进入高排放阶段。就 COD 排放量

① 符合Ⅰ~Ⅲ类地面水环境质量标准（GB3838—2002）的地面水体可用于饮用水水源地

而言，工业排放量并未超过800万吨的环境容量，但当年城市生活污水排放量为75亿吨，利用目前城市生活污水COD进水浓度平均为350毫克/升折算，则可推算出当年城市生活污水COD产生量为262万吨，考虑到当年全国城市生活污水处理能力仅有64万立方米/日，即使满负荷运行，年去除COD量按高限计算也不到6万吨，因此，1986年城市生活污水COD排放量至少应为256万吨，与工业排放量合计为981万吨，也超过了COD的全国环境容量。据此，可确定1986年为污染物高排放起始年。

2. 环保投资

据环保部门统计，1973～1980年，八年间环保累计投资仅为5.04亿元，主要用于官厅水库、白洋淀、富春江等局部水域污染治理及烟囱除尘等环境机构建设工作。1981～1985年，五年间环保累计投资上升至170亿元，约占当年GDP的0.52%。总体上看，这一时期环保投资占GDP比重不高，但较20世纪80年代之前环保投资有了明显进步，平均每年有30多亿元的投入，这在那个时期是很不容易的。

3. 环境状况

当时，环保部门还没有像现在这样每年发布《环境状况公报》，但从环保部门大事记及1973年第一次环境保护有关会议文件中可以一窥当时的环境状况（曲格平等，2010）。其时，水污染主要是一些局部水域污染问题，如浙江富春江因工业废水排放导致鱼类大量死亡，北京官厅水库因上游沙城、宣化地区排放工业废水造成严重污染，河北白洋淀污染严重，渤海湾大连港等近海海域因污染导致海洋渔业资源减少，淮河污染已初现端倪。大气污染方面，主要是烟尘污染比较严重，酸雨在东部地区已经出现。总体上看，这一时期的环境污染呈现出局部性、单一性和弱危害性，总体环境质量尚可。

这一阶段环保工作主要特点可以总结如下：环境保护起步较早，并开始走上法制轨道，表现出较强的环境保护国家政治意愿。虽然确立了环境保护的基本国策，但由于环保投入不能满足实际需要，环保工作很难落实。

（二）高排放、低投入、高恶化阶段（1986～1999）

这一时期，环境保护经受两次大的冲击：一是20世纪80年代中期，特别是1984～1988年乡镇企业的异军突起，给环境带来巨大冲击；二是1992年后，各地掀起的新一轮经济增长高潮，给环境带来进一步冲击。这一阶段污染物排放、治理投入和环境状况概述如下。

1. 主要污染物排放

SO_2排放量从1986年的1208万吨，上升到1995年的1891万吨，10年间增长了56.5%。工业COD排放量在1986年为725万吨，1995年增至768万吨，增长相对平缓。但需说明的是，所统计的两项污染物排放量中，并不包括乡镇企业排放量，而COD排放量中也没有统计城镇生活污水中COD排放量。所以，这些数据并不能反映两项污染物的真实排放情况。为便于比较，我们对1986～1996年城镇生活污水COD排放量进行了估算，按生活污水COD浓度350毫克/升测算，得出生活COD排放量近似值，以供比较（图4.4，图4.5）。

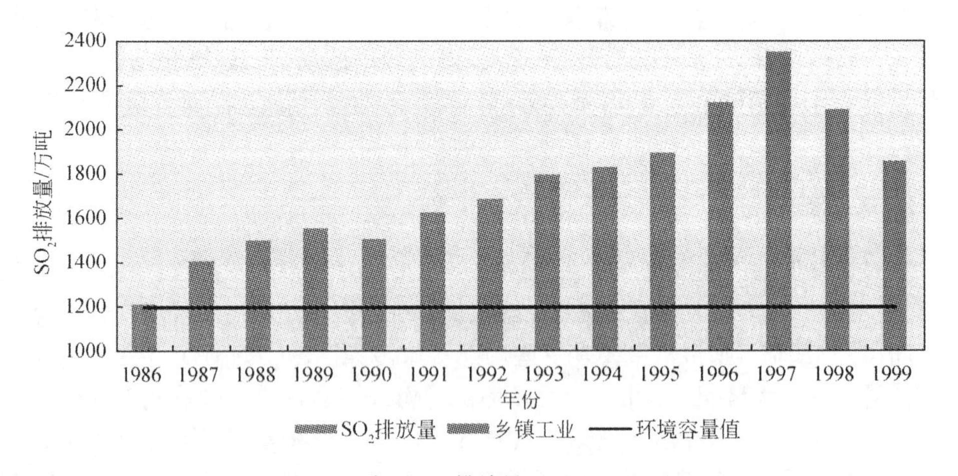

图4.4　中国SO_2排放量（1986～1999）

注：①1996年因国家环保局仅公布SO_2工业排放数据，故采用前后两年数据均值；②1997年之后国家环保局开始统计乡镇企业排放数据，故该年数据呈现明显增加趋势。1997年前后因统计口径不同，不具可比性

资料来源：国家环境保护局，1994；历年中国环境统计年报

从1997年开始，环保部门统计数据中包括乡镇企业和城镇生活排放量，所以，1997年、1998年、1999年这三年的数据较能反映这一时期主要污染物排放情况，但与前期数据不具可比性。从这三年数据看，1997年之后，SO_2、COD有明显下降趋势，其主要原因如下：一是经济由热转冷，受1997年亚洲金融风暴影响，GDP增长率在1998年和1999年降为7.8%和7.6%，经济下滑对污染减排产生有利影响；二是环保部门开展“三河三湖”零点行动，以及“双控一达标”行动，关停了一大批“十五小”企业，结构调整对污染减排产生直接影响。但污染治理工作进展

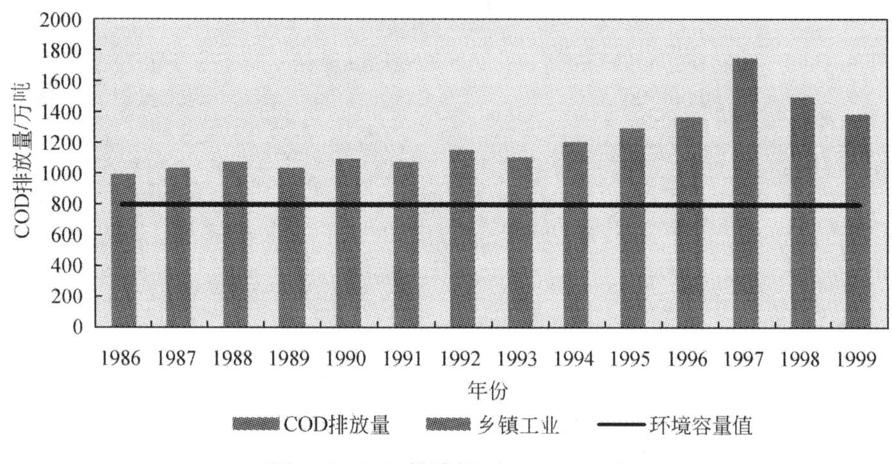

图 4.5 COD 排放量（1986～1999）

注：①1986～1996 年生活污水 COD 排放量为估算值；②1997 年之后国家环保局开始统计乡镇企业排放数据，故该年数据呈现明显增加趋势。1997 年前后因统计口径不同，不具可比性

资料来源：国家环境保护局，1994；历年中国环境统计年报

缓慢。到 1999 年年底，全国污水处理厂仅有 402 座，一个城市平均不到一座，污水处理率仅为 31.9%，火电脱硫装机容量也不到 500 万千瓦。因此，SO_2、COD 减排成果并不巩固，其后几年又急剧反弹。

2. 环保投资

这一时期的环保投资有了明显增长，1986～1990 年环保投资占 GDP 比重为 0.69%，1991～1995 年上升至 0.73%，1996～2000 年进一步上升至 0.89%（表 4.5）。到 2000 年，环保投资占 GDP 比重首次突破 1%。因此，1986～1999 年虽然投资增长较快，但相比污染治理的需要来说，还远远不能满足，这个时期仍属于低投入时期。

1997 年亚洲金融风暴爆发，中国政府为保持 GDP 增长速度不低于 8%，开始发行国债拉动经济，并有相当一部分投入环境基础设施建设。环境保护首次因金融风暴而得到大笔资金用于建设，分享“危机红利”，并且这一幕在 10 年后又一次上演，真所谓金融不幸环保幸。1998～2002 年，中国政府共发行国债 6600 亿元，其中安排 650 亿元支持 967 个城市环境基础设施项目，并拉动地方和社会资金 2100 亿元，建成 603 个污水处理项目，新增污水处理能力 5476 万立方米/日，新建 22 个中水回用项目、164 个垃圾处理项目，新增垃圾处理能力 8.5 吨/日。这是中国政府第一次大规模投资环境基础设施建设，并带来了长远的环境效益。

表 4.5 中国环保投资变化趋势（1986～1999）

年份	环保投资总量/亿元（当年价）	环保投资占同期GDP比重/%	环保投资占社会固定资产投资的比重/%
1986～1990	476.42	0.69	2.41
1991	170.12	0.78	3.09
1992	205.56	0.76	2.62
1993	268.83	0.76	2.16
1994	307.2	0.64	1.88
1995	354.86	0.58	1.77
1996	408.21	0.57	1.78
1997	502.49	0.64	2.01
1998	721.8	0.86	2.30
1999	823.2	0.92	2.76

3. 环境状况

这一时期，中国环境污染全面蔓延，环境状况急剧恶化，大气环境、地表水、近海海域等环境质量呈明显下降趋势，环境污染已经严重影响到人们的正常生活和身体健康。

1989 年国家环保局公布的《中国环境公报》，可以反映 20 世纪 80 年代中国环境质量水平。该公报显示，1989 年大气环境总体来说是好的，污染主要集中在大中城市。城市大气污染为煤烟型污染，主要污染物是烟尘和 SO_2。城市大气污染冬、春季较重，夏、秋季较轻。北方城市烟尘污染较重，南方城市 SO_2 污染较重。1989 年大江大河水质基本良好，流经城市的河段污染较重。水体污染主要来自工业废水，主要污染物是 NH_3-N，其次是耗氧有机物和挥发酚。1989 年流经城市的河流仍然存在岸边污染带，局部水体污染严重，72% 的纳污河段各项污染物的平均值有不同程度的超标。河流的城市段污染，小河流重于大河流，北方城市重于南方城市。

1999 年国家环保总局公布的《中国环境公报》，则可以反映 20 世纪 90 年代中国环境质量水平。该公报显示，1999 年中国的大气环境污染仍然以煤烟型为主，主要污染物为总悬浮颗粒物（TSP）和 SO_2。少数特大城市属煤烟与汽车尾气污染并重类型。酸雨污染范围大体未变，污染程度居高不下。总悬浮颗粒物是中国城市空气中的主要污染物，60% 的城市总悬浮颗粒物浓度年均值超过国家二级标准。SO_2 浓度年均值超过国家二级标准的城市占统计城市的 28.4%，NO_x 污染较重的多为人口超过百万的大城市。中国主要河流有机污染普遍，面源污染日益突出。辽河、海河污染严重，淮河水质较差，黄河水质不容乐观，松花江水质尚可，珠江、长江水质总体良好。流经城市的河段普遍受到污染。141个国控城市河段中，63.8%的城市河段为Ⅳ至劣Ⅴ类水质。主要湖泊富营养化严重。1999年，近岸海域海水污染严重，近海环境状况总体较差，海洋环境污染恶化的趋势仍未得到有效控制。

根据中国环境监测总站的监测（王玉庆等，2004），七大流域1991～1999年水质变化情况如下：淮河流域Ⅴ类和劣Ⅴ类水质断面比例由12.5%上升至64.1%；海河流域由40%上升至70%；辽河流域由80%下降至68.7%；长江由22.7%下降至2.5%；黄河由50%下降至8.3%；珠江由8.7%上升至17.8%；松花江由16.1%下降至11.7%。虽然流域水质变化除与污染物排放量和河流自净能力有关外，还与当年雨水丰枯密切相关，但总体上看，这一时期，七大流域水质呈明显恶化趋势，北方有些地区甚至到了有河皆枯、有水皆污的地步。

这一阶段环保工作主要特点如下：一是逐步形成了环境保护的中国模式，包括立法、政策、标准及环境管理体系的建立，二是启动并实施了大规模的环境污染治理，治理“三河三湖一市一海”，并取得初步成效，但并没有遏制污染反弹。究其原因，除了我们在治理江河湖泊污染工作中制度设计偏重于行政管制、缺少激励手段外，一个很大的教训是，低估了污染治理的长期性、艰巨性和复杂性。

（三）高排放、中投入、高恶化阶段（2000～2012）

新世纪伊始，中国环境保护同样面临严峻挑战。从2002年下半年起，中国又进入新一轮重化工扩张阶段，给生态环境带来了巨大压力。数字显示，2001～2010年10年间，中国GDP增长率达到10.5%，其中有6年是在10%以上。特别是从2002年下半年开始，各地兴起了重化工热，纷纷上马钢铁、水泥、化工、煤电等高耗能、高排放项目，致使能源资源全面紧张，污染物排放居高不下，也致使“十五”期间，我国环境保护目标没能完成。这一阶段，主要污染物排放、治理投入和环境状况概述如下。

1. 主要污染物排放

SO_2排放量2000年为1995万吨，2006年跃升至2588万吨，经过“十一五”节能减排，2011年又降至2217万吨（图4.6）。据此，2000～2006年，SO_2排放量增长29.7%；而2006～2011年SO_2排放量减少14.3%。NO_x排放量从2006年开始统计，当年排放量达到1523万吨，2011年则上升至2404万吨，其中包括机动车排放

637万吨，这在前期未予统计。扣除这一因素，2006～2011年，NO_x排放量实际增长16%。COD排放量2000年为1445万吨，2011年为2499万吨，其中包括农业源排放1186万吨，集中式排放20万吨，这两项过去未予统计。扣除这一因素，2000～2011年，COD排放量实际减少10.5%（图4.7）。NH_3-N排放量2001年为125万吨，2011年为260万吨，其中包括农业源82万吨，集中式排放2万吨，这在前期未予统计。扣除这一因素，2001～2011年NH_3-N排放量实际增长40.6%。

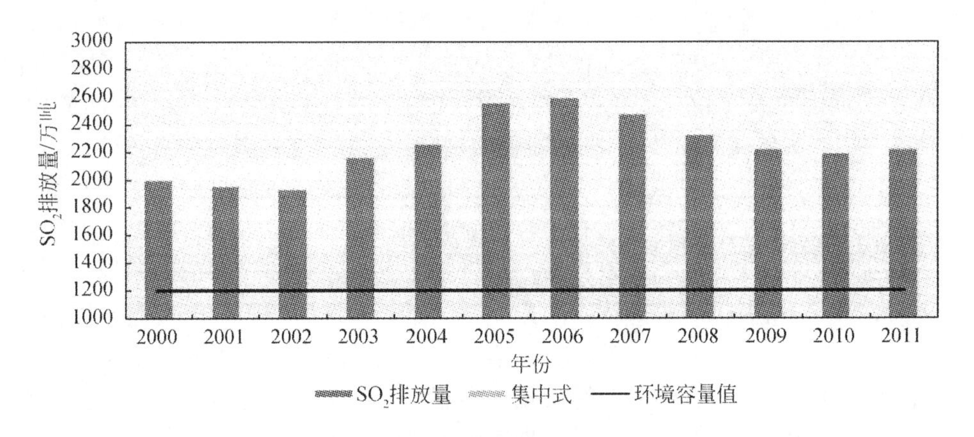

图4.6　SO_2排放量（2000～2011）

注：2011年SO_2统计口径包括工业源、生活源和集中式，其中增加集中式排放量0.3万吨

资料来源：环境保护部，2000～2011年中国环境统计年报

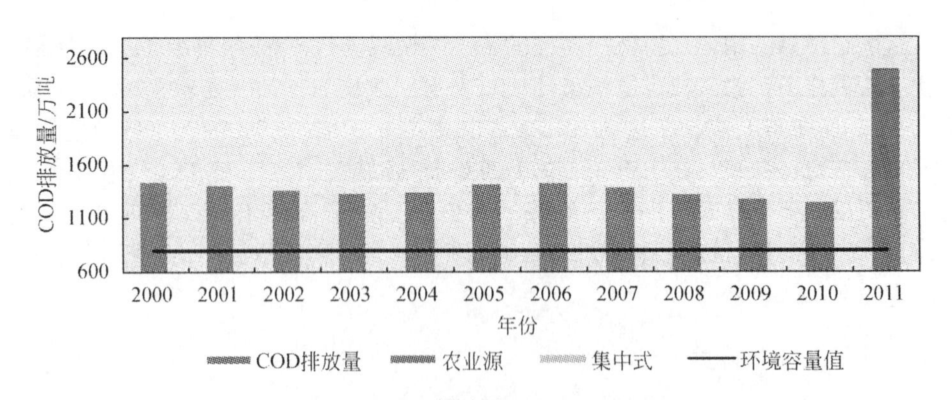

图4.7　COD排放量（2000～2011）

注：2011年COD排放量统计口径包括工业源、生活源、农业源和集中式，

增加农业源和集中式排放量，分别为1186万吨和20万吨

资料来源：环境保护部，2000～2011年中国环境统计年报

2. 环保投入

中国环保投资概念与欧盟国家环保投入概念不尽一致（吴舜泽等，2009）。为便于比较，从2000年开始，我们给出两组数据，一是按中国现行统计口径统计的环保投资；二是按欧盟国家所谓的环保投入概念，即环保投资中扣除城市燃气、集中供热等基础设施投资，因这类投资对污染治理起间接而非直接作用。同时加上治污设施的运行费用，包括工业污水治理设施、废气治理设施、城市生活污水治理设施、危险废物处理设施的运行费用，即包括环保治污设施的建设和运行两部分费用，也就是欧盟国家所谓的投资性支出和经常性支出两个部分（表4.6）。

表4.6　中国环保投资变化趋势（2000～2010）

年份	环保投资/亿元（当年价）	环保投资占同期GDP比重/%	环保投资占社会固定资产投资的比重/%	环保投入/亿元（当年价）	环保投入占同期GDP比重/%	工业治污投资占总投资比重/%
2000	1060.7	1.07	3.22	1113.9	1.12	11.24
2001	1106.6	1.01	2.97	1281.8	1.17	11.26
2002	1367.2	1.14	3.14	1518.4	1.26	10.50
2003	1627.7	1.20	2.93	1739.7	1.28	2.60
2004	1909.8	1.19	2.71	2109.5	1.32	2.67
2005	2388	1.29	2.69	2650	1.43	2.83
2006	2566	1.19	2.33	3152.8	1.46	2.58
2007	3387	1.27	2.47	4127	1.55	3.14
2008	4490.3	1.43	2.60	5494.3	1.75	3.49
2009	4525.3	1.33	2.01	5578.1	1.64	2.09
2010	6654.2	1.66	2.39	7827.8	1.95	2.06

注：①环保投入＝环保投资总额－燃气建设投资－集中供热建设投资＋工业废水治理设施运行费用＋工业废气治理设施运行费用＋城市污水处理厂运行费用＋危险废物处理设施运行费用。②工业治污投资/总投资＝（工业污染源治理投资＋新建项目“三同时”投资）/（采矿业＋制造业＋电力生产等＋建筑业固定资产投资）

资料来源：国家统计局、环境保护部，历年《中国环境统计年鉴》（中国统计出版社）；住房和城乡建设部，历年《中国城市建设统计年鉴》（中国计划出版社）

由表4.6可以看出，中国自2000年之后，无论是按现统计口径统计的环保投资，还是按欧盟统计口径统计的环保投入，均显示呈明显增加趋势。环保投资占GDP比重，从2000年的1.07%增加到2010年的1.66%；环保投资占全社会固定资产投资比重在2% ~3.5%；环保投入占GDP比重从2000年1.12%增加到2010年1.95%；工业治污投资占总投资比重在2000~2002年出现高占比，反映这一时期工业污染治理进入投资高峰，此后这一比重稳定在2% ~3.5%。那么，这一投资幅度能说明什么问题呢？

联合国20世纪70年代委托美国诺贝尔经济学奖获得者瓦西里·里昂惕夫的一项研究表明（W. 里昂惕夫等，1982），如果按照美国1970年的环境标准，污染治理仅包括对大气悬浮颗粒物的处理，对生活污水一级、二级、三级处理，以及对生活垃圾进行填埋或焚烧，消除和控制污染的总费用（包括投资和经常性费用）将达国民生产总值的1.4% ~1.9%，而实际上美国1972年用于消除和控制污染的总费用达到国民生产总值的1.6%；消除和控制污染的总投资占投资总额的2.5%~4%，而美国1973~1975年用于消除和控制污染的私人投资估计约占新厂房设备私人投资的5%。同时，日本一项经验研究表明，1970~1987年，日本民间用于防治公害的投资占全部设备投资的3%~7%，在治理最高峰的1973~1976年，这一投资比重甚至高达10.6%~17.7%（图4.8）。由此看出，一个国家要对污染进行基本控制，其环保投资的低限应是占GDP的1.5% ~2%，这仅仅是控制大气中悬浮颗粒物，以及对城市生活污水和垃圾进行处理，采用的是美国1970年的环境标准，而不包括控制SO_2、NO_x、PM_{10}、VOCs、$PM_{2.5}$等污染指标。如果按现在的标准，对大气、水和固体废物污染进行控制，污染控制的投入（包括建设费用和运行费用）占GDP的比重起码应达到2%~3%，工业污染治理投资占总投资比重应达到5%~7%（日本和美国的经验）。

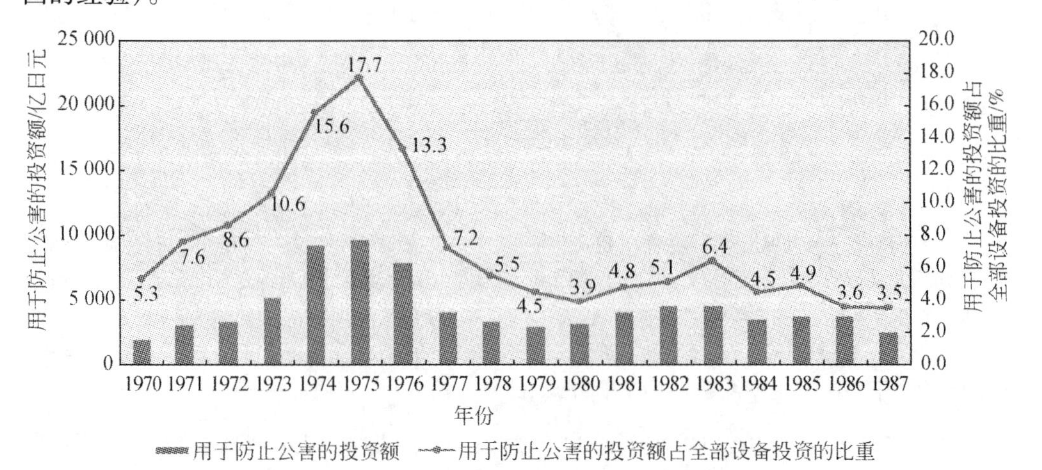

图4.8 日本民间产业防治公害投资的变化情况（1970~1987）

资料来源：宫本宪一，2004

由此反观中国环保投资情况，2000～2010年，中国环保投资（宽口径统计）占GDP比重仅达到1%～1.6%，环保投入（包括建设费用和运行费用）占GDP比重达到1.3%～1.9%，环保投资占固定资产投资比重仅达到2%～3%（图4.9）。总体上看，刚刚达到控制污染所需投入的低限。这也是中国环境污染尚未得到控制的根本原因，因此，我们将这一时期定义为中投入时期。

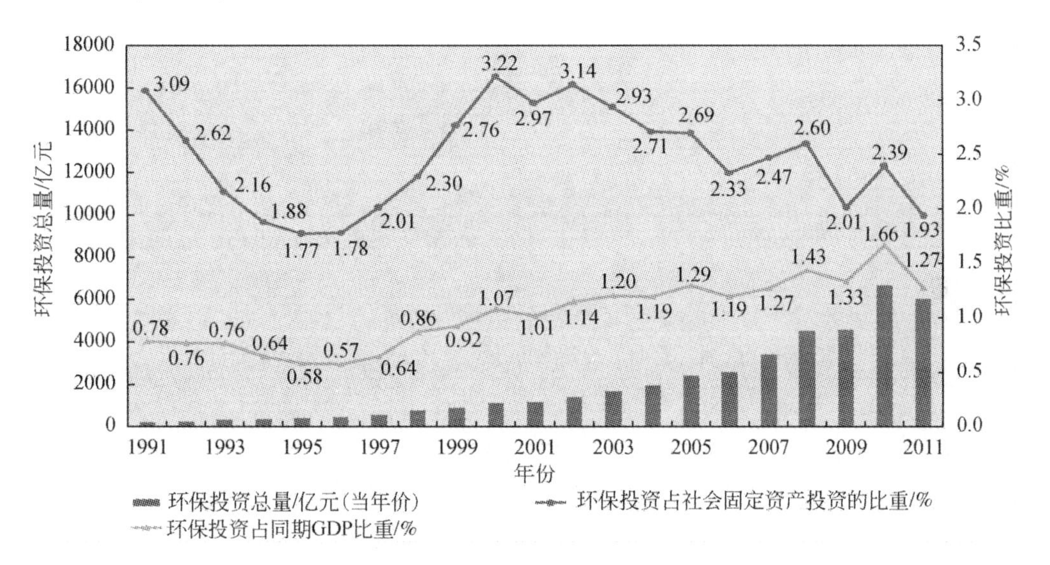

图4.9　中国环保投资及其占GDP和社会固定资产投资比重变化（1991～2011）

资料来源：环保投资数据来源于历年的《中国环境统计年鉴》；

社会固定资产投资数据来源于历年的《中国统计年鉴》

3. 环境状况

这一时期环境状况总体上看，仍呈继续恶化趋势，但恶化程度有所减轻。从水环境来看，七大水系劣Ⅴ类断面所占比例有减轻之势（图4.10），但海河、辽河、黄河、淮河和松花江Ⅴ类至劣Ⅴ类断面比例仍高居不下（表4.7）。长江、珠江水质良好。湖泊富营养化问题依然突出。滇池总体为中度富营养状态；巢湖西半湖为中度富营养状态；太湖总体为轻度富营养状态；达赉湖为中度富营养状态；洪泽湖、南四湖和白洋淀为轻度富营养状态。

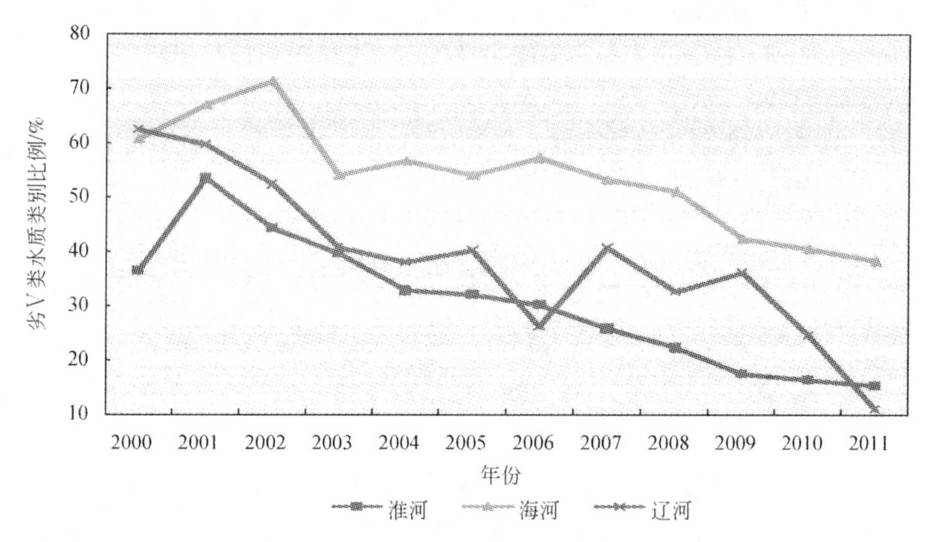

图4.10　淮河、海河、辽河劣V类断面比例变化（2000～2011）

资料来源：环境保护部，2001～2011年中国环境统计年报

表4.7　七大流域V～V⁺水质类别比例年际变化表（2000～2010）（单位:%）

年份	淮河	海河	辽河	长江	黄河	珠江	松花江
2000	45.2	67.8	68.7	0.0	14.3	0.0	0.0
2001	59.7	74.9	72.1	14.8	62.9	7.1	34.9
2002	60.2	78.8	68.6	31.3	57.3	14.3	36.6
2003	51.1	66.2	54.1	28.2	38.6	6.1	28.2
2004	50.0	61.2	56.8	12.5	38.6	9.1	28.6
2005	45.0	60.0	48.0	13.0	32.0	6.0	31.0
2006	37.0	67.0	48.0	31.0	25.0	3.0	28.0
2007	34.9	64.4	46.0	14.6	27.2	3.0	23.8
2008	27.9	57.1	51.4	7.7	27.3	6.0	21.5
2009	29.0	54.7	44.4	6.8	27.3	3.0	11.9
2010	25.6	51.6	43.2	4.8	27.3	3.0	16.7

资料来源：环境保护部，2011

城市空气污染PM_{10}有所减轻，但大部分城市PM_{10}年均浓度仍明显高出环境保护部2012年颁布的新空气环境质量二级标准（70微克/立方米），并大大高出世界卫生组织标准值（20微克/立方米）。2003～2011年，中国31座城市PM_{10}年均浓度按

城市人口加权平均，基本上在100微克/立方米左右（图4.11），虽然总体趋势略有下降，但仍处于高位污染。特别是中国东部地区长三角、珠三角和京津冀三大城市群，光化学烟雾频繁发生，灰霾天气显著增加。

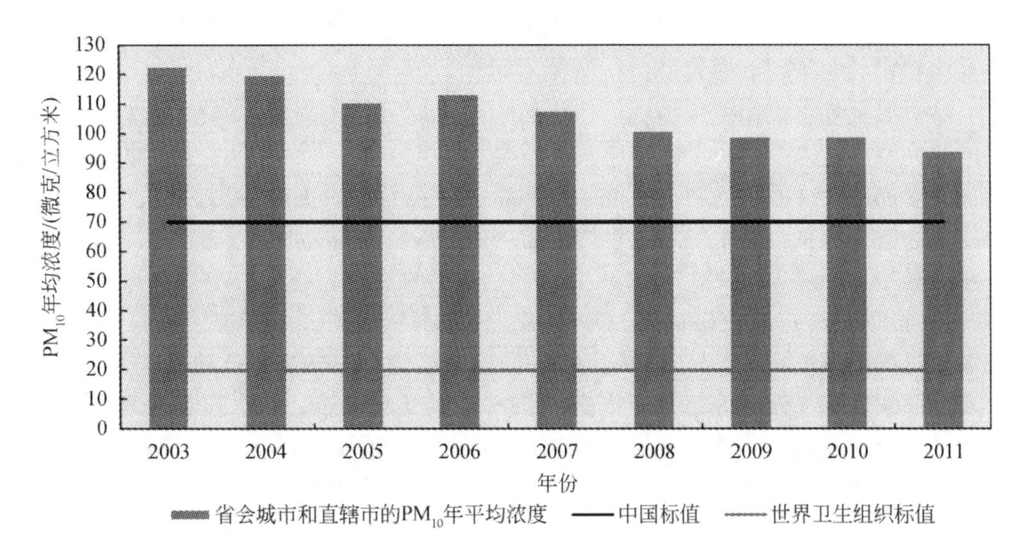

图4.11 中国直辖市及省会城市2003～2011年PM_{10}加权年均浓度

资料来源：①省会城市和直辖市的PM_{10}年均浓度来源于国家统计局、环境保护部编写的2003～2011年《中国环境统计年鉴》；②城市市区人口数据来源于《中国城市建设统计年鉴2011》

这一时期环保工作主要进展如下：①“十五”期间，中央提出树立科学发展观、构建和谐社会的重大战略思想，把可持续发展作为科学发展观一个重要组成部分。②2002年，《清洁生产促进法》和《环境影响评价法》的出台，以及2009年《规划环境影响评价条例》的出台，标志着我国污染治理模式开始由末端治理向全过程控制转变，环境评价开始由项目评价向规划评价迈进。③2005年国家颁布《可再生能源法》，规定了可再生能源电价高于常规能源上网电价部分由全电网分摊的政策，极大地刺激了可再生能源发展，减缓了传统能源使用带来的污染。④2006年，国家在“十一五”规划中，首次将SO_2和COD作为约束性指标，要求“十一五”期间减排10%，并为此展开了声势浩大的节能减排行动，并建立了节能降耗、污染减排的统计监测和考核体系与制度。⑤2006年国务院召开第六次环境保护会议，提出要实现“三个转变”，即从重经济增长轻环境保护转变为保护环境与经济增长并重；从环境保护滞后于经济发展转变为环境保护和经济发展同步；从主要用行政办法保护环境转变为综合运用法律、经济、技术和必要的行政办法解决环境问题。⑥2008年国家环保总局升格为环境保护部，强化了政府环境保护职能。⑦2008

年颁布《循环经济促进法》，确立了减量化、再利用、资源化原则，并建立了包括生产者为主的责任延伸等制度。⑧2011年，国家在“十二五”规划中，将污染减排约束性指标增加至四项，即SO_2、COD、NO_x和NH_3-N。⑨2012年党的十八大提出把生态文明建设放在与政治建设、经济建设、社会建设和文化建设同等重要的位置，并提出建设美丽中国的愿景。

这一时期环保工作主要特点是，在加强环境监管体系建设、提高行政手段效率的同时，逐步扩大经济手段的应用。也就是说，把命令－控制型的行政管制措施与市场为导向的经济激励措施更多地结合起来。环境管理更多地运用价格、税收、财政投资、银行信贷、上市融资、特许经营等多种经济手段，收到了较为明显的效果。其主要做法如下。

1）全面推行特许经营制度。2002年，建设部出台了《关于加快市政公用行业市场化进程的意见》，拉开了以推广特许经营制度为标志的市场化改革序幕。近10年来，民间资本、外资等社会资本进入供水、供气、供热、污水垃圾处理等领域，推动了环境基础设施的建设步伐。2011年5月《全国城镇污水处理信息系统》显示，全国共建成投运的污水处理厂有3022座，其中采取BOT、BT、TOT等特许经营模式的占42%。

2）实行有利于环境的价格政策。目前在水价中包含了污水处理费，全国已有24个省（直辖市、自治区）建立了污水收费制度，有80%的城市开征了污水处理费，全国平均污水处理费大约为0.69元/立方米。2004年出台的1.5分/千瓦时的脱硫电价政策，很快使电厂脱硫如火如荼地开展起来。短短几年内，全国脱硫机组装机容量占火电装机容量的比重从2004年的8.8%提高到2011年的87.6%，整个脱硫产业快速发展。同样，2011年出台的8厘/千瓦时的脱硝电价政策，也使脱硝机组装机容量占火电装机容量比重由2010年的11.2%提高到2011年的16.9%。与此同时，2012年国家发展和改革委员会还出台了垃圾焚烧上网电价激励政策，焚烧1吨垃圾折算上网电量280千瓦时，并由电网按0.65元/千瓦时优惠价格收购，这无疑会进一步刺激垃圾焚烧产业的发展。

3）实行有利于环境的税收政策。目前，中国税收制度在绿化方面也做了不少工作，推出了一系列有利于环境保护的税收优惠政策。例如，对节能环保企业实行所得税“三免三减半”政策，即三年免收三年减半征收所得税；对污水、再生水、垃圾处理行业免征或即征即退增值税；对脱硫产品增值税减半征收；对购置环保设备的投资抵免企业所得税等。

4）实行有利于环境的投资政策。在环保投资中，中央和地方财政的投资也在逐年增加，由2000年的654亿元增加到2010年的1443亿元，但在投资总额中的比重则由27.4%下降到21.7%，这表明通过市场化改革后，社会资本越来越成为环保投资的主体。但财政投资拉动作用十分明显，往往起到四两拨千斤的作用。例如，2008年4万亿元投资中就有2100亿元直接投入生态环境建设，短短三年内使城市污水处理厂座数增加63%，县城增加了3.3倍。此外，为提高财政投资的效益。2007年起，中央财政实行“以奖代补”政策，由过去事前补贴政策改为事后奖励政策，拉动了地方用于管网建设的投资，2007~2010年，中央财政累计下达“以奖代补”资金345亿元，带动地方财政资金1124亿元。

5）实行有利于环境的融资政策。2007年7月起，中国金融行业实施“绿色信贷”政策，国有银行和商业银行对绿色产业都给予了重点支持。截至2010年年底，国家开发银行和国有四大银行绿色信贷余额达14506亿元。其中，中国工商银行5074亿元，占比35%；国家开发银行4956亿元，占比34%；中国建设银行1958亿元，中国银行1921亿元，占比均为13%；中国农业银行597亿元，占比4%。与此同时，从事环境治理的环保公司还积极上市融资，据不完全统计，目前在国内A股、H股上市的国内环保公司达46家，2011年营收总额达到630多亿元。另外还有环保公司在中国香港、美国、德国、日本等国家和地区上市融资。

（四）小结

综合以上分析，对中国环境保护40年历程做出以下几点结论。

结论一：40年来，中国从低收入国家走向中等收入国家，从工业化初期走向工业化中后期，从乡村型社会走向城镇化社会，经济社会发生了巨大变迁（曲格平，2013）。同样，生态环境也发生了巨大变化，中国从低排放国家走向高排放国家，从环境低恶化国家走向环境高恶化国家，从局部型、单一型污染走向全局型、复合型污染。在经济增长的背后付出了惨重的环境代价。

结论二：40年来，中国生态环境承受了三次比较严重的冲击波。第一次是发轫于20世纪80年代的乡镇企业异军突起，第二次是1992年开始的新一轮经济高速增长，第三次是2002年下半年开始的新一轮重化工业急剧扩张（图4.12）。这三次冲击波一次比一次迅猛，一次比一次强烈，并相互叠加，终于使中国环境污染走到了一个无以复加的地步。

结论三：40年来，中国的污染治理经历了与西方国家大致相似的控制路径，如大气污染治理优先次序和重点从煤烟型污染（如TSP、SO_2）逐步过渡到交通型和复合型问题（如NO_x、$PM_{2.5}$）。与此相对应的治理措施是，20世纪70年代和80年代开展消烟除尘；90年代城市能源消费结构转变，实施以气代煤、发展公共交通和

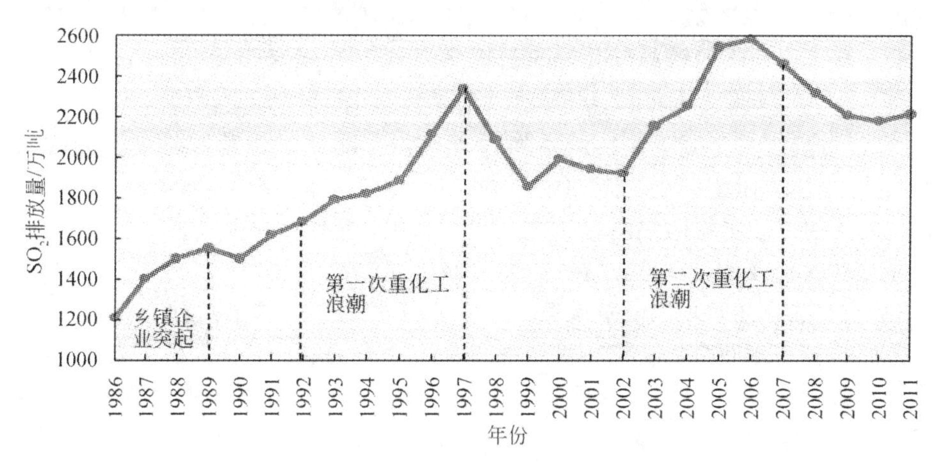

图 4.12　中国 SO_2 排放量变化趋势（1986 ~ 2011）

清洁燃料汽车；2005 年以后开始大规模建设脱硫设施，同时开展节能减排，发展新能源；2011 年开始大规模建设脱硝设施等。但由于中国能源消费规模、禀赋结构和城市人口巨大等因素，决定了中国治理难度要高于西方国家。

结论四：40 年来，中国环保投资稳步上升，从 20 世纪 80 年代初期占 GDP 比重的 0.5% 上升到目前的 1.66%，投资总额大幅跃升。但与西方国家污染治理高峰期及中国污染治理的实际需要相比，环保投资还相差甚远。这是中国环境污染尚未得到有效控制的根本原因。如果从欧盟环保投入（包括环境设施建设和运行费用）的角度看，今后 10 年中国应把环保投入占 GDP 比重迅速提高到 2% ~3%，工业污染控制投资占其固定资产投资比重提高到 5% ~7%。这是中国控制环境污染的根本性措施。

结论五：40 年来，中国没有摆脱环境库兹涅茨曲线所揭示的环境与发展演变规律，未能避免发达国家先污染后治理的老路，在很大程度上重蹈了西方国家的覆辙。

三　未来 30 年中国环境状况预期

党的十八大提出建设美丽中国的愿景。要实现这一目标，真正跨入生态文明的门槛，未来 30 年中国需要跨过三个拐点，完成三个阶段性任务。简言之，中国未来 30 年环境保护也需实施“三步走”战略。

1）2020 年：跨越污染排放拐点，实现污染物排放负增长。

2）2030 年：跨越环境恶化拐点，实现环境质量全面好转。

3）2040 年：跨越生态退化拐点，实现生态系统的良性循环。

（一）跨越污染排放拐点，实现污染物排放负增长（2020）

从欧美国家和日本等先行工业化国家经验看，改善环境质量，首先须实施污染物总量控制制度，实现污染物排放量有计划、分阶段减少，为环境质量的最终改善打下基础。

1. 美国的污染物总量控制

美国实施 SO_2 总量控制，最显著的特点是利用排污交易制度实现污染物削减成本最小化。这项制度最早是 1974 年美国环保局针对 SO_2 排放所做的排污权交易试验，而后推广至铅排放交易、水质许可证交易和含氯氟烃排放交易等。这项政策的核心是，在制定污染物排污总量的削减目标后，利用不同企业削减排污量的成本差异，运用市场机制使企业节余的排污量可交易，从而使污染物削减成本最小化。1974～1989 年，美国开展 SO_2 排放交易试验以后，在削减 SO_2 排放量方面节约了 50 亿～120 亿美元的成本。

1990 年美国修订《清洁空气法案》，启动酸雨计划，并将可交易的许可证制度作为该法案的一个主要的政策工具。当年，美国 SO_2 排放量为 2308 万吨，其中电力部门排放 1700 万吨。立法目标是通过排污权交易，到 2010 年使电力部门 SO_2 排放量削减 1000 万吨。该计划分两个阶段执行：第一阶段从 1995 年 1 月至 1999 年 12 月，263 个电厂被指定为 SO_2 排放限制单位，要求比 1980 年减少 350 万吨 SO_2 排放量；第二阶段从 2000 年 1 月到 2010 年，限制对象扩大到 2000 多家，包括了规模在 2.5 万千瓦以上的所有电厂，目标是使其 SO_2 年排放量比 1980 年减少 1000 万吨。整个 SO_2 排污政策体系由参加单位的确定、初始分配许可、再分配许可（许可证交易）、审核调整许可四个部分组成。

该计划与以前做法相比，创新之处在于：一是通过建立拍卖市场保证许可证可获得性，并解决了以往买卖双方私下交易导致的价格不透明、交易成本高的问题；二是该计划允许任何人购买许可，包括中间商、环境组织和普通公民。从实施的效果看，1990～2000 年，电力部门通过实施排污权交易，已削减了 580 万吨 SO_2 排放量，形成了年交易额 10 亿美元的 SO_2 排放许可证交易市场。在未实施该计划的 20 世纪 80 年代，美国东北部湖泊中有 55% 受到酸雨影响，河流中有 19% 受到酸雨的破坏。在实施该计划后，已大大减少了长期酸化水体的数量，由此带来的经济效益每年达到 120 亿～400 亿美元。电厂 SO_2 削减成本也大幅度下降，在实施计划前，

SO_2 削减成本估计为1500 美元/吨，美国环保局预测的许可交易价格在750 美元/吨以上，但从实际交易情况看，交易价格最高价仅为212 美元/吨，反映出社会平均治理成本要远远低于预测值。实际上，美国启动酸雨计划以来，SO_2排放量有了大幅度削减，SO_2排放量已由1990 年的2308 万吨，下降到2010 年的758 万吨，20 年来共削减了1550 万吨，削减率为67. 2%。

美国在经历早期的酸雨计划后，相继又推出了 NO_x预算计划、清洁空气汞排放计划，以及清洁空气洲际规划，使大气污染防治由过去单一因子控制，逐步拓展到SO_2、NO_x及汞等多污染物的综合控制，并收到了明显效果（图4. 13）。与此同时，美国还于 1992 年实施了基于水体最大污染负荷的最大日负荷量（TMDL）总量控制。

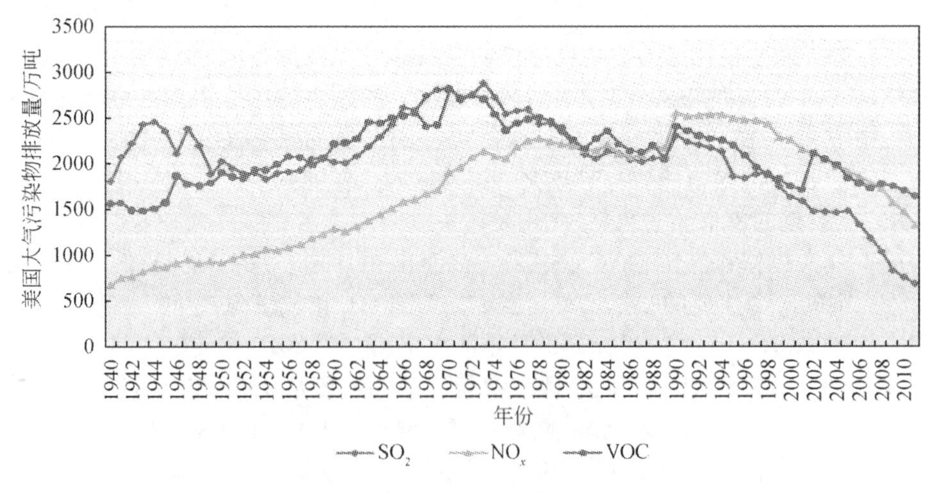

图4. 13　美国主要大气污染物排放趋势

资料来源：USEPA，2012

2. 日本的污染物总量控制

日本实施的总量控制制度，是在1970 年修改《大气污染防治法》时引进的，受控污染物为SO_2，1981 年又将 NO_x作为总量控制的受控污染物，1992 年再将机动车排放的NO_x列入总量控制范围（王金南等，2010）。日本总量控制分为排污口总量控制和区域总量控制。排污口总量控制以最高允许排放总量和浓度为基础，区域总量控制以排放总量最低削减量为基础。前者在全国通行，不受区域限制；后者是在排污口总量控制的基础上实施的更严格的总量控制，控制要求包括确定区域排放总量、总量削减计划，以及向各排放者分配排放量和削减量额度。同时，日本《大气污染防治法》还划分公害发生密集区域，对该区域实施更严格的特别排放标准，在全国共划分了24个SO_2总量控制区和3个NO_x总量控制区。实际上，日本SO_2排放量从20世纪60年代最高的500万吨，削减到现在的78万吨，削减率为84.4%（图4.14）。

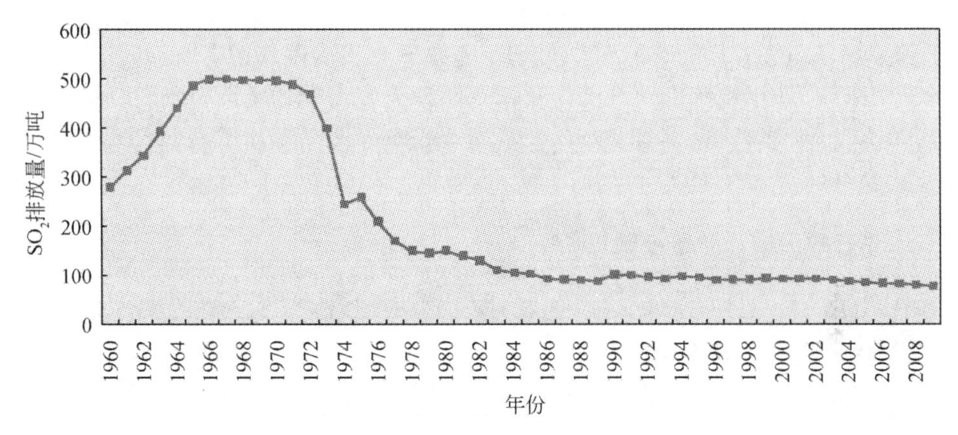

图4.14 日本SO_2排放趋势

资料来源：1960～1989年数据来源于任勇，2000；1990～2009年数据来源于经济合作与发展组织（OECD）http：//stats.oecd.org/index.aspx？r=262443#

日本对水污染物COD、TN、TP实施总量控制，主要是在污染负荷量高、封闭性海域东京湾、伊势湾和濑户内海进行的。20世纪70年代对COD污染控制还仅限于对其排放浓度实行限制，80年代以后则开始分六个阶段对其实施总量控制，实施区域主要为三个排入封闭性海域的流域范围及上游县。主要措施包括整治城市下水系统和独立式净化槽、提高污水处理效率、优先向减排地区提供补偿金等。对N、P总量控制则经过多年准备和评估，多次制定了指导方针，于1993年才提出限制N、P排放浓度，于2002年才开始实施N、P总量控制，针对厕所N、P污水浓度高的特点，将独立处理净化槽转换为合并处理净化槽（处理生活杂用水和厕所污水），并设定了总量控制目标，2006年还针对农业、畜牧业、生态保护提出了不同保护措施，如合理化施肥、家畜排泄物处理、滩涂的修复和控制底泥营养盐溶出等。1979～2004年，经过25年总量控制，东京湾COD排放负荷降低56%，伊势湾降低39%，濑户内海降低45%，三个海域发生赤潮的频率大为降低。

3. 欧盟的污染物总量控制

欧洲对SO_2实施总量控制，也是从20世纪70年代初期开始的。其时欧洲基于区域酸沉降的事实，采取国际性对策，相继于 1979 年召开关于长距离越境大气污染的日内瓦会议。1982 年在斯德哥尔摩召开环境酸性化国际会议，成立了一个“削减 30%”俱乐部，即以 1980 年为基准年，确定到 1993 年削减年排放量 30% 或削减 SO_2越境排放量 30%。这个俱乐部到 1983 年有 34 个国家参加，但对 NO_x削减并未达成任何协议。这个俱乐部构建了一个跨国界的污染控制平台，对削减欧洲各国 SO_2排放量发挥了重要作用。2001 年，欧盟又正式颁布了《国家污染物总量控制指令》，对 SO_2、NO_x、非甲烷挥发性有机物和氨气四种大气污染物实施控制。具体目标是，以 1990 年为基准年，到 2010 年 SO_2排放减少 63%，氨气减少 17%，NO_x减少 17%，VOC 减少 40%。

4. 中国的污染物总量控制

中国自“十一五”以来，对 SO_2和 COD 这两个指标实行总量控制，要求到 2010 年，与 2005 年相比减少 10%。实际上，SO_2、COD 排放总量比 2005 年分别下降 14.29% 和 12.45%，如期完成减排任务，并拉动了污染治理设施快速发展，设市城市污水处理率由 2005 年的 52% 提高到 72%，火电脱硫装机比重由 12% 提高到 82.6%。

“十二五”期间，中国总量控制指标又增加两项，要求与 2010 年相比，2015 年 SO_2、COD 减少 8%，NO_x、NH_3-N 减少 10%，2011 年是执行“十二五”规划的第一年，减排任务完成情况为，SO_2、COD、NH_3-N 分别减少了 2.2%、2.0% 和 1.5%，而 NO_x不降反升，增加了 5.7%。西方国家经验表明，NO_x拐点要比 SO_2晚上几年甚至十几年，如美国 SO_2峰值年出现在 1973 年，而 NO_x峰值年则出现在 1990 年，晚了整整 17 年，主要原因是 NO_x除了要控制固定污染源外，还要控制流动污染源，即机动车排放，所以难度要大得多。中国则由于城镇化加速及区域发展差异等因素，NO_x 总量削减的难度更大。但无论如何，2015 年之后，国家为控制环境污染，应陆续将大气中的 PM_{10}、VOCs、Hg、$PM_{2.5}$，水中的 TN、TP 等污染物排放纳入约束性指标，实施总量控制。

考虑到 2010～2020 年中国经济可能从高速增长期进入中速增长期，人均资源消费量如人均钢材、人均水泥消费量陆续与经济增长脱钩，重化工业扩张势头有所遏制，调整产业结构和淘汰落后产能的步伐将加快。加之环境标准加严，环境执法力度加大，企业治理污染的投入会进一步加大，同时公众对环境质量要求越来越高，促使各级政府进一步强化环保公共服务职能。综合考虑以上有利因素，预计 2020 年前后，中国主要污染物排放将陆续达到峰值点，污染排放全面下降的时代将会到来，从而实现污染控制第一个战略目标。

（二）跨越环境恶化拐点，实现环境质量全面好转（2030）

各类污染物排放总量如能陆续得到控制，接下来的问题自然是，环境中的污染物浓度如何下降，也就是中国环境质量何时出现好转。从过去20年看，也有一些环境质量指标呈好转之势。1991～2010年，中国城市空气SO_2浓度下降了55.5%，七大水系优于Ⅲ类水体断面比例基本持平（但监测断面数和评价因子均有大幅度增加），淮河、海河、辽河劣Ⅴ类水质断面比例有所下降（图4.10）。但囿于监测指标较少，前后可比性差，还难以真正反映整体环境质量变化趋势。总体上看，近20年来无论是大气环境还是水体环境，都经历了一个污染由轻到重、再由重到轻的演变过程。

从西方发达国家来看，环境质量指标也都经历一个逐步好转的过程，并且各项环境指标开始好转的时点并不一致。

美国于1970年和1990年两次修订了《清洁空气法案》，空气质量有了明显改观。1979～1998年近20年间，全国CO浓度下降了58%，NO_2浓度下降25%，O_3浓度下降17%，SO_2浓度下降53%，空气中的铅浓度下降96%。特别是1987年制定了PM_{10}质量标准（年均值50微克/立方米），并制定了详细的实施计划，包括确定全国25个不达标区域，14个PM_{10}严重超标区域，制定州实施计划以确保不达标地区尽快达标，各州设立专门机构负责执行州实施计划，并举行听证会听取公众意见，定期进行实施效果评估，适时调整控制措施。通过以上措施，美国PM_{10}控制取得显著效果。PM_{10}排放量已由1990年的2775万吨减少到2010年的1819万吨，下降了34.5%；PM_{10}全国年均浓度也由1990年的82微克/立方米下降到2010年的51微克/立方米，下降了37.8%（图4.15，图4.16）。

美国为控制$PM_{2.5}$采取了一系列措施，1997年在全球率先制定了$PM_{2.5}$环境标准（年均值15微克/立方米）；1998～2001年建立国家监测网络，包括850个质量浓度站点，400个能见度监测站点，4～8个超级站点；2001～2005年建立监测数据库，确定不达标区域；2005～2008年各州提交达到$PM_{2.5}$环境标准的执行计划；2008～2017年执行达标计划，达到$PM_{2.5}$达标的最后期限。由此看出，美国从提出$PM_{2.5}$标准到最后实现全国达标，基本上用了20年时间。2000年以来，美国在控制$PM_{2.5}$方面初见成效，2000～2010年$PM_{2.5}$排放量由650万吨下降到328万吨，下降了49.5%（图4.15）；$PM_{2.5}$年均浓度由13.62微克/立方米下降到9.99微克/立方米，下降了26.7%（图4.17）。

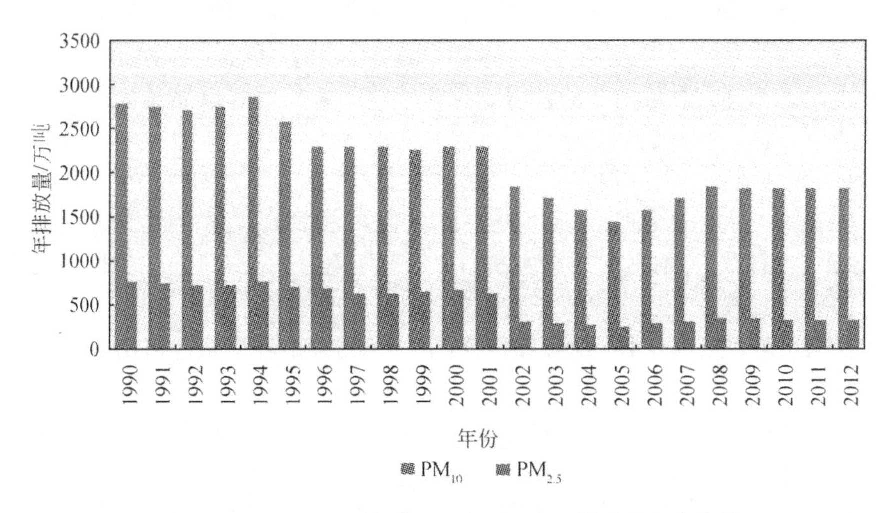

图 4.15　1990 ~ 2012 年美国 PM_{10} 和 $PM_{2.5}$ 排放量变化趋势

资料来源：USEPA，http：//www. epa. gov/ttn/chief/trends/index. html

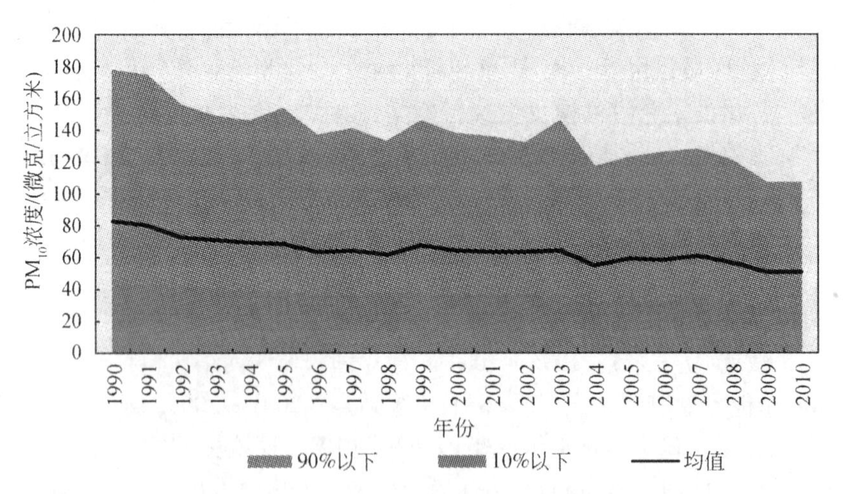

图 4.16　1990 ~ 2010 年美国 PM_{10} 年均浓度变化趋势

资料来源：USEPA，http：//www. epa. gov/airtrends/pm. html

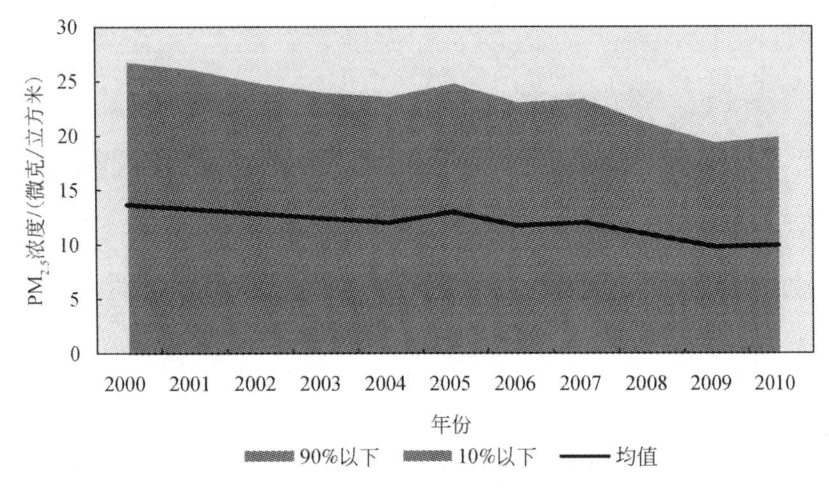

图 4.17　2000～2010 年美国空气中 $PM_{2.5}$浓度变化趋势

资料来源：USEPA，http：//www. epa. gov/airtrends/pm. html

欧盟为控制空气污染，1999 年首次颁布空气质量标准指令，并于 2000 年、2002 年和 2004 年分别加以修订，最新修订是 2008 年颁布的新标准，在 PM_{10}空气质量标准之外，增加了 $PM_{2.5}$空气质量标准，该标准已于 2010 年起正式执行。PM_{10}年均浓度限值为 40 微克/立方米，$PM_{2.5}$年均浓度限值为 25 微克/立方米，2020 年起 $PM_{2.5}$标准进一步加严，年均浓度限值为 20 微克/立方米，并明确要求各成员国每年须向欧盟委员会报告空气质量达标情况。

欧盟将能源工业部门作为颗粒物排放控制重点，主要减排措施有燃料转换，以气代煤用于发电，改进工业设备上的污染防治设备。1990～2010 年，欧盟国家 PM_{10}排放量由 275 万吨减少到 204 万吨，下降了 25.8%；$PM_{2.5}$排放量由 193 万吨减少到 139 万吨，下降了 28%（图 4.18）。

综上所述，欧美国家基本上在 1970～1990 年控制 SO_2、NO_x等常规大气污染物排放，1990～2010 年控制 PM_{10}和 $PM_{2.5}$等污染物排放，取得了明显效果，空气质量有了明显改善。

中国目前的发展阶段与欧美国家不同，因而污染控制能力还相对薄弱，加之产业结构偏于重化工和制造业，致使环境质量较差。目前，中国人均 GDP 按汇率计算刚刚超过 5000 美元，按购买力平价（PPP）计算，也刚刚达到 8000 多美元，相当于美国 20 世纪 50 年代初期、西欧 60 年代初期和日本 70 年代初期水平。根据世界卫生组织公布的 2009 年 91 个国家 PM_{10}年均值数据，以及世界经济史权威专家麦迪逊网站公布的 2008 年世界各国人均 GDP 数据，我们做出了 PM_{10}年均浓度与人均

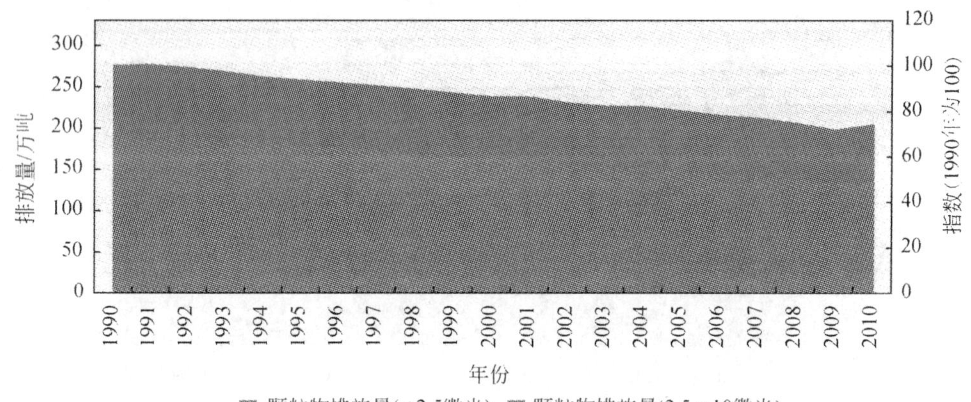

图 4.18　1990 ~ 2010 年 欧盟 PM_{10}和 $PM_{2.5}$排放变化趋势

资料来源：欧洲环境局（EEA），http：//www. eea. europa. eu

GDP 关系图（图 4. 19）。该图显示，达到欧盟 PM_{10}年均浓度 40 微克/立方米标准的国家，人均 GDP 一般在 1 万 ~1. 5 万美元（1990 年美元，PPP）。

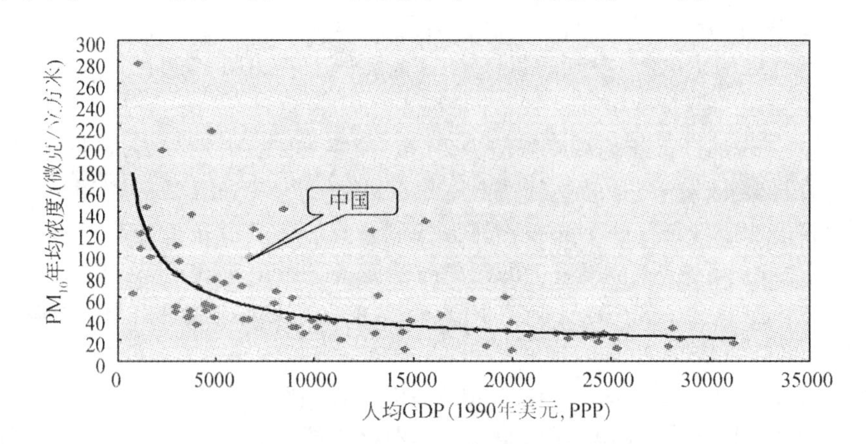

图 4. 19　91 个国家人均 GDP 与 PM_{10}年均浓度关系

资料来源：2008 年世界各国人均 GDP 数据（PPP）来源于 Angus Maddison Homepage. 2010. www. ggdc. net/MADDISON/oriindex. htm；2008 ~2009 年世界各国 PM_{10}年均浓度数据来源于 WHO，2011，http：//apps. who. int/gho/data/？vid = 34201#

因此，我们认为中国城市空气质量真正好转，并达到欧美国家空气质量标准（PM_{10}年均浓度 40 ~50 微克/立方米），还需要 20 年时间。理由是，今后 20 年如果中国没有陷入“中等收入陷阱”，经济能够保持中速增长，人均 GDP 年增速假定为

3.39%（取1978～2010年中国人均GDP增速6.78%的1/2），则2030年中国人均GDP可达到1.4万美元左右（1990年美元，PPP），PM_{10}年均值刚好落入欧美标准之内。到2030年，中国江河湖泊治理也经历了将近35年的历程，根据英国泰晤士河和日本琵琶湖的治理经验，江河湖泊污染治理大致需要30～40年。由此可见，我们有信心在2030年将中国江河湖泊污染治理成功。因此，可以说中国到2030年环境质量将步入全面好转时期。

（三）跨越生态退化拐点，实现生态系统良性循环（2040）

2030年中国环境污染得到全面控制，环境状况开始全面好转，为改善生态系统打下了坚实基础。考虑到生态系统恢复的艰巨性和复杂性，其治理难度要高于污染治理，我们预计2040中国生态系统将有可能实现良性循环。

1980～2010年，中国在生态保护领域取得了明显成效，无论是在林业建设、草原保护、荒漠化治理方面，还是在水土流失治理、湿地保护等方面，都取得了明显进展（表4.8）。

表4.8　中国过去30年生态建设进展

指标	时间		指标	时间	
森林覆盖率/万公顷	1977～1981年	2010年	森林蓄积量/亿立方米	1977～1981年	2010年
	12	20.4		90.3	137.21
全国森林面积/万公顷	1977～1981年	2010年	活立木总蓄积量/亿立方米	1977～1981年	2010年
	1.15	1.95		102.61	149.13
荒漠化土地面积减少/万公顷	1999～2004年	2005～2009年	全国湿地面积/万公顷	2003年	2010年
	379.24	124.54		3848.55	3848.6
沙化土地治理面积/万公顷	1992年	2008年	自然湿地保护率/%	2000年	2010年
	86.6	99.76		42	50
水土流失治理面积/万公顷	1980年	2010年	可利用草原面积/万公顷	1993年	2010年
	4115.2	10680		21368	33099
水土流失面积占比/%	2000年	2010年	全国自然保护区面积/万公顷	1980年	2010年
	38	37		325	14944.1

中国再用30年开展大规模的生态保护与建设，到2040年，中国的自然生态系统将会出现全面改观，一个碧水蓝天、山清水秀的美丽中国必将出现在世界东方。

四 中国环境保护的战略路径

（一）制定主要污染物减排时间表

实施污染物排放总量控制，是遏制环境污染的根本性措施。2015年国家在制定“十三五”环保规划时，应通盘考虑主要污染物减排时间表，根据经济发展水平、产业结构演变趋势、各类污染物环境影响程度及减排技术条件，分阶段、分步骤地实施主要污染物减排。建议减排时间表如下：2005年SO_2、COD（已实施），2010年NO_x、NH_3-N（已实施），2015年PM_{10}、CO、VOCs、NH_3、大气Hg、TP、TN，2020年$PM_{2.5}$。

具体减排量以2010年为统一基准年，排放量为全口径统计，包括工业源、生活源、农业源和集中式。建议到2020年，与2010年相比，各主要污染物减排幅度如下：SO_2、NO_x、COD、NH_3-N四个指标减排20%，PM_{10}、CO、VOCs、大气Hg、TP、TN六个指标减排10%左右。到2030年，与2010年相比，各主要污染物减排幅度如下：SO_2、NO_x、COD、NH_3-N四个指标减排45%，PM_{10}、CO、VOCs、$PM_{2.5}$、大气Hg、TP、TN等七个指标减排30%左右。

上述减排幅度是基于这样一种考虑，力争未来用20年时间，使主要污染物排放量基本降到环境容量阈值以下。具体来说，2010～2030年，SO_2、NO_x减排量实现1000万吨左右，到2030年，SO_2、NO_x排放量控制在1200万吨左右，达到两者环境容量阈值。COD减排量实现1100万吨左右，NH_3-N实现120万吨左右，到2030年，COD、NH_3-N排放量分别控制在1400万吨和140万吨左右，接近两者环境容量阈值（表4.9）。根据欧美发达国家减排历程的经验，只要我们下足够大的决心，并切实加大环保投入，采取有力措施，中国上述减排目标是能够实现的。

表4.9 2010～2030年中国主要污染物减排预期

污染物	2010年排放量/万吨	2020年排放量/万吨	2010～2020年减排量/万吨	2010～2020年减排幅度/%	2030年排放量/万吨	2020～2030年减排量/万吨	2010～2030年减排幅度/%
SO_2	2267	1814	453	20	1247	567	45
NO_x	2273	1819	454	20	1251	568	45
COD	2551	2041	510	20	1403	638	45
NH_3-N	264	211	53	20	145	66	45

（二）制定重点区域、流域达标时间表

对污染物总量控制成败与否，关键取决于环境质量的改善程度。所以，在制定总量控制时间表的同时，也应制定重点区域、流域环境质量达标时间表。总体目标建议如下：到 2030 年，全国主要城市空气质量达到新颁布的国家空气质量二级以上标准，PM_{10}年均浓度控制在 70 微克/立方米限值，$PM_{2.5}$年均浓度控制在 35 微克/立方米限值。七大水系优于Ⅲ类水断面比例达到 75% 以上，基本消除劣Ⅴ类水体，干流水体达到适合钓鱼、游泳的标准。所有湖泊优于Ⅲ类水断面比例达到 60% 以上，基本消除劣Ⅴ类水体和富营养状态。城市饮用水 100% 达标，土壤特别是耕地环境质量有明显改善。

考虑到中国各地发展水平不平衡，建议分区域、分阶段实现环境质量达标目标。建议空气质量达到二级标准的时限如下：长三角、珠三角和京津冀等东部地区于 2020 年达标，中部地区于 2025 年达标，西部地区于 2030 年达标。到 2030 年，长江、珠江优于Ⅲ类水断面比例达到 95% 以上，基本消除Ⅴ类和劣Ⅴ类水体；黄河、松花江、淮河、海河、辽河优于Ⅲ类水断面比例达到 60% 以上，基本消除劣Ⅴ类水体。太湖、巢湖、滇池消除富营养状态，不再暴发蓝藻；其他湖泊水质保持Ⅲ类水质。同时，应抓紧建立土壤环境监测体系和评价标准，逐步公布各地区土壤环境状况，根治重金属污染和有毒有害化学品污染。

（三）确保环保投入占 GDP 比重达到 2% ~3%

要实现上述环境保护目标，关键是要确保环保投入到位。过去 10 年环保投入占 GDP 比重为 1% ~2%，有效抑制了环境污染急剧蔓延，SO_2 和 COD 排放量有所下降，但其他主要污染物排放量仍呈增长之势，环境总体恶化的势头尚未得到根本遏制。这说明，现有环保投入幅度还不足以遏制环境污染。今后 10 年，若控制环境污染，改善环境质量，环保投入占 GDP 比重应提高到 2%~3%，10 年之内大致需要投入 10 万亿元。这 10 万亿元环保投入从哪里来？

第一，加大政府环保投入。1997 年亚洲金融风暴和 2008 年全球金融危机爆发后，中央政府分别安排 650 亿元国债和 2100 亿元直接用于生态环境建设，拉动了社会资本的投入，建设了一大批污水垃圾处理设施，缓解了长期以来城市建设中环境基础设施滞后的矛盾。可以说，中国城镇环境基础设施建设主要得益于这两次金融危机，分享了“危机红利”。近年来，中央和地方财政环保支出虽然在逐年增加，

由2000年的654亿元增加到2010年的1443亿元，但在投资总额中的比重已由27.4%下降到21.7%，这表明社会资本越来越成为环保投资的主体。但财政投资拉动作用十分明显，往往起到四两拨千斤的作用。未来10年，随着政府公共环境服务职能的不断强化，政府投资将起到不可替代的主导作用，在城市环境基础设施建设、环境监测、农村环境整治、流域生态修复等方面仍需进一步加大投入力度。建议未来10年中央和地方政府环保投资每年应达到2000亿元，10年累计投资2万亿元用于环境设施建设和运行。其主要来源如下：城市维护建设税、城市公用事业附加、市政公用设施配套费、水资源费、污水处理费、垃圾处理费及排污费等（表4.10）。政府环保投入来源除以上已有渠道外，建议每年从新增财政收入和土地出让金中切出一定比例，用于污染治理和环境建设。

表4.10　2011年政府有关税费收取情况

项目	城市维护建设税/亿元	城市公用事业附加/亿元	市政公用设施配套费/亿元	水资源费/亿元	污水处理费/亿元	垃圾处理费/亿元	排污费/亿元
2011年	1340	157	580	75	174	44	202

第二，加大企业环保投资力度。主要是两类企业，一类是排污型企业，2011年环保投资达到2556亿元，在环境污染治理投资总额中占到42%。就工业治污投资占固定资产投资比重来看，2000～2002年达到投资高峰，其比重高达10%～11%以上（表4.6），接近日本1973～1976年的企业投资水平，但其后一直保持在2%～3%。根据美日两国经验，企业治污投资占总投资比重一般在5%～7%，可见中国企业治污投资还有较大的提升空间。另一类是环保型企业，在2002年公用事业实行市场化改革后，这类企业投资明显增加，特别是民营企业、外资企业、国有上市公司已成为城市环境基础设施建设中的一支重要力量。这些企业通过上市融资、银行贷款、企业发债等形式，筹集资金，以BOT、TOT等形式参与城市环境设施建设和运营。2011年，全国已投运的3000多座污水处理厂中，采取特许经营模式的占42%。综合这两方面情况，未来10年，企业仍然需要继续发挥环保投资的主体作用，进一步加大污染治理的投入。对于排污类企业，政府应按照“不欠新账、多还旧账”的要求，加强执法，确保企业投入到位。对于环保类企业，政府应通过财政贴息、税收优惠、扶持上市、发行企业债等形式，帮助企业融资。

第三，加大银行绿色信贷力度。2007年起，中国金融行业实施绿色信贷政策，国有银行和商业银行对绿色产业给予了重点支持。截至2010年年底，国家开发银行和国有四大银行绿色信贷余额达14506亿元。未来10年，银行应实施环境优先的贷款体系，发挥环保融资的主渠道作用，积极实施赤道原则，将环境政策审查作为信贷审查的重要内容和前置条件，增加贷款项目环境绩效考核，优先支持环境绩效好的贷款项目。对于污染防治项目，借鉴国外经验，适当放宽贷款期限、实行贷款浮动利率等优惠政策。同时，进一步落实收费权质押等项政策，为污染治理融资提供更多的创新金融产品。

（四）建立环境成本内部化的价格形成机制

对主要污染物实行总量控制，最有效的办法就是使污染物减排成本内部化。在有关资源产品价格中纳入环境成本，建立环境价格形成机制。近年来，最成功的案例就是2004年开始实行的脱硫电价政策，以及20世纪90年代开始试点、近10年来全面推行的污水处理费征收政策。这两项政策的出台，调动了企业脱硫的积极性，推动了城市兴建污水处理厂的进程，极大地刺激了脱硫和污水处理行业的发展，对“十一五”期间国家顺利完成SO_2、COD减排目标起到了重要的杠杆作用。

未来10年，应借鉴上述两项政策的成功经验，环境政策更多地着眼于经济手段，充分发挥价格信号的引导、调节作用，加快推动污染治理成本内部化进程，逐步建立环境价格形成机制。具体建议如下：①推行污染减排的综合电价政策（王金南等，2011）。2004年国家发展和改革委员会出台了1.5分/千瓦时脱硫电价政策，2011年国家发展和改革委员会又出台0.8分/千瓦时脱硝电价政策。考虑到中国城市PM_{10}和$PM_{2.5}$污染严重的现状，以及电价政策的公平性，建议有关部门尽快出台0.2分/千瓦时除尘电价政策，并进一步调整脱硫脱硝电价政策，依据脱硫脱硝成本核算，将高硫煤脱硫电价调整至1.8分/千瓦时，低硫煤脱硫电价调整至1.1分/千瓦时，脱硝电价调整至1.0分/千瓦时等，使电价补贴与污染治理成本相符。②推行污染减排的综合水价政策。目前许多城市将污水处理费计入水价一并收取，采用的收费标准为0.8元/吨。考虑到目前许多污水处理厂出水标准要求提高至一级A，相应增加了除磷脱氮、污泥处理等要求，按照污染治理全成本核算，建议有关部门将污水处理收费标准提高至1.2元/吨左右。

（五）实行税制改革，加快出台环境税

实行税制改革，建立绿色税制，是调节污染行为和筹集环境治理资金的一个重要手段。西方国家经验表明，实行有利于环境的价格政策和税收政策，是防治污染、保护环境的两把利剑。近年来，中国在设立环境税方面做了大量前期研究准备工作，

为环境税开征创造了良好的条件。近10年来各种规划文件，都提出要研究开征环境税，但迟迟不见政策出台，个中原因令人费解。目前西方国家基本形成了完整的环境税税系，已开征的环境税涉及大气、水污染物，以及各种污染类产品等10多种，课征范围十分广泛，包括硫税、氮税、碳税、污水税、燃油税、垃圾税等，不一而足。

据媒体披露的有关财政部、国家税务总局和环境保护部拟订的环境税方案（王尔德等，2010），对环境税的定义为，“拟开征的环境税是对污染物和CO_2排放行为征收的一个独立税种”，即将环境税定位为“独立的环境税”。在整体设计上，采取了变费为税的思路，主要是将之前由环保部门收取的排污费变为由税务部门征收的排污税。方案里的污染物范畴，仅包括以SO_2为代表的废气、废水和固体废弃物，再加上CO_2。针对这四个税种，该方案也给出了一个建议税率，其中SO_2和固体废弃物的税率为2元/千克，废水（污水）的税率为1元/吨，CO_2的税率为10元/吨。税率确定的依据主要是污染物的治理成本，例如SO_2的实际平均治理成本为1.95元/千克，废水的治理成本为1元/吨左右。在计税依据上，研究者们也提出了标准，即污染排放税以生产所产生的污染物实际排放量为依据，对实际排放量难以确定的，根据纳税人的设备生产能力及实际产量等相关指标测算其排放量；而碳税则以对产生CO_2的煤、石油、天然气等化石燃料按照含碳量测算排放量为依据。在税款使用上，该方案建议环境税作为地方税，主要用于地方环境能力建设和环境保护。据此测算，一年排污税收入大约为600亿元，碳税收入大约为400亿元。也就是说，即便是最保守的估计，环境税每年也可达1000亿元。

总体上看，该方案是一个相对可行的方案，但也有一些具体问题值得商榷。①该方案将环境税定位为独立的环境税，与有些专家提出的将城市维护建设税扩大为城市维护建设和环境税建议方案相比，更为合理。因前者对污染治理的刺激作用更为直接，且相对公平，而后者征税范围并不包括外资企业。②所拟订的污染物和CO_2四个税种可再斟酌。税种的设置原则上应考虑在可操作性基础上，与“十二五”污染减排指标挂钩。就大气污染物而言，除了SO_2外，应增加NO_x税种，两者同等重要。SO_2和NO_x税率定为2元/千克较为合理。当然NO_x排放除工业源和生活源外，机动车排放占1/4以上，这部分氮税可在燃油税中考虑。③废水税种可暂不考虑，其理由一是如果方案只征收工业废水，而工业废水不同行业处理成本差异很大，税率定为1元/吨显失依据；二是城市污水处理厂既接收生活污水，也接收经过预处理的工业废水。如果只开征工业废水税，这样就会出现居民生活污水处理费由供水部门（大部分由市政部门）收取，而工业废水税由税务部门收取的情况，不同来源的污水有两套管理机制，费用机制不一样无疑会增加协调成本与管理成本。④就水污染而言，建议只设COD一个税种，因其监测、计量手段较为成熟，相对容易操作。同时建议仅对工业废水中排放的COD征收，因生活源COD排放居民已交污水处理费，不应再重复征收。而农业源COD排放量虽大，但考虑农业是弱质产业需要扶持，也不应征收，其税率可依据去除COD平均成本定为3元/千克。对P、N污染物控制，可考虑对排放P、N贡献较大的产品征收污染产品税。⑤固体废弃物税种可暂不考虑，理由与工业废水相似，因不同行业产生的固体废物处理处置成本差异很大，可继续保留排污费。⑥CO_2税，如确定征收SO_2和NO_x税，考虑到能源消费行业税负问题，在目前减碳技术尚不成熟、国家尚未确定CO_2为污染物并实施总量限排或减排的前提下，可暂缓征收，但应进一步加强开征碳税的研究，并与碳排放贸易等其他经济政策统筹考虑。⑦依据《环境保护法》第十六条有关地方政府对本辖区环境质量负责的规定，环境税应为地方税，主要用于地方污染治理和环保能力建设。⑧结合整个税制改革，保持税收中性，以维护企业的竞争力。

综上所述，环境税开征涉及面广，牵扯利益多，应本着先易后难、税费并举的原则，逐步设立和征收。目前条件比较成熟的可先征，条件不成熟的可缓征，但必须尽快启动这项税制改革。考虑到现实条件，建议目前仅开征SO_2、NO_x和工业COD三个税种，税率暂定SO_2、NO_x均为2元/千克，COD为3元/千克。据此测算，一年环境税收入大约900亿元。

（六）修订完善有关环保法律和标准

为确保污染物排放和环境质量“双达标”，必须将环境战略、目标、制度和政策以法律形式固定下来，为污染治理奠定坚实的法制基础。当前应抓紧修订《环境保护法》，以及三个单项污染防治法律，即大气污染、水污染和固体废物污染环境防治法，加快制定《土壤污染防治法》等法律，同时制定并完善相关的环境标准。

《环境保护法》修订已启动立法程序，力争在十二届人大期间颁布实施。该法修订已引起社会各界广泛关注，并寄予厚望。我们建议：①该法将可持续发展战略确立为国家长期发展战略，将“环境优先”作为今后一段时期国家经济社会发展必须遵循的基本原则，将“保障公众环境权益”作为立法目的之一。②该法应确立今后20年环境保护具体量化目标，即2020年实现污染物排放全面下降，2030年实现环境质量全面好转。③该法应比照《科技进步法》和《教育法》，就环保投入做出明确规定，即国家财政用于环境保护支出的增长幅度，应当高于国家财政经常性收入的增长幅度。全社会环境保护投入应当占GDP适当的比例，并逐步提高。④在环境管理制度上，除完善现行管理制度外，应补充的环境管理制度，包括环境影响评价制度、污染物总量控制制度、环境质量管理制度、环境功能区划制度、环境信息公开制度和环境基础设施特许经营制度等。⑤在环境经济政策方面，应将近年来行之有效的政策用法律形式固定下来，包括环境设施有偿使用制度、环境价格形成机制、环境设施建设的市场化运行机制、生态补偿机制等，对正在逐步推行的环境税、环境保险、排放权交易、绿色信贷等，法律应明文予以鼓励。⑥在公众参与上，应对环保公益诉讼、公众环境监督等做出法律规定。

（七）建立环保产业发展的保障机制

未来 10 年，中国要实现污染物排放全面下降目标，不仅需要大量投资，同时又将催生一个新兴市场和新兴产业。实际上，中国环保产业得益于污染治理的现实需求，近年来已经有了跨越式发展。自 20 世纪 90 年代以来，中国环保产业发展经历了五次机遇期：一是 1997 年亚洲金融风暴，国家 650 亿元的国债资金投资于环境基础设施建设；二是 2002 年建设部门推动的市政公用事业市场化改革，特许经营模式开始推行；三是 2006 年起国家推动的节能减排，特别是 2004 年脱硫电价政策的出台；四是 2008 年全球金融危机，国家出台 4 万亿元投资中有 2100 亿元用于生态环境建设。五是 2010 年以来，国家将节能环保产业作为战略性新兴产业，并于 2012 年出台了产业发展“十二五”规划。目前，在全球绿色经济发展的大背景下，中国环保产业正面临着一个新的发展机遇期。

拉动环保产业发展，政策驱动是关键。为此建议：①拓展环保市场。市政公用行业应进一步深化市场化改革，在城市供水、燃气、供热、污水垃圾处理等领域，全面推行特许经营模式和公私合作伙伴关系（PPP）的模式。工业企业污染治理应打破“谁污染谁治理”的旧有模式，全面推行治理设施建设运营的专业化、社会化、市场化，特别是在工业园区、重点行业可先行推广。农村生态建设、水利建设和环境整治，也可以推行市场化改革，吸引民营资本、外资进入。同时，积极拓展国际市场，通过政府间绿色援助、环境建设等方式，引导中国环保企业走出去，当前应将东南亚、南亚、中东、南美和非洲等区域作为重点来拓展。②完善价格政策。当前应进一步完善脱硫脱硝电价政策、污水垃圾处理收费政策、垃圾发电上网电价政策、再生水、海水淡化水价政策等，使环保企业真正能够做到保本微利。③完善税收优惠政策。对环保企业实现税收优惠，实际上也是一种绿色税制的表现。环保产业作为国家扶持的产业，理应与软件行业相同，享受 10% 所得税优惠政策。同时，免除环保设施建设的土地使用税和房产税，免征或即征即退增值税等。④扶持企业融资政策。应扶持环保企业上市融资和再融资、发行企业债券，落实银行信贷利率优惠、展期还贷、收费权和排污权质押等项优惠政策。

（八）建立公众参与环境保护的保障机制

近年来发生的厦门、大连 PX 项目因遭遇民众反对而下马事件，标志着中国民众维护环境权益的诉求越来越强烈。2012 年 7 月四川什邡钼铜项目、江苏启东排海工程相继引发的公共事件，更是将这种民众环境诉求推向沸点。这种因环境诉求而引发的“低沸腾”事件，反映了环境敏感时期公众参与环境保护的新特点。那么，我们应如何建立好公众参与机制，从而将民众表达环境诉求的意愿转化为环境保护的“正能量”，不妨从以下三个方面着手。

1）建立公众参与环境决策的平台。公众可以通过规范化的法律程序和机制，参与环境法律法规、政策、规划和计划的制订，以及开发建设项目的环境决策，包括公众参与审议政府即将出台的环境政策和重大环保方案，参与审议建设项目环境影响评价报告书等。要做到这一点，首先，要求政府环境决策，以及其他可能对环境造成不利影响的经济决策，必须公开透明；其次，要求政府建立公众表达诉求的渠道，如听证会、论证会、公开征求意见、民意调查，以及成立由民众代表参加的协商机构；再次，政府必须充分尊重民意，真正将公众意见作为政府决策的依据，而不是认认真真走形式，热热闹闹走过场。

2）建立公众参与环境监督的平台。公众可以借助媒体、社会活动、司法诉讼等形式对政府和企业执行环境法律开展监督。近年来兴起的“微博问政”，不失为一种环境监督的有效方式。但开展这类监督的前提条件是公众必须充分了解必要的环境信息。为此，国家环保总局已于2007 年颁布并于次年实施了《环境信息公开办法》，要求政府、企业在不违反保密制度的前提下，公开环境信息，维护公民、法人和其他组织获取环境信息的权益。实际上，许多国家和机构早就制定了环境信息公开的法律法规。最典型的例子是欧洲国家制定的《奥尔胡斯公约》，其主旨是为解决环境污染与破坏问题，保护人类的环境健康权，将民众获得相关环保信息、参与行政决策与司法等措施制度化；并于 2003 年成立了“奥尔胡斯公约遵守委员会”，建立申诉制度，各国民众与 NGO 团体对未履行公约的政府机构可提出控诉，从而确保公众的参与权。

3）建立公众获得环境司法救济平台。当公众环境权益受到损害时，需要获得司法救济，通过司法程序维护自身环境权益。由于环境诉讼涉及许多十分专业的技术问题，为减轻公众在环境诉讼中的成本，弥补其专业知识不足，为公众环境诉讼提供便利的司法条件，有必要推行环境公益诉讼。实际上，在欧美各国的环境法中，都普遍采用了环境公益诉讼制度。因此，为加大对环境污染和生态破坏的惩治力度，司法应当逐步扩大环境诉讼的主体范围，从环境问题的直接受害者扩大到政府有关部门、具有专业资质的环保组织及其他公众主体，将公众日趋高涨的环境权益需求，纳入规范制度化管理，从而使公众环境诉求能够得到有序、理性表达。

参考文献

宫本宪一.2004. 环境经济学. 北京：三联书店.

国家环境保护局.1994. 中国环境统计资料汇编（1981～1990）. 北京：中国环境科学出版社.

国家统计局，环境保护部.2011. 2011年中国环境统计年鉴. 北京：中国统计出版社.

国家统计局.2011. 中国统计年鉴2011. 北京：中国统计出版社.

环境保护部.2011. 2000～2010年中国环境状况公报. http：//jcs. mep. gov. cn/hjzl/zkgb［2013-02-26］.

环境保护部.2012. 2011年中国环境状况公报. http：//jcs. mep. gov. cn/hjzl/zkgb/2011zkgb［2012-06-06］.

里昂惕夫W，卡特A，佩特里P. 1982. 世界经济的未来. 北京：商务印书馆.

卢亚灵，蒋洪强，吴文俊等.2012. 中国主要污染源VOCs排放清单分析与趋势预测研究，见：王金南，陆军，吴舜泽等. 中国环境政策（第九卷）. 北京：中国环境科学出版社.

曲格平，彭近新.2010. 环境觉醒. 北京：中国环境科学出版社.

曲格平.2013. 中国环境保护四十年. 在香港中文大学“中国环境保护四十年”论坛上演讲（内部资料）.

任勇.2000. 日本环境管理及产业污染防治. 北京：中国环境科学出版社.

水利部.2006. 关于加强城市水利工作的若干意见. http：//www. gov. cn/zwgk/2006-11/23/content_451381. htm［2006-11-23］.

王尔德，左青林，王旭燕等.2010. 环境税拟定四税种，税率引发争议. http：//www. 21cbh. com/HTML/2010-12-10/2MMDAwMDIxMDI2Mw. html［2010-12-10］.

王金南，田仁生，吴舜泽等.2010. 关于国家“十二五”污染物排放总量控制的思考，见：王金南，陆军，吴舜泽等. 中国环境政策（第七卷）. 北京：中国环境科学出版社.

王金南，杨金田，严刚等.2011. 基于成本的环保综合电价政策研究及方案设计，见：王金南，陆军，吴舜泽等. 中国环境政策（第八卷）. 中国环境科学出版社.

王玉庆，陆新元，刘鸿志等.2004. 21世纪初的中国水污染防治战略分析. 见：王金南，田仁生，洪亚雄等. 中国环境政策（第一卷）. 北京：中国环境科学出版社.

吴舜泽，逯元堂，刘瑶等.2009. 中国环境保护投资现状、问题和对策. 见：王金南，陆军，杨金田等. 中国环境对策（第六卷）. 北京：中国环境科学出版社.

解振华.2005. 国家环境安全战略报告. 北京：中国环境科学出版社.

杨金田，严刚，郑伟等.2010. 中国大气汞污染防治现状及控制对策分析，见：王金南，陆军，吴舜泽等. 中国环境政策（第七卷）. 北京：中国环境科学出版社.

於方，王金南，过孝民等.2009. 中国城市因空气污染造成健康损失的初步分析，见：王金南，邹首民，吴舜泽等．中国环境政策（第四卷），北京：中国环境科学出版社．
中华人民共和国住房和城乡建设部．2012．中国城市建设统计年鉴 2011．北京：中国计划出版社．
Angus Maddison Homepage. 2010. www. ggdc. net/MADDISON/oriindex. htm [2010-3-31].
IMF. 2012. Data and statistics. http://www. imf. org/external/data. htm [2012-12-03].
OECD. 2012. OECD stat extracts. http://stats. oecd. org/index. aspx? r=262443# [2012-12-03].
USEPA. 2012. National emissions inventory (NEI) air pollutant emissions trends data. http://www. epa. gov/ttn/chief/trends/index. html [2012-12-03].
WHO. 2011. Global health observatory. http://www. who. int/gho/phe/outdoor_ air_ pollution/exposure/en/index. html [2011-09-26].

第五章

恢复生态系统服务功能*

我国国土辽阔，气候多样，地貌类型丰富，湖泊众多，东部和南部海域广阔，为多种生物及生态系统的形成与发展提供了生境。第三纪及第四纪相对优越的自然、历史、地理条件更为我国生物多样性的发育提供了条件，使我国成为世界上生态系统类型最为丰富的国家之一。我国拥有地球陆生生态系统的各种类型，包括森林、草地、湿地、荒漠、海洋、农田和城市等生态系统，为中华民族繁衍、华夏文明昌盛与传承提供了生态环境支撑。

长期的资源开发与巨大的人口压力，使我国生态系统受到严重干扰和破坏，生态系统结构与功能退化、生态问题严重、生态灾害危害加剧等已成为我国经济社会发展与生态安全的巨大威胁。

进入21世纪以来，我国政府十分重视生态保护、生态恢复与生态建设，实施了一系列生态保护政策与措施，对遏制我国生态环境退化、生态问题加剧的趋势发挥了重要作用。我国目前仍面临生态功能退化的巨大挑战，生态安全形势不容乐观。今后，我国必须树立尊重自然、顺应自然、保护自然的生态文明理念，坚持节约优先、保护优先、自然恢复为主的方针，进一步创新生态保护理论，加强生态恢复与

---

* 本章由欧阳志云、郑华、肖燚、徐卫华执笔，作者单位为中国科学院生态环境研究中心

生态建设，建立与完善协调自然开发与生态保护的长效机制，恢复退化生态系统，保障生态系统服务功能的持续供给，为保障经济社会的可持续发展奠定基础。

一　我国的生态问题及发展趋势

在长期高强度的人类活动影响下，我国的生态系统破坏和退化十分严重，水土流失、草地沙化、石漠化、泥石流、酸雨等一系列生态问题还在加剧，人与自然的矛盾非常突出，威胁国家生态安全与经济社会的发展。同时，我国还是世界上生态环境比较脆弱的国家之一，受气候、地貌等地理条件因素影响，形成了西北干旱荒漠区、青藏高原高寒区、黄土高原区、西南岩溶区、西南山地区、西南干热河谷区、北方农牧交错区等不同类型的生态脆弱区。许多地区形成了生态退化与经济贫困化的恶性循环，严重制约了区域经济和社会发展（孙鸿烈等，2011）。

（一）生态系统退化严重

1. 森林生态系统结构趋于简单化

我国森林生态系统呈现数量增长与质量下降的局面。2010 年我国森林面积为 1.95 亿公顷，森林覆盖率 20.4%，与 2000 年的 16.5% 比较，增加了 3.9 个百分点。但森林生态系统趋于简单化，疏林和灌木林的面积分别为 1802 万公顷和 2970 万公顷，两者共占我国森林总面积的 24.5%。我国现保存人工林面积为 6200 万公顷，占全部森林面积的 31.8%，而人工林的组成，北方以杨树、油松、落叶松为主，南方以杉木、马尾松、湿地松为主（蒋高明等，2011）。从我国森林林龄来看，幼龄林和中龄林占全部森林面积的 70% 以上。总体而言，我国森林面临人工林面积大幅度增长，天然林面积持续下降，树种单一，森林病虫害危害加剧，生态系统服务功能下降等问题，这成为我国生态安全保障能力下降的重要原因。

2. 草地退化

我国草地面积巨大，草地既是牧民赖以生存的基本自然资源，也是具有重要生态调节功能的生态系统。超载放牧和过度开垦致使草地迅速退化，樵采、滥挖屡禁不止，鼠害、虫害控制不力，草原面积不断减少。遥感调查显示，我国草地植被遭到严重破坏，大量草地严重退化；据估计，全国 90% 的可利用天然草原有不同程度的退化，并且退化面积以每年 200 万公顷的速度递增。退化草地上的生产力等级下降，优良牧草种类减少，毒草种类和数量增加，牲畜承载能力严重下降；另据研究，与1986年比较，1999年陕西、内蒙古、甘肃、广西和新疆理论载畜量分别下降9%、27%、26%、33%和16%。我国干旱区草地生态系统结构、功能受到严重破坏，草地的生态屏障功能日渐退化，成为重要的沙尘源区，威胁我国东部生态环境质量。

3. 湿地萎缩

不合理的开发造成了大量湿地消失，人工渠道建设、水库建设、围垦造田，造成了我国天然湿地生态系统的严重萎缩。1949～1998年洞庭湖水面净减38.1%，湖容净减40.6%，调蓄洪水能力减少80亿立方米；50年间，三江平原湿地面积从5.36万平方千米减少到1.13万平方千米，锐减了79%；滨海湿地累计丧失面积约为2.19万平方千米，占滨海湿地总面积的50%；长江流域通江大湖湖面减少近2/3，湖泊容积减少600亿～700亿立方米，调蓄能力大大降低；云南1平方千米以上的高原湖泊已由20世纪50年代的50余个下降到目前的不足30个；黄河源区20世纪80年代初遥感调查显示，湿地面积为38.95万公顷，10年后减少了6.48万公顷。另外，由于人为活动和全球气候变化的影响，西部地区湿地不同程度地盐渍化甚至沙化，西北地区湿地退化后旱化、盐碱化现象非常普遍，西南地区一些湖泊，如滇池草海、杞麓湖、星云湖和异龙湖、洱海部分区域，都存在不同程度的沼泽化。盲目围垦、生物资源和水资源利用不合理及湿地污染严重等，导致湿地面积萎缩，水量减少，湿地自然调节能力下降，功能衰退。

（二）生态问题加剧，威胁国家生态安全

由于生态系统退化，生态系统的服务功能削弱，水土流失、石漠化、土地沙化等生态环境问题仍然严重，生物多样性面临巨大威胁，国家生态安全形势面临巨大的压力。

1. 水土流失范围广，危害严重

全国水土流失面积大、范围广、强度大、危害重、治理难，直接威胁我国的粮食安全、防洪安全和生态安全。

首先，水土流失面积大、分布广。全国水土流失面积为357万平方千米，占国土面积的37.2%，其中，西部地区达296.65万平方千米，占全国水土流失总面积的83.1%。水土流失给我国造成的经济损失约相当于GDP总量的3.5%。大兴安岭—

阴山—贺兰山—青藏高原东缘一线以东的地区是我国水土流失最为严重的地区，尤以黄土高原最重，宁夏、重庆和陕西的水土流失面积均超过土地总面积的一半（孙鸿烈，2011）。

其次，水土流失强度大。全国年水土流失土壤侵蚀总量为45.2亿吨，约占全球土壤侵蚀总量的1/5。主要流域年均每平方公里土壤侵蚀量为3400多吨，黄土高原部分地区超过3万吨。全国侵蚀量大于每年每平方公里5000吨的面积达112万平方千米。我国现有严重水土流失县646个，其中四川97个；其次是山西84个；然后依次是陕西63个，内蒙古52个，甘肃50个（孙鸿烈，2011）。

再次，危害严重。我国因水土流失而损失的耕地平均每年约为100万亩。北方土石山区、西南岩溶区和长江上游等地有相当比例的农田耕作层土壤已经流失殆尽，完全丧失了农业生产能力。水土流失导致大量泥沙进入河流、湖泊和水库，削弱河道行洪和湖库调蓄能力，全国8万多座水库年均淤积16.24亿立方米。洞庭湖年均淤积0.98亿立方米，泥沙淤积是造成调蓄能力下降的主要原因之一。严重的水土流失加剧山区贫困程度，不少山区出现“种地难、吃水难、增收难”，水土流失与贫困互为因果、相互影响，水土流失最严重地区往往也是最贫困地区，我国76%的贫困县和74%的贫困人口生活在水土流失严重区（孙鸿烈，2011）。

最后，削弱生态系统功能。水土流失导致土壤涵养水源能力降低，加剧干旱灾害。同时水土流失作为面源污染的载体，在输送大量泥沙的过程中，也输送了大量化肥、农药等面源污染物，加剧水源污染。水土流失还导致草场退化，防风固沙能力减弱，加剧沙尘暴，并导致河流湖泊萎缩，野生动物栖息地消失，生物多样性降低。

此外，我国冻融侵蚀主要分布在西藏、青海、新疆、四川、内蒙古、黑龙江和甘肃等省区。全国冻融侵蚀总面积为127.82万平方千米，其中，轻度、中度和强度的冻融侵蚀面积分别为62.16万平方千米、30.50万平方千米和35.16万平方千米，分别占冻融侵蚀总面积的48.6%、23.9%和27.5%（李智广等，2008）。

2. 土地沙化形势严峻

我国沙化土地面积大、分布广。全国沙化土地总面积达173万平方千米，占国土面积的18.03%，局部地区土地沙化仍在扩展，生态状况持续恶化，全国还有近31.1万平方千米土地具有明显沙化趋势（国家林业局，2012）。导致沙化扩展的各种主要人为因素还不同程度存在。我国沙化土地主要集中在西北地区，不仅沙化土地分布面积大，而且扩展速度快，治理难度大。

截至1999年，西部地区沙化土地总面积为162.56万平方千米（内蒙古、甘肃、青海等七省区统计数据)，占到了全国沙化土地总面积的90%以上。此外，西部地区沙化耕地与沙化草地占有面积大，程度比较严重，中度沙化的耕地占全部沙化耕地的82.04%，严重沙化的草地占全部沙化草地的59.52%。我国现有的12大沙漠(沙地)，由于气候干旱多风，人类活动频繁，荒漠化动态非常活跃，其仍然是我国荒漠化危害重灾区和主要发生发展源。其中，巴丹吉林和腾格里两大沙漠之间，出现三条黄沙带并逐渐扩大，连接一体的趋势明显，荒漠化状况还在继续恶化。

3. 石漠化和土地盐渍化危害加剧

石漠化是西南地区的一种主要土地退化形式，不合理的土地开发造成土壤流失、土地生产力下降甚至丧失，我国南方8省(直辖市、自治区)有石漠化面积12.96万平方千米，并且以年均2%左右的速度扩展，其中中度和重度石漠化面积占72.53%，还有近13万平方千米的潜在石漠化面积(国家林业局，2012)。

贵州是全国石漠化最严重的省，全省石漠化面积为160多万公顷，占贵州全省国土总面积的9.1%。严重的石漠化使贵州原本非常严峻的人地矛盾更加突出，很多地方出现了"一方土养活不了一方人"的严峻局面，影响到了贵州部分地区农民的生存。云南岩溶面积居全国第二位，石漠化严重的65个县处于"九分石头一分土，寸土如金水如油，耕地似碗又似盆"的境地。广西由于石漠化不断扩展和加重，当地社会经济的发展受到了严重制约，其贫困人口的绝大多数都生活在石漠化较为严重的地区，甚至有些石漠化严重的地区已经丧失了支持人类生存的基本条件，造成了不少的生态难民。

土地盐渍化是干旱和半干旱地区普遍存在的问题，主要分布在西部干旱半干旱地区、华北平原、黄淮海平原等区域。西部地区的土壤盐渍化主要是由不合理的灌溉造成的，其中西北地区的灌溉农业区最为严重。在采取一系列防治措施之后，我国盐渍化土地面积总体有所减少，但局部地区的问题仍然很严重，大水漫灌等不科学的灌溉手段仍然在不断产生新的次生盐渍化土地。

4. 生物多样性受到严重威胁

我国国土辽阔，海域宽广，自然条件复杂多样，加之有较古老的地质历史，孕育了极其丰富的植物、动物和微生物物种及繁复多彩的生态组合。我国是世界上生物多样性最丰富的国家之一。

根据1998年发布的《中国生物多样性国情研究报告》(《中国生物多样性国情研究报告》编写组，1998)，中国动物种类多，特有类型多，汇合了古北界和东洋界的大部分种类。脊椎动物有6347种，占世界总数的14%，其中鸟类为1244种，占世界总数的13.7 %；鱼类为3862种，占世界总数的20%；中国特有的脊椎动物为667种，占世界总数的10.5 %。中国还是世界上家养动物品种和类群最丰富的国家，共有1938个品种和类群。

中国是地球上种子植物区系起源中心之一，承袭了北方第三纪、古地中海古南大陆的区系成分。中国有高等植物3万多种，约占世界总数的10 %，仅次于世界种子植物最丰富的巴西和哥伦比亚，其中裸子植物有250种，是世界上拥有裸子植物最多的国家，中国特有种子植物有5个特有科，247个特有属，17300种以上的特有种，占中国高等植物总数的57%以上，同时中国还是水稻和大豆的原产地，现有品种分别达5万个和2万个，并且有药用植物11000多种，牧草4215种，原产中国的重要观赏花卉超过30属2238种。由于中生代末中国大部分地区已上升为陆地，第四纪冰期又未遭受大陆冰川的影响，许多地区都不同程度地保留了白垩纪、第三纪的古老残遗部分，松杉类世界现存的7个科中，中国有6个科。此外，中国还拥有众多有“活化石”之称的珍稀动植物，如大熊猫、白鳍豚、文昌鱼、鹦鹉螺、水杉、银杏、银杉和攀枝花苏铁等。

辽阔的疆域和多变的自然条件形成了丰富的生态系统类型，我国具有地球陆生生态系统的各种类型（森林、灌丛、草原和稀树草原、草甸、荒漠、高山冻原等），且每个类型包含多种气候型和土壤型。我国现有陆地生态系统599类，湿地和淡水生态系统5个大类，海洋生态系统6个大类30个类型。我国的森林有针叶林、针阔混交林和叶林。初步统计，以乔木的优势种、共优势种或特征种为标志的类型主要有212类，我国的竹林有36类，灌丛的类别更是复杂，主要有113类。草原分为草甸草原、典型草原、荒漠草原和高寒草原，共55类。荒漠分为小乔木荒漠、灌木荒漠、小半灌木荒漠及垫状小半灌木荒漠，共52类。我国湿地类型多，分布广，区域差异大，共有31类天然湿地和9类人工湿地，主要类型有沼泽湿地、湖泊湿地、河流湿地、河口湿地、海岸滩涂、浅海水域、水库、池塘、稻田等天然湿地和人工湿地。此外，高山冻原，高山垫状植被，高山、石滩植被主要有17类。

人口增长、农村和城市扩张使得人类对自然生境的干扰加剧，大面积的天然森林、草原、湿地等自然生境遭到破坏，大量野生物种濒临灭绝。据估计，中国野生高等植物濒危比例达15% ~20%，其中裸子植物、兰科植物等高达40%以上，野生动物濒危程度也不断加剧，有233种脊椎动物面临灭绝，约44%的野生动物数量呈下降趋势。生物的灭绝导致特有种的消失，遗传资源随之丧失，如雁荡润楠、喜雨草已灭绝，野生华南虎已功能性灭绝，华南苏铁已无野生植株，海南捕鸟蛛等也已濒临灭绝。

西部地区是我国野生物种最丰富的地区之一，不仅种类多，而且特有性高。例如，脊椎动物中的野牦牛、白唇鹿，被子植物中的芒苞草、滇桐等众多物种只分布在西部地区，高度濒危的大熊猫、野骆驼、朱鹮也都集中在西部地区，我国西部地区的生物多样性在全球占有重要地位。近年来人类活动对栖息地的破坏，导致不少野生物种种群退化，密度降低，有的甚至濒临灭绝。20世纪80年代甘肃共有保护植物30余种，到目前仅被子植物中就有186种濒临灭绝，濒危的裸子植物有17种。

同时，随着世界经济、贸易活动的日益频繁，外来物种入侵日益加剧，已对我国部分地区造成了巨大的生态和经济损失。松材线虫、湿地松粉蚧、松突圆蚧、美国白蛾、松干蚧等森林入侵害虫每年严重发生与危害的面积约在100万平方千米，入侵我国的紫茎泽兰、豚草、薇甘菊、空心莲子草、水葫芦和大米草等外来物种，在部分地区迅速蔓延，并很快形成单种优势群落，导致原有植物群落衰亡，对当地生物多样性形成了巨大威胁。外来入侵物种已对我国生态系统的健康构成严重威胁，使生态系统结构和功能的完整性遭到严重破坏，其威胁种群多样性，导致局部种群消亡等，造成了巨大的经济损失。

5. 酸雨分布广，危害大

根据中国环境状况公报，2010年全国城市空气质量总体良好，但部分城市污染仍较重，全国酸雨分布区域保持稳定，但酸雨污染较重。我国大气污染物主要是颗粒物和SO_2，其中，SO_2排放总量为2185.1万吨。在2010年酸雨监测的494个市（县）中，出现酸雨的市（县）有249个，占50.4%，酸雨发生频率在25%以上的160个，占32.4%，酸雨发生频率在75%以上的54个，占11%。全国酸雨分布区域主要集中在长江沿线及以南—青藏高原以东地区，主要包括浙江、江西、湖南、福建的大部分地区，长江三角洲、安徽南部、湖北西部、重庆南部、四川东南部、贵州东北部、广西东北部及广东中部地区（中华人民共和国环境保护部，2011）。

酸雨对人体健康、生态系统和建筑设施都有直接和潜在的危害。酸雨可导致免疫功能下降、呼吸道患病率增加等，还可使农作物大幅度减产，特别是小麦，在酸雨影响下可减产13%～34%。大豆、蔬菜也容易受酸雨危害，导致蛋白质含量和质量下降。酸雨对植物和森林危害也较大，常使森林和其他植物叶子枯黄、病虫害加重，造成大面积死亡。野外调查表明，在降水pH小于4.5的地区，马尾松林、华山松和冷杉林等出现大量黄叶并脱落，森林成片地衰亡。酸雨每年造成的经济损失应在数百亿元以上。

（三）生态灾害损失巨大

生态退化导致的各种自然灾害，已成为我国生态保护中面临的又一巨大挑战，主要表现为沙尘暴频发、泥石流危害严重、地面下沉范围广、洪涝干旱灾情加重等。

1. 加剧地质灾害发生程度及危害

我国自然地理、地质构造复杂，地质环境脆弱，地质灾害不仅数量多，而且灾种全，其中崩塌、滑坡、泥石流等浅表地质灾害异常突出，危害十分严重。地质灾害发生的原因除了特殊的地质条件外，生态系统退化等也是主要的地质灾害驱动因素，而且往往加剧地质灾害的发生程度与危害。

2010年全国共发生地质灾害30670起，其中滑坡22329起，崩塌5575起，泥石流1988起，地面塌陷499起，地裂缝238起，地面沉降41起。造成人员伤亡的地质灾害有382起，2246人死亡，669人失踪，534人受伤，直接经济损失为63.9亿元。这些地质灾害均直接或间接与当地生态系统退化有关系。例如，2010年8月8日甘肃舟曲县城因沟谷上游局部地区强降雨引发泥石流，造成1501人死亡，264人失踪。其直接原因是强降水过程，而人类通过改变土地利用方式，砍伐森林等社会经济活动改变了地表状况，促使了松散堆积物的累积和地表对降水调蓄功能的下降，从而加剧了舟曲泥石流的发生程度和危害损失。2010年8月18日，云南贡山县普拉底乡局部地区强降雨引发泥石流，造成37人死亡，55人失踪，39人受伤，直接经济损失达1.4亿元（中华人民共和国国土资源部，2011），其原因也与生态系统退化密切相关。

2. 沙尘暴频繁，危害我国东部广大区域

中国西北地区由于独特的地理环境，也是沙尘暴频繁发生的地区，主要源地有古尔班通古特沙漠、塔克拉玛干沙漠、巴丹吉林沙漠、腾格里沙漠、乌兰布和沙漠和毛乌素沙漠等，沙尘暴具有时段集中、发生强度大、影响范围广等三个特点。自20世纪50年代以来，沙尘暴呈波动减少之势，90年代初开始回升。“十一五”以来累计发生强沙尘暴、沙尘暴和扬沙浮尘天气近50次，严重影响了人民生产生活（国家林业局，2012）。草地退化、沙化，生态防护功能降低是我国沙尘暴频发的主要原因。根据有可比资料的9省区（广西、四川、贵州、云南、西藏、陕西、甘肃、青海、宁夏）计算，因生态破坏造成的直接经济损失相当于同期GDP的13%。而实际上，间接和潜在的经济损失更大（陈志清等，2000）。

3. 洪涝干旱灾害频繁，损害加剧

近60年来，我国水、旱灾害发生频率明显增高，加上森林、湿地生态系统破坏与生态系统调节功能的降低，水旱灾害发生程度与受灾范围直线上升，农业受灾面积与播种面积的比值不断攀升。20世纪70年代以后，洪水发生频率增加，成灾面积比例也显现相同趋势。我国中东部地区的江河中下游地区洪涝灾害的损失占全国同类灾害总损失的比重大。1998年，长江、松花江、珠江、闽江等主要江河发生了大洪水，全国共有29个省（直辖市、自治区）遭受了不同程度的洪涝灾害，直接经济损失达2551亿元，江西、湖南、湖北、黑龙江、吉林等省受灾最重。流域森林面积减少、森林涵养水分能力下降、湖泊湿地调节功能退化等加剧了1998年洪涝灾害的程度与损失。2009年9月至2010年3月，西南地区持续少雨，气温显著偏高，云南、贵州降水量均为有气象观测记录以来最少值，西南地区发生有气象观测记录以来最严重的秋冬春特大干旱，生态系统水源涵养能力的下降也加剧了西南特大旱灾的成灾范围和经济损失。

（四）资源开发导致的生态问题持续加剧

1. 水资源过度开发引发的生态问题迅速蔓延，生态风险大

我国人均水资源占有量较低，且水资源空间分布不均，同时随着社会经济的发展，水资源需求量增大，供需矛盾日益突出。辽宁、江苏、河南、北京、山东、河北、山西、宁夏、上海和天津10个省（自治区、直辖市）人均水资源处于1000立方米以下，西北地区和华北地区缺水现象严重。水资源过度开发，导致水生态系统平衡失调，地下水位持续下降。湖泊湿地丧失、江河断流、地面沉降等生态问题迅速蔓延，成为我国华北平原、东部地区等较为发达地区经济社会可持续发展的巨大威胁。

我国地下水超采现象普遍。地下水过度开采，导致地下水位下降，出现大范围地下水漏斗。2000年华北地区形成的较大地下水漏斗有20处，总面积达4万多平方公里，降落漏斗中心区水位埋深40～75米，最深达93.37米。另外，地下水污染呈现由点状向面状演化、由东部向西部蔓延、由城市向农村扩展、由局部向区域扩大的趋势，地下水水质状况也不容乐观，全国仍有5000多万人在饮用不符合标准的地下水。

同时，西南河流水电开发的规模空前，岷江上游、大渡河、雅砻江、澜沧江等

梯级水电开发强度大，干流、支流断流现象普遍。河流水库化、片段化严重，自然河段迅速丧失，不仅对流域生态产生一些负面影响和风险，而且给许多激流水生生物和半洄游鱼类带来灾难性影响。

2. 矿山开发生态环境问题严重

矿产资源开发在我国国民经济发展中占有重要的地位，矿产开发对环境造成的破坏也是巨大的，影响将是长期的。不合理的开发利用已对矿山及其周围环境造成严重的破坏并诱发多种地质灾害，不仅威胁人民的生命、财产安全，而且严重制约了社会经济发展。

矿产资源开采规模不断增大，土地复垦和生态恢复率低，造成土地破坏面积也不断增大。我国因采矿而直接破坏的森林面积累计已达 106 万公顷，破坏草地面积达 26. 3 万公顷。全国因矿产资源开发而破坏的土地面积累计已达 400 万公顷以上，全国因采矿破坏的土地面积每年以 4 万公顷的速度递增，而矿区土地复垦率仅为 10%，比发达国家低 50 多个百分点。此外，矿产开发活动产生的大量废气、废水和废渣对生态环境造成了严重影响。矿产开发过程中，表土剥离、矿石运输、临时建筑物建设、洗选矿石、尾矿和废渣的堆积、水环境污染和地表塌陷等都会对原有植被造成大面积的破坏，明显改变地形和地貌，在西部干旱地区，植被破坏和废渣堆积还会加重土地沙化进程。

3. 海岸带破坏

随着城市建设不断逼近海洋及海挡等工程防护设施的修建，人工占用海岸带长度和宽度不断增加，海岸带的自然属性正在消失。同时，随着输沙量减少、人工滥采海滩沙及海平面上升等，我国沿海海岸蚀退现象明显，海岸侵蚀常常破坏沿海防护林带、滨海公路、桥梁、海底缆线等工程设施及海岸带生态系统，造成海水倒灌、农田受淹、土地盐碱化，加剧港口淤积及沿海风沙，使当地人民生命、财产遭受严重损失。近 40 年来，人工围垦已导致我国 50% 滨海滩涂消失，其中人工围垦滨海滩涂 1. 19 万平方千米，城乡工矿建设占用滨海滩涂 1 万平方千米，滩涂面积急剧减少。

二　生态保护与建设进展

自 1998 年以来，各级政府高度重视生态保护与生态建设，启动了退耕还林、保护天然林、三江源生态建设、水土流失治理等多项生态保护与建设工程，采取了主体功能区规划、生态功能保护区管理、自然保护区建设等一系列有利于生态保护与生态恢复的重大举措，取得了一定成效，为遏制我国生态退化发挥了重要作用，也为过去10年经济社会的快速发展提供了生态环境基础和保障。本节重点介绍与分析生态功能区、天然林保护、退耕还林、自然保护区建设及相关重大生态建设工程等政策措施的进展情况。

（一）生态功能区划与主体功能区规划

为维护国家生态安全，优化国土开发格局，科学引导地方政府加大生态环境保护力度，推动生态功能重要区域的民生改善，加强生态功能重要区域管理，国家先后组织开展了全国生态功能区划和全国主体功能区规划。

1. 生态功能区划

2008年7月，环境保护部和中国科学院联合发布了《全国生态功能区划》。根据该区划，按照我国的气候和地貌等自然条件，将全国陆地生态系统划分为东部季风、西部干旱和青藏高寒三个生态大区。然后，依据生态系统的自然属性和所具有的主导服务功能类型，将全国生态功能区划分为三个等级，即划分为生态调节、产品提供与人居保障等三类生态功能的一级区（31个）。在一级区的基础上，依据上述三类生态功能的重要性细分为水源涵养、土壤保持、防风固沙、生物多样性保护、洪水调蓄、农产品供给、林产品供给，以及大都市群和重点城镇群人居保障等九类生态功能的二级区（67个）。在二级区的基础上，再按照生态系统与生态功能的空间分异特征、地形差异、土地利用的组合来划分生态功能三级区（216个）。最后，根据各生态功能区对保障国家生态安全的重要性，初步确定了50个重要生态服务功能区域（环境保护部等，2008）。

《全国生态功能区划》是我国继自然区划、农业区划等工作之后，在生态保护与建设领域的重要基础性工作，为区域生态系统管理、自然资源开发、产业调整布局及国家主体功能区划分提供了科学依据，为保障国家生态安全、实施可持续发展战略奠定了科学基础，为促进我国生态保护工作由经验型管理向科学型管理转变、由定性型管理向定量型管理转变、由传统型管理向现代型管理转变引领了科学方向。

2. 主体功能区规划

根据我国不同区域的资源环境承载能力、现有开发密度和发展潜力，2010年12月国务院发布了《全国主体功能区规划》，将国土空间划分为优化开发、重点开发、限制开发和禁止开发四类，确定主体功能定位，明确开发方向，控制开发强度，规范开发秩序，完善开发政策，逐步形成人口、经济、资源环境相协调的空间开发格局（国务院，2010）。

《全国主体功能区规划》的发布执行，是深入贯彻落实科学发展观的重大举措，有利于推进经济结构战略性调整，加快转变经济发展方式，实现均衡发展；有利于按照以人为本的理念推进区域协调发展，缩小地区间基本公共服务和人民生活水平的差距；有利于引导人口分布、经济布局与资源环境承载能力相适应，促进人口、经济、资源环境的空间均衡；有利于从源头上扭转生态环境恶化趋势，促进资源节约和环境保护，减缓和适应气候变化，实现可持续发展；有利于打破行政区划界限，制定实施更有针对性的区域政策和绩效考核评价体系，加强和改善区域调控。

3. 重要生态功能区

基于《全国生态功能区划》，初步构建了由50个重要生态服务功能区域组成的生态功能保护区网络，主要有水源涵养、土壤保持、防风固沙、生物多样性保护和洪水调蓄等五类主导生态调节功能（图5.1）。

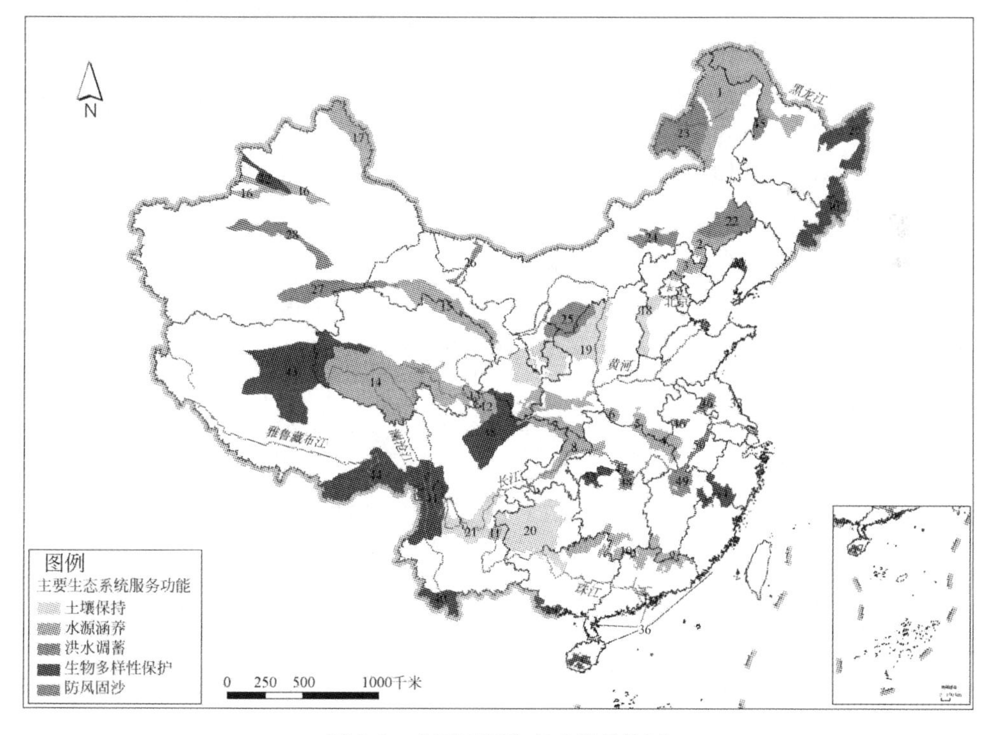

图5.1　中国重要生态功能保护区

为维护国家生态安全，推动地方政府加强生态环境保护和改善民生，提高国家重点生态功能区所在地政府基本公共服务保障能力，促进经济社会可持续发展，中央财政在均衡性转移支付项下设立国家重点生态功能区转移支付。对《全国主体功能区规划》中限制开发区域（重点生态功能区）和禁止开发区域，以及《全国生态功能区划》中国家重要生态功能区给予引导性补助。2011 年 7 月财政部发布实施了《国家重点生态功能区转移支付办法》。

（二）天然林保护工程

1. 背景与目标

根据第五次全国森林资源清查，我国有天然林 1.12 亿公顷，大多数天然林严重退化。天然林保护工程的目标是通过禁伐以保护与恢复天然林。通过保护天然林可以增强森林的生态服务功能，如减少水土流失、提高水源涵养能力、增强洪水调控能力等。天然林保护工程的短期目标（1998 ~ 2000）是减少和停止天然林的木材砍伐，促进传统森工企业转产。中期目标（2001 ~ 2010）是保护与营造生态公益林，通过发展人工商品林，提高木材生产能力。最终目标（2011 ~ 2050）是全面恢复天然林，并实现人工商品林的木材生产，满足国内木材的需求。

天然林保护工程从 1998 年起，在全国 12 个省、直辖市、自治区开始试点，2000 年在 17 个省、直辖市、自治区全面启动天然林保护工程。天然林保护工程明确规定到 2010 年，在长江和黄河上游，以及海南全面停止木材商业采伐，在其他地区要尽量减少木材采伐（Xu J，et al.，2006）。同时，新增森林面积 867 万公顷。2011 ~ 2020 年，天然林资源保护二期工程已开始实施。

2. 补偿标准

1998 ~ 2005 年，天然林保护工程共支出 610 亿元人民币，主要用于补偿森工企业停采木材的经济损失和造林、森林管护的费用（欧阳志云，2007）。但补偿往往与特定的项目挂钩，如封山育林 1050 元/公顷，飞播 750 元/公顷，长江与黄河流域人工造林分别为 3000 元/公顷和 4000 元/公顷，天然林的管护费为每公顷 30 元（Xu J，et al.，2006）。2000 ~ 2010 年天然林保护工程预算为 962 亿元，其中总预算的 81% 来自中央财政，余下的 19% 由地方政府负担。

3. 生态效应

总体而言，天然林保护工程在保护和恢复森林中取得重要进展。大多数研究和评价集中在木材采伐量的变化、新增林地面积和水土流失程度等易观察和调查的指标。

到2000年，有13个省停止了天然林的采伐，受保护的天然林面积达890万公顷。1997～2003年，东北和内蒙古木材采伐量从1850万立方米减少到1100万立方米，减少了41%（张志达，2006）。封山育林和造林面积增长很快，到2005年达到近1100万公顷。在天然林保护工程中鼓励使用当地树种，如松树、杉木，但有的地方也大量栽植杨树和柏树等引进树种。在一个地点通常只有一种或少量几种树种占优势，但也在努力使造林树种多样化（安金玲，2002）。

天然林保护工程使森林的碳汇得到增长。1998～2004年，天然林保护工程中新造林地固定了21.3 Tg的碳（其中，东北、海南、长江与黄河上游地区新增固碳量分别为6.4Tg、12.6Tg和2.3Tg碳）。此外，减少970万立方米的木材生产量，相当于减少了22.8 Tg碳的排放，因此，1998～2004年，天然林保护工程总的固碳量为44.1 Tg，相当于中国CO_2排放量的1.2%（胡会峰等，2006）。水土流失显著减少，但不同区域减少的程度不同。根据长江与黄河中上游地区22个县的数据，1998～2003年，这22个县的水土流失面积降低了6%。在四川，土壤侵蚀量减少15亿吨（张志达，2006）。野生生物栖息地也得到了改善，根据四川卧龙自然保护区的长期监测数据，天然林保护工程实施五年来，盗伐现象基本消失，大熊猫生境不断恢复（Vina A，et al.，2007）。

（三）退耕还林工程

1. 背景与目标

与天然林保护工程相比，1999年启动的退耕还林工程在地域范围上更广，影响也更大。20世纪90年代后期，我国粮食有节余，加上财政能力增强，为实施退耕还林工程创造了条件（王闰平等，2006）。

退耕还林工程增加了植被覆盖3200万公顷，其中，1470万公顷是有坡耕地还林还草的（欧阳志云，2007），其余1730万公顷是配套的荒地造林。退耕还林的准则是西北地区坡度大于15度、其他地区坡度大于25度的坡耕地可以纳入退耕还林范围。退耕还林工程除了恢复生态环境外，还有扶贫和促进农村经济发展两个辅助目标（徐晋涛等，2002）。

1999年，退耕还林工程在四川、陕西、甘肃开始试点，2000年扩大到17个省（直辖市、自治区），2002年扩大到25个省（直辖市、自治区），退耕还林工程的重点在西部（欧阳志云，2007；王闰平等，2006）。

2. 补偿标准

退耕还林工程在长江上游和黄河中上游地区分别给农户每年补偿粮食2250公斤/公顷和1500公斤/公顷，或者分别补偿3150元/公顷和2100元/公顷。此外，每年补贴300元/公顷管理费，一次性补贴苗木750元/公顷（Feng Z，et al.，2005；徐晋涛等，2004）。补偿期限取决于还林还草类型：退耕还草补偿2年，退耕造果树等经济林补偿5年，退耕造生态林补偿8年（徐晋涛等，2004）。对退耕地免征税（Xu J，et al.，2006）。到2005年，退耕还林工程完成总投入900亿元。到2010年，退耕还林工程计划总投入达到2200亿元。

3. 生态效应

与天然林保护工程相似，退耕还林工程的生态效应评价指标也都是易观测的指标，如退耕还林还草面积、植被覆盖率的变化、地表径流、土壤侵蚀量等。大尺度生态服务功能的变化，如洪水调蓄功能等，主要根据上述观测指标来估计。至2006年年底，退耕还林工程将900万公顷的耕地还林或还草，同时还将1170万公顷的荒地造林。仅在贵州，2000～2005年，森林面积增加了95.2万公顷（杨时民，2006）。全国退耕还林总面积大于中央政府分配给各地区的份额（Xu J，et al.，2006）。

根据国家林业局的统计，退耕还林区在实施前8年的森林覆盖率增加2%。退耕还林工程降低了地表径流和土壤侵蚀。例如在湖南，2000～2005年，土壤侵蚀降低了30%，地表径流减少了20%以上（李定一等，2006）。在湖北三峡工程库区的秭归县，2000年退耕还林3085公顷，占全县耕地面积的8.1%，每年减少土壤侵蚀54900吨，与未退耕的坡耕地比较，退耕5年后，地表径流减少75%～85%，土壤侵蚀量减少85%～96%（王珠娜等，2007）。

退耕还林工程的实施还有助于改善土壤的理化特性，保持土壤肥力，减少土壤营养物的流失和河道淤积。根据在陕西吴旗县的柴沟小流域的监测，退耕还林5年后，土壤水分和土壤持水能力分别提高48%和55%（梁伟等，2006；刘芳等，2002）。

退耕还林工程比天然林保护工程具有更大的社会经济效益。由于天然林保护工程停止采伐木材，导致森工企业和林业工人经济收入直接减少。与天然林保护工程不同，退耕还林有助于脱贫。退耕还林工程使全国300多万户农户，1.2亿农民直接受益。在大多数地区，明显改善了参与退耕还林工程的农户的生活水平（Xu Z, et al.，2006）。受调查的绝大多数农户拥护退耕还林政策（徐晋涛等，2002；Hu C, et al.，2006）。

退耕还林工程还推动了大量的农户改变其收入结构，许多农户不只依赖于种植业。例如在陕西的吴旗县，1998～2003年，退耕还林103700公顷，1.5万户农户从单纯从事种植业改变为从事以建筑、交通、饮食等为主的产业（葛文光等，2006）。退耕还林工程还使大量的农民从农田中解放出来，产生了大量的农村剩余劳动力，并推动了农村劳动力向城市转移。例如，2000～2005年，贵州劳动力迁移数量提高了48%（从2000年的220万人增加到2005年310万人）。在江西的弋阳县，农民外出务工的收入比例从2000年的1/3提高到2002年的1/2（王红英等，2007）。

与天然林保护工程类似，退耕还林工程也给地方政府增加了财政负担。由于退耕还林免税，以及免征农业税，地方政府税收收入源减少（Xu J, et al.，2006）。中央政府只给地方政府部分补偿，并要求地方政府负担退耕还林工程的实施费用（如监测、粮食的运输等）（刘燕等，2005）。地方政府的经济损失程度因地区而异，如在四川的康定县，地方政府收入1999～2001年减少28%，仅为1500万元（董捷，2003）。也有专家在进行综合评估后，对退耕还林工程的整体成本效益、退耕户的长远生计及工程生态效益的可持续性提出了质疑，并据此对退耕还林后续工作提出了具体的政策建议（中国科学院办公厅，2007；王毅等，2010）。

（四）自然保护区建设

1. 我国自然保护区的建设历程

建立保护区是就地保护野生动植物的最有效措施。其中，自然保护区的建设是我国野生动植物和生态系统保护的主要方式。我国自然保护区建设起步于1956年，在广东肇庆建立的我国第一个自然保护区——鼎湖山自然保护区，主要保护对象为南亚热带常绿阔叶林及珍稀动植物。

1956年，当时我国自然保护区建设事业刚刚起步，自然保护区建设速度不快，至20世纪60年代初期，全国共建立或规划了以保护森林植被和野生生物为主要功能的广东鼎湖山、黑龙江丰林、浙江天目山、云南西双版纳等自然保护区20处。“文化大革命”时期没有建立自然保护区，而且一些已经划定的自然保护区遭到破坏或撤销，管理被削弱，自然保护区内野生动植物资源遭到破坏。例如，云南省西双版纳傣族自治州1958年建立的4个保护区中的大勐龙保护区完全失去保护价值，勐仑保护区遭到破坏的面积占到20%以上。

我国于1972年参加斯德哥尔摩联合国人类环境大会后，对环境问题给予逐步重视，自然保护区的建设进入恢复发展阶段。青海青海湖、四川蜂桶寨等一批自然保护区相继建立。1979年、1980年林业部联合八个部委下达了《关于自然保护区管理、规划和科学考察工作的通知》，并召开"全国自然保护区区划工作会议"，在全国农业自然资源调查和农业区划委员会下成立了自然保护区区划专业组，各省（直辖市、自治区）也相继成立了自然保护区区划小组，全国的自然保护区发展开始走上正轨。

在1985年以后，由于改革开放，自然保护区开始加快发展速度。《中华人民共和国森林法》和《中华人民共和国野生动物保护法》的颁布，为建立较完善的自然保护区体系提供了法律依据。1987年国务院环境保护委员会正式发布了《中国自然保护纲要》，并先后颁布了《森林和野生动物类型自然保护区管理办法》、《中华人民共和国自然保护区条例》等法规，对自然保护区建设和管理做出了专门规定，这些法律法规的制定，使自然保护区建设管理有法可依、有章可循，有力推进了自然保护区事业发展，保护区的数量、面积得到迅速扩大。1993年，我国成为《生物多样性公约》缔约国之一。2000年以后，我国自然保护事业进入了一个蓬勃发展的新阶段。在自然保护区数量快速扩张的同时，基础设施和管理能力也大为改善，巡护和监测能力得到了极大提高。

2. 自然保护区发展现状

截至2011年年底，我国共建立各类型、不同级别自然保护区2640个（不含香港、澳门和台湾地区），保护区总面积达14971万公顷，其中陆地面积约为14251万公顷，海域面积约为700万公顷。陆域自然保护区面积约占国土面积的14.8%。我国的国家级自然保护区已达335个，总面积为9315.3万公顷，约占我国陆地国土面积的9.7%（表5.1）。全国建有生态系统类保护区1819个（其中森林生态系统保护区1356个、草地草甸类40个、湿地水域类320个、荒漠类33个、海洋海岸70个），野生动植物类698个，自然遗迹类123个（表5.2）。我国基本上形成了一个类型多样的自然保护区网络。

表 5.1　我国自然保护区建立现状

保护区级别	数量/个	面积/万公顷
国家级自然保护区	335	9315.3
地方级自然保护区	2305	5655.9
省级	870	4152.6
地市级	421	472.4
县级	1014	1030.9
合计	2640	14971.2

注：统计至2011年公布的数据

表 5.2　各类型自然保护区建设现状（2006）

类型	数量/个	总面积/公顷	平均面积/公顷	面积比例/%
生态系统类				
森林生态	1356	29060141	21431	19.41
草原草甸	40	2047626	51191	1.37
内陆湿地与水域	320	29980641	93690	20.03
荒漠生态	33	40924180	1240127	27.34
海洋海岸	70	700620	10009	0.47
野生动植物类				
野生动物	544	43002902	79049	28.72
野生植物	154	2262950	14694	1.51
自然遗迹类				
古生物遗迹	32	550386	17200	0.37
地质遗迹	91	1182018	12989	0.79

除了自然保护区以外，风景名胜区、森林公园、湿地公园等都为野生动植物和生态系统提供了有效的保护。2012 年 10 月统计，全国已有国家级风景名胜区 225 个，总面积达 10.36 万平方千米。全国 43 处世界遗产中，有 21 处是国家级风景名胜区。此外，全国还有 737 个省级风景名胜区，面积约为 9.01 万平方千米。截至 2010 年年底，全国共建立各类森林公园 2583 处，森林风景资源保护总面积达 1677.69 万公顷。其中，国家级森林公园 746 处，面积达 1177.66 万公顷。森林公园占全国森林面积的 8.6%。全国 43 处世界自然、文化遗产中，有 13 处涵盖了森林

公园的景观资源；27 处世界地质公园中，有 20 处是森林公园。黄山、武陵源、九寨沟、黄龙等风景名胜区被联合国教科文组织列为世界自然与文化遗产。

3. 保护成效

自然保护区的建立，使一批具有代表性、典型性、科学研究价值的自然生态系统和珍稀濒危物种得到一定程度的保护。在现有的自然保护区中，大部分优先保护的生态系统和珍稀物种得到有效保护。我国有生态系统类型约 600 种，根据生态系统在生态区的优势、是否体现特殊的气候地理与土壤特征、是否中国特有、物种丰富程度、是否为特殊生境和是否具有特殊意义的生态服务功能地区等选择原则，区分出 120 多种应该得到优先保护的生态系统，其中已经有 100 余种得到自然保护区的保护。

在保护区受到保护的野生脊椎动物物种总数为 5071 种，为我国野生脊椎动物物种总数 6347 种的 79.9%，受保护的野生植物物种总数为 28000 多种，占全国所有高等植物的 90% 以上。公布的国家重点保护动物 257 种（类群），国家重点保护野生植物 254 种（类群）的绝大多数，其自然集中分布区都已经建立了专门的自然保护区或在保护区内有分布。此外，重新引进的原产我国的麋鹿、普氏野马，在自然保护区进行了繁育、野化和回归自然训练，进展良好。

近几年随着生物多样性保护力度的加大，我国拯救、繁育珍稀濒危物种的工作得以极大拓展，有 25 个省（直辖市、自治区）设立了主管野生动植物和自然保护区的管理机构。在东北、西北和华南分别建立了濒危野生动物研究所。在四川、湖南、广东、广西等省（自治区）建立了 19 处有关东北虎、麋鹿、野马、高鼻羚羊、朱鹮、中华鲟、扬子鳄、金线龟、大鲵等濒危野生动物的救护和繁育中心。全国还建立起近 300 处野生动物人工繁殖场，1 处国家鸟类环志中心、50 个鸟类环志站点及 5 个白鳍豚保护站。新建野生动物拯救繁育基地 18 处，野生植物培育基地 6 处，促使大熊猫、朱鹮、扬子鳄和红豆杉、兰科植物、苏铁等极度濒危的野生动植物种群不断扩大。此外，我国还有 200 多种珍稀濒危野生动物已建立了稳定的人工繁育种群，有上千种珍稀濒危野生植物在植物园、树木园等培育基地得到良好保护。

（五）相关重大生态建设工程

生态建设工程是落实区域生态建设战略的重要载体和实施方式，其规划时间长、投资规模大、涉及范围广，在我国社会经济发展中扮演着越来越重要的角色。1978 年，国务院决定在我国的西北、华北北部、东北西北部风沙和水土流失严重地区建设防护林体系，即“三北”防护林体系。1986 年，林业部又提出绿化太行山工程、沿海防护林体系工程、长江中上游防护林体系工程等十大林业生态工程，规划区总面积达705.6万公顷，覆盖了我国的主要水土流失区，风沙侵蚀区和台风、盐碱危害区等生态环境脆弱地区（张力小，2011）。

自2000年以来，我国开展了规模空前的生态保护和生态建设工程，先后启动了三北防护林体系工程四期建设工程、天然林保护工程、退耕还林退牧还草工程、西藏高原国家生态安全屏障保护与建设工程、青海三江源自然保护区生态保护与建设工程、京津风沙源治理工程、西南喀斯特地区石漠化治理工程、长江流域防护林体系工程等，总投资逾13000亿元，取得初步成效。例如，2005年国务院批准实施《青海三江源自然保护区生态保护和建设总体规划》，同年8月正式启动了三江源区生态保护工程，实施了黑土滩治理、鼠害防治、封山育林、沙化土地防治、湿地保护、水土保持、饲料基地建设、生态移民、新能源推广等具体工程。工程实施以来，取得了初步成效，草地沙化得到有效遏制，植被覆盖率提高，水源涵养能力增强，居民收入提高。

这些工程的实施，有效地推动了生态脆弱区的生态环境保护和生态系统恢复，并对区域居民生产生活条件有显著的改善作用。但也存在行政区域分割，生态保护科技支撑不足，重建设、轻管理，缺乏长效机制和部门协调不力等问题。

三 生态保护战略与对策

根据我国生态环境态势与国家生态安全保护的需要，我国生态保护与生态恢复的基本思路是，创新生态保护理念，建立和完善协调自然开发与生态保护的长效机制，恢复退化生态系统，保障生态系统服务功能的持续供给，为保障我国经济社会的可持续发展奠定基础，推进生态文明建设（中国科学院生态环境研究中心课题组，2010）。

（一）保障生态功能，构建国家生态安全格局

加强生态保护，构建以自然保护区与重要生态功能保护区为主体的国家生态保护体系。

1. 落实主体功能区规划，从宏观布局上协调发展与生态保护的关系

按照主体功能区规划，推动产业布局的调整和生态环境保护措施的落实。在优化开发区域，坚持保护优先，优化产业结构和布局，大力发展高新技术，加快传统

产业技术升级，实行严格的建设项目环境准入制度，率先完成排污总量削减任务，做到增产减污，切实解决一批突出的环境问题，努力改善环境质量。优化开发区是我国经济社会相对发达的地区，开发历史长，生态破坏严重，要高度重视优化开发区的生态恢复，以增强生态功能，保障生态安全。

在重点开发区域，坚持环境与经济协调发展，科学合理利用环境承载力，推进工业化和城镇化，应开展生态用地规划，在空间和总量上保障生态用地。

在限制开发区域，坚持保护为主，合理选择发展方向，积极发展特色优势产业，加快建设重点生态功能保护区，确保生态功能的恢复与保育，逐步恢复生态平衡。

在禁止开发区域，坚持强制性保护，依据法律法规和相关规划严格监管，严禁不符合主体功能定位的开发活动，遏制人为因素对自然生态的干扰和破坏。

2. 建设生态功能保护区

面向国家与区域生态安全的需要，与国家和地方主体功能区的限制开发区规划相结合，以水源涵养、防风固沙、洪水调蓄、生物多样性保护、水土保持等重要生态功能为重点，建立国家、省市区、市县不同等级的生态功能保护区，严格控制不合理的开发活动，保护和改善生态功能，为区域可持续发展提供生态支撑。

3. 完善国家生物多样性保护网络

我国是生物多样性大国，生物多样性资源也是国家的战略资源。目前我国生物多样性丰富的地区往往是生态系统保护较好的区域，也是生态环境良好的区域，要积极推进自然保护区的建设，尤其要推进国家级自然保护区的建设，对具有重要生物多样性保护价值和重要生态调节功能的区域进行严格保护。

我国中东部省市集体林比例高，应积极推进政策的创新，建立新的符合中东部地区自然保护区建设的政策机制，加强中东部地区的自然保护区建设。

受行政区划的影响，我国自然保护区面积小，自然保护区孤岛现象普遍，严重影响自然保护区保护效果，因此，要加强区域自然保护区群建设，最大限度地预防和减轻由行政区划带来的隔离和野生动植物栖息地的破碎化。

继续加强自然保护区能力建设和制度建设，加快自然保护区立法，理顺管理体制，各级政府应承担相应的人员管理和资金保障责任，国家级自然保护区工作应纳入中央财政预算，进一步提高我国生物多样性保护的能力。

4. 加强生态地质灾害区域的生态规划与生态保护

由于地质与地貌原因，我国形成了白龙江流域、金沙江干旱河谷、岷山地区、怒江上游等泥石流、滑坡地质灾害高风险地区。生态退化加剧了地质灾害的发生程度与灾害损失。应加强泥石流、滑坡等地质灾害高风险区的生态保护与生态建设。

以避灾和预防为主，通过系统评价地质灾害风险，合理规划居民点和城镇的布局，加强高风险区的生态保护与生态恢复，提高生态系统水土保持、水源涵养功能等，预防地质灾害的发生，减轻地质灾害的发生程度，保护人民生命财产安全。

（二）面向生态功能恢复，坚持自然恢复为主

长期以来，我国的生态恢复只强调植被覆盖率，忽视生态功能恢复。要改变传统的生态恢复观念，应明确生态恢复要将恢复生态系统的涵养水源、水土保持、防风固沙、生物多样性维持等生态功能放在首要地位。要预防和遏制营造“绿色荒漠”，以防生态建设陷入植被覆盖率不断提高，生态功能持续下降的“陷阱”。

科学研究证明，封山育林、禁牧恢复草地等自然恢复措施是恢复生态系统涵养水源、水土保持、防风固沙、生物多样性等生态功能的最有效和最经济的途径。我国生态恢复要强调以自然恢复为主，改变不顾自然环境差异、不考虑立地条件特征和恢复目标的要求、以营造人工林为主的生态恢复途径。

（三）继续推进区域生态建设工程

参照《全国生态功能区划》，以具有重要水源涵养、防风固沙、洪水调蓄、生物多样性保护、水土保持等功能的50个重要生态功能区为重点，兼顾长江和黄河上游地区、喀斯特岩溶地区、黄土丘陵沟壑区、干旱荒漠区等生态脆弱区，布局区域生态建设重大工程，并运用综合生态系统管理理念，从协调地方社会经济发展与生态保护的关系出发，引导农牧民调整生产与生活方式，减少当地农牧民对森林、草地等生态系统的依赖，开展退化生态系统的恢复与重建，保护与改善生态功能。主要措施应包括以下内容。

1. 保护优先

加强对现存的森林、草地、湿地等自然生态系统的保护，严格控制开发活动，保护和提高生态功能。

2. 减少居民对自然生态系统的依赖程度

加强农业基础设施建设，提高耕地和牧草地生产力和土地生态承载力，提高粮

食保障能力。同时，要重视农村能源建设，通过发展沼气、推广节柴灶、减少农民薪柴的使用量，促进森林恢复。

3. 开展退化生态系统恢复工程

对重要生态功能区内的陡坡耕地退耕还林还草。持续推动草地畜牧业的饲养模式的转变，将放养型畜牧业逐步转变为舍饲型，提高草地畜牧业的经济效益，也可大大减少放牧对草地的压力。

（四）保障重大建设工程的生态安全

大规模的开发建设项目，已对我国的区域生态环境带来巨大影响，如矿产资源开发、水电开发、交通网络建设等。要切实加强矿产资源开发工程、流域水电开发工程、重大基础设施建设工程的生态保护与生态恢复工作，既要控制重大建设项目对区域生态系统的破坏和不利影响，还要重视区域生态退化对工程安全运行的不利影响。

1. 进一步强化环境影响评价

要加强矿产资源开发工程、流域水电开发工程、重大基础设施建设工程规划的环境影响评价工作，要明确与预防重大工程，尤其是流域水电开发工程对区域和流域生态系统与生态功能的长期不利影响，严格控制目前普遍存在的生态保护向工程建设与重要开发让路的现象，从源头上预防可能产生的新的重大生态环境问题。

2. 加强重大工程运行中的生态保护工作

建立基于生态保护的大型工程运行实施方案与预案。例如，制定面向流域生态保护的梯级电站运行方案，制定面向流域生态保护的长江中上游水电工程的综合运行调度方案等。

3. 高度重视生态退化对工程安全运行的影响

要加强重大建设工程区及其沿线地区的生态保护与生态恢复，预防生态退化导致重大建设工程发生灾害与事故的风险，尤其要预防位于青藏高原、黄土高原、干旱风沙区、长江上游等生态脆弱区的西气东输、铁路、高速公路、大型水电工程、能源工程等重大建设工程的生态风险。

（五）建立协调发展与生态保护的长效机制

1. 提高教育水平，促进人口流动

我国的生态保护与生态建设的重点区域，往往是经济发展落后或生态承载力很低的区域，当地社会经济发展水平低、发展潜力有限，应结合我国城镇化，大力发展教育，提高适龄人口的受教育水平，并配套相关政策，提高重要生态保护与建设区的大中专升学率，增加就业和居住的选择性，促进人口流动，从长远的角度谋划减少重要生态功能区和生态脆弱区的人口增长压力和人口数量。同时也可以为实现减少区域发展差异、让落后地区居民融入城市化及共享发展成果的目标服务。

2. 建立与完善生态补偿制度

我国实施的生态转移支付、公益林补偿等生态补偿措施，对我国的生态保护发挥了积极的作用，取得了良好的生态效益和社会效益。但目前的补偿标准过低，为生态保护付出代价的农牧民还无法得到直接资金补偿。未来几年，是进一步完善我国生态补偿制度的关键时期，建议采取如下措施。

1）以国家重要生态功能区为重点，完善生态转移支付，提高生态转移支付的资金使用效益和生态效益。

2）以保护生态功能为目标，以集体所有的森林、草地、湿地等生态系统为载体建立统一的生态补偿制度，将生态补偿金直接支付给与这些生态系统相关的农牧民。国有森林、草地和湿地不列入生态补偿范围。

3）提高生态补偿标准，参考各地森林、草地、湿地的土地租金，合理提高生态补偿标准，提高农牧民的生态保护积极性。

4）理顺生态保护与国家相关政策的关系，例如，要预防林权改革中出现生态破坏的问题，建议自然保护区和重要生态功能区中的集体林不宜分林到户；还要预防重要生态功能区内的牲畜补偿诱发牲畜数量增加和草地过牧，导致草地退化反弹的问题。

3. 推动居民的就地集中，实现改善民生与保护生态的结合

在山区受耕地的制约或历史的原因，当地农民住居分散，往往是一家一户散居在偏远的深山之中，改善当地这些散居居民的交通、子女教育、水电、医疗、安全等民生问题十分困难，而且成本极高，同时分散住居对生态保护也十分不利。应在

尊重个人选择的前提下，推动散居居民的就地适度集中，通过制定较长远的规划和改善集中地的公共服务条件，引导居民集中居住，实现改善民生与保护生态的双赢。

（六）加强生态保护与生态恢复的科技支撑能力建设

我国生态保护与生态恢复的科技支撑能力还远不能满足国家生态保护的要求，建议加强对生态脆弱地区生态恢复的关键技术、生态恢复模式与集成技术、生态系统管理模式、生物多样性保护、重大建设工程的生态安全、生态补偿机制等问题的研究，开展生态保护和生态建设政策、措施的评估，分析问题，完善政策，为我国重大生态建设工程，以及国家生态保护与恢复提供技术支持和科技保障。

参考文献

安金玲 . 2002. 祁连山区天然林保护对策建议 . 甘肃林业，6：16，17.

陈百明 . 2001. 中国农业资源综合生产能力与人口承载能力 . 北京：气象出版社 .

陈建伟，肖江 . 1997. 论荒漠、荒漠化土地资源与自然保护 . 林业资源管理，2：30-34.

陈志清，朱震达 . 2000. 从沙尘暴看西部大开发中生态环境保护的重要性 . 地理科学进展，19（3）：259-265.

董捷 . 2003. 坡耕地与林地价值比较研究——兼论退耕还林的效益 . 中国人口 · 资源与环境，13（5）：81-83.

冯宗炜 . 2000. 中国酸雨对陆地生态系统的影响和防治对策 . 中国工程科学 . 2（9）：5-12.

葛文光，李录堂，李焱超 . 2006. 退耕还林工程可持续性问题探讨——对陕西省吴旗县、志丹县实施退耕还林的调查与思考 . 林业经济，11：33-49.

国家环保总局 . 1998. 中国生物多样性国情研究报告 . 北京：中国环境科学出版社 .

国家林业局 . 2012. 生态文明与可持续发展林业专题研究报告 . 见：朱之鑫，刘鹤 . 中央“十二五”规划《建设》重大专题研究（第二册）. 北京：党建读物出版社 .

国务院 . 2010. 国务院关于印发全国主体功能区规划的通知（国发〔2010〕46 号）. http：//www. gov. cn/zwgk/2011-06/08/content_ 1879180. htm［2010-12-21］.

胡会峰，刘国华 . 2006. 中国天然林保护工程的固碳能力估算 . 生态学报，26（1）：291-296.

环境保护部，中国科学院 . 2008. 全国生态功能区划（2008 年第 35 号）. http：//www. zhb. gov. cn/info/bgw/bgg/200808/W020080801436237505174. pdf［2013-01-21］.

蒋高明，李勇 . 2011. 中国森林现状 . 百科知识，6：12-14.

李迪强，宋延龄，欧阳志云等 . 2003. 全国林业系统自然保护区体系规划研究 . 北京：中国大地出版社，2.

李定一，柏方敏，陶接来 . 2006. 湖南省退耕还林工程成效与发展对策 . 湖南林业科技，33：1-5.

李智广，曹炜，刘秉正等 . 2008. 我国水土流失状况与发展趋势研究 . 中国水土保持科学，

6（1）：57-62.
联合国开发计划署．2000. 1999年人类发展报告．北京：中国财经出版社．
梁伟，白翠霞，孙保平等．2006. 黄土丘陵沟壑区退耕还林（草）区土壤水分－物理性质研究．中国水土保持，3：17，18.
刘芳，黄昌勇，何腾并等．2002. 黄壤旱坡地退耕还林还草对减少土壤磷流失的作用．水土保持学报，16（3）：20-23.
刘晓云，刘速．1996. 梭梭荒漠生态系统：Ⅰ初级生产力及其群落结构的动态变化．3：287-292.
刘燕，周庆行．2005. 退耕还林政策的激励机制缺陷．中国人口·资源与环境，15（5）：104-107.
欧阳志云．2007. 生态建设与可持续发展．北京：科学出版社．
苏大学．2000. 天然草原在防治黄河上中游流域水土流失与土地荒漠化中的作用与地位．草地学报，8（2）：77-81.
孙鸿烈．2011. 我国水土流失问题与防治对策．中国水利，6：16.
孙鸿烈等．2011. 中国生态问题与对策．北京：科学出版社．
王红英，严成，蒋麟凤．2007. 基于退耕还林工程的农民利益保障与增收的中西部比较研究．江西农业大学通报，29（2）：318-322.
王闰平，陈凯．2006. 中国退耕还林还草现状及问题分析．中国农学通报，22（2）：404-409.
王毅，徐志刚，于秀波．2010. 退耕还林工程评估与减缓贫困．见：梁治平．转型期的社会公正：问题与前景．北京：三联书店：273-284.
王珠娜，王晓光，史玉虎等．2007. 三峡库区秭归县退耕还林工程水土保持效益研究．中国水土保持科学，5：68-72.
徐晋涛，曹轶瑛．2002. 退耕还林还草的可持续发展问题．国际经济评论，2：56-60.
徐晋涛，陶然，徐志刚．2004. 退耕还林：成本有效性、结构调整效应与经济可持续性——基于西部三省农户调查的实证分析．经济学（季刊），4：139-162.
杨时民．2006. 关于退耕还林“十一五”政策建议——川贵两省退耕还林调研思考．林业经济，9：7-10.
张力小．2011. 关于重大生态建设工程系统整合的思考．中国人口·资源与环境，21（12）：73-77.
张志达．2006. 天保工程“十五”总结与“十一五”展望．林业经济，1：49-52.
中国科学院办公厅．2007-04-04. 中科院专家关于退耕还林工程的评估及建议．中国科学院专报信息，第25期．
中国科学院生态环境研究中心课题组．2010. 生态文明建设战略研究．见：国家发展和改革委员会．“十二五”规划战略研究（下）．北京：人民出版社．
中国可持续发展林业战略研究项目组．2002. 中国可持续发展林业战略研究总论．北京：中国林业出版社．
《中国生物多样性国情研究报告》编写组．1998. 中国生物多样性国情研究报告．北京：中国环境科学出版社．

中华人民共和国国家统计局. 2008. 第二次全国农业普查主要数据公报. http://www.stats.gov.cn/tjgb/nypcgb/p20080221_402463655.htm [2013-01-21].

中华人民共和国国家统计局. 2011. 中国统计年鉴2011. 北京: 中国统计出版社.

中华人民共和国国家统计局. 2012. 中华人民共和国2011年国民经济和社会发展统计公报. http://www.stats.gov.cn/tjgb/ndtjgb/qgndtjgb/t20120222_402786440.htm [2012-02-22].

中华人民共和国国土资源部. 2011. 2010年全国地质灾害通报. http://www.mlr.gov.cn/zwgk/zqyj/201101/P020110120670131247443.pdf [2013-01-21].

中华人民共和国环境保护部. 2011. 2010年中国环境状况公报. http://jcs.mep.gov.cn/hjzl/zkgb/2010zkgb [2013-01-21].

中华人民共和国水利部. 2010. 中国水资源公报2009. 北京: 中国水利水电出版社.

Feng Z, Yang Y, Zhang Y, et al. 2005. Grain-for-green policy and its impacts on grain supply in West China. Land Use Policy, 22: 301-312.

Hu C, Fu B, Chen L, et al. 2006. Farmers' attitudes towards the Grain-for-Green programme in the loess hilly area. China. Int J Sustainable Dev World Ecol, 13: 211-220.

Vina A, Scott S, Chen X D, et al. 2007. Temporal changes in giant panda habitat connectivity across boundaries of Wolong Nature Reserve, China. Ecol Appl, 17: 1019-1030.

Xu J, Yin R, Li Z, et al. 2006. China's ecological rehabilitation. Ecol Econ, 57: 595-607.

Xu Z, Xu J, Deng X, et al. 2006. Grain for green versus grain: Conflict between food security and conservation set-aside in China. World Dev, 34: 130-148.

第六章 重塑能源可持续发展*

能源是实现人类社会可持续发展的关键因素之一。自工业革命以来，能源作为动力原料推动着经济和社会的高速发展，已成为现代社会发展不可或缺的基本要素。但另一方面，能源的大规模利用在为人类衣食住行提供便利的同时，也带来了一系列问题和挑战，正影响着人类的可持续发展。

对于中国而言，在过去30多年里，能源支撑了经济社会的快速、稳定发展，也带来了能源供求紧张、环境污染、安全生产事故频发、能源安全挑战等诸多问题。十八大报告提出了“2020年全面建成小康社会的目标”，要求将“生态文明建设”列入“五位一体”的总布局，为此要推进能源生产和消费革命，给中国能源的绿色、低碳、可持续发展提出了新要求，指明了新方向。

事实上，作为世界第一大能源生产国和消费国，中国对能源的可持续发展极为重视，不断加强能源节约和非化石能源的发展，推动能源技术进步，增强能源的安全保障能力。伴随着城镇化、工业化进程的深化，中国能源可持续发展仍将面临重大挑战。在经济全球化及应对新一轮技术革命和产业革命的过程中，中国能源发展也存在不少机遇，积极推进能源转型和可持续发展，可为中国实行“弯道超车”、

---

* 本章由戴彦德、朱跃中、冯超执笔，前两位作者单位为国家发展和改革委员会能源研究所，冯超单位为中国矿业大学（北京）

实现中华民族的伟大复兴创造有利条件。

一 新世纪以来中国能源发展现状回顾分析

进入新世纪，特别是党的十六大以来，中国能源产业步入快速发展轨道。10年间，能源工业体系更加完善，能源供应能力明显增强，新能源和可再生能源迅猛发展，能源装备水平稳步提升，城乡居民用能水平和条件不断改善，为经济社会的平稳发展提供了有力支撑。与此同时，中国在能源国际合作方面取得新突破，不仅满足了本国经济社会发展的需求，也给世界各国带来新的合作空间和发展机遇。

（一）能源工业投资持续增加，常规能源供应能力明显增强

与发达国家一样，能源安全问题也是中国政府所关注的重大能源战略问题。为了降低能源对外依存度，中国政府采取了一系列措施加强常规能源供应能力建设，取得了显著成效，中国也已成为世界第一大能源生产国。据统计，10年间中国能源工业累计固定资产投资总额超过6万亿元，能源供应能力大幅增强，2011年中国一次能源生产总量达到31.8亿吨标准煤（图6.1），是2000年的2.4倍，年均增速为8.1%，位居世界第一。其中，原煤产量为35.2亿吨，原油产量突破2亿吨，成品油产量为2.7亿吨，天然气产量为1031亿立方米，电力装机容量为10.6亿千瓦，年发电量为4.7万亿千瓦时，有力地支撑了经济社会的快速发展。

具体而言，对于煤炭行业，中国原煤产量多年位居世界第一，在世界煤炭总产量中的占比近一半，10年间煤炭产量年均增产近2亿吨，在一次能源生产结构中依然占据主导地位（图6.2）。同时，中国煤炭行业的产业结构调整步伐加快，大型现代化煤矿建设取得显著成效，产业集中度不断提高。目前，全国已形成了14个大型煤炭基地，产量占全国总产量的近90%；有10个基地煤炭产量超过亿吨，其中神东为5.6亿吨，晋北和蒙东都超过3亿吨，“山西、陕西、内蒙古”煤炭基地的总产量超过全国总产量的40%。

对于石油行业，基本实现稳产增储的目标。目前，中国原油产量已突破2亿吨，其中东部大庆油田在原油5000万吨持续稳产27年后，近10年来持续稳产4000万吨；渤海湾盆地陆上油田继续稳产，保持年产5000万吨以上；西部鄂尔多斯盆地在破解了低渗透油气藏经济开发难题后，油气产量超过5000万吨，成为“西部大庆”；近海实现油气当量超过5000万吨，成功建成“海上大庆”。全国原油和成品油主线管网逐步完善，目前全国石油管线长度超过7万公里。炼油行业发展较快，原油加工能力快速

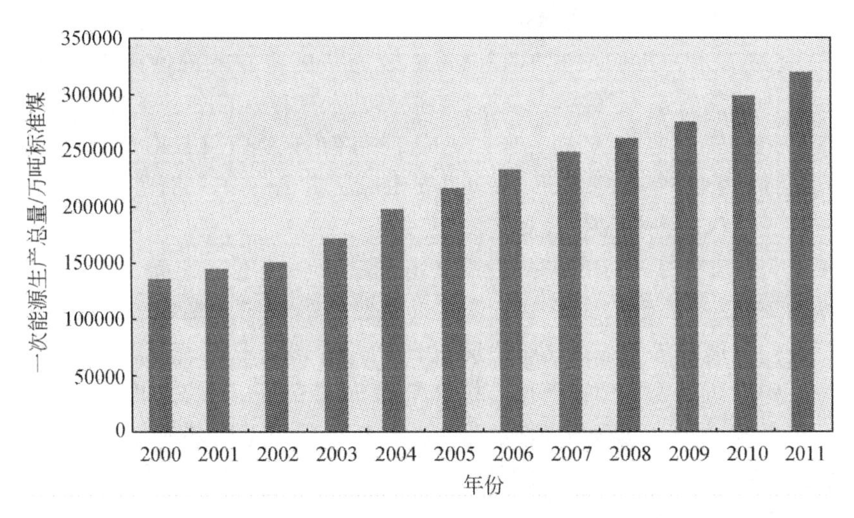

图 6.1　中国一次能源生产总量（2000～2011）

资料来源：中华人民共和国国家统计局，2012

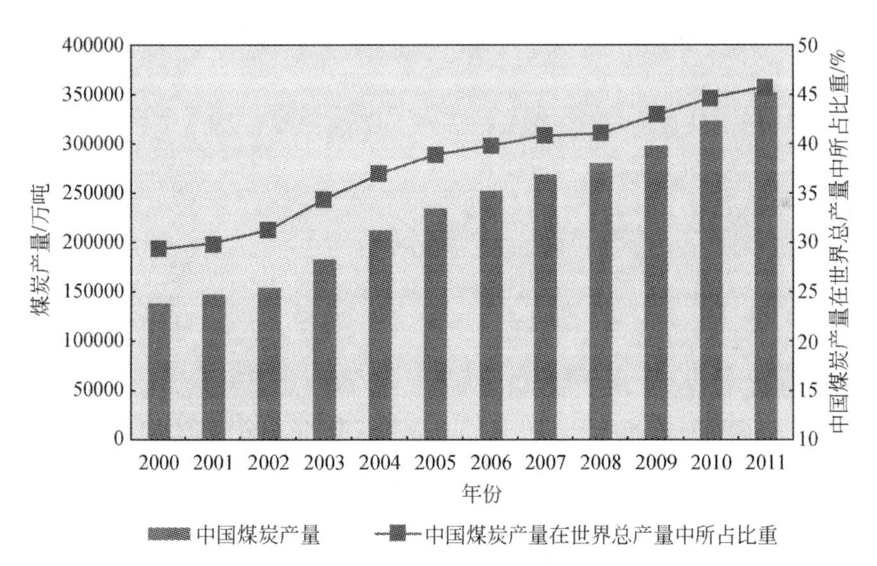

图 6.2　中国煤炭产量及在世界总产量中的比重（2000～2011）

资料来源：中华人民共和国国家统计局，2012；BP，2012

增长。截至 2011 年年底，全国原油综合加工能力达 5.30 亿吨/年，全年原油加工量为 4.48 亿吨，成品油产量为 2.67 亿吨，满足了国内快速增长的市场需求。

对于天然气行业，伴随着勘探、投资、开发力度的加强，近年来天然气行业取得长足进步，天然气产量迅猛增长，由2000年的不到300亿立方米迅速增长到2011年的1027亿立方米，年均增速为12.8%，成为中国化石能源增速最快的品种。与此同时，全国天然气基干管网架构逐步形成，目前中国天然气主干管道达4万公里，地下储气库工作气量为18亿立方米，建成3座液化天然气（LNG）接收站，总接收能力达到1230万吨/年，基本形成“西气东输、北气南下、海气登陆”的供气格局。非常规天然气的勘探开发也取得积极进展。

对于电力行业，实现了跨越式发展，特别是“十一五”期间，全国电力装机容量年均净增8900万千瓦，是新中国成立以来发展最快的时期。2011年，电力行业继续保持较快发展的势头，全国电力装机容量达到10.6亿千瓦，年发电量为4.7万亿千瓦时，均位居世界首位；新增装机容量为9000万千瓦，这种状况已连续保持6年，相当于每年增加一个欧洲大国的全国总装机容量；电网基本实现全国互联，330千伏及以上输电线路长度为17.9万公里。

2000~2011年中国分品种能源产量见表6.1。

表6.1　中国分品种能源产量（2000~2011）

年份	原煤/万吨	原油/万吨	天然气/亿立方米	发电量/亿千瓦时
2000	138418.5	16300.0	272.0	13556.0
2001	147200.0	16400.0	303.3	14808.0
2002	155000.0	16700.0	326.6	16540.0
2003	183500.0	16960.0	350.2	19106.0
2004	212300.0	17587.0	414.6	22033.0
2005	234951.8	18135.3	493.2	25002.6
2006	252855.1	18476.6	585.5	28657.3
2007	269164.3	18631.8	692.4	32815.5
2008	280200.0	19044.0	803.0	34668.8
2009	297300.0	18949.0	852.7	37146.5
2010	323500.0	20301.4	948.5	42071.6
2011	352000.0	20287.6	1026.9	47130.2

资料来源：中华人民共和国国家统计局，2012

（二）能源结构不断优化升级，清洁能源快速发展

“十五”以来，在应对气候变化和促进能源可持续发展的大背景下，中国政府

加大了对天然气、水电、核电等低碳、无碳能源的财税政策支持力度，表现在中国能源生产结构和消费结构中，天然气、水电、核电等一次能源消费比重不断攀升。根据《中国统计年鉴 2012》公布的数据，2011 年中国天然气在能源消费结构中的比重从2000 年的2.2%增至5%，提高了2.8 个百分点；水电、核电等一次电力的消费比重从2000 年的6.4%提高至2011 年的8%，其中风电、光伏发电的发展势头更为惊人，中国的能源结构优化进程明显提高（表6.2）。

表6.2 中国能源消费结构（2000～2011）

年份	能源消费总量/万吨标准煤	消费构成（能源消费总量=100）			
		煤炭	石油	天然气	水电、核电、风电
2000	145531	69.2	22.2	2.2	6.4
2001	150406	68.3	21.8	2.4	7.5
2002	159431	68.0	22.3	2.4	7.3
2003	183792	69.8	21.2	2.5	6.5
2004	213456	69.5	21.3	2.5	6.7
2005	235997	70.8	19.8	2.6	6.8
2006	258676	71.1	19.3	2.9	6.7
2007	280508	71.1	18.8	3.3	6.8
2008	291448	70.3	18.3	3.7	7.7
2009	306647	70.4	17.9	3.9	7.8
2010	324939	68.0	19.0	4.4	8.6
2011	348002	68.4	18.6	5.0	8.0

资料来源：中华人民共和国国家统计局，2012

截至2011 年年底，中国水电总装机容量为2.3 亿千瓦，列世界第一，占世界水电总装机容量的20%以上；风电装机增速世界第一，约占世界新增风电装机的44%；累计装机容量为6236 万千瓦，列世界第一，约占世界累计总装机容量的26%；太阳能热水器的利用量超过2.17 亿平方米，占世界总利用量的3/4 以上。此外，中国太阳能光伏发电、生物质能利用等也在飞速发展。2011 年，中国太阳能发电在光伏上网电价政策的推动下呈现出爆发式增长，全年新增装机容量为208 万千瓦，累计装机容量为295 万千瓦，2011 年生物质发电装机容量约为750 万千瓦，沼气年利用量约为162 亿立方米，生物燃料乙醇产量约为190 万吨，生物柴油利用量约为50 万吨，生物质成型燃料年产量约为350 万吨。

与美国、法国等核能利用大国相比，中国核电建设起步较晚，目前利用规模较小。截至2011年年底，全国核电机组共15台，总装机容量为1255万千瓦，2011年总发电量为863.5万千瓦时，约占全年总发电量的1.8%（图6.3）。但中国核电发展势头较快，目前是全球在建核电规模最大的国家。

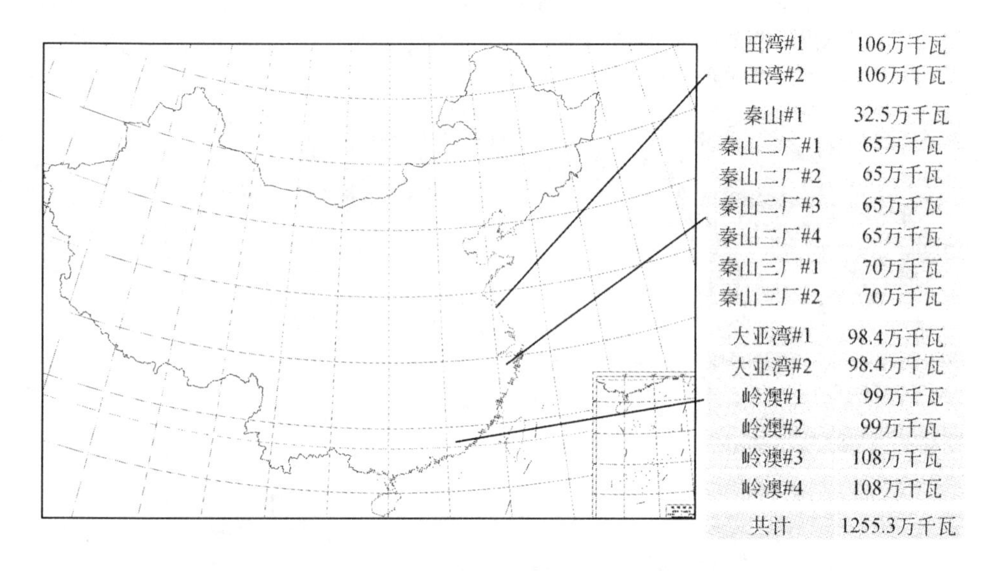

图6.3　中国已运行核电站（2011）

资料来源：肖建新，2012

（三）上下重视、多管齐下，节能降耗成效显著

中国十分重视节能减排工作，尤其是“十一五”以来，中国对节能的重视程度前所未有，以行政、法律、经济手段三管齐下，不断加大节能力度，取得了显著的节能效果，单位GDP能耗显著下降，2011年单位GDP能耗比2005年下降20.7%，实现节能量7.1亿吨标准煤。不仅如此，一系列节能政策举措的实施，还有力推动了经济发展方式的转变，促进了经济结构调整，加快了产业技术进步，提高了全社会的节能意识。

在推动经济发展方式转变方面，2006~2011年，中国能源消费以年均6.7%的增速，支撑了国民经济年均10.9%的增速，能源消费弹性系数由“十五”期间最高的1.6回落到2011年的0.76（表6.3）。成功转变了“十五”后半段经济发展对能源消耗依赖程度逐渐增高的不利趋势，有力地推动了经济发展方式的转变。

表6.3　中国能源消费弹性系数（2000～2011）

年份	GDP年增长率/%	一次能源消费年增长率/%	能源消费弹性系数
2000	8.4	3.5	0.42
2001	8.3	3.3	0.40
2002	9.1	6.0	0.66
2003	10.0	15.3	1.53
2004	10.1	16.1	1.60
2005	11.3	10.6	0.93
2006	12.7	9.6	0.76
2007	14.2	8.4	0.59
2008	9.6	3.9	0.41
2009	9.2	5.2	0.57
2010	10.4	6.0	0.58
2011	9.3	7.1	0.76

资料来源：中华人民共和国国家统计局，2012

在促进经济结构调整方面，通过淘汰落后产能，加快普及高能效先进设备等一系列措施，中国经济结构朝着有利于节能减排和可持续发展的方向逐步优化，特别是工业内部和产业内部结构调整取得明显进展。

在加快技术进步和创新方面，伴随着节能财税政策的有效实施，一大批过去难以推动的高效先进技术得以有效推广，中国能效水平显著提高，火力发电、钢铁、水泥、乙烯、合成氨等高耗能产品单耗显著下降，中国与国际先进水平的能效差距大幅缩小。

在提高全社会的节能意识方面，通过报刊、杂志、网络、电视及专题宣讲活动的开展，全社会节能环保意识得到了前所未有的提高。无论是国家的管理者和决策者、基层政府官员，还是广大民众，都开始有意识地关注节能；“节约能源”、“保护环境”、“低碳生活”、“绿色出行”等名词逐渐深入人心；许多大城市纷纷开始倡导低碳、绿色城市建设。

（四）污染物排放得到有效控制，部分城市环境质量有所好转

进入21世纪以来，特别是“十五”末期，随着工业化、城镇化的飞速发展，能源消费也出现了急速增长势头，与之相关的二氧化硫、化学需氧量等主要污染物

排放增长势头明显。“十一五”期间，随着节能减排行动的逐步深入，“十五”末期主要污染物排放上升势头得到遏制，与2005年相比，2010年化学需氧量和二氧化硫排放总量分别下降12.45%和14.29%，主要污染物排放总量得到有效控制。2011年，二氧化硫排放量继续呈下降趋势，排放总量为2217.9万吨，比上年下降2.21%。虽然近年来机动车保有量的快速增长带来城市的一氧化碳、碳氢化合物和氮氧化物的排放增加，但随着对污染控制的加强和能源结构的优化，城市空气质量总体上趋于好转。2011年，在监测城市中，空气质量达到二级以上（含二级）标准的城市为88.8%，而在2000年这一比例仅为36.5%，11年间提升了50多个百分点。2011年，地级及以上城市环境空气中可吸入颗粒物年均浓度达到或优于二级标准的城市占90.8%，劣于三级标准的城市仅占1.2%，而2000年可吸入颗粒物年均浓度达到或优于二级标准的城市仅占36.9%，11年间提升了近54个百分点（表6.4）。

表6.4　中国城市空气质量状况（2000～2011）（单位:%）

年份	空气质量达到二级以上（含二级）标准的城市所占比重	地级及以上城市环境空气中可吸入颗粒物年均浓度达到或优于二级标准的城市所占比重
2000	36.5	36.9
2001	33.4	35.9
2002	34.1	36.5
2003	41.7	45.6
2004	38.6	46.8
2005	60.3	59.5
2006	62.4	66.5
2007	60.5	72.0
2008	76.8	81.5
2009	82.5	84.3
2010	82.8	85.0
2011	88.8	90.8

资料来源：中华人民共和国环境保护部，2012

（五）加大引进、消化和自主创新力度，能源科技水平迅速提高

中国大力推进能源科技进步，一方面在积极引进和吸收发达国家较为成熟的先进技术成果的基础上进行再创新，另一方面积极推动核心技术和关键装备的自主创

新，在这两方面的作用下，能源科技水平迅速提高。在勘探与开采、加工与转化、发电和输配电等方面形成了较为完整的产业体系，装备制造和工程建设能力进一步增强，同时在技术创新、装备国产化和科研成果产业化方面都取得了较大进步。

在煤炭开采和开发方面，煤炭清洁化利用技术迅速发展，400 万吨/年选煤厂洗选设备已基本实现国产化，重介质选煤等技术得到广泛应用。在油气勘探和开发方面，海上油气资源评价、勘探技术有了长足进展，在复杂山地、沙漠、黄土塬等地形中的油气勘探技术已达到国际先进水平。在油气加工与输运方面，炼油工业已形成完整的石油炼制技术创新体系。

在火力发电方面，具有自主知识产权的1000 兆瓦级直接空冷机组已投入运行；300 兆瓦级亚临界参数循环流化床锅炉（CFB）已大批量投入商业运行。在水力发电方面，大型水电设备的国产化水平不断提高，制造技术总体上步入了世界先进行列。在风力发电方面，3 兆瓦海上双馈式风电机组已小批量应用。太阳能发电方面，已掌握 10 兆瓦级并网光伏发电系统设计集成技术。生物质能应用方面，生物质直燃发电和气化发电都已逐步实现了产业化，单厂最大规模分别达到 25 兆瓦和 5 兆瓦。在核能发电方面，已具备自主设计建造 300 兆瓦、600 兆瓦级和二代改进型 1000 兆瓦级压水堆核电站的能力。在输配电方面，大容量远距离输电技术、电网安全保障技术、配电自动化技术和电网升级关键技术等均取得了显著进展（国家能源局，2011）。

（六）加强国际能源合作，能源供应安全得到有效保障

进入 21 世纪以来，气候变化和能源环境问题日益成为国际社会关注热点，中国以煤为主的能源消费结构不仅导致能源利用效率不高，还带来越来越严重的环境污染和二氧化碳排放问题。因此，优化能源结构、增加优质能源消费比重逐渐成为中国能源战略的重要内容，但不可避免会带来能源安全问题，特别是石油供应安全的挑战。为了维护国际能源市场稳定，保证能源供应安全，促进世界各国的共同发展，中国一直坚持“走出去”和“引进来”相结合、多方面开展国际能源合作的政策。

“十一五”期间是中国能源国际合作发展较快、成效较为显著的时期，主要表现在四个方面。一是合作领域不断拓宽。已从最初在石油领域的合作扩展到以油气为主，涵盖煤炭、电力、可再生能源、核能、能源装备等多个领域；从单一的上游领域勘探开发扩展到上下游一体化合作，包括炼化、储运等，呈现出多方位、全领域的合作态势。二是合作对象不断增多。已与 30 多个国家建立了双边合作机制，合作对象从周边邻国、中东逐步扩展到中亚、非洲、美洲、大洋洲等广大地区，覆

盖了世界主要能源消费国和生产国，参与了22个能源国际组织和国际会议机制，多边合作不断深化。三是合作方式不断创新。为实施“走出去”战略，中国能源企业通过独资、合资、股权参与、并购、工程承包、技术服务、第三方开发等方式，在能源勘探、开发等方面开展了富有成效的合作。四是加强了能源政策对话交流。

中国通过利用国际、国内两种资源、两个市场，基本实现了能源供应来源多元化，促进了能源科技进步，保障了能源安全，优化了能源消费结构，夯实了能源可持续发展的基础。

二 可持续能源发展的国内外新趋势和新要求

（一）国际能源可持续发展的新趋势和新变化

随着对能源可持续发展共识程度的加深，当今世界主要能源消费国无一例外将提高能源效率、拓展能源供应来源、开发可再生能源、推进能源技术革命作为本国能源发展战略重点，国际能源供需也呈现出多元化、清洁化、高效化和全球化的特征和趋势。近年来出现的美国“页岩气革命”及由此带来的“能源独立”、全球气候变化、建立在互联网基础上的新一轮技术革命等国际能源发展的新变化，进一步强化了上述趋势，正对世界能源的生产、消费和可持续发展产生着深刻影响。

1. 非常规油气资源勘探技术进步有可能提升化石能源供应潜力

自2005年开始，得益于页岩气开发技术的突破，美国天然气产量转降为升，2005~2008年、2008~2011年天然气产量年均增长率分别达3.75%和4.49%。随后，页岩气开发的大获成功刺激了美国更加注重对页岩油的开发。自2008年开始，页岩油产量的增加也终止了美国石油产量的下降趋势，2008~2011年石油产量持续增加，年均增长率约为4.94%。美国页岩油、页岩气技术的革命性突破震惊了全世界，也为油气行业的专业人士提供了启示，近年来对在深海区和永久冻土层下的天然气水合物的探索开发也加快了步伐，有可能大大提升全球油气资源的供应潜力。中国页岩油、页岩气储量也非常丰富，其中页岩气可采资源量为25万亿立方米（国土资源部，2012），一旦页岩气大规模开发成功，中国能源结构优化、能源转型将会取得实质进展。

2. 美国“能源独立”有可能改变世界地缘油气供需格局和版图

不管美国能否实现“能源独立”的目标，这种政策取向将对全球能源的地缘格局和版图产生深刻影响，特别是国际油气市场的供需格局将发生新变化，区域化趋势也将大大增强。美国减少对中东、北非地区油气资源的进口依赖，会使该地区的产油国加强与中国、日本、韩国、印度及东盟等亚洲国家和组织接触，国际石油消费市场将逐步东移。总体来看，未来国际石油市场将形成三大区域，一是大西洋两岸的南北美洲国家，以及西非的尼日利亚、安哥拉，它们将成为美国海外石油供应的主力军，形成大西洋供需区；二是以俄罗斯及北海、北非、中亚地区产油国为主力，以欧盟各成员国为消费对象的环欧洲供需区；三是太平洋西岸有可能形成的以中国、日本、韩国、印度为消费中心的中东、中亚、东南亚环亚洲供需区。对于中国而言，美国“能源独立”政策将大大增加中国利用中东、北非地区油气资源的空间，但另一方面要承担中东局势动荡后带来石油价格波动的风险。

3. 推动绿色能源发展将进一步成为应对全球气候变化的必然选择

进入 21 世纪，世界面临最大的挑战是全球气候变化及其影响，最大的机遇就是绿色能源革命。化石能源的大规模利用而导致全球气候变暖的观点已逐渐被社会各界接受，要解决这一世界性的难题，推动能源绿色低碳发展也成为必然选择。目前世界主要国家纷纷启动各自的低碳发展计划，并且把发展低碳技术和新技术产业作为走出全球金融危机的重要措施，加大了研发投入和政策支持力度。其中，美国政府 2009 年 12 月颁布的《重整美国制造业框架》，将清洁能源、医学和保健体系、环境科学作为优先重点；英国 2009 年 6 月颁布的《构筑英国未来》提出要着手建设“明天的经济”，大力发展低碳经济、生物产业等，确保英国的世界领先地位；2010 年，德国公布的《德国联邦政府能源方案》，提出至 2020 年可再生能源占其电力总需求 35% 的目标。可以预见，高效、绿色、低碳将成为未来能源可持续发展的关键词。

4. 新一轮科技革命要求能源的生产和消费方式发生重大变化

在全球应对气候变化和经济危机的形势下，美国著名学者杰里米·里夫金出版的《第三次工业革命——新经济模式如何改变世界》受到国际、国内社会的关注和热议，按照杰里米·里夫金的观点，第三次工业革命就是能源互联网与可再生能源结合，并导致人类生产生活、社会经济的重大变革，其中支撑第三次工业革命的五大支柱分别涉及可再生能源、用能系统、储能技术、能源传输、能源交通。一旦第三次工业革命得以实现，意味着能源的生产、加工、转换、输配、消费等过程均会发生重大变化，目前以化石燃料为主体的能源生产和消费格局将被彻底打破，这将从根本上改变自第一次工业革命以来经济发展与碳排放同时增长的传统发展模式，实现经济增长与碳排放“脱钩”。

按照目前的发展现状与态势，虽然尚难做出“人类已经进入第三次工业革命”的判断，但从“大危机孕育大变革，大动荡蕴含大调整”的历史经验看，支撑第三次工业革命的一系列技术、装备逐步趋于成熟，专业人才的储备也不断增加，特别是在“全球经济复苏”和“低碳、绿色经济”背景下，目前全球有可能正处于新技术变革、新的工业革命前夜。在这一变革时期，谁能引领能源技术向绿色、循环、低碳的变革，谁就将成为最大的受益者。

（二）国内能源发展的新形势和新要求

最近召开的十八大，将生态文明建设列入“经济、社会、政治、文化、生态”建设五位一体的总布局，系统提出建设生态文明、建设美丽中国的要求，这不仅彰显了政府旨在通过继续大力推进节能减排、发展新能源，破解粗放式经济发展对经济增长造成的硬约束的决心，也对能源的可持续发展提出了更高的要求，主要体现在以下方面。

1. 要求能源发展必须树立尊重自然、顺应自然、保护自然的理念

新中国成立伊始，各行各业百废待兴，工业化大发展的任务非常迫切，全国大干快上进行经济建设。在这个特定的时代，人们谈论最多的是征服自然、人定胜天，保护自然则被置于相当边缘化的境地。但随着工业化的快速发展，资源和环境问题日益突出，特别是在应对全球气候变化背景下，人们开始对工业文明进行深刻反思。化石能源是人类工业文明过程中向自然攫取的最重要的物质之一，对化石能源的大规模、高强度的开发、利用，造成了今天化石能源日益枯竭、区域污染严重、全球气候变化等问题。能源要实现可持续发展，必须树立尊重自然、顺应自然、保护自然的生态文明理念。十八大报告提出的“建设生态文明”要求中国必须继续强化能源节约，推进绿色、低碳能源利用，正确引导能源消费观念，实现能源的可持续发展。

2. 要求积极推进能源生产方式和消费方式的革命

建设生态文明、保护自然的理念否定了以过度消耗能源和资源、损害生态环境

为代价的增长方式，但顺应自然不是被动的服从，而是要认识、尊重自然及其成长规律。十八大报告提出的建设生态文明，实质上就是要建设以资源环境承载力为基础、以自然规律为准则、以可持续发展为目标的资源节约型、环境友好型社会，要求在未来的经济和社会建设过程中，转变能源生产方式和消费方式。一方面，在能源生产方面，要大力发展绿色、低碳能源，促使能源供应结构向低碳化方向前进；另一方面，在能源消费方面，要更加重视能源资源的节约，把利用化石能源资源控制在资源环境可承受的范围之内。

3. 要求主动引导生活方式和消费方式的转变

建设生态文明，要形成节约资源和保护环境的空间格局、产业结构、生产方式、生活方式，落实到能源的可持续发展上来，非常重要的一个方面就是要正确引导人们生活方式和消费方式的转变。以美国为代表的西方发达国家完成工业化较早，其生活方式和消费方式建立在对全球能源、资源的过度占有、过度消费的基础上，导致全球能源资源匮乏、区域环境污染严重、全球气候持续升温。随着中国综合国力不断提升，人民生活水平不断提升，能源消费也不断增长，这是发展的必然，但现实条件和外部环境决定了中国难以复制西方发达国家和我们过去粗放式的发展方式。十八大报告提出的建设生态文明，就是要求立足国情，正确引导消费结构升级，形成有利于节约能源资源和保护环境的中国城乡建设模式和消费模式，实现能源可持续发展。

4. 要求大幅提升能源科技集成和创新能力

科技是第一生产力，在人类文明进步中发挥了决定性作用。作为工业文明后的又一新的文明形态，生态文明建设必然需要科技创新的大力支撑。生态文明建设需要用科技创新提升绿色产业发展水平、支撑能源资源可持续利用、提高生态环境安全保障能力。当今世界，能源安全和气候变化作为主要推动力推动了可再生能源技术和产业的大发展。尤其是金融危机后，可再生能源成为世界各国投资和创造新就业机会的热点，光伏发电、风电等年增长速度均在20%以上。节能技术也是各国发展的重点，日本在福岛第一核电站事故发生后，将节能作为其能源领域发展的四大支柱之一，欧盟在其目前正在实施的第七研发框架计划（2007～2013年）中，对能源、环境领域技术投资的预算超过23亿欧元，其中能源效率和能源节约是主要支持方向。中国要实现能源的可持续发展，必然需要科技创新的大力支撑。

三 中国能源可持续发展面临的机遇和挑战

（一）中国能源可持续发展面临的机遇

1. 政策体系不断完善，为能源可持续发展创造了良好环境

中国改革开放30年来的能源发展实践表明，要推进经济、社会、能源、环境的可持续发展，政府确定的发展战略、方针，出台的法律、法规、条例、规范、标准，制定的宏观经济政策，乃至组织实施、监督、管理体系等方面均要相互衔接。中国已经确定了“节约优先、立足国内、多元发展、保护环境、科技创新、深化改革、国际合作、改善民生”的能源发展方针，并且把推进能源生产和利用方式变革，构建安全、稳定、经济、清洁的现代能源产业体系作为未来能源可持续发展的重要目标和内容。为此，近10年来，中国政府一方面修订了《节能法》，出台了《可再生能源促进法》，完善了法规体系建设；另一方面将节能减排纳入国家五年规划和中长期发展战略之中，在产业、财政、金融、税收、投融资等方面也相继出台了促进能源可持续发展的一系列政策、措施，为中国能源的可持续发展创造了良好的环境。

2. 经济、科技实力不断增强，为能源可持续发展提供了有力支撑

可持续能源工业体系的建设、节能减排工作的开展、新能源技术的开发等各项促进能源可持续发展工作的开展，需要国家的统筹规划和财力支持，也需要科技水平加以支撑。中国改革开放30多年来经济飞速发展，积累了大量的社会财富，极大地提升了综合国力。2011年中国GDP已达到47.2万亿元，成为仅次于美国的世界第二大经济体。国家外汇储备大幅增加，2011年末突破3万亿美元，达到31811亿美元，储备规模连续六年稳居世界第一位。经济实力和综合国力显著提高，社会财富不断积聚，使中国在推动能源的可持续发展过程中能够拥有充足的资金保障并具备续航能力。

同时，中国科技发展开始进入重要跃升期，自主创新能力不断加强，科技综合实力大幅提高，科技资源配置和布局不断完善，科技创新环境建设取得积极进展。当前，中国科技人力资源总量已超过5100万人，位居世界第一，全国有38个国家重大科学工程和科技基础设施、328个国家重点实验室、264个国家工程技术研究中心、1700多个科技资源信息数据库。2010年，中国发明专利授权量进入世界前三；

通过《专利合作条约》(PCT) 申请的国际专利达到1.2万件，位居世界第四；高技术产业生产总值达到7.5万亿元，位居世界第二（中国科技发展战略研究小组，2010）。科技研发实力和国际竞争力的显著提升，经济实力的显著增强，科技实力的不断提高，为未来推动能源的可持续发展提供了有力支撑。

3. 可再生能源资源丰富，为能源可持续发展提供了充足的资源条件

中国可再生能源资源较为丰富，有大规模利用可再生能源的资源条件。其中，水能资源方面，中国河流众多、径流丰沛、落差巨大，水能资源非常丰富，全国水能理论蕴藏量为6.944亿千瓦（未包括台湾地区），技术可开发装机容量为5.4亿千瓦，经济可开发装机容量为4亿千瓦。目前水能资源利用率不到40%，与美国、日本等发达国家80%以上的水能资源利用率相比，未来水电的发展潜力还非常大。风能方面，中国陆上技术可开发量为600～1000吉瓦，海上风电技术可开发量为400～500吉瓦，陆上加海上总的风能可开发量为1000～1500吉瓦。与其他国家相比，中国的风电资源与美国接近，远远高于印度、德国、西班牙，属于风能资源较丰富的国家，可开发的风能潜力巨大。太阳能方面，中国陆地每年接受的太阳能辐射能理论估计值为1.47亿千瓦时，约合4.7亿吨标准煤。此外，中国拥有130.8万平方公里的沙漠土地资源，具备安装太阳能光伏电池装机能力500亿千瓦；2010年年末城市可利用建筑面积约为200亿平方米，具备安装太阳能光伏电池装机能力20亿千瓦（王仲颖等，2012）。

4. 纵深发展，城镇化和工业化为能源可持续发展和转型提供了广阔空间

十八大报告提出了2020年全面建成小康社会的目标，并且要求城镇化质量明显提高、基本实现工业化，这些新目标和新要求将会为中国可持续发展和能源转型提供新的发展空间。具体而言，2011年中国城镇化率刚刚超过50%，按户籍人口计算仅为35%左右，不仅明显低于发达国家近80%的水平，也低于许多同等发展阶段国家的水平。在未来二三十年里，如果中国城镇化的提高保持目前水平，每年将需要建设10多亿平方米的城镇住宅，每年将有1000多万人口转移到城市。由此可见，中国城镇公共服务和基础设施建设需求潜力巨大。据测算，目前中国城镇地区每建造1亿平方米的建筑物，需要消耗约810万吨钢材、2200万吨水泥和240万立方米木材，这意味着仅城镇住宅一项，每年就需要1亿吨钢铁、2亿多吨水泥。这也是我们相比于发达国家，具备的市场空间大、产业化能力强的优势，可为绿色建筑物、高耗能行业的清洁生产提供较好的发展空间和市场容量，也有利于新能源、新技术通过学习曲线推动成本下降，从而为推动中国能源生产和消费转型奠定较好的市场基础。

5. 大量试点示范的开展，为探索能源可持续发展积累了丰富经验

2005年以来，中国组织开展了国家循环经济试点示范，先后确定了两批共178家试点单位。28个省（直辖市、自治区）开展了省级试点，共确定133个市（区、县）、256个园区、1352家企业作为试点，总结凝练出60个中国特色的循环经济典型模式案例。

2009年，中国在北京、上海、重庆、长春、大连、杭州、济南、武汉、深圳、合肥、长沙、昆明、南昌等13个城市开展了节能与新能源汽车示范推广试点工作，以财政政策鼓励在公交、出租、公务、环卫和邮政等公共服务领域率先推广使用节能与新能源汽车，对推广使用单位购买节能与新能源汽车给予补助。

2010年，中国启动了国家低碳省区和低碳城市试点工作，并选择广东、湖北、辽宁、陕西、云南等5省和天津、重庆、杭州、厦门、深圳、贵阳、南昌、保定等8市作为首批试点。目前，各试点省区和城市均成立了低碳试点工作领导小组，编制了低碳试点工作实施方案，提出了本地区“十二五”期间和2020年碳强度下降目标，并在经济发展中积极转变发展方式，部署重点行动，推进建设低碳发展重点工程，大力发展低碳产业，推进绿色、低碳发展。

此外，中国还在内蒙古、甘肃、青海、新疆、西藏等适宜地区，建设太阳能热发电示范工程试点等。大量试点示范工作的开展为未来能源可持续发展积累了丰富的经验。

（二）中国能源可持续发展面临的挑战

1. 能源刚性需求增长趋势明显，短期内难以改变对化石能源消费模式的依赖

面对新世纪以来中国能源消费的快速增长势头，以及由此带来的大量二氧化碳排放，国内外很多机构对中国的能源发展前景表示关注，也开展了一系列中国能源展望和分析研究，并寄希望于中国在未来10~20年达到能源峰值。

纵观发达国家经济发展历史，能源需求总量的增长与经济总量的增长有着密切的关系。如图6.4所示，美国、日本能源需求总量变化的趋势与其经济增长的趋势有明显的相关性，经济增长速度增长较快的过程中伴随着对能源需求的快速增长。即使对于已完成工业化的美国、日本等发达国家而言，其能源消费仍然呈总体上升趋势（图6.5），远未达到严格意义上的能源峰值。

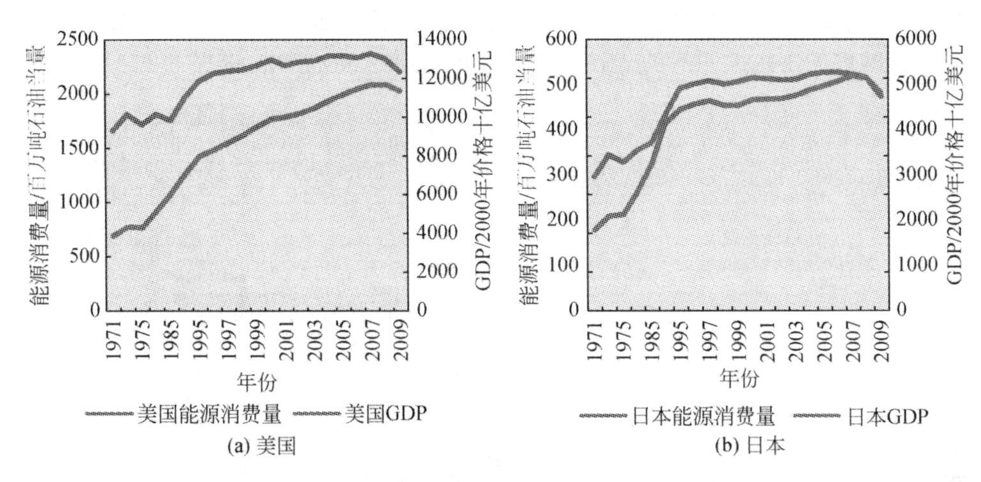

图 6.4　美国、日本经济与能源需求关系（1971～2009）

资料来源：The Energy Data and Modeling Center，2012；BP，2012

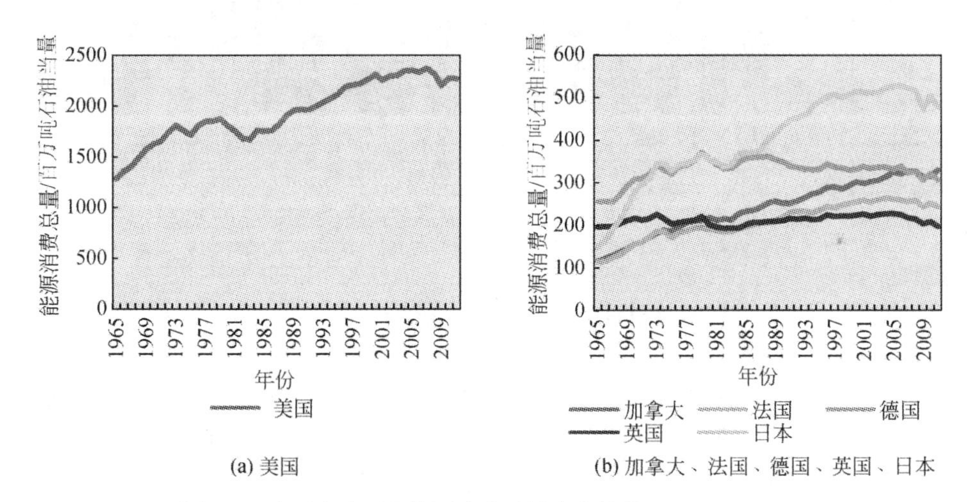

图 6.5　主要发达国家能源消费总量变化趋势（1965～2011）

资料来源：BP，2012

刚刚结束的十八大提出到2020年实现GDP和城乡居民人均收入比2010年翻一番的经济发展目标。要实现这“两个倍增”目标，仍要保持经济的快速增长，“十二五”、“十三五”期间中国仍将处于工业化、城镇化建设的加速发展阶段，迅速崛起的交通、民用领域能源需求将成为新的增长点。

虽然有研究认为，中国在大力推动节能和可再生能源发展的情况下，化石燃料的需求可在2035年前后达到峰值（国家发展和改革委员会能源研究所课题组，

2009)，但总体来看，2020 年前，中国的能源需求仍有可能保持 2000 年以来每年约 2 亿吨标准煤的增幅，届时的能源需求总量将达到约 53 亿吨标准煤（图 6.6）。

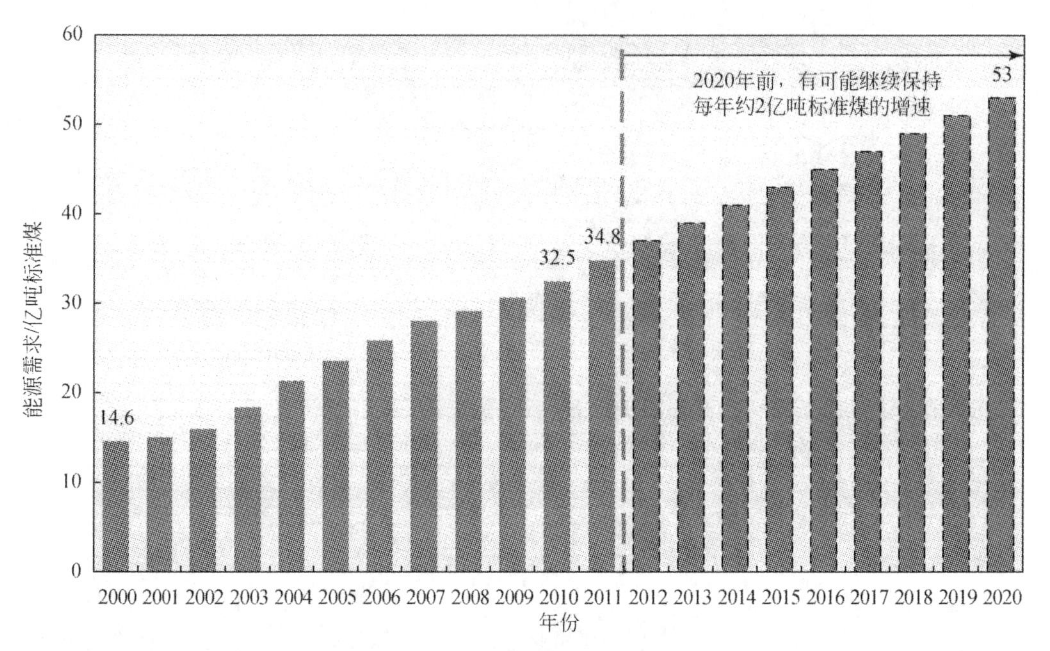

图 6.6　中国能源需求增长趋势

资料来源：中华人民共和国统计局，2012；戴彦德等，2012

受资源、技术等约束及对核安全等因素的考虑，预计到 2020 年我国的可再生能源和核电等非化石燃料的总供给量在 8 亿吨标准煤左右，要满足届时的能源需求将仍然主要依靠化石能源，特别是煤炭来解决，因此短期内难以改变对化石能源消费模式的依赖。另一方面，中国煤炭的高速增产已经带来严重的环境污染、生态破坏、矿区内矿难事故频发、能源运输压力巨大等难题，如果煤炭产量在现有基础上再增加十几亿吨，中国未来的能源可持续发展将面临更严峻的挑战。

2. 环境污染压力持续增加，环境约束不断加大

中国巨大的能源消费总量及以煤为主的消费结构是导致大气污染严重、固体废物排放日益增多的最主要原因。如前所述，如果不采取针对性措施，未来 10 年，对能源需求的刚性增长难以改变，煤炭仍有可能是能源消费的主力，环境污染的压力将持续增加，环境问题给能源可持续发展带来的约束将不断加强。

大气污染中，二氧化硫主要来源于含硫化石燃料的燃烧，其中燃煤占到 90%；

氮氧化物的排放也与能源活动密切相关，其中发电、工业锅炉、窑炉等燃煤排放占总排放量的67%（魏一鸣等，2012）；此外，不断增长的机动车尾气也是氮氧化物排放的主要来源。2011 年，我国二氧化硫排放量超过 2217 万吨；氮氧化物排放量超过2404 万吨；全国重点监测的468 个市（县）中，有近一半出现不同程度的酸雨污染；2011 年，主要来源于化石燃料燃烧的 $PM_{2.5}$ 也越来越受到公众的关心。

水污染中，煤炭开采、洗选和燃烧，石油和天然气的开采、加工等能源活动过程中均伴有大量工业废水的排放，2011 年中国矿井水排放量达 59 亿立方米（王庆一，2012）。海上采油造成的海洋污染也越来越严重，海上漏油事件时有发生。2011 年 6 月份蓬莱“19-3”油田发生严重溢油事故，造成蓬莱“19-3”油田周边及其北部海域约 6200 平方公里的海水污染，其中 870 平方公里海域海水受到严重污染，石油类含量劣于第四类海水水质标准。

固体废物污染中，煤炭开采过程中产生的煤矸石是固体废物排放大户。据测算，中国平均每产一吨煤约产生 0.13 吨煤矸石，而目前煤矸石的综合利用率仅为 60%左右（杨玉峰，2012）。2011 年中国煤矸石排放量达 7 亿吨左右，全国堆存量约为62 亿吨，占地 2 万公顷（王庆一，2012）。大量的矸石山不仅占用大量的土地，而且其自燃和缓慢氧化还排放大量的二氧化硫，2011 年因矸石山自燃和缓慢氧化排放的二氧化硫约为 110 万吨。

总之，我国无论陆地还是海洋，生态环境均已十分脆弱，环境已无容量。如果未来继续大规模增加能源消耗，生态环境保护将面临严峻的挑战。

3. 人均二氧化碳排放进入快速增长期，国际气候谈判的压力不断加大

人类工业化进程是与二氧化碳排放的快速增长紧密相关的。从既有工业化国家的历史排放上看，无论是英国、美国、欧盟等先行工业化国家或组织，还是日本、韩国等较后启动工业化进程的国家，其工业化进程都伴随着人均二氧化碳排放的快速增加。尤其是后发工业化国家，其工业化进程比先行工业化国家在时间上大大压缩，其人均二氧化碳排放量的增长速度也更快。

从人均二氧化碳累积排放上看，鉴于工业化与人均原材料积累和能源消耗的刚性关系，以较低的人均累积排放量实现工业化难度也相当大。历史表明，无论是人均 GDP 最高的美国、日本、德国，还是相对较低的韩国，1850 ~ 2005 年的人均累积二氧化碳排放水平均要在 190 吨以上。虽然中国目前的人均累积二氧化碳排放仍显著低于经济合作与发展组织（OECD）国家，但到 2020 年全面建成小康社会，中国的人均二氧化碳累积排放量将不可避免地继续上涨。

全球大规模的能源消费所产生的二氧化碳等温室气体对全球气候变化的潜在威

胁已经成为国际社会关注的焦点。地球温升控制在 2℃的目标已写入《哥本哈根协议》，这一域值使全球未来允许的温室气体排放空间大大压缩。作为世界上的能源消费大国，中国的能源环境问题也已成为国际能源环境问题的一个重要部分，虽然中国工业化过程中的人均累计碳排放量还远低于发达国家的水平，但排放总量已占全球的 20% 以上，人均二氧化碳排放量超过世界平均水平。

目前国际社会，特别是美国、欧盟、日本等发达国家或组织，淡化“共同但有区别责任”原则的倾向更加明显，要求中国减排的呼声越来越高，如果在此基础上继续大幅增加二氧化碳排放，无疑将会给中国的气候谈判带来更为严峻的挑战，也必然会压缩中国经济社会稳定、持续发展的空间。

4. 扩大油气消费比重，能源安全将面临严峻考验

虽然中国能源自给率一直在 90% 以上，但目前已成为煤炭、石油、天然气均需进口的国家，尤其是石油进口依存度已经超过 55%，2011 年达到 56. 5%，是仅次于美国的世界第二大石油进口国。要实现经济、能源、环境的可持续发展，展示负责任大国的国际形象，未来 10 多年里，中国除了发展非化石能源以外，也会增加油气等优质能源的比重，优化能源结构，这将给中国的能源安全带来严峻考验。

首先，从目前国际能源发展形势看，全球资源供需将长期偏紧。第一，发达国家自工业化以来形成的高消耗、高消费的生活消费模式难以根本改变；第二，巴西、印度等新兴发展中国家将加快工业化进程，对能源有着巨大的需求；第三，其他贫困国家也在为摆脱贫困而努力，同样会对能源有着越来越大的需求。全球能源资源竞争会愈演愈烈。

其次，对外依存度的提高，将加剧国际油价波动带来的风险。中国原油进口集中度较高。据统计，2011 年从中东国家进口的原油量占 42%，从非洲国家进口的原油量占 14. 7%，原油进口集中度已超过 40%（BP，2012）。未来 10 年，美国“能源独立”政策空出的中东油气份额将逐渐向亚太地区转移，中国从中东地区进口的原油量会越来越高，中国最主要的原油来源地仍将是中东和非洲地区。中国及亚太国家将承担海湾地区政治局势动荡后带来的石油价格波动风险。

再者，中国能源进口通道安全面临着新的挑战。中国的石油运输绝大部分经过“印度洋→马六甲海峡→南海”一线海运，80% 要经过马六甲海峡，38% 要经过霍尔木兹海峡。马六甲海峡是世界最繁忙的海上运输咽喉之一，运输能力几近饱和。据预测，到 2020 年其运输量将达到 10 亿 ~ 12 亿吨（梁琪等，2012），在目前运力的基础上还要再增加 3 亿 ~ 4 亿吨，这将大大超过海峡的承受能力。而马六甲海峡地处马来西亚、新加坡控制范围之内，印度对其也触手可及，同时还是美国在其全

球战略中公开表示要控制的16个战略咽喉之一，以中国目前的力量难以对其掌控。对马六甲海峡的过度依赖将对中国海上石油进口通道安全带来巨大的挑战。此外，承担中国油气运输任务的主要是欧洲、北美洲等的各大航运巨头，“国油国运”比例不足40%，距离实现“国油国运”、“国有国保”的目标还相差甚远。

最后，美国“能源独立”还将使中国周边及海上资源开发面临新的挑战。美国页岩油、气开发的成功，促使其向“能源独立”大步迈进，对中东地区油气的依赖程度进一步降低，也有了余力来实施其“重返亚洲”战略。自2011年下半年以来，越南、马来西亚、菲律宾等国家在美国的支持下意图染指中国南海海域油气资源开发，日本意图争夺中国钓鱼岛的动作也越来越大，这给中国周边及海上资源的开发也带来了新的挑战。

5. 能源核心技术较为落后，自主创新能力亟待提升

虽然中国能源科技水平不断进步，在一些重大技术上屡屡有所突破，自主创新能力不断加强，但总体上看，能源科技自主创新的基础还比较薄弱，核心和关键技术仍然落后于世界先进水平，主要关键技术和设备仍依赖于国外引进。与发达国家相比，在能源开采、转换、存储和运输、高效与清洁开发利用等技术领域存在较大差距。

以风机制造为例。到2011年，中国风电整机制造企业累计超过100家，国产风机在国内的市场份额明显提高，国内风机装备制造业初步形成。但在技术上，中国仍落后于世界先进水平，产品缺乏竞争力；在关键工艺、设备和原材料供应方面，仍严重依赖进口，如大型风电机组的轴承、太阳能电池的核心生产装备、纤维素乙醇所需的高效生物酶等，均受制于国外技术的垄断。尽管近年来情况有所改观，但从产业长远发展考虑，产业体系薄弱仍是困扰行业发展的重要问题。大部分可再生能源产品的生产厂家由于生产规模小、集约化程度低、工艺落后、产品质量不稳定、技术开发能力低，难以降低工程造价和及时提供备件。

此外，由于自身基础研究薄弱，创新性、基础性研究工作开展较少、起步较晚、水平较低，缺乏强有力的技术研究支撑平台，缺乏清晰系统的技术发展路线和长远的发展思路，没有连续、滚动的研发投入计划，用于研发的资金支持也明显不足，导致国内大部分企业的核心技术均来源于国外，技术上的受制于人为整个产业的发展埋下了危机的种子。

6. 可再生能源整体开发障碍重重，未来发展还存在着不确定性

虽然近年来中国可再生能源发展迅速，产业规模不断扩大，但面临的诸多问题和障碍也逐渐显现，严重阻碍着可再生能源的可持续发展（任东明，2012）。一是高成本导致可再生能源产业市场竞争力较弱，目前除太阳能热水器外，风电、光伏发电、生物质发电等利用成本均高于常规能源，缺乏市场竞争力，尚不具备自主商业化发展能力。二是国内可再生能源技术研发水平较低，核心技术受制于人，技术创新能力不强，持续性研发的能力较弱。三是管理职能部门不统一，能源、科技、农业、林业、水利、国土资源、建设、环保、海洋、气象等部门多头管理、政出多门、缺少协调、冲突不断，反而削弱了国家的宏观调控力，导致行业管理松散。四是政策措施出台滞后。《可再生能源法》虽已颁布，但相应政策措施不配套，象征意义大于实际，落实难度较大。五是并网难，弃风现象严重。由于风电、光伏发电的间歇性，导致众多电网视其为影响安全与稳定的“垃圾电”，对其不予接纳，并网难已成为当前可再生能源发电的最大瓶颈。六是对发展可再生能源的战略意义仍然认识不足，没有将新能源产业作为长远的战略性新兴产业来看待，而只是更多地关注眼前利益、局部利益或是部门利益，认识片面、观念陈旧。七是国际贸易保护主义抬头。例如，美国商务部对中国光伏电池及组件的“双反”调查，致使中国太阳能企业出口美国的产品总税额超过35%，严重损害了中国光伏企业的利益。八是当前可再生能源技术还远未成熟，现有技术下的可再生能源产业规模化发展并占领市场后，有可能阻碍新技术的产业化，导致次优技术占主导地位，从而产生技术锁定效应，反而成为可再生能源继续发展的障碍。

四　中国可持续能源战略的总体思路和对策建议

（一）中国可持续能源战略的总体思路

中国能源的可持续发展，机遇与挑战并存，在未来发展过程中，要抓住机遇、迎接挑战，构建安全、稳定、经济、清洁的现代能源产业体系，实现能源可持续发展。一是要坚持推动能源生产和消费方式的变革，一方面大力发展非化石能源，加快推进绿色、低碳能源发展；另一方面坚持节能优先，大力推进节能减排，实施能源强度和能源消费总量双控制。二是要注重经济建设质量，做好城镇建设规划，避免建设、淘汰、再建设过程中的周期性能源浪费；正确引导生活消费模式的转变，引入先进的、可持续的发展理念和生活理念。三是要充分发挥科学技术第一生产力的作用，强化能源科技创新和新技术的推广，提高能源科技创新能力，通过新能源利用技术和节能技术的提升来改变能源资源的约束和环境的约束。四是国内、国际市场并举，坚持“引进来”、“走出去”的能源发展战略，立足国内资源优势，积极开发多元化的国际能源市场，保障能源供应安全。

（二）中国能源可持续发展的对策和措施

如前所述，进入新世纪以来，特别是“十一五”以来，中国的绿色能源出现了前所未有的高速发展态势，水电装机容量、太阳能热水器的利用量、核电在建规模、风电装机增速均为世界第一。在今后的10多年内，中国政府已制定了更为宏伟的绿色能源发展目标，向世界承诺“到2020年非化石能源在一次能源消费中所占的比例将达到15%”（简称2020年“15%”），2020年碳强度要在2005年的基础上下降40%～50%。要实现上述目标，在生产端，要大力推进低碳、无碳能源的发展，加强常规化石能源的清洁高效利用；在消费端，更要侧重市场、经济手段推进节能减排。以下提出五条具体政策措施。

1. 大力发展非化石能源，加快推进绿色、低碳能源发展

纵观世界一次能源消费结构，经过第二次世界大战后几十年的发展，已经逐渐完成了煤炭向石油的转换，正朝着更加低碳的天然气及核电、水电、风电等绿色能源的方向发展。2009年，世界一次能源消费结构中煤炭仅占29.4%，除去中国后这一比例更低，仅为19.4%。相对低碳的石油和天然气是世界一次能源消费的主流，分别占34.8%和23.7%，核电、水电等绿色能源占12.1%。反观中国，能源消费结构长期以来以煤为主，即使近年来这一比例有所下降，2011年仍然占到68.4%，属于典型的高碳能源结构。低碳能源中天然气近年来虽然发展极快，但在一次能源消费中所占比例仅为5%，水电、核电、风电、太阳能发电等一次电力所占比例仅为8%。为了保障未来中国能源可持续发展，必须大力推进绿色、低碳能源的发展。

1）积极、稳妥、有序地开发水电。虽然中国目前水电装机容量已超过2亿千瓦，但开发强度仍远远低于发达国家的水平。水电是实现2020年“15%”对外承诺最为关键的环节，应统筹规划，优化流域水电梯级开发的布点和时序，实现开发与保护的有机统一，在做好生态保护和移民安置的前提下，积极、稳妥、有序地开发水电资源，力争实现2015年水电装机容量达到2.6亿千瓦、2020年达到3.5亿千瓦左右的规划目标。

2）有效发展风能、太阳能。近年来，在风能、太阳能利用方面，风能、太阳能、生物质能等非水可再生能源的发展逐步提速，未来10年仍有可能处于较快的“黄金期”。福岛核电事故对中国核电的发展产生了一定影响，核电发展目标有所下

调，要实现2020年“15%”发展目标，势必要增加其他一次能源，特别是非水可再生能源的比重。2020年前应重在核心能力的创新、技术经济瓶颈的突破，重点解决依靠技术进步降低成本等问题，扎实打好基础，逐步推进规模化开发利用。由于风能、太阳能等资源的随机波动性不可控制，加之大规模发电难免对电网造成冲击，在智能电网技术没有取得突破前，非上网和分布式利用不失为一种好的选择。

3）积极发展生物质能。生物质是高度分散的资源，应发展就地加工、就地使用的新工艺、新方法。生物质颗粒燃料，可以部分替换农村用煤。发达国家推广生物质能利用的思路是先将生物质利用起来，如用于还田、菌类培养基、工业原料及循环利用等，然后再用做发电燃料，所以发电是生物质利用的最后环节。还应重视垃圾能源化利用，特别是回收利用垃圾填埋气，以实现农村能源形态的现代化。未来10年里，在坚持“不与民争粮、不与粮争地、不与牲畜争饲料”的原则下，继续大力支持生物质资源和生产的技术和工程性示范，提高生物质利用潜力，鼓励第二代非粮生物燃料的技术研发、示范和规模化发展。

4）确保安全的基础上高效发展核电。核能是安全、经济、清洁的能源，目前中国核电装机容量仅占发电总装机容量的1%左右，与美国、法国、日本等核电大国相比，仍有很大的发展空间。未来10年，中国核电建设的重点将在东部沿海地区的能源消费集中地区，以目前掌握的二代改进型压水堆为主实行产业化的规模建设，同时积极引进、消化和吸收AP1000、EPR第三代核电技术，争取研发具有自主知识产权的三代品牌机型。实施热中子堆、快中子堆、聚变堆“三步走”的发展道路，尽快研发、掌握快中子增殖堆核电技术及快中子堆核燃料循环技术。

2. 坚持节能优先，大力推进节能减排

近10年来，工业化进程不断加快带动着能源需求快速增长，从而导致能源资源供应紧张，这是中国大力提倡节约能源的主要因素之一。但随着工业化进程的不断加快，一些高耗能产品开始逐渐接近产能峰值。2011年，中国粗钢产量已达6.8亿吨，水泥产量已达20.9亿吨，很多专家和学者认为其产能已近峰值，未来几年内增速将不断放缓；甲醇、尿素、烧碱、聚氯乙烯等传统大宗石化产品产能过剩的报道也屡见报端，目前甲醇生产平均开工率不足45%，聚氯乙烯生产平均开工率不足54%。

未来10年，中国的工业化将不可能再像前10年一样高速增长。表面上看，能源资源的紧张程度将有所缓解，同时工业增速的放缓将导致经济增速有所下滑，地方政府可能会更加注重经济的发展而忽略节能减排。但事实上，虽然未来工业用能增速有所下滑，但城镇化会加速，单位交通、建筑用能将不断增加，对能源的需求仍将持续增长，如前所述，到2020年能源需求总量有可能达到53亿吨标准煤。未来仍需加大节能减排力度，采取针对性的节能措施，把节能当做继石油、天然气、煤炭和非化石能源后的第五大“能源”来开发，依靠提高能源效率，挖掘节能潜力来满足未来的部分能源需求。

1）调整经济结构，转变经济增长方式。过去一段时间中国经济增长高度依赖出口，世界加工厂的角色特点极为突出，中国制造的低端产品充斥世界各地。衣服、鞋子、电视机等产品表面看上去既不是能源也不是高耗能产品，但产品越是终端其载能量就越高。据初步测算，中国每年直接、间接出口的能源达6亿多吨标准煤，占全国能源消耗总量的近20%。在能源供应、环境污染、气候谈判等压力不断增加的情况下，未来这种世界消费我国买单的发展模式势必难以为继。并且，目前中国外汇储备居世界第一，经济总量居世界第二，综合国力显著增强，已具备改变世界加工厂角色的经济实力和条件。未来应注重发展知识经济、品牌经济、创意经济，大力调整出口结构，顺利实现向高附加值、高技术含量产品出口模式的转变，将直接和间接出口的能源总量降低一半，可为2020年腾出3亿吨标准煤的能源供给空间。

2）大力推进节能技术进步，提高能源利用效率。长期以来的粗放型增长方式，使中国能源利用效率很低，与国际先进水平差距较大。中国燃煤工业锅炉平均运行效率约为70%，较国际先进水平差10～15个百分点，节能潜力在4500万吨标准煤以上；电机拖动系统平均运行效率比国外先进水平低10个百分点以上，节电潜力约为2000亿千瓦时；钢铁行业余热余压利用节能潜力在1700万吨标准煤以上，在工业、建筑、交通等领域还有着巨大的节能潜力。据初步分析，中国技术上可行、经济上合理的节能潜力高达6亿多吨标准煤。如果到2020年将这6亿多吨标准煤的节能潜力被挖掘出80%，即可节约出4.8亿吨标准煤的能源需求空间。结合前述进出口贸易的调整，两种节能途径齐头并进，到2020年总计可减少近8亿吨标准煤的能源需求，即可将2020年能源需求总量控制在45亿吨标准煤左右（图6.7）。

3）发挥市场作用推动节能工作。企业是节能的主体，对市场信号最为敏感。依靠市场的手段推动节能工作的开展，有利于提高企业主动节能的积极性，建立节能的长效机制，减少行政手段推广节能而引发的政府与企业之间的矛盾。未来10年，应更多地应用价格、财政、税收政策推动节能工作的开展，并积极推广合同能源管理，鼓励专业的节能服务公司对企业实施节能改造。在价格方面，加快能源价格改革，逐步取消能源补贴，使能源价格更好地体现资源稀缺性、市场供需变化和环境成本；加大差别电价、峰谷电价实施力度；全面推行居民用电的阶梯价格制度。在财政税收方面，要结合节能改造边际成本不断提高的实际情况，逐步加大对节能

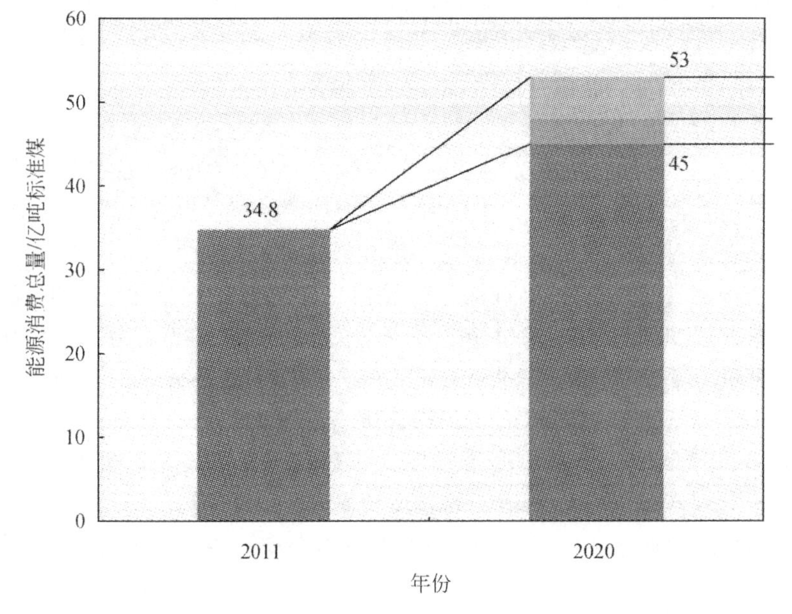

图 6.7　中国 2020 年采取针对性节能措施的能源情景

技术改造、节能新技术示范和推广的支持力度；加快制定鼓励生产、使用节能环保产品、节能建筑和节能汽车的财税政策；逐步扩大节能环保产品政府强制性采购的范围；提高“两资一高”产品出口关税征收制度。

4）夯实节能工作基础。进一步完善节能法律法规体系，未来 10 年，要加快制定《固定资产投资节能评估与审查条例》、《节能监察条例》等配套法规，修订《重点用能单位节能管理办法》、《能效标识管理办法》等文件，提高法律法规的操作性；加快重点行业单位产品能耗限额、终端用能产品能效标准、建筑节能标准和设计规范等一系列节能标准的建立和完善，为促进全社会节约能源、提高能效提供更加完善的法律依据和标准基础；进一步强化能源统计工作，完善能源消耗统计制度，重点强化建筑用能和交通用能统计，改善能源消费核算方法，提高能源消费统计信息的准确性和及时性，力争把能源消费统计误差控制在合理范围内；试点并逐步推广重点用能企业能源消费在线监控网络系统，建立全面、科学、动态的能源消费数据库系统，使节能管理机构能更加直观、更加实时地了解地区、行业和重点企业的能源消费变化，为做好节能预警预测提供有力工具。

3. 注重经济建设质量及生活方式的引导，促进能源消费方式更加合理

1）注重提高经济建设质量。改革开放以来，中国经济以接近 10% 的年均增长

率高速发展了30多年，创造了世界经济发展史上的奇迹，但建设、淘汰、再建设、再淘汰，经济发展质量之差、财富积累率之低也是世界领先。这种重速度、轻质量的发展模式，不仅导致了财富积累缓慢，而且造成了巨大的周期性能源浪费。“十一五”期间，中国累计关停小火电机组7682万千瓦，淘汰落后炼钢产能7200万吨、炼铁产能1.2亿吨、水泥产能3.7亿吨、焦炭产能1.07亿吨、造纸产能1130万吨、玻璃产能4500万重量箱。大量落后产能的淘汰，虽然是不得不采取的“阵痛”措施，属于“十一五”节能成效中的一部分，但是淘汰使大量资本沉陷，造成了严重的资源浪费。在建筑领域，中国是世界上年新建建筑最多的国家，但片面追求发展速度、缺乏科学规划等导致“短命建筑”层出不穷，大量能源浪费在“一爆”、“一建”之中。在欧美发达国家，工业设备寿命一般在40年以上，建筑寿命甚至上百年，而中国的工业设备平均寿命不到20年，建筑寿命仅为25~30年。这些本应作为一笔宝贵财富留给子孙后代的基础设施变成了一堆堆污染环境的负担。未来在基础设施建设领域应更加注重规划的合理性、科学性、协调性，努力减少和避免周期性能源浪费，否则到下一个10年的增量就会成为将来关、停、拆的对象，造成新一轮浪费。

2）正确引导生活方式和消费方式的转变。目前，中国居民生活水平还较低，人均生活用电量不足发达国家的20%；家用电器等耗能设备普及率与发达国家相比仍有较大差距；每千人汽车保有量不足发达国家的15%，不到世界平均水平的一半。未来生活水平的大幅提高将逐步促使城乡居民的生活从生存型向舒适型转变，对建筑面积、建筑室内环境舒适度等居住条件及以私家车代步等交通条件的要求越来越高。中国人口众多，生活方式和消费方式向发达国家看齐显然是不可持续的，应正确引导人们的生活消费方式向可持续的能源消费方式转变。要加大宣传力度，充分利用报纸、广播、电视、杂志等传统媒体和互联网、手机等新媒体，加大宣传生活消费方式转变对全社会可持续发展的意义，提高民众对节约能源紧迫性的认识。要建立长效的节能环保公众宣传机制，采用多层次、多品种、范围广的宣传教育手段，引入先进的、可持续发展的社会发展理念和生活理念，明确建立在绿色消费理念基础上的社会发展方向，形成节约光荣、浪费可耻的社会氛围。要加强市场信号对合理生活方式的正确引导，利用能效标准、标识、认证等手段，引导政府、企业、个人购买高效节能产品，引导居民消费合理升级。

4. 强化能源科技创新和新技术的推广，提高能源科技创新能力

如上所述的“第三次工业革命”实质上是打破化石燃料供应格局，建立低碳、绿色的经济发展模式，中国错过了第一、第二次工业革命，在本次工业革命中恰逢

其时，并且与西方发达国家相比，中国尚未完成工业化，城镇化基础设施建设仍有相当大的发展空间，有可能抢占与新一轮工业革命和新兴产业结合的先机，成为这一轮工业革命的领导者、创新者和推动者，实施“赶超战略”，切实保障能源可持续发展。为此，中国应加大重点领域能源技术投入，加强能源技术自主创新，强化新技术示范推广，完善能源技术创新体系建设，占领新的能源产业制高点。

1）加强能源技术自主创新。中国目前很多核心能源技术依靠引进国际先进适用技术并进行模仿、消化吸收，自主创新能力不强。未来中国应超前部署一批具有前瞻性的技术研发项目，提高自主创新能力。依托各大院校及科研院所，鼓励开展非常规油气资源的勘探开发技术、超重和超劣质原油加工关键技术、700℃超超临界机组、400兆瓦的IGCC机组关键技术、路基海基风机制造核心技术、太阳能热发电技术、先进生物燃料产业化关键技术、新一代核能技术等重点领域关键技术、核心技术的自主研发。显著增强能源资源勘探开发能力，提高发电效率，提高风能太阳能发电、核电装备核心部件制造能力。

2）加大能源技术研发资金投入。重大能源技术往往具有周期长、投入大的特点，许多能源技术从理论研发到产业化应用往往要经过十几年，甚至几十年的连续投入，因此，重大能源技术的研发需要政府的大力支持和持续的资金投入。未来中国应对勘探与开采技术领域、加工与转化技术领域、发电与输配电技术领域、新能源技术领域等重点领域加大资金支持力度，以期尽快突破一批具有国际先进水平的能源技术，抢占未来能源技术制高点。此外，政府还应建立、健全风险补偿机制，以经济激励手段鼓励企业提高先进适用技术研发资金在成本中的比重，推动企业成为技术自主创新的重要生力军。

3）强化新技术示范推广。除了着眼新的能源科学技术、装备技术的研发外，还需强化新的先进适用技术的示范和推广。应继续加强新能源汽车、工业和建筑节能与清洁生产、绿色建设等新的能源产业化技术的示范推广；对大型核能利用技术、非常规油气勘探开发技术、储能技术、智能电网技术等一批意义重大的国产化关键技术及设备，应设立重大示范工程，加大资金、政策支持力度，为产业化推广积累经验，推动科技成果向现实生产力转化。

4）完善能源技术创新体系。未来在能源科技研发的过程中，国家还应着力完善能源技术创新体系建设，加强能源科学技术的基础研究，由国家组织承担基础理论研究的科研队伍；建立强有力的技术研究支撑平台；加强能源科技人才培养和引进，形成连续性的科研人才梯队；研究制定详细、清晰、系统的中长期能源技术发展路线图，并依照路线图超前部署重大能源技术研发项目；建立长效的科技投入机制，对周期长、投入大的重大能源技术设立连续、滚动的专项研发资金。

5. 国内国际市场并举，保障能源供应安全

按照能源资源禀赋条件，要保证经济快速增长对石油、天然气等优质能源的需求，中国必须坚持“引进来”、“走出去”的能源发展战略，稳步推展国内、国外两个市场，在立足国内，不断加强国内能源勘探、开采的基础上，积极开展国际合作，开发国际能源市场，走多元化能源进口战略，保障能源供应安全，从而保障中国的能源可持续发展。

1）加强国内能源的勘探、开采。国内能源资源是中国能源供应的根本，要保障能源的安全供应，必须首先立足国内，加强国内能源的勘探和开采利用。未来，中国应继续加大石油、天然气资源勘探开发力度，加强中部的鄂尔多斯、四川盆地及其周边地区，西北的塔里木、准噶尔、吐哈、柴达木等盆地，东部的松辽和渤海湾盆地的天然气勘探开发，并依托南海北部深水－超深水区加强海上油气田开拓，稳定国内石油产量，促进天然气产量快速增长，推进煤层气、页岩气等非常规油气资源开发利用。

2）积极实施能源进口多元化战略。中国石油进口集中度较高，不利于国家的石油安全。未来，中国应致力于石油进口的多元化，多国家、多地区、多形式、多途径地利用国际石油资源；加强与中亚、俄罗斯、撒哈拉以南非洲地区及南美洲等地的石油合作，加大以上地区的石油进口量；积极开展能源资源外交，增强在国际上的能源资源话语权，保障石油供应安全。

3）加强海外油气安全运输体系建设。目前，中国石油进口运输手段单一，主要依靠海运，且在安全上面临着“马六甲困局”，严重威胁着海上石油运输的安全。未来，中国一方面应加强海军力量，保障中国海上石油运输生命线的安全，另一方面，更重要的是要拓展石油运输通道，积极寻找避开马六甲海峡的新海上通道，并加快陆路石油供应通道的建设，加快中亚、中哈、中缅、中俄油气管道建设，最大限度地减少对马六甲海峡咽喉要道的依赖。

4）加快能源资源储备能力建设。随着石油供应安全压力越来越大，石油储备的作用日益凸显。相比于发达国家，中国的能源储备量还较低，目前发达国家的石油储备大都能达到150天左右，国际能源署规定其成员国石油储备的最低限度为90天，而中国石油储备仅能供一个半月左右的消耗。当前，国际石油价格高位振荡，围绕能源资源展开的地缘政治复杂多变，国际石油生产、议价、存储和运输的话语权牢牢掌握在以美国为首的发达国家手中，中国的石油安全面临着潜在的威胁。随着天然气进口量的不断增大，能源安全面临的挑战将更加严峻，中国迫切需要增强能源资源，特别是石油资源战略储备能力。未来，中国应继续加快石油储备建设，应对潜在的供应冲击，保障中国石油供应安全。

参考文献

戴彦德．2010．中国“十一五”节能成效与“十二五”节能展望．中国能源，32（11）：6-12.

戴彦德，熊华文，焦健．2012．中国能效投资进展报告．北京：中国科学技术出版社．

国家发展和改革委员会能源研究所课题组．2009．中国2050年低碳发展之路——能源需求暨碳排放情景分析．北京：科学出版社：153，154.

国家能源局．2011．国家能源科技“十二五”规划（2011—2015）．http：//www. gov. cn/gzdt/2012-02/10/content_ 2063324. htm［2012-02-10］.

国土资源部．2012-03-02．全国页岩气资源潜力调查评价及有利区优选成果．中国国土资源报，4.

韩文科，杨玉峰等．2012．中国能源展望．北京：中国经济出版社．

郎一环，王礼茂，李红强．2012．中国能源地缘政治的战略定位与对策．中国能源，34（8）：24-30.

梁琪，杨玉峰．2012．政策挑战之六：能源进口通道风险，见：韩文科，杨玉峰等．中国能源展望．北京：中国经济出版社．

任东明．2012．我国可再生能源整体开发面临的问题和障碍．http：//www. newenergy. org. cn/html/01211/11301250724. html［2012-12-05］.

王庆一．2012．2012能源数据．北京：中国可持续能源项目参考资料（内部资料）．

王仲颖，任东明，高虎等．2012．中国可再生能源产业发展报告2011．北京：化学工业出版社．

魏一鸣，吴刚，梁巧梅等．2011．中国能源报告（2012）：能源安全研究．北京：科学出版社．

肖建新．2012．2011年中国核电发展状况、未来趋势及政策建议．中国能源，34（2）：18-23.

薛进军，赵忠秀，戴彦德等．2011．中国低碳经济发展报告（2012）．北京：社会科学出版社．

杨玉峰，2012．政策挑战之五：主要能源利用风险，见：韩文科，杨玉峰等．中国能源展望．北京：中国经济出版社．

张春宇，唐军．2012．当前中东北非地区形势与中国石油安全对策．国际石油经济，10：12-15.

中国科技发展战略研究小组．2010．中国科学技术发展研究报告．北京：科学出版社，35-38.

中华人民共和国国家统计局．2012．中国统计年鉴2012．北京：中国统计出版社．

中华人民共和国国家统计局能源统计司．2012．中国能源统计年鉴2011．北京：中国统计出版社．

中华人民共和国国务院新闻办公室．2011．中国应对气候变化的政策与行动（2011）．http：//www. gov. cn/jrzg/2011-11/22/content_ 2000047. htm［2011-11-22］.

中华人民共和国国务院新闻办公室．2012．中国的能源政策（2012）．http：//www. gov. cn/jrzg/2012-10/24/content_ 2250377. htm［2012-10-24］.

中华人民共和国环境保护部．2012．中国环境公报2011. http：//www. mep. gov. cn/gzfw/xzzx/wdxz/201206/P020120613514213036579. pdf［2012-10-24］.

周生贤．2012．中国特色生态文明建设的理论创新和实践．http：//www. gov. cn/jrzg/2012-10/02/content_ 2237120. htm［2012-10-02］.

BP. 2012. BP statistical review of world energy. http：//www. bp. com/assets/bp_ internet/globalbp/globalbp_ uk_ english/reports_ and_ publications/statistical_ energy_ review_ 2011/STAGING/local_ assets/pdf/statistical_ review_ of_ world_ energy_ full_ report_ 2012. pdf [2013-01-05].

The Energy Data and Modeling Center. 2012. EDMC Handbook of energy & Economic statistics in Japan. Japan：The energy conservation center.

第七章 提高应对气候变化的政策和行动效力*

气候变化是当前全球面临的最大挑战之一，中国是受气候变化影响最为严重的国家之一。近百年来，中国年平均气温升高了0.5~0.8℃，略高于同期全球增温平均值，近50年变暖尤其明显。近50年来，中国主要极端天气与气候事件的频率和强度出现了明显变化。1990年以来，多数年份全国年降水量高于常年，出现南涝北旱的雨型，干旱和洪水灾害频繁发生。近50年来，中国沿海海平面上升速率为2.5毫米/年，略高于全球平均水平（国家发展和改革委员会，2007）。未来中国的气候变暖趋势将进一步加剧。

与此同时，中国温室气体年排放总量已跃居世界第一，尽管当前气候变化主要是由历史上发达工业化国家的历史排放所导致的，但是作为一个负责任的发展中大国，中国一直对气候变化问题给予高度重视。中国是国际气候谈判的积极推动者、《联合国气候变化框架公约》（包括《京都议定书》）的缔约方，并分别于1992年和2002年批准了上述文件，积极推动形成了《巴厘路线图》、《哥本哈根协议》、《坎昆协议》及《德班决定》等重要成果。中国成立了国家气候变化对策协调机构，并

---

* 本章由陈迎、谢来辉执笔，作者单位分别为中国社会科学院可持续发展研究中心和中共中央编译局

根据国家可持续发展战略的要求，采取了一系列与应对气候变化相关的政策和措施，为减缓和适应气候变化做出了积极的贡献。

一　应对气候变化的历史回顾

自 1992 年联合国环境与发展大会后，中国政府率先组织制定了《中国 21 世纪议程——中国 21 世纪人口、环境与发展白皮书》，并从国情出发采取了一系列政策措施，为减缓全球气候变化做出了积极的贡献。中国在可持续发展的框架下积极开展应对气候变化的相关工作。

1. 调整经济结构，推进技术进步，提高能源利用效率

中国长期坚持节能工作，并取得了显著成效。20 世纪 80 年代以来，中国政府制定了“开发与节约并重、近期把节约放在优先地位”的方针，确立了节能在能源发展中的战略地位。制定并实施了《中华人民共和国节约能源法》及相关法规，节能专项规划，鼓励节能的技术、经济、财税和管理政策，以及能源效率标准与标识，研发、示范和推广节能技术，引进和吸收先进节能技术，建立和推行节能新机制，加强节能重点工程建设，有力地促进了节能工作的开展。

1978 ~ 2010 年，中国在经济快速增长的过程中积极降低能耗和温室气体排放。以 1978 年的数值为基数，2010 年的 GDP 是 1978 年的 20. 5 倍，而一次能耗和碳排放分别只是 1978 年的 4. 16 和 5. 18 倍（图 7. 1）。根据 2012 年发布的《中国能源政策白皮书》，1981 ~ 2011 年，中国能源消费以年均 5. 82% 的速度增长，支撑了国民经济年均 10% 的增长。其中，在 2006 ~ 2011 年，万元 GDP 值能耗累计下降 20. 7%，实现节能 7. 1 亿吨标准煤。

1978 ~ 2010 年，中国单位 GDP 碳排放下降了 75%，年均下降大约 4%（图 7. 2）；中国单位 GDP 碳排放从平均 1 美元对应 7. 47 千克二氧化碳下降到 1. 88 千克二氧化碳（以 2005 年可比价计算）；中国 75% 的下降幅度，明显高于同期 OECD 国家整体下降 46. 7%、非 OECD 国家下降 22. 9% 及世界平均下降 28. 5% 的水平（图 7. 3）。

2. 调整能源结构

在调整能源结构方面，中国也付出了艰苦的努力，取得了明显成绩。中国能源消费以煤炭为主，油气资源相对匮乏，优化能源结构主要是大力发展水电、核电、风电、太阳能和生物质能等非化石能源。1990 ~ 2005 年，煤炭在中国一次能源消费构成中所占的比重，从 76. 2% 下降到 68. 9%，而石油、天然气、水电所占的比重分

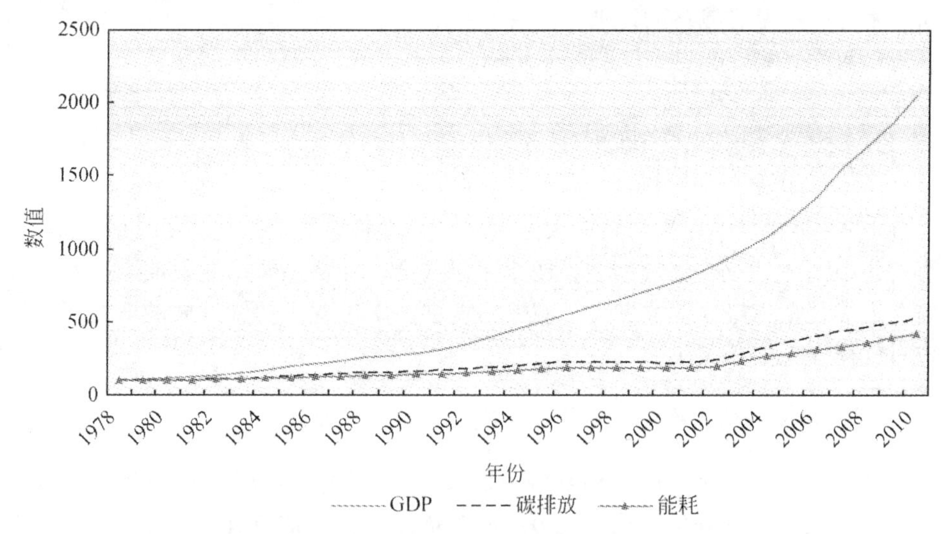

图 7.1　中国的经济增长、一次能耗与碳排放（1978～2010）

注：以 1978 年数值为 100

资料来源：IEA，2012a

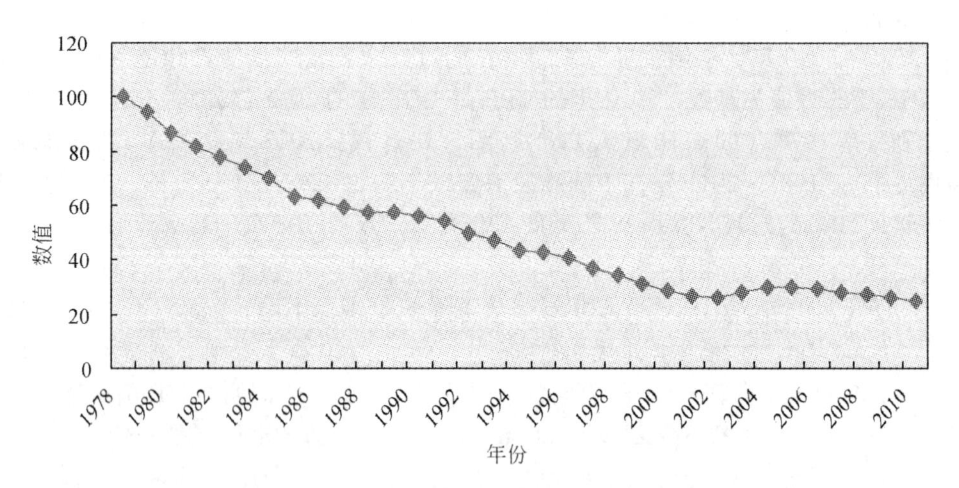

图 7.2　1978 年以来中国的碳强度变化趋势

注：以 1978 年数值为 100

资料来源：IEA，2012a

别从 16.6%、2.1%和 5.1%，上升到 21.0%、2.9%和 7.2%。

中国的可再生能源发展迅猛，已位居世界前列，是我国碳减排和应对气候变化

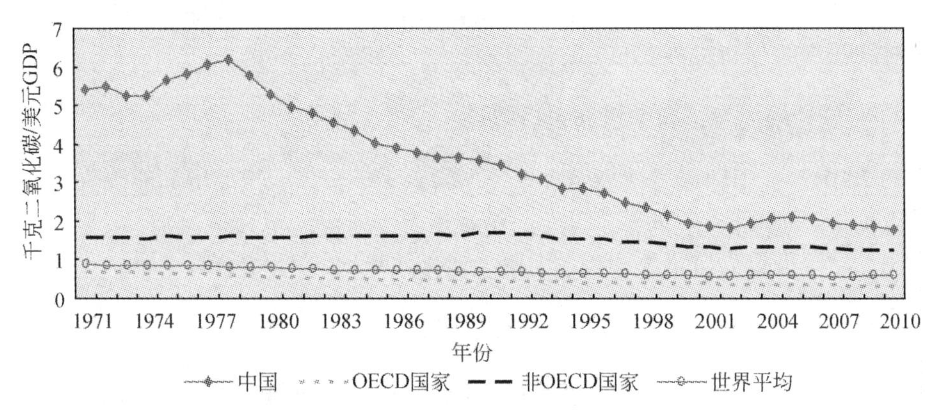

图 7.3　从全球视野来看中国单位 GDP 能耗强度的下降（1971～2010）

资料来源：IEA，2012a

中的亮点。根据《中国的能源政策》白皮书提供的数据，2011 年，我国非化石能源占一次能源消费的比重达到 8%，每年减排二氧化碳 6 亿吨以上；全国水电装机容量达到 2.3 亿千瓦，居世界第一；风电并网装机容量达到 4700 万千瓦，居世界第一；已投运核电机组 15 台、装机容量为 1254 万千瓦，在建机组 26 台、装机容量为 2924 万千瓦，在建规模居世界首位。近 10 年来，我国风电装机累计增长 118 倍，年均增长超过 60%；太阳能光伏发电装机累计增长 67 倍，年均增长超过 50%。短短 10 年的时间，我国就实现了水电总装机规模比新中国成立后 50 年的总和翻一番。我国仅用 5 年半时间就取得了美国、欧洲花费 15 年才取得的发展成绩，实现了风电装机从 200 万千瓦到 5000 万千瓦的跨越。太阳能、生物质能、地热能的利用也从能源大舞台的幕后走到台前（鲍丹，2013）。

2011 年，我国全部非化石能源利用量约为 2.83 亿吨，非化石能源发电装机占全部发电装机的比重达到 27.7%，在以水电、风电为主的可再生能源领域，我国发电装机规模雄踞世界第一。国际可再生能源机构总干事阿丹·阿明表示，中国可再生能源领域的发展速度非常快，无论在投资还是技术进步方面都取得了举世瞩目的成绩。在 2012 年举行的联合国气候大会多哈会议上，《联合国气候变化框架公约》秘书处执行秘书菲格雷斯赞扬了中国在应对气候变化和发展新能源领域所作的巨大努力。

3. 大力开展植树造林，保持和增强林业碳汇

根据第七次全国森林资源清查（2004～2008 年）的统计结果，我国森林面积为 1.95 亿公顷，森林覆盖率达 20.36%，活立木总蓄积 149.13 亿立方米，森林蓄积 137.21 亿立方米；人工林保存面积 0.62 亿公顷，蓄积 19.61 亿立方米，相比第六次全国森林资源清查结果，人工林面积净增 843.11 万公顷，蓄积净增 4.47 亿立方米，人工林面积继续保持世界首位。

4. 实施计划生育，有效控制人口增长

到 2005 年，中国通过计划生育累计少出生 3 亿多人，按照国际能源机构统计的全球人均排放水平估算，仅 2005 年一年就相当于减少二氧化碳排放约 13 亿吨，这是中国对减缓世界人口增长和控制温室气体排放做出的重大贡献。

5. 积极开展应对气候变化的相关制度建设

2005 年 2 月，全国人大审议通过了《中华人民共和国可再生能源法》。2007 年 10 月，国务院通过了修订后的《节能法》。2009 年 8 月，全国人大常委会做出《关于积极应对气候变化的决议》，将实施重点生态建设工程、继续推进植树造林、积极发展碳汇林业、增强森林碳汇功能等纳入其中。应对气候变化的相关立法正在不断完善。

中国政府还进一步完善了应对气候变化相关体制机制，相继成立了由 17 个部门组成的国家气候变化对策协调机构、国家能源领导小组及其办公室，以及在国家发展和改革委员会内设立应对气候变化司，以加强应对气候变化的领导及其相关的能源综合管理。同时，高度重视气候变化研究及能力建设，重视环境与气候变化领域的教育、宣传与公众意识的提高。

国家发展和改革委员会早在 2004 年 11 月就颁布了中国第一个《节能中长期专项规划》，2007 年 4 月颁布了《能源发展“十一五”规划》，进一步强化了《节能中长期专项规划》中的节能目标。2007 年 6 月，国务院印发《节能减排综合性工作方案》，明确了 2010 年中国实现节能减排的目标任务和总体要求，将节能减排工作的意义上升到贯彻落实科学发展观、构建社会主义和谐社会、维护中华民族长远利益的新高度。同时，中国政府还发布了《中国应对气候变化国家方案》，全面阐述了中国在 2010 年前应对气候变化的对策。这不仅是中国第一部应对气候变化的综合政策性文件，也是发展中国家在该领域的第一部国家方案。2007 年 9 月 4 日推出的《可再生能源中长期规划》，以及 2008 年 3 月为落实上述中长期规划制定的《可再生能源发展“十一五”规划》，都为推动可再生能源发展提供了有力的规划及相关制度保障。

6. 适应气候变化

中国政府通过加强气候变化科学研究和影响评估、完善法规政策、积极采取措施，提高了在农业、水资源、海洋、卫生健康及气象等重点领域适应气候变化的能力，减轻了气候变化对经济社会发展和人民生产生活产生的不利影响。特别是近两年来中国政府加强了防灾减灾体系建设，包括国务院出台了《国家自然灾害救助应急预案》，颁布实施了《国家综合防灾减灾规划（2011—2015 年）》等政策性文件。

7. 开展低碳发展试点

2010 年，我国启动了国家低碳省区和低碳城市的试点工作，并选择了广东、湖北、辽宁、陕西、云南等五省和天津、重庆、杭州、厦门、深圳、贵阳、南昌、保定等八市作为首批试点。各试点省区和城市均提出了本地区“十二五”时期和 2020 年碳强度下降目标，并在经济发展中积极转变发展方式、部署重点行动，推进建设低碳发展重点工程，大力发展低碳产业，推进绿色、低碳发展。与此同时，我国还启动了碳排放交易试点。2011 年 12 月，国家发展和改革委员会批准在北京、天津、上海、重庆、湖北、广东及深圳启动碳排放交易试点工作。其中，北京、上海、广东分别在 2012 年 3 月 28 日、8 月 16 日和 9 月 11 日启动碳排放交易试点。2012 年 6 月，国家发展和改革委员会出台《温室气体自愿减排交易管理暂行办法》，建立自愿减排交易机制。此外，国家发展和改革委员会也在组织开展低碳产业试验园区、低碳社区、低碳商业评价指标体系和配套政策研究，探索形成适合中国国情的低碳发展模式和政策机制。

8. 积极参与国际气候谈判

过去 20 年，我国积极参加联合国进程下的国际气候谈判，为推动国际气候制度建设和捍卫发展中国家发展权益做出了重要贡献。我国也广泛参与了相关国际对话与交流，参与联合国可持续发展大会、“经济大国能源与气候论坛”领导人代表会议、20 国集团峰会、“基础四国 +”等国际磋商平台，推动国际社会深化合作，共同应对气候变化。我国也积极与相关国际组织、发达国家及发展中国家开展技术和项目的国际交流与合作，特别是通过开展清洁发展机制（CDM）项目为《京都议定书》的实施提供了重要支持。

总的来说，我国在应对气候变化领域的努力和成绩举世瞩目，而且力度越来越大。在“十一五”时期前，中国虽然没有把减缓气候变化直接纳入政策目标，但是所采取的节能、计划生育及植树造林等政策，为减缓气候变化做出了重要贡献。“十一五”期间，中国基本完成了既定的、大幅度的单位 GDP 能耗降低目标，兑现了承诺。在这五年里，我国以能源消费年均 6.6% 的增速支持了国民经济年均 11.2% 的增速，能源消费弹性系数由“十五”时期的 1.04 下降到 0.59，扭转了我国工业化、城镇化加速发展阶段能耗强度大幅上升的势头，为保持经济平稳较快发展提供了有力支撑，为应对全球气候变化做出了重要贡献。

根据《世界能源展望2010》中的分析，中国正在引领世界清洁能源的发展，并将在未来成为清洁能源市场的领导者，包括太阳能光电、风能、核能、水电和先进汽车技术。特别是在2009年年底哥本哈根联合国气候大会召开前夕，中国政府宣布了2020年自主控制温室气体排放的行动目标：到2020年单位GDP二氧化碳排放将比2005年下降40% ~45%，非化石能源占一次能源消费总量的比重达到15%左右，森林面积比2005年增加4000万公顷，森林蓄积量比2005年增加13亿立方米。这一目标随后也纳入了《哥本哈根协议》，并成为指导中国制定与节能减排相关的“十二五”规划的重要政策方向。

相比之下，反而是发达国家的减排行动“雷声大雨点小”，效果有限。根据国际能源署的统计，1990~2007年，《联合国气候变化框架公约》附件一所列国家因为化石能源燃烧所导致二氧化碳排放量从138.98亿吨二氧化碳当量增加到142.59亿吨二氧化碳当量，增幅为2.6%，其中美国排放总量增长了18.6%（IEA，2009）。相比之下，中国在哥本哈根大会前提出的40% ~45%碳强度的减排承诺，力度空前。国际能源署首席经济学家法提赫·比罗尔（Fatih Birol）强调“许多国家在减排方面已经做出了巨大的努力，中国就是其中一员……发展中国家应该以中国为榜样”。正如卡耐基国际和平基金会的研究员钱德勒所指出的，西方国家不少人士依然对此进行批评或者漠视，“如果不是一个避免让美国采取行动的策略，那就只能解释为学术懒惰或条件反射性地‘痛批中国’”（钱德瑞等，2009）。国际非政府组织“气候行动网络”（CAN）发布的“气候变化绩效指数”对50多个国家应对气候变化的表现进行了评价，中国由于采取强有力的节能减排措施获得国际社会的好评（Germanwatch and Climate Action Network，2009）。

可以认为，中国已经形成了自己的应对气候变化道路。在哥本哈根大会上，温家宝总理代表中国政府强调“言必信，行必果”，无论谈判结果如何，中国都将依靠自己的力量，坚定不移地为实现甚至超过既定的减排目标而努力。而英国《金融时报》也在2011年指出，中国减排和应对气候变化已经形成了“自己的路”，并认为尽管当前国际气候谈判仍存在激烈争论，但对于中国来说，结果已无关紧要。除非中国突然转变谈判立场，否则中国将继续走自己规划好的道路——降低碳排放强度、提高能效和加大非化石燃料的使用（何丽，2011）。

二 “十二五”时期应对气候变化面临的挑战与问题

当前，应对气候变化已经作为重要内容正式纳入国民经济和社会发展中长期规划。《国民经济和社会发展第十二个五年规划纲要》将单位GDP能耗降低16%、单位GDP二氧化碳排放降低17%、非化石能源占一次能源消费比重达到11.4%作为约束性指标，明确了未来五年中国应对气候变化的目标任务和政策导向，提出了控制温室气体排放、适应气候变化影响、加强应对气候变化国际合作等重点任务。随后国务院制定发布的《“十二五”节能减排综合性工作方案》，提出了包括将目标分解到各地区和行业、启动低碳试点、合理控制能源消费总量等50项具体措施。

显然，“十二五”节能低碳目标的确定，综合考虑了对外履行中国向国际社会的郑重承诺及国内促进经济结构调整和增长方式转变的战略需求，相比“十一五”目标更加系统和全面，与积极应对气候变化的总体目标和要求之间的联系也更直接、更紧密。特别是与“十一五”期间多数地区和全国节能目标同为20%的情况相比，“十二五”目标分解程度有所提升。经过中央与地方多个回合的反复沟通，不仅将“十一五”节能减排完成情况纳入考虑因素中，还在一定程度上考虑到地区和行业发展的差异性。

（一）面临的挑战

“十二五”是我国全面建设小康社会的关键时期，是深化改革开放、加快转变经济发展方式的攻坚时期。要顺利实现节能低碳目标，特别是非化石能源占一次能源消费比重目标，落实能源消费总量控制非常关键。节能减排是调结构、扩内需、促发展的重要抓手，是促进自身可持续发展的重要举措，中国必须走绿色低碳发展道路已逐步成为共识且越来越深入人心。从国际层面看，中国作为温室气体排放大国，面临日益强大的国际压力。应该说，实现“十二五”节能低碳目标并非易事。在实现“十一五”节能目标的基础上，中国在“十二五”时期推进节能减排工作将面临着一系列严峻的挑战。

1. 中国仍处于经济快速增长和城镇化加速发展的进程之中，对重化工业依赖较大

中国的碳排放总量还在增长，而且碳排放增长的驱动力均为长期因素。第一，目前中国正处于工业化加速发展阶段，重工业比重占70%左右，这一阶段至少还会持续20年。第二，中国城镇化仍将高速进行。城镇化率每提高1%，就等于把1300万人（这是以总人口13亿人计算，其实在2030年前总人口还将增长，即相当长一段时间内这个1%将超过1300万人）迁移到了城市，公共服务需求的提高、生活方式的转变都必然带来更多的能源消耗。现阶段我国经济增长的一个典型特征是靠投资拉动。新开工项目越多，对能源、资源和环境的压力越大；再加上节能减排技术相对落后，我国能耗水平与国外先进国家差距在20%左右，技术水平的提高仍需要一个过程。未来五年，我国工业能耗增速可能放缓，但是交通、建筑物、民用能源的需求将迅速增长，这一消三涨的结果是能源消费需求仍有可能保持较快增长。

2. 从产业结构方面来看，调整难度较大

有研究表明，降低单位GDP能耗，技术进步的贡献率为30%～40%，而结构调整的贡献率为60%～70%（冯飞，2008）。促进结构调整的重要性不言而喻，但结构调整并非易事。现阶段，我国产业结构的不合理是多方面的。首先，生产结构不够合理，低水平下的结构性、地区性生产过剩，企业生产高消耗、高成本。其次，产业组织结构不合理，各类产业普遍存在分散程度较高、集中度较低的问题。第三，产业技术结构不合理，少数拥有先进技术的大型企业与大量技术水平相对落后的中小企业并存。第四，第三产业，特别是高技术、环保等新兴产业发展相对落后。我国服务业增加值占GDP比重在40%左右，不但远远落后于发达国家的平均值64%，也明显落后于中低收入国家的平均值55%。

3. 从能源结构来看，中国以煤为主的能源结构难以根本改变

据有关专家测算，煤炭消费占比每下降1个百分点，相当于增加4000万～6000万吨标准煤的其他替代能源。发展可再生能源、优化能源结构是减少温室气体排放的重要途径。近年来，尽管中国的风能、太阳能等可再生能源发展很快，但随着能源消费总量的较快增长，要提高非化石能源占一次能源消费量的比重，任务尤其艰巨。对于中国这样一个大国快速增长的能源需求来说，可再生能源难堪重任。根据《可再生能源中长期发展规划》，可再生能源的发展目标是到2020年在能源消费总量中的比例达到15%，而其中主要还是依靠发展水电。

4. 低成本减排潜力基本释放，未来减排成本将会大幅增加

“十一五”期间，淘汰落后产能为完成节能目标发挥了非常重要的作用。在“十一五”期间，中国靠淘汰小火电机组，淘汰落后炼铁产能、炼钢产能、水泥产能等，大量减少了温室气体排放。但是这并不是可以持续挖掘的节能潜力，而且付出的社会经济成本相当高。随着时间的推移，边际减排成本递增，那些所谓“低挂的苹果”（低成本的减排机会）将越来越少。因此，尽管“十二五”的节能目标（16%）从数字上低于“十一五”时期的目标，但实现难度其实不但没有降低，反而有所增加。

5. 世界经济的复苏，可能导致外需拉动能耗和碳排放反弹效应

作为世界的加工厂，中国的能源消耗和碳排放有近1/4是出口产生的“转移排放”。据我们测算，2002年中国“净出口”的内涵能源占一次能源消耗总量的16%；到2006年，这一比例约占25%（陈迎等，2008）。“十一五”时期发生了全球性的金融危机，特别是主要发达国家进入了经济衰退期，这尤其利于实现减少能耗和排放的目标。但是随着金融危机的影响逐渐减弱，全球范围内特别是美国经济开始复苏，中国外需拉动型经济有望恢复稳定增长。这意味着，“十二五”时期可能面临能源需求和碳排放出现反弹的情况。

（二）当前政策体制中存在的问题

中国在“十一五”期间关于节能减排的一系列政策措施正在发挥积极作用，节能减排已初见成效。“十二五”规划已经在此基础上有较明显的改进和创新。例如“十一五”期间，一些地方出现的先努力做大分母、再补救式地控制能耗以降低能耗强度的做法，背离了节能低碳发展的初衷，显然是不可取的。“十二五”控制能源消费总量就是为了避免重蹈覆辙。但是，我们在肯定这些政策和体制存在的优点时，也要清醒地看到其中仍然存在的问题。如果说前面所分析的挑战是客观存在的、不以人的主观意志为转移，那么分析当前政策存在的不足则有利于找到努力和改进的方向。

1. 从政策理念方面来看，不少人对开展节能减排仍存有疑虑

不同的政策目标之间存在选择困境。例如，在节能减排目标与经济增长目标之间就存在明显的矛盾。虽然中央高度重视节能减排，但在实际操作中，地方政府往往会把经济增长放在首位。尽管“十二五”规划对经济增长速度的预期目标降低到7%，但各地区经济增长目标仍普遍保持相对高位。再比如，一方面我国现在的能源价格水平与世界发达国家相比尚有相当差距，需要合理调整，另一方面却担心用能大户受影响，特别是担心导致物价上涨影响消费者利益。

2. 节能减排政策目标很大程度是“自上而下”确定的，缺乏充分的科学研究作为决策支撑

节能目标的年度分解和区域分解虽然有所改进，但是仍需要科学评估。从国际经验看，如英国在制定其国家减排目标时，一般要聘请专门的独立咨询机构对各部门减排潜力进行“自下而上”的全面评估，以确保国家减排目标及地区和部门目标的分解更为合理。中国2002～2005年能源强度呈现上升趋势，要使上升趋势发生逆转，先要稳定而后才可能下降。“十一五”规划将五年内能源强度下降20%的目标平均分解到每年实现4%，显然过于简单化。无论中央政府确定全国的节能目标，还是各地政府提出自己的地区节能目标，都应该建立在深入细致的调研基础上，以提高科学决策的水平。

在“十二五”规划中，这一问题尽管有所改善，但是仍然存在。例如，存在国家层面上GDP增速与能源消费总量目标之间不匹配的问题。“十二五”规划设定的GDP增速预期性目标是年均增长7%，到2015年，实现能源强度下降16%的目标，能源总消费量只有38亿吨标准煤左右，几乎不可能实现。如果控制GDP平均增速在8%左右，能源消费总量在41亿吨标准煤左右。如果为了确保实现节能低碳的约束性目标而制定一个可行的能源消费总量目标，很可能要突破GDP增速的预期性目标。

又如，从能耗强度目标向能耗总量控制目标的转变存在不少矛盾和障碍。据研究机构测算，2015年国内能源合理需求的范围是40亿～43亿吨标准煤，初步考虑能源总量控制目标在41亿吨或42亿吨标准煤（国务院，2013）。而各地方提出的能源消费目标加总后很可能接近50亿吨标准煤。这一方面有受地方和全国统计数据范围、口径不一致的影响，另一方面也反映出多数地方政府为发展本地经济，迫切希望增加能源消费指标。以晋、陕、蒙、宁等地为代表的地处矿产资源产地的地区，希望能够依托资源优势，加快发展地区经济，而东部经济相对发达且能耗强度相对较低的地区，如广东，继续节能减排的压力很大。目前，国家能源局正试图将能源消费总量控制目标分解到地区，中央和地方围绕能源消费指标的博弈在所难免。能源消费总量目标难以最终商定很可能是“十二五”能源专项规划迟迟不能出台的原因之一。

3. 节能减排目标实施前缺乏完整的实施方案和政策设计，政策协调性也有待加强

“十一五”规划目标的实施只有短短的五年时间，2005年确定节能目标后，各种政策、措施才开始陆续制定和出台。在前两年节能目标未能按计划实现后，政策、措施又得到强化。这样一来，制定政策的过程占用了实施政策的时间，考虑到政策实施效果的滞后效应，实际上政策发挥作用的时间进一步缩短。各部门在制定政策时，往往更关注自身利益，缺乏通盘的考虑，这直接影响到不同部门所制定的政策的有效性和协调性，进而有可能损害国家利益和公共利益。

实施能源消费总量控制还需要建立和完善一系列相关的机制和制度，如能源和

温室气体的统计核算制度，低碳产品标准、标识和认证制度，节能低碳目标责任考核和奖惩制度，主要耗能产品能耗限额和产品能效标准，固定资产投资项目节能评估和审查制度等。

4. “十一五”约束性节能指标的及时完成，很大程度上是依靠行政力量的推动，节能减排工作仍缺乏有效的机制和体系保障

在节能指标层层分解到地方和企业的过程中，普遍存在“一刀切”等不科学、不合理的因素。在行政问责和行政处罚等手段的高压下，一些“前松后紧”的地方政府和企业被迫采取拉闸限电等简单粗暴的做法，给企业正常生产经营和普通群众生活都造成十分不良的影响。“十二五”期间，我们需要改善指标分解，落实相关政策，综合运用价格、财政、税收、金融等经济政策，更好地调动全社会的积极性。

如果能源总量控制目标能够分解落实到各个地区和行业，对突破目标的地区或行业采取怎样的限控或惩罚措施尚不明确。如果以行政命令手段，对“两高”行业实施刚性约束会导致较高的经济成本，尤其在目标分解不尽合理的情况下，以行政问责和行政处罚等高压手段强制实施，很可能再次出现拉闸限电的现象。如果能引入市场机制，如通过各地区之间能源消费指标的交易，允许地方和企业灵活选择，则可能降低节能减排的经济成本。“十二五”期间“建立碳排放交易体系”的试点已经在人力、物力、组织和制度方面具备了一定的基础和条件，但还需要周密的政策设计、相关基础设施建设，以及相关机构、企业的能力建设，需要通过试点示范不断总结经验、逐步推进。在中国由于市场经济不完善的条件下，建立和完善市场机制仍需要一个过程。

5. 节能是关系社会经济全局的工作，需要调动地方、企业和全社会的力量参与决策与实施

不仅应该让地方政府、企业和全民广泛参与政策的执行，还应该广泛吸纳各方面的利益相关者参与决策。尤其是倾听企业的声音，调动企业的积极性。因为企业作为经济活动的主体，是耗能和排放大户，也是节能减排行动的具体实施者，对节能目标的实现起到非常关键的作用。在这方面可以更多借鉴国际经验。

在实施“十二五”节能低碳目标过中，不同行业之间也可能因不同的利益和政策诉求存在此消彼长的博弈。例如，化石能源与非化石能源行业之间，火电与新能源之间。钢铁、水泥等能源密集型行业受节能低碳政策影响最大，能源消费总量控制政策在设计和实施过程中也必须考虑行业的特殊性。从“十二五”扩大针对重点用能企业的能源管理，更多将约束性指标由地方政府转向企业的趋势看，企业在节能减排中的作用已经逐渐受到重视，企业与政府之间的关系正从被动服从转向积极互动。

6. 应该重视各地区分工不同的差异性和产业转移问题

单位 GDP 能耗是一个综合性指标，与经济增长、经济结构、能源结构、技术水平、资源环境等多种因素有关，各地区应该根据自身实际确定不同的节能目标。而且，区域之间高耗能产业的转移相当普遍，呈现从经济相对发达的东部地区向中西部转移的趋势，因此对西部地区节能目标的影响值得重视，并且各地也应该根据实际情况对节能政策进行相应调整。例如，北京将首钢等工业企业转移出去后，经济结构的变化有利于节能减排，同时节能重点发生转移，从生产用能转向消费用能。而接受产业转移的地区必须对其带来的经济利益与环境影响进行权衡，通过政策对产业转移进行适当的调控。总之，“十一五”期间多数省份提出的节能目标都与全国 20% 的节能目标持平是不尽合理的。目标不合理，考核的效用自然打了折扣，问责制也难以实施。

三 展望未来 10 年的趋势与对策

气候变化的挑战将长期存在且日益加剧，而应对这一挑战也将是长期的战略决策。展望未来 10 年，中国在应对气候变化问题上面临更大的压力。十八大报告指出，“我国发展仍处于可以大有作为的重要战略机遇期。我们要准确判断重要战略机遇期内涵和条件的变化，全面把握机遇，沉着应对挑战，赢得主动，赢得优势，赢得未来，确保到 2020 年实现全面建成小康社会宏伟目标”。

我们在这里对未来 10 年一些重要的趋势进行判断，特别是对期间可能发生变化的“内涵和条件”进行分析，并提出可能的对策。

（一）未来 10 年气候变化的影响仍将加剧

政府间气候变化专门委员会（IPCC）于 2011 年出版的特别报告《管理极端事件和灾害风险——推进适应气候变化特别报告》的综合结果表明，在不同温室气体浓度不断增加的情况下，未来全球极暖事件出现的频率和幅度将会增加，热浪持续时间、频率和强度都将增加，许多地区的强降水频率或强降水占总雨量的比例可能会增加。暴雨的增加将使得一些流域或地区局地的洪涝增加，同时，热浪、冰川退缩或多年冻土退化将使洪水滑坡事件增加（IPCC，2011）。

中国受气候变化影响较为严重，而且在未来这一影响将明显增强。自 1951 年以来，中国出现高温、低温、强降水、干旱、台风等极端天气气候事件的频率和强度都发生了变化。强降水事件在长江中下游、东南和西部地区有所增多、增强；全国范围小雨频率明显减少；气象干旱面积呈增加趋势，其中华北和东北地区较为明显；冷夜、冷昼和寒潮、霜冻日数减少，暖夜、暖昼日数增加。

最近利用IPCC第五次评估报告的全球气候模式模拟的研究结果表明，在新的温室气体排放情景下，不断变化的气候将导致全球和中国极端天气气候事件在频率、强度、空间分布、持续时间上发生较大变化，这些变化的叠加效应可能导致前所未有的极端天气气候事件，越来越多的人和设施暴露在极端气候下的可能性越来越大，灾害风险将持续增加。气候灾害的增加将放大贫困地区和经济发达地区间的风险不均，加大贫困地区的损失，并使其灾后恢复能力受到影响（徐影等，2012）。

未来极端气候事件的变化对国家灾害风险管理提出了挑战，需要通过改变应变能力、应对能力和适应能力，来适应动态变化的极端事件。例如，在国家、地方等不同层面建立风险分担和转移机制，通过提供融资手段的方式提高对极端事件的应变能力。

（二）未来10年中国的经济、能源消耗及碳排放的增长趋势

随着中国经济快速增长，未来10年里中国在世界经济中的地位可能将发生明显变化。英国《经济学人》曾经在2010年预测：如果中国和美国持续以7.75%和2.5%的实际GDP增长率增长，那么按照现有市场汇率计算的中国的经济总量将在2019年超过美国（The Economist，2010）。国际货币基金组织在2011年的报告也曾预测，按照购买力平价计算，中国GDP在2016年将达到19万亿美元，超过美国（18.8万亿美元）。届时美国经济占全球生产总值的比重将降至17.7%，而中国所占的比重将升至18%（IMF，2011）。著名经济史学家安格斯·麦迪森使用购买力平价方法的研究得出，中国将在2015年超过美国成为世界第一大经济体；中国占世界GDP的比重从1978年的5%增加到2003年的15%，到2030年可能达到23%；届时中国的人均GDP将达到日本和西欧1990年时的水平（安格斯·麦迪森，2008）。总之，如果按现有趋势推算，未来10年中国很可能跃升为世界第一大经济体。

中国经济的迅猛增长将直接推动传统化石能源需求的不断增长。据国际能源署《世界能源展望2012》的预测，OECD国家的煤炭消费呈下降趋势，中国和印度的煤炭需求几乎占据非OECD国家煤炭需求增长的3/4。2020年中国的煤炭需求将达顶峰，并将维持到2035年。根据国际能源署的数据，中国在2009年取代美国成为世界上最大的能源消费国，而2000年中国的能源消费量只有美国的一半。国际能源

署还预测，中国对能源的需求从 2008 年（基准年）到 2035 年将占全球能源需求在这一时期里预测增幅的 30%。到 2035 年，即使中国人均能源消费比美国少一半，预计中国能源总量也将比美国高 70%（IEA，2011）。2035 年，中国电力需求增长大于当前美国和日本的电力需求之和，中国的煤发电量增长与核电、风电和水电的总和相当。

当前主要发生在美国的“页岩气革命”正在重新界定全球能源格局，而页岩气革命导致化石能源价格下降，对于未来中国减排而言可能是一把双刃剑。国际能源署在《世界能源展望 2012》中预计，到 2035 年，全球非常规天然气产量将接近天然气产量一半，绝大部分的增长来自中国、美国和澳大利亚；美国将在 2020 年前成为全球最大石油生产国，并且直到 21 世纪 20 年代中期，美国都将领先沙特阿拉伯。而根据国际能源署首席经济学家比罗尔的预测，美国会在 2015 年超越俄罗斯，成为最大的天然气生产国。国际能源署在报告中还提到，美国的石油繁荣将加速国际石油贸易的转向，预计到 2035 年中东约 90% 的石油都将流向亚洲，主要是流向中国和印度。在短期内，碳强度更低的油气会更多替代煤炭，可以优化能源结构和减少排放。但是从长期来看，它会对新能源的开发和使用构成竞争，不利于从根本上加快从化石能源向非化石能源的转型。中国的能源结构以煤为主，而且当前发展可再生能源的势头又在全球处于相对较为领先的地位，上述这两种情况对中国来说都非常关键。

随着中国在世界经济中地位的不断提升，对化石能源需求的快速增长，未来 10 年碳排放量增长难以避免。美国能源信息署预测，到 2035 年，中国的二氧化碳排放量可能比目前的水平翻上近一番。从人均排放看，中国的优势已不复存在。根据国际能源局（EIA）的统计，2010 年中国的人均二氧化碳排放量为 5.39 吨，已经超过了世界平均水平 4.44 吨，正在接近部分欧洲国家水平，与《联合国气候变化框架公约》附件一所列国家的平均水平（8.61 吨）相距不远。从世界上已经完成工业化和城市化进程的一些国家的历史发展规律看，伴随其工业化和城市化进程，二氧化碳排放量大体上都经历了倒“U”形的变化过程。目前中国仍处于工业化和城市化发展的阶段，未来 10 年温室气体的排放也还将处在上升阶段。

但是另一方面，中国不应该也不可能重复发达国家走过的老路，在国际社会的支持下，中国也应该通过自身努力尽早实现排放峰值。从发达国家历史经验看，人均 GDP 达到 4 万美元左右二氧化碳排放量出现峰值，根据国际货币基金组织（IMF）公布的数据，2011 年中国人均 GDP 为 5414 美元，世界排名仅第 89 位。目前中国已经开始进行有关排放峰值的研究。大部分研究都预测中国通过大力节能减排和发展可再生能源，有望在 2030 ~ 2035 年使碳排放达到峰值（李惠明等，2011；杜强等，2012）。

也有学者认为近期技术进步、低碳发展的投资潜力、低碳发展的政策环境都为中国在2025年实现排放峰值提供了基础（姜克隽等，2012）。无论如何，未来10年中国要逆转碳排放大幅增长的趋势，尽早实现排放峰值，无疑面临巨大挑战。

（三）国际谈判形势更加严峻

未来10年的国际气候谈判对全球应对气候变化的合作至关重要。2012年12月在多哈召开联合国气候会议直到最后时刻才确定《京都议定书》第二承诺期将涵盖2013~2020年。下一步的关键谈判是落实德班平台，规划2020年后的国际气候制度。

各国在《哥本哈根协议》中所做的截至2020年的减排承诺，仍不足以保证实现气候安全的目标。据联合国环境署（UNEP）专家估计，到2020年必须将年排放量控制在440亿吨二氧化碳当量，才有可能将全球升温幅度控制在2℃或更低数值以内。如果只实施最低目标承诺，而且不在谈判中设定清晰的规则，那么到2020年，排放量可能达到约530亿吨二氧化碳当量，这和照常情景下的排放结果（560亿吨）没有太大的差异。如果各国所做出的与《哥本哈根协议》相关的最高目标能得到实施和支持，那么到2020年，每年可以平均削减约70亿吨二氧化碳当量的温室气体排放量，此时距离2℃目标的差距仍有50亿吨二氧化碳当量，只相当于实现了2℃目标的60%（UNEP，2010）。联合国环境署最新发布的《2012年排放差距报告》进一步警告，目前全球温室气体排放水平比预定目标高出约14%，相比控制全球升温幅度不超过2℃目标的差距不仅没有缩小，反而在扩大。如果各国政府不采取切实有效的减排行动，21世纪末气温将平均上升3~5℃（UNEP，2012）。

当前国际气候谈判陷入困局、各方分歧难以弥合是世界经济长期发展不平衡和国际政治关系复杂而深刻、矛盾积累的结果。南北矛盾仍是主线，但南北阵营界线的模糊和发展中国家的内部分化也日益显现。目前各方对德班平台谈判的原则、目标、内容和谈判结果的形式等问题都有严重分歧。在一些西方国家看来，启动德班平台就等于实现了“并轨”，谈判适用于所有缔约方的法律文件就等于所有缔约方应该承担相同的责任和义务。发达国家往往打着控制全球升温幅度不超过2℃的政治共识的“道义大旗”，要求各国拿出所谓的“雄心”来弥补承诺与全球目标之间的差异。他们强调今天的世界早已不同于20世纪90年代，新兴市场国家在全球经济中的地位不断提升，必须承担更多的国际义务，公平原则和共同但有区别的责任原则受到空前的挑战。而多数发展中国家认为德班平台谈判首先要确定基本原则，必须以公约基本原则为指导，发达国家和发展中国家的减排义务在性质、力度和形式方面应有本质区别。背离公约基本原则，缺乏政治互信，使德班平台难以进入实质性谈判。

发达国家淡化其历史责任和反对“共同但有区别的责任”原则的倾向进一步明显，自身减排和向发展中国家提供资金、转让技术的政治意愿不足，这是国际气候合作面临的最大障碍。以资金问题为例，为气候变化问题负有主要责任的、富裕的发达国家理应积极承担责任，向发展中国家提供资金，从而构成推进国际气候谈判及相关国际合作的关键。但是在资金问题上，多数发达国家缺乏意愿。在 2009 年哥本哈根会议上，发达国家曾同意 2010 ~ 2012 年提供 300 亿美元的快速启动基金，以及 2020 年达到每年 1000 亿美元的长期目标。发达国家声称注资规模已超过预定目标，其中欧盟 72 亿欧元，美国 51 亿美元，日本 150 亿美元，但实际很多资金是官方发展援助（ODA）贴了“气候”的标签，不能满足额外性的要求，也没有纳入多边渠道。目前谈判的焦点是 2013 年开始的未来融资问题。气候变化框架公约执行秘书菲格雷斯呼吁各国政府至少维持目前的资金量，并将考虑如何实现大幅增长，以达到 2020 年 1000 亿美元的目标。目前，欧盟、美国和日本几个最大出资方都没有给出后续出资的具体数字。

如前所述，中国在快速工业化和城镇化进程中，伴随经济发展，中国温室气体排放呈现总量大、增长快、未来仍有较大排放需要的总体特点，人均排放已超过世界平均水平，并正在拉开与很多发展中国家的差距。虽然中国已经在国内开展了大规模的节能减排行动，并做出了到 2020 年实现碳强度降低 40% ~45% 的承诺，但是中国在未来的碳排放总量方面毕竟规模巨大且增长迅速。所以在总量减排方面所面临的国际压力可能会在未来 10 年里集中体现出来，中国需要为争取自身合理的发展空间做出更大努力。

与此同时，当前国际社会对中国在南南合作中发挥更多的积极作用充满期盼。2012 年，温家宝总理在联合国可持续发展大会上承诺：为了帮助发展中国家的可持续发展，中国将通过提供资金、开展项目合作、援助设备、培训人员等方式予以支持，特别是中国将“提供 2 亿元人民币开展为期 3 年的国际合作，帮助小岛屿国家、最不发达国家、非洲国家等应对气候变化”。虽然中国的人均 GDP 还很低，但是作为世界上最大的外汇储备持有国及第二大经济体，外界的期望虽然不一定合理，但是确实会日益提高。所以，中国参与提供相关全球公共物品的能力也有待增强。

（四）从十八大报告看未来 10 年中国的气候战略

作为党和国家新时期战略决策的一个重要文件，党的十八大报告把生态文明建设提高到和经济建设、政治建设、文化建设、社会建设同等重要的高度，提出了实现“美丽中国”的目标，强调要通过绿色发展、循环发展、低碳发展实现可持续发展。显然，中国将以前所未有的战略高度和力度，来认识并推进可持续发展和应对气候变化的相关工作。

十八大报告为我国未来积极应对全球气候变化，大力推进绿色低碳发展指明了前进方向。此次报告特别提出，“坚持共同但有区别的责任原则、公平原则、各自能力原则，同国际社会一道积极应对全球气候变化”，“积极开展节能量、碳排放权、排污权、水权交易试点”。这是在党代会的报告中首次以如此重要的篇幅来论述气候变化相关原则与政策，对未来中国的相关政策与行动必然有重要的指导作用。

十八大报告中提出的一个重要战略思想，就是要“把生态文明建设放在突出地位，融入经济建设、政治建设、文化建设、社会建设各方面和全过程”。当前，欧盟及一些多边发展银行（MDBs）都在推动所谓“气候主流化”（climate mainstreaming），即将气候变化问题贯彻到政策和项目设计及实施等各个环节和全过程。十八大报告的这一思想也可以理解为中国也在积极加入这一潮流，将应对气候变化问题更多贯彻到更多领域和过程。这一思想的提出，不仅会更好地将国内政策与国际谈判及国际趋势结合起来，也将从根本上改变中国应对气候变化的战略定位和行动力度，从而在国际社会应对气候变化的行动中占有更加积极主动的地位。

十八大报告也体现出，随着经济实力和技术能力的增强，中国提供全球公共物品的意愿已经明显加强。例如在“继续促进人类和平与发展的崇高事业”一章中，报告特别提出，“合作共赢，就是要倡导人类命运共同体意识，在追求本国利益时兼顾他国合理关切，在谋求本国发展中促进各国共同发展，建立更加平等均衡的新型全球发展伙伴关系，同舟共济，权责共担，增进人类共同利益”，“中国将坚持把中国人民利益同各国人民共同利益结合起来，以更加积极的姿态参与国际事务，发挥负责任大国作用，共同应对全球性挑战”。这些新的表述都说明，中国将以更加积极的姿态参与全球问题，特别是气候变化问题的治理和国际合作。

显然，从十八大报告所论及的各个方面来看，未来10年中国都将从更高的战略高度和更加积极的姿态来应对气候变化。应对气候变化需要一个综合的低碳发展战略。应对气候变化和低碳发展作为经济社会发展的目标之一，将会与能源安全、环境保护、提高经济竞争力、社会发展、扩大政治参与等目标相互促进，实现共赢。中国要实现甚至超过2020年单位GDP碳排放在2005年基础上下降40%～45%的目标，需要从政治、经济、社会和文化等各方面的行动和目标予以综合考虑。例如，加强和完善相关管理制度、法律法规、政策体系，调动企业、社会组织及公众参与相关决策的积极性，大力推进低碳技术的研发和大规模推广应用，建设资源节约型、环境友好型社会，鼓励公众的生活方式和消费方式向低碳方向转变，等等。

（五）未来10年中国应对气候变化的主要政策和优先领域

结合“十一五”时期节能减排的工作成绩与不足，并且积极借鉴世界上其他国家应对气候变化的先进经验，未来10年中国应对气候变化的政策，将侧重以下三个方面：①加强长期性和战略性的主动规划；②大力推进低碳产业、低碳城市和低碳社区建设，落实低碳发展战略；③提高通过市场力量应对气候变化的能力。

这三个重点在国家《“十二五”控制温室气体排放工作方案》中得到了明显的体现。其中，除了明确提出量化碳强度减排目标以外，提出的目标主要包括“应对气候变化政策体系、体制机制进一步完善，温室气体排放统计核算体系基本建立，碳排放交易市场逐步形成。通过低碳试验试点，形成一批各具特色的低碳省区和城市，建成一批具有典型示范意义的低碳园区和低碳社区，推广一批具有良好减排效果的低碳技术和产品，控制温室气体排放能力得到全面提升”（国务院，2011b）。在该工作方案中，除了强调延续调整产业结构、发展低碳能源和增加碳汇等多种综合控制措施以外，还突出强调了开展低碳发展试验试点、加快建立温室气体排放统计核算体系及探索建立碳排放交易市场等三方面的工作。

1. 加强“顶层设计”

中国将积极推进应对气候变化立法进程，组织实施好《“十二五”控制温室气体排放工作方案》。开展中国低碳发展宏观战略研究，提出我国低碳发展宏观战略目标、阶段任务、实现途径、政策体系、保障措施等，为构建国家低碳发展战略和相关领域政策体系打下坚实基础。2011年起，国家发展和改革委员会已组织编制《国家应对气候变化规划（2011—2020）》，作为未来10年指导应对气候变化的纲领性文件，该规划将很快出台。同时，《国家适应气候变化总体战略》也正在编制当中。这两个文件将加强整个国家应对气候变化政策的顶层设计（苏伟，2013）。这一工作符合国际社会特别是发达国家应对气候变化的做法，有利于形成长期有效应对气候变化的稳定政策信号，对经济和社会发展产生稳定的预期和保障。

2. 开展区域性低碳试点

未来中国将深入开展低碳试点，编制低碳发展规划，加快建立以低碳为特征的工业、建筑、交通体系；积极开展低碳产业园区、低碳社区、低碳商业等试点示范；大力推动全社会低碳行动；开展适应气候变化的试点工作（苏伟，2013）。

2010年7月，我国启动了第一批国家低碳省区和低碳城市试点工作，其主要任务是测算并确定本地区温室气体排放总量控制目标，研究制定温室气体排放指标分配方案，建立本地区碳排放权交易监管体系和登记注册系统，培育和建设交易平台，做好碳排放权交易试点支撑体系建设等。2012年12月，国家发展和改革委员会又宣布将在北京、上海、海南等三省（直辖市）和石家庄等26个市开展第二批低碳试点。根据国家发展和改革委员会的文件，试点地区的任务包括以下六个方面：明确工作方向和原则要求；编制低碳发展规划；建立以低碳、绿色、环保、循环为特征的低碳产业体系；建立温室气体排放数据统计和管理体系；建立控制温室气体排放目标责任制；积极倡导低碳绿色生活方式和消费模式（国家发展和改革委员会，2012b）。

应对气候变化需要“全球思考，本地行动”，开展低碳试点是落实气候变化相关规划政策目标的具体途径。顶层设计确定之后，最核心的还是在实践中具体推动、落实我国低碳发展战略。其次，中国不同地区经济发展差异明显，各试点地区非常重要的使命就是结合实际去大胆探索和创新应对气候变化的政策和实践，进而再推广到其他地区乃至全国。第三，中国也迫切需要自下而上地扎实做好温室气体排放数据统计和管理等基础性的工作，为其他政策工具的实施、国际谈判及未来制定总量减排目标做好准备。

3. 从行政命令式政策手段转向市场激励型政策工具

未来中国将健全体制机制，“加快建立温室气体排放统计核算体系，探索建立低碳产品标识和认证制度。会同有关部门研究制定有利于低碳发展的财税、金融、价格等配套政策。贯彻实施《温室气体自愿减排交易管理暂行办法》，鼓励更多企业参与自愿减排交易；扎实推进七个省、市碳排放权交易试点，支持试点地区抓紧编制和实施试点工作方案，适时扩大试点范围，加强碳排放交易支撑体系建设，部署建立国家碳排放交易登记注册系统、出台重点行业企业温室气体核算和报告指南”（苏伟，2013）。

“十二五”规划提出“逐步建立中国特色的碳排放交易市场”，强调“通过规范自愿减排交易和排放权交易试点，完善碳排放交易价格形成机制，逐步建立跨省区的碳排放权交易体系，充分发挥市场机制在优化资源配置上的基础性作用，以最小化成本实现温室气体排放控制目标”（国务院新闻办公室，2011）。相比于“十一五”时期的政策和做法，这无疑是一大进步。当前国家发展和改革委员会正在积极推动碳排放交易市场建设，健全气候融资机制，逐步引导资本进入并推进绿色低碳经济发展。2011年12月，在北京、上海、天津、重庆、深圳、湖北和广东等地已经启动了碳排放交易试点工作，并计划在2013年年底之前逐步在排放限额和交易的框架下，通过金融市场推动碳排放交易的开展。国家在节能环保和低碳发展方面已经进行了大量的投资，但仅靠政府投资是不够的，私营资本和国际合作也应成为气候融资的主要来源（石昊，2012）。

目前，主要发达国家都已经建立或者在筹划建立碳排放交易体系，世界银行也设立了“市场准备伙伴基金”以在发展中国家进行推广，因此中国当前的政策选择符合国际发展的潮流。相比之下，碳税似乎并不是一个受欢迎的选择，尽管从理论上看碳税和碳交易一样都是成本有效（cost-effective）的政策工具，而且通过碳税也能够实现筹集资金的效果，并对市场能够形成稳定的价格信号。从有效应对气候变化和促进技术进步的角度来看，碳税也许是更优的长期选择（曹荣湘等，2012）。但是从短期来看，中国当前优先发展碳排放交易也有其合理性。例如中国此前较多参与清洁发展机制，排放权交易观念深入人心；建立碳交易市场有利于鼓励地方政府、企业及社会力量的参与，反对力量少；其允许进行区域性试点，不必在全国强求一致，符合当前政策现状；其也有利于为进行温室气体排放数据的统计和管理等基础性工作开展提供激励，为未来全面实施碳交易或者碳税政策奠定基础。总的来说，建立碳交易市场符合中国实现完善市场经济的改革方向，但是不应该完全锁定在只通过碳交易市场来作为中国减排政策的主导政策工具的路径上。在应对气候变化的问题上，相比于其他国家，中国具有体制优势，政府可以综合评估各种政策工具的可行性及实际效果，选择适合中国情况的政策组合，在现有条件下使用，但不是过分依赖市场的力量。

（六）结语

无论是从人口、国土面积、经济总量来看，还是能源消费和温室气体排放来看，中国作为一个发展中大国，应对气候变化问题攸关国家的核心利益。中国必须立足本国国情，通过艰巨的努力和不懈的探索，走出一条符合中国国情的低碳发展之路。

目前，中国已经确立了积极应对气候变化的长期战略，并在努力探索符合中国国情的各种减缓和适应气候变化的机制和体制。我们应该充分肯定中国节能减排已经取得的进步和成就，也要理性地认识到其艰巨性和受到的制约。从可持续发展的角度来看，中国为了应对气候变化而积极推进的节能减排、转变发展方式、调整经济结构等工作，既符合自身发展的需要，也符合世界经济发展的潮流和趋势。

未来 10 年是中国全面建设小康社会的关键时期，也是应对气候变化面临巨大挑战的时期。积极应对气候变化，既是顺应当今世界发展趋势的客观要求，也是我国实现可持续发展的内在需要和历史机遇。必须以对中华民族和全人类长远发展高度负责的精神，进一步增强应对气候变化意识，根据自身能力做好应对气候变化工作，在新的内外环境和条件下促进我国经济社会又好又快发展。总体上看，中国仍将处于战略机遇期，但是外部条件和国际环境发生了巨大的变化，中国在面对各种挑战的同时，需要加强制度创新和技术创新，以更加有创造力的方式积极争取发展空间和推进国内节能减排等各项工作。

参考文献

安格斯·麦迪森. 2008. 中国经济的长期表现：公元960-2030年. 伍晓鹰，马德斌译. 上海：上海人民出版社.

鲍丹. 2013-01-03. 可再生能源我国装机规模跃居世界第一. 人民日报，第1版.

曹荣湘，谢来辉. 2012. 反思碳交易与碳税在中国特色减碳体系中的地位. 见：王伟光，郑国光. 应对气候变化报告（2012）. 北京：社会科学文献出版社.

陈迎，潘家华，谢来辉. 2008. 中国外贸进出口商品中的内涵能源及其政策含义. 经济研究. 7：11-25.

陈迎. 2011. "十二五规划"节能低碳目标的分配和落实. 见：王伟光，郑国光. 应对气候变化报告（2011）. 北京：社会科学文献出版社.

杜强，陈乔，陆宁. 2012. 基于改进IPAT模型的中国未来碳排放预测. 环境科学学报，32（9）：2294-2302.

冯飞. 2008. 实施节能长期战略的目标与措施. http：//www. drcnet. com. cn/DRCNet. Channel. Web/expert/showdoc. asp？ doc_ id = 199427 [2009-03-05].

国家发展和改革委员会. 2007. 中国应对气候变化国家方案. http：//www. ccchina. gov. cn/WebSite/CCChina/UpFile/File189. pdf [2012-11-27].

国家发展和改革委员会. 2012a. 中国应对气候变化的政策与行动：2012年度报告. http：//www. ccchina. gov. cn/WebSite/CCChina/UpFile/File1323. pdf [2012-12-02].

国家发展和改革委员会. 2012b. 我委印发关于开展第二批国家低碳省区和低碳城市试点工作的通知. http：//www. sdpc. gov. cn/gzdt/t20121205_ 517506. htm [2013-01-21].

国务院. 2011a. "十二五"节能减排综合性工作方案. http：//www. gov. cn/zwgk/2011-09/07/content_ 1941731. htm [2012-12-12].

国务院. 2011b. "十二五"控制温室气体排放工作方案. http：//www. gov. cn/zwgk/2012-01/13/content_ 2043645. htm [2012-12-03].

国务院. 2013. 关于印发能源发展"十二五"规划的通知（国发〔2013〕2号）. http：//www. gov. cn/zwgk/2013-01/23/content_ 2318554. htm [2013-01-30].

国务院新闻办公室. 2012.《中国的能源政策（2012年）》白皮书. http：//www. gov. cn/jrzg/2012-10/24/content_ 2250377. htm [2012-11-04].

国务院新闻办公室. 2011. 中国应对气候变化的政策与行动（2011）. http：//www. gov. cn/jrzg/2011-11/22/content_ 2000047. htm [2011-11-22].

何丽．2011．中国减排“走自己的路”．http：//www.ftchinese.com/story/001041920［2012-11-02］．
姜克隽，庄幸，贺晨旻．2012．全球升温控制在2℃以内目标下中国能源与排放情景研究，中国能源，2：14-17，47．
科学技术部社会发展科技司，中国21世纪议程管理中心．2011．适应气候变化国家战略研究．北京：科学出版社．
李惠明，齐晔．2011．中国2050年碳排放情景比较．气候变化研究进展，7（4）：271-280．
钱德瑞，王彦佳．2009．哥本哈根备忘录：误导的评论——中国的承诺意义重大．http：//chinese.carnegieendowment.org/publications/？fa=view&id=43267［2010-07-12］．
石昊．2012．气候融资或成中国应对气候变化新亮点．http：//www.ccchina.gov.cn/cn/NewsInfo.asp？NewsId=34477［2013-01-21］．
苏伟．2013．积极应对气候变化　努力建设生态文明．http：//www.crd.net.cn/2013-01/16/content_6395849.htm［2013-01-21］．
温家宝．2012．共同谱写人类可持续发展新篇章——在联合国可持续发展大会上的演讲．http：//news.xinhuanet.com/politics/2012-06/21/c_112262485.htm［2012-06-21］．
徐影，冯婧，许崇海．2012．中国地区未来极端气候事件预估及可能的风险．见：王伟光，郑国光．应对气候变化报告（2012）．北京：社会科学文献出版社．
EIA. 2011. International energy outlook. http：//www.eia.gov/forecasts/ieo［2012-12-14］．
Exxon Mobil. 2009. The outlook for energy：A view to 2030. http：//www.exxonmobil.com/Corporate/energy_outlook.aspx［2010-03-11］．
Germanwatch and Climate Action Network. 2009. Climate change performance index 2010. http：//www.germanwatch.org/klima/ccpi09.pdf［2009-12-16］．
IEA. 2009. CO_2 Emission from Fuel Combustion：Highlights（2009 edition）. Paris：International Energy Agency：23.
IEA. 2011. World Energy Outlook 2011. Paris：International Energy Agency.
IEA. 2012a. CO_2 Emission from Fuel Combustion：Highlights（2012 edition）. Paris：International Energy Agency.
IEA. 2012b. World energy outlook 2012. Paris：International Energy Agency.
IMF. 2011. World economic outlook database. http：//www.imf.org/external/datamapper/index.php［2011-10-28］．
IPCC. 2011. Managing the risks of extreme events and disasters to advance climate change adaptation. http：//ipcc-wgz.gov/SREX［2013-01-20］．
The Economist. 2010. When will China overtake America. http：//www.economist.com/node/17733177［2012-12-21］．
UNEP. 2010. The Emissions Gap Report：Are the Copenhagen Accord Pledges Sufficient to Limit Global Warming to 2℃ or 1.5℃？A Preliminary Assessment. Nairobi：UNEP.
UNEP. 2012. The Emissions Gap Report 2012. Nairobi：UNEP.

第八章 构建生态文明的保障制度*

本章讨论的生态文明保障制度，涉及广义的绿色部门，包括矿产资源、水、国土、生态（林业）、环保、节能、新能源可再生能源、海洋、减灾防灾、气候变化等领域，并对空间布局、循环经济等方面的法规、政策、技术等进行考察。首先讨论了生态文明的内涵及其相互关系，接着介绍生态文明的制度基础，在分析我国建设生态文明面临的挑战后，提出生态文明建设的制度框架和保障措施。

一 不断深化中的生态文明理念

生态文明观的形成，经历了从实践到认识、从研究到试点的探索过程，仍处于不断完善之中。生态文明反映了一个社会的文明状态，是人类为保护和建设生态环境取得的物质成果和精神成果的总和，是贯穿于经济建设、政治建设、文化建设、社会建设全过程和各方面的系统工程。生态文明建设要求我们创新理念，采用文明的态度对待自然，反对野蛮生产，反对粗放利用资源，反对破坏生态环境，以尽可能少的资源环境代价实现经济社会可持续发展。

* 本章由周宏春执笔，作者单位为国务院发展研究中心

事实上，关于生态文明的内涵及其阶段性特征，可谓见仁见智。文明是社会发展到一定阶段的产物。英国著名历史学家汤因比在其巨著《历史研究》中提出，文明是具有一定时间和空间联系的某一群人，可以同时包括几个同类型的国家。文明包含政治、经济、文化三个方面，其中文化构成一个文明社会的精髓。

与此同时，文明与发展密切相关。有关研究认为，从时间上看，人类文明可以分为原始文明、农业文明和工业文明；从构成要素上看，文明的主体是人，并体现为改造自然和反省自身的结果，如物质文明和精神文明；从空间上看，世界文明具有多元化的特点，如中华文明、西方文明、非洲文明、印度文明等（潘岳，2006）。

原始文明的人类，生产活动主要靠简单的采集渔猎，必须依赖集体力量才能生存，人与生物、环境协同演进，属于“绿色文明”。以铁器的出现和使用为标志，人类进入农耕文明，其利用和改造自然的能力有了质的飞跃。总的看来，那时人类对自然的负面作用十分有限，地球生态系统保持着良好的自我平衡和恢复能力。

但是，由于农业活动过度开发土地资源，导致生态环境恶化、文明衰落的事情也并不少见。一些古老文明，如古埃及文明、古巴比伦文明、古印度恒河文明、美洲玛雅文明等的湮灭，其根源与过度放牧、过度垦荒和盲目灌溉等活动有关。

从英国发端的工业革命开启了工业文明的新时代。由于生产力的快速发展，人类开始了对大自然空前规模的开发和征服，创造了巨大的物质财富，也导致了严重的环境危机。环境污染，特别是 20 世纪“八大公害”（比利时马斯河谷污染事件、美国多诺拉污染事件、英国伦敦烟雾事件、美国洛杉矶光化学烟雾事件、日本熊本县水俣病事件、富山县痛痛病事件、四日市哮喘事件、九州市等地区米糠油事件），危害了公众健康与生命。

传统的生产方式和消费模式带来环境危机，引发人们的深刻反思。1962 年，美国生物学家卡逊出版了《寂静的春天》一书，用触目惊心的案例阐述了大量使用杀虫剂对人类的危害，敲响了工业社会环境危机的警钟。20 世纪 70 年代，发生了两次世界性能源危机，经济增长与环境之间矛盾凸显。1972 年，罗马俱乐部出版题为“增长的极限”的研究报告，首次向世界发出警告：“如果让世界人口、工业化、污染、粮食生产和资源消耗按现在的趋势继续下去，这个行星上的增长极限将在今后 100 年中发生。”该报告提出的资源供给和环境容量无法满足外延式经济增长模式的观点，引起各国高度重视。同年，联合国在斯德哥尔摩召开人类环境会议，发表了《人类环境宣言》，提出“只有一个地球”的口号，号召人类在开发利用自然的同时，也要承担维护自然的责任和义务（马凯，2004）。

1987 年，时任挪威首相的布伦特兰夫人组织的世界环境与发展委员会发表的《我们共同的未来》报告中，第一次提出可持续发展理念，并较为系统地阐述了其内涵。1992 年，在巴西里约热内卢召开的联合国环境与发展大会（简称环发大会），通过了《里约宣言》和《21 世纪议程》等文件，号召世界各国在促进经济增长的同时，不仅要关注发展的数量和速度，更要重视发展的质量和可持续性。1992 年环发大会后，可持续发展逐步成为全人类的共识，探索可持续发展之路成为各国的优先选择。

有人认为，生态文明建设是发达国家的事情，我国还没有到那个阶段，言下之意是我国提出生态文明超前了。事实上，1998 年长江全流域洪水后，我国启动了退耕还田、退耕还林、退耕还草等生态建设工程，并取得初步成效。从基本国情和发展阶段的基本特征出发，我们没有理由也不能重蹈发达国家“先污染后治理”的覆辙。换句话说，我国不能到工业化完成后再建设生态文明，那样的话就会失去先进理念引导发展的意义。当然，生态文明建设目标不宜过分超前，需要把握一个“度”。

另一方面，工业文明出现后，并没有排斥农业文明，农业文明也没有完全消失；生态文明与工业文明也并不对立。作为标志之一，工具的出现是农业文明的开始，机械的出现是工业文明的开始，信息化的出现可以看做是新文明形态的开端。信息技术和交通技术革命使“地球村”成为现实，人们不出门就能知道“天下事”，包括分享“技术外溢”成果。如果说过去的战争改变了“文明”版图，现代的“货币战争”大致起到了类似作用。1997 年亚洲金融风暴和 2007 年美国金融危机无不与货币有关。如果说农业文明是“黄色文明”，工业文明是“黑色文明”，生态文明则属于“绿色文明”。

国内生态文明理念的提出和确立，更多的是一种政治抉择。2003 年 6 月 25 日，《中共中央国务院关于加快林业发展的决定》中提出：“建设山川秀美的生态文明社会。”十七大报告要求：“建设生态文明，基本形成节约能源资源和保护生态环境的产业结构、增长方式、消费模式。……生态文明观念在全社会牢固树立。”2012 年 7 月 23 日，胡锦涛同志在中央党校省部级主要领导干部专题研讨班开班式的讲话中指出：“推进生态文明建设，是涉及生产方式和生活方式根本性变革的战略任务，必须把生态文明建设的理念、原则、目标等深刻融入和全面贯穿到我国经济、政治、文化、社会建设的各方面和全过程，坚持节约资源和保护环境的基本国策，着力推进绿色发展、循环发展、低碳发展，为人民创造良好生产生活环境。”

十八大报告系统地提出了生态文明的思想内涵、战略定位和重点任务，我党吸取了全国人民的集体智慧，对资源节约、环境保护、节能减排等一系列方针和战略思想进行了新的概括和升华。天人合一、人与自然和谐等我国古人的生态理念则是生态价值观的重要组成。

建设生态文明，要以把握自然、尊重自然规律为前提，以人与自然、经济与环境、人与社会和谐为宗旨，以资源环境承载力为基础，以建立节约环保的空间格局、产业结构、生产方式、生活方式为着眼点，以建设资源节约型、环境友好型社会为本质要求，以实现经济社会可持续发展为目标。生态文明理念及建设实践具有以下鲜明的特征（周生贤，2012）：

1）在价值观念上，强调尊重自然、顺应自然、保护自然。生态文明尊重自然的存在及其意义，给自然以平等的态度和充分的人文关怀，从“向自然宣战”、“征服自然”向“人与自然和谐共处”转变；倡导正确认识和运用自然规律，禁止对自然无节制的攫取，以及对资源的乱采乱挖；倡导在发展中保护、在保护中发展，给未来发展留下更多的资源和空间，给农业留下更多良田，给子孙后代留下天蓝、地绿、水净的美好家园。

2）在指导方针上，坚持节约优先、保护优先、自然恢复为主。节约优先是要提高资源利用效率，以最小的资源能源消耗支撑经济社会发展，促进生产空间集约高效；保护优先是要正确处理经济发展与环境保护的关系，量环境承载力而发展，努力不欠新账、多还旧账，促进生活空间宜居适度；自然恢复为主是要减少人为干预，给自然以自我修复、自我再生的时间和空间，让其早日恢复和提高生态服务功能，还山清水秀之本来面貌。

3）在实现路径上，着力推进绿色发展、循环发展、低碳发展。生态文明追求经济社会与生态系统的良性互动，把生态文明建设融入经济建设、政治建设、文化建设、社会建设各方面和全过程，基本形成资源高效利用和生态环境友好的空间格局、产业结构、增长方式、消费模式，走上一条人与自然和谐的可持续发展之路，促进社会的繁荣昌盛。

4）在发展重点上，强调优化国土开发布局、节约资源、生态环境保护和制度建设。按照《全国主体功能区规划》的要求和功能区定位，坚持节约资源和保护环境的基本国策，大力发展绿色经济、循环经济和低碳经济，推动构建科学合理的西部大开发、东北全面振兴、中部地区崛起、东部地区率先发展的优势互补、良性互动、协调有序的区域发展格局。

5）在目标追求上，以建设美丽中国为目标。良好的生态环境是生存之本、发展之基、健康之源。要在2020年全面建成小康社会，就要破解资源环境约束，创新思路和发展模式，更加自觉地珍爱自然，更加积极地保护生态环境，从源头上扭转生态环境恶化趋势，减少气候变化对人民生活带来不利影响，为人民创造良好生产生活环境，为全球生态安全做出贡献。

6）在时间尺度上，需要一个长期而艰巨的过程。我国正处于工业化中后期，传统工业文明的弊端日益显现。发达国家在工业化过程中逐步出现的环境问题，在我国快速发展过程中集中显现，呈现出结构型、压缩型、复合型特点。我国的生态文明建设任务繁重，压力巨大，不会一帆风顺，不可能一蹴而就，要补上工业文明的课，更需要走上文明发展之路。

衣食无忧、尊重自然、生态文化和人生态度构成了生态文明的基本要素。生态文明是以人为本的，人只有衣食无忧才能举止文明，才不会因为生存去砍树破坏生态环境，发展是生态文明建设的前提；尊重自然是生态文明建设的原则，只有尊重自然才能更好地利用自然造福人类，才不会以污染环境为代价赢得短期的增长；只有当节约资源、保护环境成为生态文化和社会氛围时，才有人与自然的和谐；人与自然和谐是核心，是本质，是目标，也是结果；人生态度端正了，才能有生态文明新时代的到来，才会建成美丽中国。

二　生态文明的制度建设及其评价

为了落实资源节约和环境保护的基本国策，促进可持续发展，我国采用法律的、经济的、技术的、行政的和公众参与等手段，不仅包括税收优惠、财政投入、金融政策、技术研发和加强管理等措施，还出台了法律法规、标准或部门规章，以加大执法力度。这些政策措施都有利于生态文明建设。

（一）资源节约和环境保护已经成为基本国策

研究表明，制定基本国策需要满足以下三个条件：①由基本国情决定的具有全局性、长期性、战略性意义的问题的系统对策，在解决此类问题上反映国家意志，具有高层次、长时效、广范围、跨部门等特点；②针对经济发展中容易被忽视的某类基本国情，在发展理念上与时俱进，更全面地反映发展质量，而非笼统的宏观指导原则或政策取向；③基本国策之间是平等的，不再有包含关系或指导关系。根据这个原则，研究归纳出计划生育、男女平等、保护耕地、对外开放、环境保护、水土保持、节约资源等七项基本国策，详见表8.1（苏杨等，2008）。

表 8.1　我国现有七个基本国策的基本情况

名称	演变方式及相关颁布年限、具体内容及文件表述方式
计划生育*	领袖讲话：①1956年，毛泽东在最高国务会议上提出“要提倡节育，要有计划地生育”；②1978年，邓小平指出“人口增长要控制，应该立法”；③1998年，江泽民指出“计划生育和环境保护都很重要……都是我们长期坚持的基本国策”；④2006年中央经济工作会议，胡锦涛指出“必须坚持长期实行计划生育的基本国策” 文件规定：①1982年十二大报告：“实行计划生育是我国的一项基本国策”；②1984年，中发〔2004〕7号文件：“计划生育是我国的基本国策”；③1991年“八五”计划：“将保护耕地、计划生育和环境保护共同列为我国的三项基本国策”；④1996年7月第四次全国环境保护大会：“控制人口和保护环境是我国必须长期坚持的两项基本国策”；⑤2006年中发〔2006〕22号文件：“必须坚持计划生育基本国策和稳定现行生育政策不动摇” 明文法定：2001年《人口和计划生育法》第2条第1款：“实行计划生育是国家的基本国策”
男女平等	略
保护耕地**	领袖讲话：①1992年6月2日，李鹏题词：“切实保护耕地，是我国必须长期坚持的一项基本国策”；②2003年胡锦涛在中央人口资源环境工作座谈会上的讲话：“国土资源工作，要坚持开发和节约并举，把节约放在首位，在保护中开发……” 文件规定：①1984年全国人大四次会议政府工作报告：“十分珍惜每寸土地，合理利用每寸土地，应该是我国的国策”；②1986年中共中央、国务院《关于加强土地管理、制止乱占耕地的通知》：“切实保护耕地，是我国必须长期坚持的一项基本国策”；③1991年《国民经济和社会发展十年规划和“八五”计划纲要》：“将保护耕地、计划生育和环境保护共同列为我国的三项基本国策” 明文法定：1998年新修订的《土地管理法》：“十分珍惜、合理利用土地和切实保护耕地是我国的基本国策”
对外开放	略
环境保护	领袖讲话：①1983年，李鹏宣布：“环境保护是中国现代化建设中的一项战略任务，是一项基本国策”；②1996年，江泽民在第四次全国环境保护大会上指出：“控制人口增长，保护生态环境，是全党全国人民必须长期坚持的基本国策”；③1998年，胡锦涛同志在出访韩国期间发言：“中国政府……已经把保护和治理环境，实施可持续发展战略作为我们的一项基本国策” 文件规定：①1990年《国务院关于进一步加强环境保护工作的决定》（国发〔1990〕65号）：“保护和改善生产环境与生态环境、防治污染和其他公害，是我国的一项基本国策”；②1991年《国民经济和社会发展十年规划和“八五”计划纲要》：“将保护耕地、计划生育和环境保护共同列为我国的三项基本国策”

续表

名称	演变方式及相关颁布年限、具体内容及文件表述方式
水土保持	领袖讲话：①1997年，江泽民在十五届一中全会上指出："大江大河上中游地区的水土保持和流域治理，是改善农业生产条件和生态环境的根本措施，必须高度重视，做好规划，坚持不懈，长期奋斗"；②2004年，胡锦涛在中央人口资源环境工作座谈会上讲话："要进一步加强……水土保持、牧区水利和预防传染病项目等农村水利基础设施建设，保护和提高农业特别是粮食生产能力，促进农民增收" 文件规定：1993年《国务院关于加强水土保持工作的通知》指出："水土保持是山区发展的生命线，是国民经济和社会发展的基础，是国土整治、江河治理的根本，是我们必须长期坚持的一项基本国策"
节约资源	领袖讲话：①1999年，江泽民在中央人口资源环境工作座谈会上指出："控制人口增长，保护自然资源，保持良好的生态环境。这是根据我国国情和长远发展的战略目标而确定的基本国策"；②2005年，胡锦涛在建设节约型社会展览会上强调，节约资源是我国的一项基本国策 文件规定：①2005年中共中央在《关于制定国民经济和社会发展第十一个五年规划的建议》中明确提出："要把节约资源作为基本国策，发展循环经济，保护生态环境，加快建设资源节约型、环境友好型社会，促进经济发展与人口、资源、环境相协调"，并在2006年"十一五"规划纲要中有相近表述；②2007年十七大报告："坚持节约资源和保护环境的基本国策，关系人民群众切身利益和中华民族生存发展" 明文法定：2007年《节约能源法》第四条："节约资源是我国的基本国策。国家实施节约与开发并举、把节约放在首位的能源发展战略"

* 含"控制人口"，为我国第一个明文规定的基本国策

** 十分珍惜、合理利用土地和切实保护耕地，为我国第一个在单项法中明确的基本国策

资料来源：根据苏杨等（2008）的资料简化、整理得出

（二）资源环境领域的法规建设

10年来，我国不断建立健全节约资源和保护环境的法制体系。在资源立法中，强调提高资源利用效率、保护与利用并重。在环境立法中，强调预防为主原则，并从最初的少排放、轻污染向无害化、资源化、再利用等循环经济原则延伸，初步走上了源头减量、过程控制和末端治理的全过程管理的法制化轨道。

与我国资源环境有关的法规可以分为五个层次：法律、行政性法规、地方法规、行政规章和政策性文件。首先，《中华人民共和国宪法》和《刑事诉讼法》均有关于节约资源和环境保护的论述。10年间，全国人大常委会通过的资源环境法律28

件，国务院制定的行政法规39件。2002年6月29日通过《清洁生产促进法》，2005年2月28日通过了《可再生能源法》。2005年7月，国务院发布《关于加快发展循环经济的若干意见》，2009年1月正式施行《循环经济促进法》。国家有关部门和研究机构正在研究制定《应对气候变化法》，与此相对应的低碳标准、碳足迹标准等，也得到国际组织和国内研究机构的高度重视，一些标准已经出台并付诸实施。

我国还没有专门的生态文明法规。2008年，环境保护部制定发布《关于推进生态文明建设的指导意见》，明确生态文明建设的指导思想、基本原则，要求建设符合生态文明要求的产业体系、环境安全、文化道德和体制机制。随后几年，环境保护部批准了4批共53个全国生态文明建设试点。一些地方和行业正在研究制定生态文明相关法规。2010年1月，贵阳市出台了《贵阳市生态文明建设条例》，一些行业的生态文明标准也在制定之中。

根据十八大报告对生态文明内涵的新概括，空间布局、节能减排、减灾防灾、应对气候变化等领域的标准均隶属于生态文明标准。按国际标准化组织（ISO）标准化原理委员会（STACO）以“指南”形式给出的定义：标准是由一个公认的机构制定和批准的文件，对活动或活动结果规定了规则、导则或特殊值，供共同和反复使用，以实现在预定领域内最佳秩序的效果。标准可以分为基础标准、产品标准、辅助产品标准、原材料标准、方法标准。每个子系统的标准都可以进一步细分，如工业节能标准的子系统，如图8.1所示。

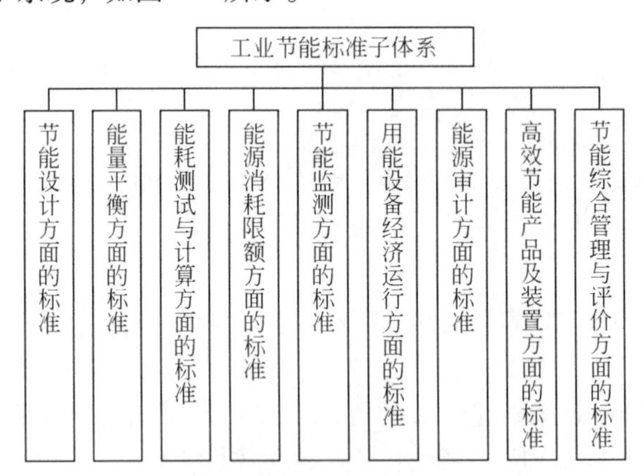

图8.1　工业节能标准子系统构成示意图

资料来源：陈海红，2010

据中国标准化研究院陈海红博士的研究，国际上能效标准有三类：一是最低能效标准，对于达不到标准的产品禁止生产和销售，如美国、澳大利亚就实施此类标准；二是能效等级标准，如韩国将产品能效划分为5个等级，覆盖了汽车、家用电器、照明产品等18种；三是“领跑者”（top runner）标准，如日本按照市场上最高能效水平设定“领跑者”标准，生产厂家须在4～8年内达到这一标准，对节能技术创新有很强的激励作用。这三类标准我国均有采用。到2012年，我国共发布能效标准41项，涉及6大类产品，包括家用电器类12种、照明器具类8种、商用设备类4种、工业设备类9种、办公设备类2种和交通工具类6种。我国第一批能耗限额标准，涉及钢铁、有色金属、化工、电力、建材等5大行业22种产品。

十八大报告提出增强生态产品生产能力的要求。事实上，我们不仅要满足广大人民群众的食品需求，更要提供高质量的食品。无公害食品、绿色食品和有机食品，是生态产品的重要组成部分，且标准越来越高。从标准的提出和实施看，绿色食品标准是我国较早推进的标准之一。经过几十年的建立和完善，我国初步形成了其标准框架体系。

（三）国土开发和环境保护的基本制度安排

本部分主要集中讨论国土空间保护、耕地保护、水资源保护和环境保护等四方面的制度。

1. 国土空间开发保护制度

2011年6月8日，国务院发布《全国主体功能区规划》，明确提出要将国土空间开发从占用土地的外延扩张为主，转向调整优化空间结构为主。主要制度安排介绍如下：

1）健全农业补贴制度。规范程序，完善办法，特别要支持增产增收，落实并完善农资综合补贴动态调整机制，做好对农民种粮补贴工作。

2）实行基本草原保护制度。禁止开垦草原，实行禁牧休牧划区轮牧，稳定草原面积，在有条件的地区建设人工草地。

3）严格市场准入制度。对不同主体功能区的项目实行不同的占地、耗能、耗水、资源回收率、资源综合利用率、工艺装备、“三废”排放和生态保护等强制性标准。

4）改革户籍制度。逐步统一城乡户口登记管理制度。按照“属地化管理、市民化服务”原则，鼓励城市化地区将流动人口纳入居住地教育、就业、医疗、社会保障、住房保障等体系，切实保障流动人口与本地人口享有均等的基本公共服务和同等的权益。

5）矿山环境治理恢复保证金制度。重点开发区域要注重从源头上控制污染，建设项目要加强环境影响评价和环境风险防范；限制开发区域要尽快全面实行矿山环境治理恢复保证金制度，并实行较高的提取标准；禁止开发区域的旅游资源开发要同步建立完善的污水垃圾收集处理设施。

6）开展气候变化对海平面、水资源、农业和生态环境等的影响评估，严格执行重大工程气象、海洋灾害风险评估和气候可行性论证制度。提高极端天气气候事件、重大海洋灾害监测预警能力，加强自然灾害的应急和防御能力建设。

7）会商和信息通报制度。由发展改革、国土、建设、科技、水利、农业、环保、林业、中国科学院、地震、气象、海洋、测绘等部门和单位共同参与，探索建立国土空间资源、自然资源、环境及生态变化情况的定期会商和信息通报制度。

2. 耕地保护制度

我国法律规定的耕地保护制度主要有以下几个方面：

1）土地用途管制制度。《中华人民共和国土地管理法》（简称《土地法》）第 4 条第 1 款规定："国家实行土地用途管制制度。"第 2 款规定："国家编制土地利用总体规划，规定土地用途，将土地分为农用地、建设用地和未利用地。严格限制农用地转为建设用地，控制建设用地总量，对耕地实行特殊保护。"

2）耕地占补平衡和总量动态平衡制度。《土地法》第 31 条第 2 款规定："国家实行占用耕地补偿制度。非农业建设经批准占用耕地，按照占多少、垦多少的原则，由占用耕地的单位负责开垦与所占用耕地的数量和质量相当的耕地；没有条件开垦的或者开垦的耕地不符合要求的，应当按照省、自治区、直辖市的规定缴纳耕地开垦费，专款用于开垦新的耕地。"第 33 条规定："省、自治区、直辖市人民政府应当严格执行土地利用总体规划和年度土地利用计划，采取措施，确保本行政区域内耕地不减少。"

3）基本农田保护制度。《土地法》第 34 条规定："国家实行基本农田保护制度。"基本农田保护制度包括基本农田保护责任制度、基本农田保护区用途管制制度、占用基本农田严格审批与占补平衡制度、基本农田质量保护制度、基本农田环境保护制度、基本农田保护监督检查制度等。《全国生态功能区规划》还提出，严格控制各类建设占用耕地。

4）农用地转用审批制度。《土地法》第 44 条规定："建设占用土地，涉及农用地转为建设用地的，应当办理农用地转用审批手续。"

5）土地开发整理复垦制度。《土地法》第 38 条规定："国家鼓励单位和个人按照土地利用总体规划，在保护和改善生态环境、防止水土流失和土地荒漠化的前提下，开发未利用的土地。"第 41 条规定："国家鼓励土地整理。"第 42 条规定："因挖损、塌陷、压占等造成土地破坏的土地，用地单位和个人应当按照国家有关规定负责复垦；

没有条件复垦或者复垦不符合要求的，应当缴纳土地复垦费，专项用于土地复垦。”

6）土地税费制度。《土地法》第 31 条规定：“建设占用耕地，如没有条件开垦或者开垦的耕地不符合要求，应缴纳耕地开垦费，用于开垦新耕地。”第 37 条规定：“对于闲置、荒芜耕地要缴纳闲置费。”第 47 条规定：“征用城市郊区菜地，要缴纳新菜地开发建设基金。”第 55 条规定：“对以出让方式取得国有土地使用权的建设单位，要缴纳新增建设用地土地有偿使用费。”《耕地占用税暂行条例》规定：“非农业建设占用耕地，要缴纳耕地占用税。”

7）耕地保护法律责任制度。《刑法》第 342 条和第 410 条都对耕地保护法律责任做出了具体规定。《土地法》、《土地管理法实施条例》及《基本农田保护条例》等法律法规，对耕地保护违法行为规定了相应的行政法律责任。《基本农田保护条例》提出，各级政府应当建立以基本农田保护和耕地总量动态平衡为主要内容的耕地保护目标责任制，每年进行考核。

3. 水资源管理制度

2011 年中央 1 号文件和中央水利工作会议，要求实行最严格水资源管理制度；2012 年 1 月，国务院发布《关于实行最严格水资源管理制度的意见》，提出三条红线和四项制度。

三条红线：一是水资源开发利用控制红线，到 2030 年全国用水总量控制在 7000 亿立方米以内；二是用水效率控制红线，到 2030 年用水效率达到或接近世界先进水平，万元工业增加值用水量降低到 40 立方米以下，农田灌溉水有效利用系数提高到 0.6 以上；三是水功能区限制纳污红线，到 2030 年主要污染物入河湖总量控制在水功能区纳污能力之内，水功能区水质达标率提高到 95% 以上。为实现上述红线目标，进一步明确了 2015 年和 2020 年水资源管理的阶段性目标。

四项制度：一是用水总量控制制度，加强水资源开发利用控制红线管理，严格实行用水总量控制，包括严格规划管理和水资源论证、严格控制流域和区域取用水总量、严格实施取水许可、严格水资源有偿使用、严格地下水管理和保护，强化水资源统一调度；二是用水效率控制制度；加强用水效率控制红线管理，全面推进节水型社会建设，包括全面加强节约用水管理、把节约用水贯穿于经济社会发展和群众生活生产全过程、强化用水定额管理、加快推进节水技术改造；三是水功能区限制纳污制度，加强水功能区限制纳污红线管理，严格控制入河湖排污总量，包括严格水功能区监督管理、加强饮用水水源地保护、推进水生态系统保护与修复；四是水资源管理责任和考核制度，将水资源开发利用、节约和保护的主要指标纳入地方经济社会发展综合评价体系，县级以上人民政府主要负责人对本行政区域水资源管理和保护工作负总责。

4. 环境保护制度

我国环境保护的三大政策是，“预防为主、防治结合”、“谁污染，谁治理”、“强化环境管理”。八项环境制度是，环境影响评价、“三同时”、征收排污费、限期治理、排污许可证、污染物集中控制、环境保护目标责任制、城市环境综合整治定量考核制度等。八大制度又被分为老三项（“三同时”、征收排污费和环境影响评价）制度和新五项（环境保护目标责任制、城市环境综合整治定量考核制度、排污许可证、污染物集中控制、限期治理）制度（《中国环境保护行政二十年》编委会，1994）。近年来，环境保护制度逐步增加并不断完善，如为满足排污权交易设立的排污登记制度、生产者责任延伸制度等。

《全国主体功能区规划》对排污权交易制度提出更详细的规定：优化开发区域要严格限制排污许可证的增发，完善排污权交易制度，制定较高的排污权有偿取得价格；重点开发区域要合理控制排污许可证的增发，积极推进排污权制度改革，制定合理的排污权有偿取得价格，鼓励新建项目通过排污权交易获得排污权；限制开发区域要从严控制排污许可证发放；禁止开发区域不发放排污许可证。

（四）更多地采用经济政策，促进资源节约和环境保护

10年来，我国制定并实施了有利于生态文明建设的财税、金融、土地、地区、价格等政策。下面以环境保护为例，讨论政策内容及其演变。

1）有利于资源节约和环境保护的产业政策。国家发展和改革委员会2000年修订《当前国家重点鼓励发展的产业、产品和技术目录》，提出国家重点鼓励发展有利于资源节约和环境保护的产业、产品和技术。

2）给予资源综合利用企业所得税优惠。我国对综合利用产品、投资项目及销售等经济活动，规定了所得税减免政策，并经过多次调整。《节能产品政府采购实施意见》将节能产品纳入政府采购清单；《资源综合利用目录（2003年修订）》和《进一步做好禁止使用实心粘土砖工作的意见》，对实心粘土砖、瓦等产品通过税收和在部分地区禁止使用等手段加以限制。引导和鼓励发展节能环保型小排量汽车，鼓励汽车生产企业开发生产新型燃料汽车。

3）利用价格政策调整企业行为。例如，《关于进一步推进城市供水价格改革工作的通知》（计价格〔2002〕515号）提出，对城市居民生活用水实行阶梯式计量水价；取消部分地区实行的用户用水最低消费制度；对非居民用水实行计划用水和定额用水管理；逐步提高自备水源单位水资源费征收标准，防止过量开采地下水。

从2002年开始电力体制改革，进行电价改革，在保证发电收支平衡的同时，促进民众节约用电。

4）将环境污染纳入消费税范围。国家先后把鞭炮、焰火、汽油、柴油及摩托车、小汽车等消费品列入征税范围。2001年1月1日起，对翻新轮胎停止征收消费税；对生产销售达到污染排放低值的小轿车、越野车和小客车减征30%的消费税，通过税收手段激励人们资源节约和环境保护的行为。

5）设立环境保护专项资金。根据《排污费征收使用管理条例》和《排污费资金收缴使用管理办法》，排污费资金纳入财政预算，作为环境保护专项资金。财政部、国家环保总局2004年制定了中央环境保护专项资金项目申报指南，以指导环境保护专项资金申报和使用。

近年来，环境经济政策不断丰富，包括绿色金融、绿色信贷和绿色保险政策等，逐步拓展资金渠道，加大中央和地方财政在教育、人才、科技等方面的投入，引导社会资金投向，环境经济政策逐步从“末端治理”延伸到整个生命周期（图8.2）。从“十五”开始实施的“区域限批”对污染项目的淘汰作用非常明显，但后来由于多种原因不再实施。

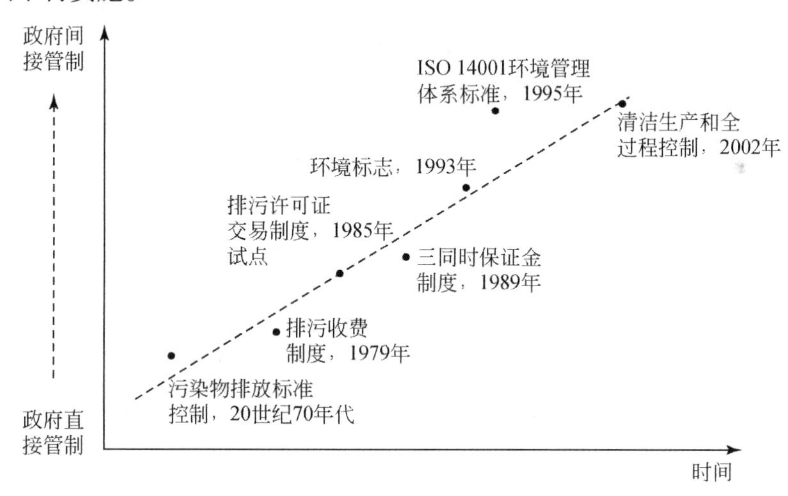

图8.2　新中国成立以来中国环境政策的演进分析

资料来源：吴荻等，2006

（五）利用技术研发、推广和创新，促进生态文明建设

10年来，我国制定了一系列“规划”和“措施”，从宏观层面上指导和微观层

面上促进有利于生态文明建设的技术创新；出台了一系列指标计划，如《“十一五”期间各地区单位生产总值能源消耗降低指标计划》等，对地方政府和相关单位节能减排提出指标性要求，有效地推动了节能减排、污染防治科学技术的应用。

10年来，我国制定并实施《国家环境保护“十一五”科技发展规划》、《国家环境保护“十二五”科技发展规划》、“国家重点环境保护实用技术推广项目和示范工程”等。国家自然科学基金、国家科技重大专项、“863”计划、国家科技支撑计划、“973”计划、国家重大科学研究计划等，安排了大量研发项目，研究工业化城市化过程中出现的重大资源环境问题，创新的主攻方向在于加快发展循环经济、绿色产业、低碳技术，走新型工业化道路，推动经济建设又好又快发展，并在基础研究和应用研究、技术开发及能力建设、人才培养等方面取得丰硕成果。

10年来，我国抓住经济结构调整的机遇和挑战，以深入实施国家科技重大专项为契机，大力发展信息技术、生物技术等战略性、基础性和先导性技术，加快培育和发展节能环保、生物医药等战略性新兴产业的技术，大力开发生态经济、循环经济、低碳经济和低碳经济的支撑技术，为用先进技术改造传统产业，调整产业结构，转变经济增长方式，构建符合低碳、绿色发展要求的现代化产业化体系，走一条低污染、少消耗、高效益的工业化道路提供技术保障。

10年来，我国深入研究和准确掌握区域性和全球性的自然环境重大问题和科学规律，扎实推进污染治理和废物再生利用科学技术，在治沙、污水处理、垃圾无害化处理等污染治理技术方面成效显著；大力发展清洁生产技术、循环经济链接技术（表8.2）、低碳技术、高效节能技术、小流域生态治理技术等，并推广应用于工农业生产过程，保障了生态安全，提供了更多的生态产品；引进、消化、吸收和再创新先进绿色技术，提升绿色科技创新水平。

表8.2　国家鼓励的循环经济技术、工艺和设备名录（第一批）

序号	名称	主要内容	主要指标	行业及范围	所处阶段
40	生活垃圾预处理及水泥窑协同处理技术	采用双轴机械破碎方式对生活垃圾进行破碎和生物干化，利用综合分选技术分离可燃部分、无机灰渣部分、金属部分，其中可燃部分制成可燃性垃圾固体燃料；采用多点协同喂料工艺和技术，替代部分燃料用于干法水泥生产，无机灰渣用作水泥填料。实现工业与社会间产业链接	预处理后可燃部分热值≥2000 kcal/kg，灰渣中可燃物（塑料、纸张等）≤15%（干基）；水泥窑处置过程无废渣、废水外排，二噁英/呋喃≤0.1 $ngTEQ/Nm^3$；水泥熟料质量符合国家标准	城市垃圾水泥窑协同处理与资源化利用	推广

续表

序号	名称	主要内容	主要指标	行业及范围	所处阶段
41	高铝粉煤灰多金属梯级提取与资源化利用技术	采用低碱选择性提取与管道化溶出技术提高粉煤灰的铝硅比，采用低温高效转化技术制备活性硅酸钙材料，脱硅后进一步提取冶金级氧化铝或采用铝硅耦合技术制备莫来石等材料，其母液中含有的镓资源经树脂高效吸附与浓缩技术后再通过电解得到金属镓。实现能源、有色、建材等的产业链接	氧化铝提取率≥85%；非晶态 SiO_2 提取率≥90%；残余硅钙渣中碱含量≤0.6%，满足水泥生产要求；镓提取率>40%	高铝粉煤灰综合利用	示范
42	焦炉煤气制天然气技术	对焦炉煤气进行净化预处理，在高效甲烷化催化剂作用下进行甲烷化合成甲烷，分离出氢气，得到合成天然气。实现化工、钢铁、能源等行业间的产业链接	CH_4 选择性≥65%；CO/CO_2 一次转化率≥90%；焦炉气产品达到SY/T0004-1998要求	焦化行业煤气综合利用	示范

注：本目录涉及减量化、再利用和再制造、资源化、产业共生与链接四个方面，共42项重点循环经济技术、工艺和设备

资料来源：国家发改委等，2012

10年来，我国大力开发稀有资源替代技术、多功能技术，推进洁净煤技术、复杂油气开发技术等转化应用技术，提高资源利用效率和二次资源利用水平，支撑资源可持续利用战略实施；着力开发利用风能、太阳能、生物质能等可再生能源，推进我国的能源结构朝着合理、安全、清洁的方向发展。

10年来，我国节能减排一些领域的技术和设备制造达到国际先进水平。工业和信息化部发布了三批节能技术目录。中国科学院和中国工程院的研究还提出了能源、环境、低碳等领域的技术路线图。

（六）探索建立产权交易市场，发挥市场配置资源的基础性作用

实践证明，错误的或者失真的定价机制，将导致资源的掠夺性开发和浪费使用，以致造成资源损耗过快、生态恶化加剧。财政、税收等政策的推动在节能降耗、开发新能源等方面起到了积极作用。建立一个公平、公正、公开的竞争性市场，对生

态文明建设也非常重要。

1. 水权交易

建立水权交易市场，通过对水资源稀缺程度的收费来抑制过度用水，通过水资源的市场化交换使水资源的配置更加合理。“十一五”规划纲要提出，“完善取水许可和水资源有偿使用制度，实行用水总量控制与定额管理相结合的制度，健全流域管理与区域管理相结合的水资源管理体制，建立国家初始水权分配制度和水权转让制度”。

水权交易只是解决水资源合理利用的一种途径，关键还在于建设一套更符合长远发展的水资源利用体系和体制机制。2007 年 12 月水利部发布的《水量分配暂行办法》，提出全面建立和推广水权制度。根据《水量分配暂行办法》要求，水资源将按照一定比例在全国各省市之间逐级分配，各地区可在分配水量的范围内无偿使用，如用水量超过分配水量，则需要向其他地区购买。《水量分配暂行办法》公布后不久，《永定河干流水量分配方案》发布，划定山西、河北、北京的取水量，明确北京在正常情况下可以从永定河取水 3 亿立方米，解决了河北和北京在水量分配上的混乱局面，为北京水权交易创造了条件；包括长江、珠江、黑龙江等其他河流的水量配额也将确定，水将作为一种商品在同一流域的上下游进行交易。

2. 排污权交易

“八五”开始我国进行排污交易试点。1987 年，上海市闵行区开展企业之间水污染物排放指标有偿转让实践。1988 年 3 月 20 日，国家环保局颁布并实施的《水污染物排放许可证管理暂行办法》第 4 章第 21 条规定：“水污染排放总量控制指标，可以在本地区的排污单位间互相调剂。”1991 年，16 个城市进行大气污染物排放许可证制度的试点，1994 年起又在其中的包头、开远、柳州、太原、平顶山、贵阳等 6 个城市开展了大气排污交易的试点工作，取得了初步经验。

近年来，排污交易机制在全国各地得到广泛探索和应用，成为许多地区建立健全污染减排长效机制、完善环境资源价格形成机制、盘活污染物总量指标、促进经济与环境协调发展的重要手段。环境保护部和财政部从 2007 年开始，先后在全国选择了 6 个省市区开展污染物排放指标有偿使用和排污交易试点。

《关于落实科学发展观加强环境保护的决定》（国发〔2005〕39 号）提出，“有条件的地区和单位可实行二氧化硫等排污权交易”；《节能减排综合性工作方案》（国发〔2007〕15 号）强调，“抓紧完成节能监察管理、重点用能单位节能管理、节约用电管理、二氧化硫排污交易管理等方面行政规章的制定及修订工作”；2009

年政府工作报告中明确提出，“加快建立健全矿产资源有偿使用和生态补偿机制，积极开展排污权交易试点”；2010年政府工作报告进一步将“扩大排污权交易试点”作为要求落实的重点任务之一。全面推广实施排污交易制度，进一步完善总量控制制度，构建减排长效机制已成为环境保护的重要内容之一。

3. 利用市场机制推进节能

1）推行自愿协议。自愿协议是指政府（或授权机构）与企业（行业）间达成的一种协议。在协议中，企业承诺节能目标，政府对其提供税收优惠、财政补贴支持。自愿协议是国际上应用最多的非强制性节能措施。

2）实施需求侧管理（DSM）。其包括两方面内容：一是提高能效，二是进行负荷管理。通过实施峰谷电价、设备采购折扣、设备租赁、特别奖励等措施推进需求侧管理。将电力需求侧管理引入到电力规划，把需求侧减少电能消费和降低高峰电力负荷视为一种新资源。

3）推行合同能源管理。专业节能服务公司为用户提供诊断、设计、融资、改造、运行维护等一整套的系统化服务，并通过与用户分享节能效益回收投资和取得合理利润，达到用户获得节能效益、节能服务公司得到发展的双赢目的。

（七）开展教育和宣传培训，加强能力建设

中国高度重视能力建设，建立健全教育、培训、宣传等支撑体系，从基础设施建设，到人力资源、科技研发，再到制度创新、机制运用，积极探索提高生态文明能力的途径。

1）开展可持续发展宣传教育，拓展公众参与渠道，提高全社会的认同感和参与程度。开展“节约一粒米、一滴水、一度电”等家庭节约动员，非政府组织的环保活动从最初的环境宣传、特定物种保护等发展到开展社会监督、维护公众环境权益等诸多领域，为环境保护和可持续发展战略实施创造了有利氛围。

2）开展“中华环保世纪行”成为环境信息披露的重要平台。从1993年起，由全国人大环资委牵头，中宣部、广电部、国家环保局等14个部门参加，开展“中华环保世纪行”活动，把舆论监督与法律监督结合起来，围绕资源开发、环境污染和执法情况，通过电视、广播、报刊等媒体报道，对严重污染环境、破坏生态事例进行曝光，促进了黄河断流、淮河污染、渤海污染、晋陕蒙“黑三角”污染及滥捕滥猎野生动物等一大批问题的解决，在社会上引起强烈反响。此后，“中华环保世纪行”活动陆续在全国31个省、直辖市、自治区所辖的400多个城市陆续展开。全

国各地对“中华环保世纪行”十分重视，成为依法监督和舆论监督的一种新形式，也成为民众呼声和环境信息披露的重要途径（郭薇，2012）。

3）非政府组织（NGO）成为环境保护的一个重要力量。民间组织在宣传与倡导环境保护、提高全社会的环境意识、开展民主监督、为环境事业建言献策、扶贫解困、推动发展绿色经济、维护社会和公众的环境权益、保护珍稀濒危野生动物等方面发挥了积极作用。据公益时报披露（程芬，2006），中华环保联合会发布的《中国环保民间组织发展状况蓝皮书》显示到2005年年底，我国有各类环保民间组织2768家，其中由政府部门发起成立的1382家，占49.9%；学生社团及联合体1116家，占40.3%；自发组成的202家，占7.3%；国际环保民间组织驻内地机构68家，占2.5%。环保NGO主要集中在北京、天津、上海及东部沿海地区。

（八）多途径全方位开展试点和示范

1）开展生态城市创建的试点。21世纪以来，我国组织开展生态省、市、县创建活动。迄今，15个省（直辖市、自治区）开展生态省建设，13个省颁布了生态省建设规划纲要，1000多个县（市、区）开展生态县建设。坚持典型引路、试点示范，因地制宜、循序渐进，全面开展生态省（市、县）、环境保护模范城市、环境优美乡村、环境友好企业、绿色社区等创建活动，着力打造生态文明建设的细胞工程，形成全社会共同推进建设生态文明和美丽中国的良好局面。

2）大力推进循环经济试点，初步形成典型模式。经国务院批准，国家发展和改革委员会、国家环保总局等六部门分别于2005年和2008年启动了两批循环经济国家试点，以减少资源消耗、降低废物排放和提高资源生产率；建立健全再生资源回收利用体系，形成资源循环利用的长效机制；按循环经济的发展理念规划、建设、改造产业园区。2011年10月，国家发展和改革委员会公布了包括区域、园区、企业3个层面、14个种类的60个循环经济典型模式，并入编全国干部培训教材科学发展观主题案例。“十二五”规划纲要整体布局了循环经济发展，并启动城市矿山、再制造、餐厨垃圾、废旧物资回收体系、园区循环化改造等试点示范工程。与此同时，国家发展和改革委员会还启动了低碳试点，工信部开展了新型工业化基地试点，国土资源部进行了绿色开采、矿产资源综合利用等试点，交通运输部开展了两批低碳交通运输体系建设试点，试图通过试点积累经验，为我国的绿色低碳转型探索实现路径。

3）大力开展节能减排。从“十一五”开始，我国制定提高能效20%和主要污染物减排10%的约束性指标，制定实施节能减排综合性工作方案；提高新建建筑强制性节能标准，加快既有建筑节能改造，推动可再生能源在建筑中的规模化应用；开展“车、船、路、港”千家企业低碳交通运输专项行动，大力发展绿色低碳交通运输试点；大力发展新能源，化石能源在能源消费总量中的比重逐步下降，可再生能源开发利用得到长足进步（其中，水电发展跃上新台阶，太阳能特别是太阳能利用广泛；2010 年年底全国并网风电容量约为 3000 万千瓦，“十一五”期间年均增长 94.75%，风电装机规模居世界第一）；稳步发展核电，加大天然气开发利用，推进传统能源的清洁化利用，加大煤炭洗选加工比例，减少煤炭运输和直接燃烧利用。

4）大规模生态保护工程。从 1998 年起，中国大规模投入资金进行生态保护工程及环保设施建设。“十五”期间，中国投入约 7000 亿元实施以“天然林保护”、“退耕还林”为主的六大林业工程，取得显著效果。2009 年，首次对国际社会承诺自愿的降低碳强度和增加森林碳汇等量化指标。“十一五”期间，森林覆盖率达到 20.36%，森林蓄积量为 137 亿立方米。

5）积极应对气候变化。健全应对气候变化的体制机制。2007 年，颁布实施了《中国应对气候变化国家方案》，明确应对气候变化的指导思想、主要领域和重点任务。2011 年，制定并发布《“十二五”控制温室气体排放工作方案》，对控制温室气体排放和低碳转型进行总体部署。2006 ~ 2010 年，我国通过节能和提高能源效率累计节约 7 亿吨标准煤；非化石能源在一次能源消耗中的比重提高到 8.3%；工业生产过程的氧化亚氮排放基本稳定在 2005 年的水平，甲烷排放增长速度得到控制。2010 年 7 月，中国政府开始在部分省市开展低碳省区和低碳城市试点，探索应对气候变化、降低碳强度、绿色发展的做法和经验。

（九）初步形成了具有中国特色的促进机制

1）探索具有自己特色的生态文明之路。中国一直把握发展规律、创新发展理念、转变发展方式、破解发展难题，积极推进清洁生产、生态工业园、循环经济、低碳经济，以及建设资源节约型和环境友好型社会、生态文明建设等实践，从制度建设、政策措施、组织机构等多个层面开展卓有成效的工作，积累了快速工业化和城市化阶段高效清洁利用自然资源、保护生态环境、实现经济发展与资源环境协调的做法和经验，可以为发展中国家提供参考。

2）形成政府大力推动、上下联动的体制机制。生态文明建设应处理好长期与短期、全局与局部、当代人与后代人之间的关系。我国发挥“集中力量办大事”的体制优势。从资源安排看，将生态文明相关内容纳入国民经济和社会发展规划、国家重大科技计划、年度投资计划、地方计划等，为重大工程提供资金保障：从组织机构、制度安排、政策措施、项目实施等方面加大统筹力度。从组织机构看，先后成立了节能减排、环保监测和监督机构，形成国家、地方、企业“三位一体”的自上而下的管理和运行体系。2007年中国成立国家应对气候变化领导小组，由国务院总理温家宝任组长、相关20多个部门的部长为成员，形成由国家应对气候变化领导小组统一领导、国家发展和改革委员会归口管理、有关部门分工负责、各地方各行业广泛参与的应对气候变化管理体制和工作机制。

3）开展国际交流合作。通过合作研究、开发、培训、考察访问、研讨会等多种方式，加强与国外政府机构、国际组织、企业、研究咨询机构等的联系，开展多层次、多领域、多方式的交流与合作，共享国际经验，促进平等互惠的国际科技合作计划，加强对发展中国家和周边国家的科技援助；借鉴国外环境成本内部化和开征能源税、环境税等经验在我国实施的可行性，充分利用价格杠杆，促进节能、环保、减排、可再生能源开发和能源结构优化，以免走“先污染后治理”的弯路；加强节能环保等领域技术国际合作，提高国际合作水平。

三 中国生态文明建设面临的挑战

虽然我国在建立制度保障生态文明建设方面取得了明显成效，但也面临许多挑战。例如，在经济全球化背景下，国际潮流和产业分工对我国经济可持续发展的冲击；从国内发展环境看，我国的工业化和城镇化的历史任务还没有完成，对资源环境的压力将居高不下。如何在这样的形势下建设生态文明，没有成功的模式可以借鉴，需要自己探索。

（一）经济社会发展不平衡、不协调、不可持续问题比较突出

1）人口压力依然巨大。由于庞大的人口基数和增长惯性，在未来一段时间内我国人口总量仍将保持增长态势。丰富的劳动力是我国经济高速增长的源泉，但这种情况正发生变化：①第一和第二次人口出生高峰时期出生的人群已达到或接近退休年龄，60岁以上人口比例超过10%。近年来，我国农民工中青壮年比例下降、出现“招工难”情形，农村劳动力进入非农产业的供求关系发生全局性、趋势性变化。蔡昉（2010）的研究表明，我国劳动力供给显现增速下降趋势。②贫困人口规模大。按照中国2011年农村贫困标准（农民人均纯收入2300元），扶贫对象高达1.28亿人，占农村人口比例13.4%；相对贫困问题凸显，返贫现象时有发生，对社会经济发展制约作用增强。

2）产业结构不尽合理。在我国的三次产业中，工业所占比重居高不下，服务业发展较为滞后。工业发展过度依赖加工制造业，重化工业产能扩张过快，工业发展与资源环境的矛盾突出，钢铁、水泥、平板玻璃等高能耗高污染行业生产能力严重过剩。高技术产业名义比重提高较快，但缺乏核心技术和品牌，主要集中在价值链低端。服务业结构不甚合理，生产性服务业专业化水平不高，生活性服务业供给不足等问题仍很突出。

3）收入差距扩大。一些垄断行业和企业高管的高工资、高福利、高保障与农民工、灵活就业人员及困难国有企业职工的低工资、低福利和低保障形成巨大反差。由于企业提高了技术水平和自动化程度、企业缩小经营规模或关门歇业、具有较强就业吸纳能力的第三产业比重增长缓慢等方面原因，我国就业压力依然较大。普通劳动者的就业压力始终存在，高素质劳动者的就业压力也与日俱增，不仅影响收入，还对失业者及其家庭造成心理上的创伤。据联合国公布的数据，我国基尼系数由1978年的0.28上升到2011年的0.55，超过0.40这一国际公认的警戒线。我国的老龄人口比重迅速上升，面临极大挑战。“未富先老”将给社会保险带来巨大压力。“全民基本医疗”制度只能定位于常见病、多发病，如果不处理好尽力而为与量力而行的关系，新出台的“全民医保政策”不出10年就有可能破产（丁宁宁，2012）。

4）陷入重复引进技术的怪圈。我国的先进技术与落后技术并存，国际先进甚至领先的技术已出现，但面广量大的还是落后或要淘汰的技术。改革开放初期，由于产品、技术和管理明显落后于发达国家，我国主要通过引进外资、人才和管理经验来推进科技进步，陷入了“重复引进”的怪圈。随着与发达国家技术水平的差距缩小，引进技术的难度不断加大，自主创新能力受到路径依赖、研发能力和人力资本等条件制约，缺乏对国外技术的甄别和经济分析能力，将一些国外实验室技术拿来规模化推广，也造成了不必要的浪费。

5）出口加重了资源环境压力。我国初级产品和原材料的出口，不仅大量消耗资源、排放污染物，也对发展中国家市场构成冲击，将我国“抬进联合国”的“国际朋友”不满情绪增多，对我国在国际舞台上增加话语权和发挥更大作用将产生不利影响。国际金融危机后，“美欧消费、东亚生产”的国际分工格局将发生较大变化。美国等西方国家调整过度依赖负债消费的发展模式，实施“五年出口翻番”战略，通过对出口企业的援助、大幅度提高中小出口企业贸易融资、迫使贸易伙伴扩大市场开放等手段促进出口；一些国家的再制造业化，一些国家挥舞“绿色大棒”，一些劳动力和资源等要素成本更低的新兴经济体低端产品制造能力的提升，使我国成为遭受“双反”调查最多的国家之一。

（二）国土空间开发还没有体现生态文明的原则

1）农业发展基础仍然薄弱。我国农业抵御旱涝等自然灾害及防治动植物疫病虫害的能力较弱，现有耕地中约2/3为中低产田，有效灌溉面积占耕地面积比例不足一半；农业基础设施相对薄弱，农业机械化水平明显低于发达国家水平；部分农产品供求缺口扩大，粮食安全形势不可忽视；农村劳动力整体素质不高、农户生产经营组织化程度低。在人口增加、可耕地减少和居民消费水平不断提高的背景下，进一步提高农业生产能力、抗风险能力和市场竞争能力的任务十分艰巨。

2）城乡发展不平衡。2010年中国城镇人口占总人口的比重为49.95%，明显低于工业化进程。近2亿农民工及其家属没有享受到与城市居民同等的基本公共服务。城乡居民收入比由2000年的2.8∶1扩大到2010年的3.23∶1，农村生产生活条件和公共服务水平与城市差距较大。我国东中西部城镇化发展不平衡，东部地级以上城市的经济总量分别是中部和西部的3.6倍和4.7倍；城乡收入差距不断扩大；区域间发展差距较大；基本公共服务水平、老少边穷地区发展滞后等问题突出。

3）“城市病”多发。我国的“城市病”主要有人口拥挤、交通拥堵、环境污染、低收入人群住房困难等，表现为：①规模越大的城市“病症”越多[①]。②与人口和经济规模增长基本同步，在交通拥挤和住房问题上表现得尤为突出；越有活力的城市“病”得越重。③“城市病”严重的城市人口增长快，进得多出得少；人口密度高，城市中心区更高；工作地和住宅分离，通勤时间长，引发“潮汐式”塞车（刘志林等，2009）。一些地方、部门和企业不合理甚至不合法地、过多地侵害进城农民或拆迁群众的利益，不满情绪的人群增加对社会稳定是极大的隐患。如果不能有效治理“城市病”，会引起社会矛盾的连锁反应；一些群体性事件发生在城市表明，无所事事的人群集聚将带来难以预料的结果。

（三）资源约束加剧，完成工业化的资金成本将增加

1）人均资源先天不足。我国人均资源占有量偏低，人均淡水、耕地、森林资源占有量分别为世界平均水平的28%、43%和25%，石油、天然气、煤炭、铁矿石、铜和铝等重要矿产资源人均可采储量分别为世界人均水平的7.7%、7.1%、

① 例如，我国的北京、上海、广州、深圳这四个“一线城市”（GDP排名前四的城市，也是公认最发达且发达程度相仿的城市），是城市病表现得最全面且总体社会反映最激烈的城市

63%、17%、17%和11%。我国自然资源质量不高，矿产资源总体上品味低、贫矿多，难选冶矿多；资源富集区大多分布在生态脆弱区，由于气候和地理条件所限，适宜人生存的国土约占1/3；降水夏季多、冬季少，东低西高的“三级阶梯”使大部分降水不能成为资源，还诱发自然灾害造成人民生命财产的巨大损失。矿产资源和水资源分布与社会经济发展重心不吻合，北煤南运、南水北调等加大了运输和环境压力。随着我国工业化、城镇化和农业现代化的加快推进，对土地、水、矿产、生态环境等的需求仍将持续增长，资源环境压力将加大。

2）利用效率不高强化资源约束。煤炭、铁矿等不可再生资源的开发利用效率不高，森林等可再生资源开发强度超过其再生能力，植被覆盖率上升较慢，水土流失严重。战略性资源对外依存度不断攀升，影响经济效益和企业核心竞争力。我国人均水资源只有约2000多立方米，污染还加剧了水资源紧缺；西北地区丰富的能源开发利用也受到水资源约束。能源安全是我国的长期挑战。2011年我国能源消费总量达35亿吨标准煤，比2000年14.5亿吨标准煤增长1.5倍。2000~2011年，新增能源消费年均约2亿吨标准煤，按此推算2020年我国能源消费总量将超过50亿吨标准煤。另一方面，我国已向国际社会承诺，到2020年单位GDP二氧化碳排放强度比2005年降低40%~45%，将对能源消费过快增长形成强约束。

3）“摊大饼”式的城市化导致土地资源被大量占用。在我国，规模越大的城市行政级别越高，支配资源的权力越大；行政级别越高的城市，也就有越大的权力配置土地资源，这也是摊大饼式“造城运动”的重要原因（郑钧天，2012）。各地的“圈地”花样不断翻新，如以“经营城市”为名的土地经营；以“招商引资”为名建起的连片厂房（其中的生产线却不多）；以“园区建设”名义“圈地”；等等。每年因城市化减少的土地有数十万公顷，一些沿海地区基本见不到粮田，都被水泥或沥青覆盖了。从国际经验看，日本、韩国和我国台湾地区在城市化中损失了1/3的优质耕地，这样的现象也正在我国内地发生。我国是一个“人多地少”的国家，开发抛荒地、沙滩地等即使在数量上能做到“占一补一”，质量上也难以达到粮田要求，粮田减少对食品安全的影响不容忽视。

（四）生态环境形势相当严峻

长期积累下来的环境污染尚未得到彻底根治，新的环境问题又不断产生，“局部改善整体恶化”的形势判断用了20年。一些重点流域、海域水污染严重，“南方有水皆脏、北方有河皆干”；部分区域和城市灰霾天气增多，$PM_{2.5}$成为公众和舆论高度关注的焦点；酸雨污染问题依然突出；农村污染加剧，重金属、化学品、持久性有机污染物及土壤、地下水等污染显现。一方面，污染已成为威胁人体健康、公共安全和社会稳定的因素之一；另一方面，人民群众对环境的诉求不断提高，2012年什邡、启东和宁波等地的群体性事件就是由环境问题引发的。发达国家上百年工业化过程中分阶段出现的环境问题，在我国集中出现，并呈现叠加性、复杂性、突发性等特点。从某种意义上说，我国并没有能够避开“先污染后治理”的老路，重点地区和城市的环境也是在污染到一定程度后才开始治理的。随着我国工业化、城镇化的快速推进，污染物产生量仍将持续增加，未来的环境形势相当严峻。

1）生态建设任务繁重。中国部分地区生态系统脆弱、持续退化、破坏严重，生态系统承载能力明显下降。全国90%的可利用天然草原存在不同程度的退化，沙化、盐碱化等中度以上明显退化的草原面积约占半数；森林资源质量较差，人工林多、天然林少，幼林多、成熟林少，成熟林比重仅为10%；河道断流、湖泊萎缩、水体富营养化等问题突出；生物多样性受到严重威胁，44%的野生动物数量呈下降趋势，1000多种高等植物、233种脊椎动物面临灭绝危险。

2）应对气候变化任务艰巨。我国正处于工业化、城镇化快速发展阶段，粗放式发展方式尚未得到根本转变，能源消耗总量在一定时期内仍将继续增加，以煤炭为主的能源结构仍将长期存在。我国应对气候变化基础工作薄弱，适应能力急需加强；监测预警和应急响应体系尚不健全；节能、新能源和可再生能源等方面的技术创新和成果应用不足，低碳和气候友好等方面关键技术缺乏；碳市场相关制度和规则仍需完善；气候变化减缓和适应任重道远。

3）防灾减灾能力有待进一步提高。近年来，我国各种自然灾害现象频繁发生，带来社会经济发展的巨大损失。我国地震频度高、强度大、分布广、震源浅，进入21世纪以来大震频发，地震灾害极为严重；地震预测水平较低，房屋等建筑抗震能力较弱；大旱、特大干旱发生频率增加，东北、西北和华北地区大旱发生频率由每10年1次上升到2次，造成农业损失加重；旱涝灾害发生时段和区域出现异常，加大了防灾减灾和灾后恢复难度；我国气象灾害监测预警体系尚不健全；农村、近海、主要江河流域、山洪地质灾害易发区的灾害防御能力十分薄弱。

（五）生态文明制度尚未健全

我国生态文明的制度安排，包括政策、法规等，不能满足生态文明建设的需要；追求大排量汽车、大户型住房等讲排场式的消费在制度上并没有受到约束，甚至还被鼓励；影响资源节约的产权制度和定价机制等问题，没有得到根本改变；资源价格扭曲、环境成本没有内部化等原因，使得企业缺乏高效利用资源能源和保护环境的积极性；已有政策导向作用不明显；如低廉的资源税是造成资源浪费的一个重要原因；生态文明涉及部门多，职能交叉、相互扯皮问题在一定程度上存在。虽然我国制定了不少法律，但缺乏法规和实施细则配套；资源绩效标准制定滞后，不少工业用能设备（产品）缺乏标准；有法不依，执法不严的现象严重，远远不能形成对企业和公众的约束力。

如果不消除实际存在的制度障碍，政策导向将达不到预期效果；缺乏必要的科学技术支撑，生态文明建设就会流于形式和口号，甚至沦为争项目的新由头。这一点尤其要引起决策者的高度重视。

四　生态文明建设的重点和保障措施

制度是推进生态文明建设的重要保障，通过制度安排促进达成生态文明建设的共识、落实生态文明建设的各项任务，是实现生态文明建设目标的必由之路。近期重点是，把资源消耗、环境损害、生态效益纳入评价体系，建立生态文明目标体系、考核办法、奖惩机制，健全企业社会责任制度和环境损害赔偿制度。从中长期看的重点是，加强生态文明的宣传教育，增强全民节约意识、环保意识和生态意识，营造生态文明建设的良好风气，形成可持续的生产和消费模式。

（一）转变经济增长方式，把经济结构调整作为主攻方向

将经济增长潜力转变为增长现实，投资是行之有效的措施。需要提出的是，投资应当起到短期促进增长、长期奠定基础的作用，而不能“今天建明天拆”。

针对社会经济发展不平衡、不协调、不可持续等问题，应把经济结构战略性调整作为主攻方向，切实改变经济增长对低成本扩张的高度依赖，将生产要素低成本比较优势转到培育以自主创新和劳动力素质提高为基础的竞争优势上来，推动发展方式从主要依靠物质资源消耗向主要依靠科技进步、劳动者素质提高和管理创新的转变；以全要素生产率的提高替代资本和劳动要素的投入，使之成为经济增长的驱动力；坚持市场和投资机会的自由进入、要素和市场的平等获得，让市场发挥配置资源的基础性作用；千方百计地提高我国的资源利用效率和效益，破解经济增长对资源环境的压力，增强可持续发展的后劲。

大力推进产业转型升级。制造业是产业升级的重中之重；如果制造业效率不能提高，我国就难以摆脱资源和初级产品生产国的地位，最终也难以跨越中低收入陷阱，成为高收入国家；没有制造业的支撑，发展服务业只是“一厢情愿”。我国迫

切需要优化产业结构体系，提升产业的整体素质和竞争力，推动重点调整产业结构转向重点突破产业转型升级的制约因素；加快传统产业技术进步、管理创新和产业重组；加快淘汰高能耗、高排放、低技术含量、低附加值的产业；加快发展研发、设计、标准、营销、品牌和供应链管理等服务，向价值“微笑曲线”的两端延伸，促进工业化和信息化、制造服务化和服务知识化融合；加快发展金融保险、商务和现代物流、云计算和科技信息服务、创意等服务业；加快培育节能环保、新一代信息技术、生物技术、高端装备制造、新能源、新材料和节能新能源汽车等战略性新兴产业，以便在未来国际竞争中占据一席之地。

大力推动绿色发展、循环发展、低碳发展，发展清洁能源和可再生能源，扩大并网风电和光伏发电规模，因地制宜发展生物质能源，迅速提高非化石能源占一次能源生产和消费比重。无论是新能源开发利用还是战略性新兴产业发展，都应循序渐进、避免“一窝蜂”和重复建设。我国应加快建设以绿色低碳为特征的工业、建筑和交通体系，加大对节能提高能效、洁净煤技术及产业化、先进核能等的研发和产业化投入；加强工业节能技术改造，推行强制性能效标识，扩大节能产品认证范围，推行能源审计和合同能源管理；在做好技术经济分析的基础上对城市现有建筑实行节能改造，新建建筑实行节能标准准入制度；在百万人口以上的城市加快发展以轻轨为主干、公共汽车为辅助、自行车和人行道配套的低碳交通运输体系，鼓励“低碳出行”。

（二）优化国土空间开发格局，促进区域平衡协调发展

区域平衡是增长源泉，是重要的“经济增长极”，是解决我国国土空间开发中存在问题的根本途径，是将经济增长潜力转化为增长现实的客观需要，也是共同富裕的必然选择。我国迫切需要引导生产要素跨区域合理流动，推动改革开放以来形成的“东部腾飞、中西部积累”向“东部优化升级、中西部腾飞”的发展格局转变。加快推进主体功能区建设，做好国土空间开发的中长期规划并严格执行，统筹谋划人口分布、经济布局、国土利用和城镇化，按照人口资源环境相均衡、经济社会生态效益相统一的原则，科学布局城市或城市带，把实施西部大开发战略放在优先位置，全面振兴东北地区等老工业基地，大力促进中部地区崛起，积极支持东部地区率先发展；健全区域间帮扶机制，增强欠发达地区的自我发展能力。围绕义务教育、公共卫生、基本医疗、社会保障、防灾减灾、公共安全等关键领域，加大中央财政转移支付和各级地方人民政府财政投入力度，促进基本公共服务均等化，形成优势互补、良性互动、协调有序的区域发展格局。保护耕地，珍惜每一寸国土，

不仅要满足当前的发展需求，还要“留与子孙耕”。海洋对于我国经济社会发展的意义重大，迫切需要大力发展蓝色经济，提高海洋资源开发利用能力，加强海洋生态环境保护，减少各种灾害造成沿海地区人民生命财产损失；坚决维护海洋权益，拓展地缘政治和生存空间，由海洋大国向海洋强国迈进等，也应纳入发展战略和区域布局考虑。

1）稳妥推进城乡一体化。城镇化仍是我国增长动力之所在，不仅可以扩大内需，也是群众分享发展成果的最根本有效的途径。我国迫切需要统筹城乡一体化发展，科学制订城市规划，优化功能分区，推动城市由单中心向多中心转变，形成中心城市带动周边卫星城协调发展格局；改革户籍制度，促进农村劳动力转移就业，改善农民工就业、居住、就医、子女就学等基本生活条件，并逐步纳入城镇社会保障体系和住房保障体系；加快中小城镇发展和社会主义新农村建设，加大基础设施建设和公共服务投入，加强农村饮水工程、公路、沼气建设、电网和危房改造；控制高层大楼的建设，形成节约资源和保护环境的基础设施；在农村文化、教育、医疗卫生和社会保障等方面建立起公共财政保障的基本制度框架，推动资金、技术、人才等要素进入农村，形成以工带农、以城带乡的协调发展格局。

2）实施“拓展空间”工程。一些地方“挖山不止”，不仅破坏生态，还增加水土流失。西部的一些城市建在山脚下，时刻受到“滑坡”等地质灾害威胁。因此，应通过国土空间规划来谋划城镇建设和空间布局。实施“拓展空间”工程，包括“再造中国”和“围海造地”两部分。前者通过“水头落差”从雅鲁藏布江“大拐弯”向下“放水”，而不是现行逐级抽水式的“调水”。建于公元前256年的“都江堰”工程，仍能造福于成都平原，其工程思想和原理值得借鉴。农业是基础。近年来，由于多种原因我国粮食进口不断攀升，增加了粮食安全的隐患。因此，启动“大西线”调水工程前期工作的任务十分紧迫，这将在一定程度上影响西北地区的现代化进程。我国“围海造地”工程潜力巨大。从国际经验看，日本的关西国际机场、新加坡的樟宜机场、韩国的仁川国际机场等均是填海建设的，荷兰的围海增加了其1/3的国土面积。我国东部沿海地区也在自然“长土地”。通过科学规划，规划出可以围海的空间范围，避免无序填海；利用自然淤积因素和市场机制“围海造田”、“围海造城”，布局钢铁、汽车、石化等重大工程，为我国中长期发展奠定基础。

（三）加快社会发展，实现“包容性”增长

1）将公平性作为收入分配改革的目标。实现发展成果由全体人民共享，必须

深化分配制度改革，提高劳动报酬在初次分配中的比重，提高居民收入在国民收入分配中的比重，形成有利于经济增长的分配原则和公平分享增长成果的“包容性增长”。

2）加快发展社会事业和改善民生。提高中低收入居民的收入水平，形成经济增长、公平分配和社会和谐的良性互动局面，实现居民收入增长和经济发展同步、劳动报酬增长和劳动生产率提高同步；建立有利于提高劳动报酬的职工工资决定机制、正常增长机制和支付保障机制；提高中低收入居民收入水平和消费能力；推进税制改革，加快建立综合与分类相结合的个人所得税制度，减轻中低收入群体的税收负担，加快建立形成国有企业向政府支付红利和政府红利收入主要用于社会保障体系建设的制度安排。

3）解决好人民群众最关心最直接最现实的问题，在学有所教、劳有所得、病有所医、老有所养、住有所居上取得新进展，让人民过上更好生活。

（四）坚持节约资源和保护环境的基本国策，提高经济发展的质量和效益

1）坚持节约优先、保护优先、自然恢复为主等原则，是推进生态文明建设的基本政策和根本方针，也是制定各项经济社会政策、编制各类规划、推动各项工作必须遵循的基本原则和根本方针。资源能源是我国经济社会发展的基础，离开了资源能源的生产和消费，经济社会发展难以保障，人民生活水平难以提高，但传统的资源能源生产和消费方式造成了严峻的环境污染形势，必须加以变革。节约集约利用资源，推动资源利用方式根本转变，加强生产、流通、消费全过程的节约管理，大幅降低能源、水、土地等资源的消耗强度，既是提高经济竞争力的客观需要，也是人均资源占有不足的内在要求。应大力支持节能低碳产业和新能源、可再生能源发展，确保国家能源安全。大力发展绿色经济、循环经济和低碳经济，本质上是促进生产、流通、消费过程的减量化、再利用、资源化，提高自然资源的利用效率和效益，形成节约资源和保护环境的空间格局、产业结构、贸易结构、生产方式和生活模式，以资源的可持续利用支撑经济社会可持续发展。应推动增长由注重数量和速度向注重质量和效益转变；推动生态建设由不计成本、不考虑经济地理条件向生态保护产业化和发挥当地比较优势转变。应把节能、减排、安全、质量等指标作为转变经济增长方式的重要着力点，促进产业结构优化升级和发展方式的转型。

2）实施重大生态修复工程，增强生态产品生产能力，在生产力布局、城乡一体化发展、重大项目建设中充分考虑自然条件和生态环境承载能力。以解决损害群众健康的突出环境问题为重点，强化水、大气、土壤等污染防治和修复，特别是要

用好自然修复能力。推进荒漠化、石漠化、水土流失综合治理。加快水利工程建设，从工程水利转变为资源水利，以水资源存量和供应能力确定发展规模；加强防灾减灾体系建设，减少各种灾害对人民生命财产造成损失。面对温室气体减排压力加大的现实，必须毫不动摇地坚持共同但有区别的责任原则、公平原则、各自能力原则和可持续发展原则，同国际社会一道积极减缓和适应气候变化。加大监督力度，减少资金使用中的浪费和漏洞。形成引导和激励市场主体节约资源、提高资源利用效率的机制，依靠全体民众的共识和行动。

（五）切实加强基础工作，支撑生态文明建设工作的扎实推进

1）研究完善统计体系。我国有关资源节约、环境友好的统计口径不统一，许多产品和设备节能技术标准不全或者已经过时，而新的标准还没有制订，制约了节约工作的正常开展。建议修订、增补或依据实际和未来发展，不断制订新的产品和设备节能技术标准、产品能效标准和限额。

2）建立绿色核算的相关指标，如资源生产率、资源消耗降低率、资源回收率、资源循环利用率、废物最终处理降低率及万元 GDP 物耗、能耗、水耗和排放等指标，改进统计调查方法，建立并完善绿色核算的工作制度，研究提出开展绿色国民经济核算，以及纳入国民经济与社会发展规划的时间表，为建立绿色核算体系奠定基础。

3）将资源环境指标纳入对地方和干部的考核。研究提出将资源环境绩效纳入干部政绩考核的体系和方法，对政府及各有关职能部门实行资源环境目标责任制和行政责任追究制。把资源节约作为衡量地区发展水平的一项重要评价指标；实行目标管理，加强监督考核；在指标分配与考核方面，充分考虑区域发展差异，实行分类指导。应建立促进资源节约和综合利用的奖惩机制，一方面对节约者给予奖励；另一方面对浪费者实行惩罚，通过利益导向促进企业等社会各方面厉行节约，把建设节约型社会的各项工作落到实处。

（六）提高科技创新能力，搭上“第三次工业革命”快车

1）随着世界主要国家抢占技术经济战略制高点竞争的加剧，迫切需要培育以技术创新和人力资本为基础的竞争优势。以全球视野谋划和推动创新，提高原始创新、集成创新和引进消化吸收再创新能力，依托国家重大科技专项，组织技术联盟，采取产学研结合的模式，在高档数控装置、集成电路、新型显示器件、软件、整车

设计开发等领域突破一批关键核心技术。建设下一代信息基础设施，发展现代信息技术产业体系，健全信息安全保障体系，推进信息网络技术广泛运用。培育一批具有国际竞争力、拥有自主知识产权和优势品牌的大企业，鼓励并支持企业发展跨国业务、加大研发投入和人才储备，建立全球生产运营体系。在装备和现代制造、轻工、纺织、电子信息、生物、新能源等领域打造一批各具特色、创新能力强的产业集群，搭上“第三次工业革命”快车。应将公共财政资金真正用到技术攻关上，没有投入做不出科研成果，但钱也不是万能的。把人力资源开发和人力资本投资作为战略重点，把优先发展教育和培训作为提升人力资本的根本途径，扩大职业教育，促进人才向企业流动，创造和培育由劳动者素质提升带来的新人口红利，促进创新资源高效配置和综合集成，推动我国由人口大国向人力资源强国转变。

2）加快国家创新体系建设，大力发展实用技术，促进科技资源高效配置和综合集成。加大科技投入，将发展循环经济、建设节约型社会纳入国家中长期科技计划。努力突破制约循环经济发展的技术瓶颈，重点组织开发有重大推广意义的资源节约技术、替代技术、再利用技术、资源化技术、系统化技术等。研究提出重点行业、重点领域、工业园区循环经济发展模式和资源节约型城市建设模式。大力研究和开发利用太阳能、地热能、风能、海洋能、核能及生物能等“绿色能源”的新技术和新工艺。建设节约型社会的信息系统和技术咨询服务体系，向社会发布有关技术、政策和管理等信息，开展信息咨询、技术推广、宣传培训等。

3）按照技术可行、经济合理的原则，研究提出我国低碳发展的技术路线图。大力促进高能效、低碳排放的技术研发和推广应用，逐步建立节能和能效、洁净煤和清洁能源、新能源和可再生能源以及碳汇等多元化的低碳技术体系；依靠技术进步降低利用成本，切实解决新能源发电上网难题；加快对燃煤高效发电技术，CO_2捕集与封存，高性能电力存储，超高效热力泵，氢的生成、运输和存储等技术研发，形成技术储备；推进第四代核能技术研发和产业化，为低碳转型和增长方式转变提供强有力的支撑。

（七）完善绿色经济发展的法律和政策体系

1）完善生态文明建设的法律体系。加快推动与生态文明建设有关的立法工作，处理好相关法律法规之间的衔接与协调，逐步构建系统、完善、高效的生态文明建设的法律法规体系。充分发挥环境和资源立法在经济社会生活中的约束作用。把生态文明的内在要求写入宪法，在根本大法上保证生态文明建设的健康发展；在各种经济立法中突出绿色低碳发展的内涵，使经济发展与生态文明的协调发展在经济法中得到充分体现。

2）完善生态文明建设的政策保障体系。适时出台政策，用宏观调控手段引导生态建设主体的积极性，包括引导环境保护和生态恢复项目开发的扶持性政策，防止和遏制破坏性经营的刚性约束政策，旨在快速恢复生态植被的资源补偿性政策，以及为生态文明建设提供支持的科技投入政策。我国资源税是根据产量征收的，没有考虑单位产出消耗资源的差别，结果导致一些中小企业对自然资源的严重破坏。因此，迫切需要深化资源性产品价格和税费改革，加快建立反映市场供求关系、资源稀缺程度、环境损害成本的生产要素和资源价格形成机制，体现环境容量资源的价格属性、生态保护的合理回报、生态投资的资本收益，充分发挥市场对绿色经济发展的基础性作用；制定科学合理的政府采购和补贴政策，健全绿色投资政策，采取绿色产品鼓励性政策和非绿色产品约束性政策的双向激励政策，调动地方政府、企业和社会发展绿色经济的积极性；修订或终止那些不适应生态文明建设要求的政策法规，制定有利于增强节能环保产品生产能力的经济政策法规。

3）进一步建立健全国土空间开发保护制度，不断完善最严格的耕地保护制度、水资源管理制度、环境保护制度；建立综合决策制度，以保证生态环境免遭破坏。推进 GDP 考核为主向以人为本的科学发展观考核转变，建立体现生态文明要求的目标体系、考核办法、奖惩机制。增加生态文明在考核评价中的权重，把资源消耗、环境损害、生态效益等指标纳入经济社会发展评价体系；使各级领导干部更关心经济、资源、环境、社会、民生的协调发展，使我国的生态文明水平迈上新台阶。

4）法律的生命在于执行，特别要强化环境执法的重要地位。加大执法检查的力度，切实维护法律的尊严。环境执法是实现绿色经济法律体系贯彻落实的保证。合理利用司法资源，借助法律手段推进生态文明建设。健全执法机构、培育执法队伍，配套监督激励机制，提升执法效率，做到有法必依，执法必严，违法必究。

（八）完善市场机制，积极开展相关产权交易试点

采用市场化机制是弥补市场缺陷、降低政策实施成本的有效措施。改革开放以来，我们引入了一些发达国家的市场化节约资源新机制，取得了预期成果，需要认真总结，加大推广力度。

1）加快实施强制性的能效标识制度。应扩大能效标识在汽车和建筑领域的应用，逐步建立政府监管、社会监督和企业诚信机制，不断提高能效标识的社会认知度，促进企业加快高效节能产品的研发。

2）扩大节能产品认证范围。应进一步规范认证行为，为实施政府节能采购和

利用财政资金推广节能产品奠定基础，积极推动建立国家之间的协调互认，消除我国产品进入国际市场的绿色壁垒。

3）推行合同能源管理。应进一步采取措施，为机关、学校、宾馆、商厦和企业等实施节能改造提供服务，加快节能服务产业化进程。

4）开展能源审计。重点用能单位和高耗能企业都应限期开展能源审计，做好节能挖潜改造。

5）加强电力需求侧管理。应制定政策措施，通过实施能效电厂建设及优化城市、企业用电方案、推广应用高效节能技术等措施，提高电能使用效率。

6）推行节能自愿协议。应进一步引导和鼓励更多的高耗能用户或行业协会与政府签订协议，推动采取自愿方式实现节能目标。

在制定规划、计划及重大经济行为的决策过程中，充分发挥政府综合决策的作用，把生态环境目标和经济发展目标结合起来、统筹考虑，从源头上解决对生态的危害问题。建立资源有偿使用制度和生态补偿制度，深化资源性产品价格和税费改革，建立反映市场供求和资源稀缺程度、体现生态价值和代际补偿的资源有偿使用制度和生态补偿制度。建立市场化机制，积极稳妥地开展排污权、水权、碳排放权交易试点，积累经验并逐步推广，以降低污染物减排的成本；加强环境监管，健全生态环境保护责任追究制度和环境损害赔偿制度。

（九）转变思想观念，构筑生态文明建设的良好氛围

完善生态环境教育与公众参与制度，促进民间环保组织的健康发展。大幅提升全社会的生态文明意识，提升民间社会组织的积极作用，加快生态文明的制度建设。

把人与自然和谐共生的价值观念纳入到国民经济发展与宏观决策的全过程，作为相关政策和制度的指导思想和根本原则，创新生态文明建设的制度，进一步健全和落实资源有偿使用制度和生态环境补偿机制，推进资源性产品价格和环保税费改革，完善绿色信贷、绿色税收、绿色贸易、绿色保险等环境经济政策。通过制度建设与创新，形成保障生态意识提高、绿色产业改造、生态人居建设、生态环境保护、可持续消费模式培养等制度体系。

大力推行政务公开，加强社会公众和舆论的监督，对在环保执法中执行和配合不力的官员，追究其责任，要建立一套各部门充分配合、行之有效的运行机制。只有这样，才能保证建设生态文明的先进理念不流于形式和口号。

迈向生态文明新时代，就必须使之成为全民的共识和共同行为。加快生态文明建设，应当改变“重经济轻环境、重速度轻效益、重局部轻整体、重当前轻长远、

重利益轻民生”的发展观和政绩观。生态环境是经济发展的生产力要素，是一种稀缺资源；保护生态环境就是保护生产力，改善环境就是发展生产力。保护生态环境不是放弃发展，而是追求人与自然和谐、经济社会与资源环境相协调的发展。我们没有理由也不应落入“先污染、后治理”的陷阱而难以自拔，我国的资源环境基础也支撑不了无节制的粗放发展，现在我们也有能力去选择未来。必须明白，我们不是给子孙留下了资源而是借用了他们的资源；我们必须摒弃人定胜天的思维定势和传统做法，树立尊重自然、顺应自然、保护自然的生态文明理念，这既是推进生态文明建设的重要思想基础，也体现了新的价值取向和生态伦理；我们应加强生态文明宣传教育，增强全民节约意识、环保意识、生态意识，形成合理消费的社会风尚，营造生态文明建设的良好风气。

参考文献

蔡昉. 2010. 人口转变、人口红利与刘易斯转折点. 经济研究，4：4-13.

陈海红. 2010. 以工业节能标准促进节能减排（研讨会交流资料）.

程芬. 2006-04-25. 中国环保 NGO 生存现状堪忧，交涉多依靠政府. 公益时报，第 1 版.

丁宁宁. 2012. 政府换届期间的中国经济展望. http：//wenku. baidu. com/view/30e8410a03d8ce2f0066236c. html［2012-12-08］.

郭薇. 2012-11-28. 中华环保世纪行五年工作总结座谈会召开，吴邦国为中华环保世纪行活动 20 周年题词. 中国环境报，第 1 版.

国家发改委，环境保护部，科学技术部等. 2012. 国家鼓励的循环经济技术、工艺和设备名录. http：//www. sdpc. gov. cn/zcfb/zcfbgg/2012gg/t20120607_ 484357. htm［2012-12-03］.

刘志林，张艳，柴彦威. 2009. 中国大城市职住分离现象及其特征——以北京市为例. 城市发展研究，9：110-116.

马凯. 2004. 贯彻和落实科学发展观，大力推进循环经济发展 ——在全国循环经济工作会议上的讲话. http：//www. sdpc. gov. cn/hjbh/fzxhjj/t20050914_ 45796. htm［2012-10-20］.

潘岳. 2006. 生态文明延续人类生存的新文明. 中国新闻周刊，37：49-50.

苏杨，尹德挺. 2008. 基本国策实施机制：面临问题和政策建议. 改革，2：4-15.

吴荻，武春友. 2006. 建国以来中国环境政策的演进分析. 大连理工大学学报（社会科学版），27（4）：48-52.

郑钧天. 2012-10-16. 吴敬琏：中国城市化效率太低. http：//news. xinhuanet. com/2012-10/16/c_ 113383633. htm［2012-12-18］.

周生贤. 2012. 中国特色生态文明建设的理论创新和实践. 求是，19：18-21.

《中国环境保护行政二十年》编委会. 1994. 中国环境保护行政二十年. 北京：中国环境科学出版社.

第二部分　技术报告

——可持续发展能力与资源环境绩效评估

第九章

中国可持续发展能力评估指标体系*

一 中国可持续发展能力评估指标体系的基本架构

对可持续发展能力进行评估，需要建立一套具有描述、分析、评价、预测等功能的可持续发展定量评估指标体系。中国科学院可持续发展战略研究组在世界上独立地开辟了可持续发展研究的系统学方向，将可持续发展视为由具有相互内在联系的五大子系统所构成的复杂巨系统的正向演化轨迹。依据此理论内涵，设计了一套“五级叠加、逐层收敛、规范权重、统一排序”的中国可持续发展能力评估指标体系，其基本架构如图 9.1 所示。该指标体系分为总体层、系统层、状态层、变量层和要素层五个等级。

总体层：从整体上综合表达整个国家或地区的可持续发展能力，代表着国家或地区可持续发展总体运行态势、演化轨迹和可持续发展战略实施的总体效果。

---

* 本章由陈劭锋执笔，作者单位为中国科学院科技政策与管理科学研究所

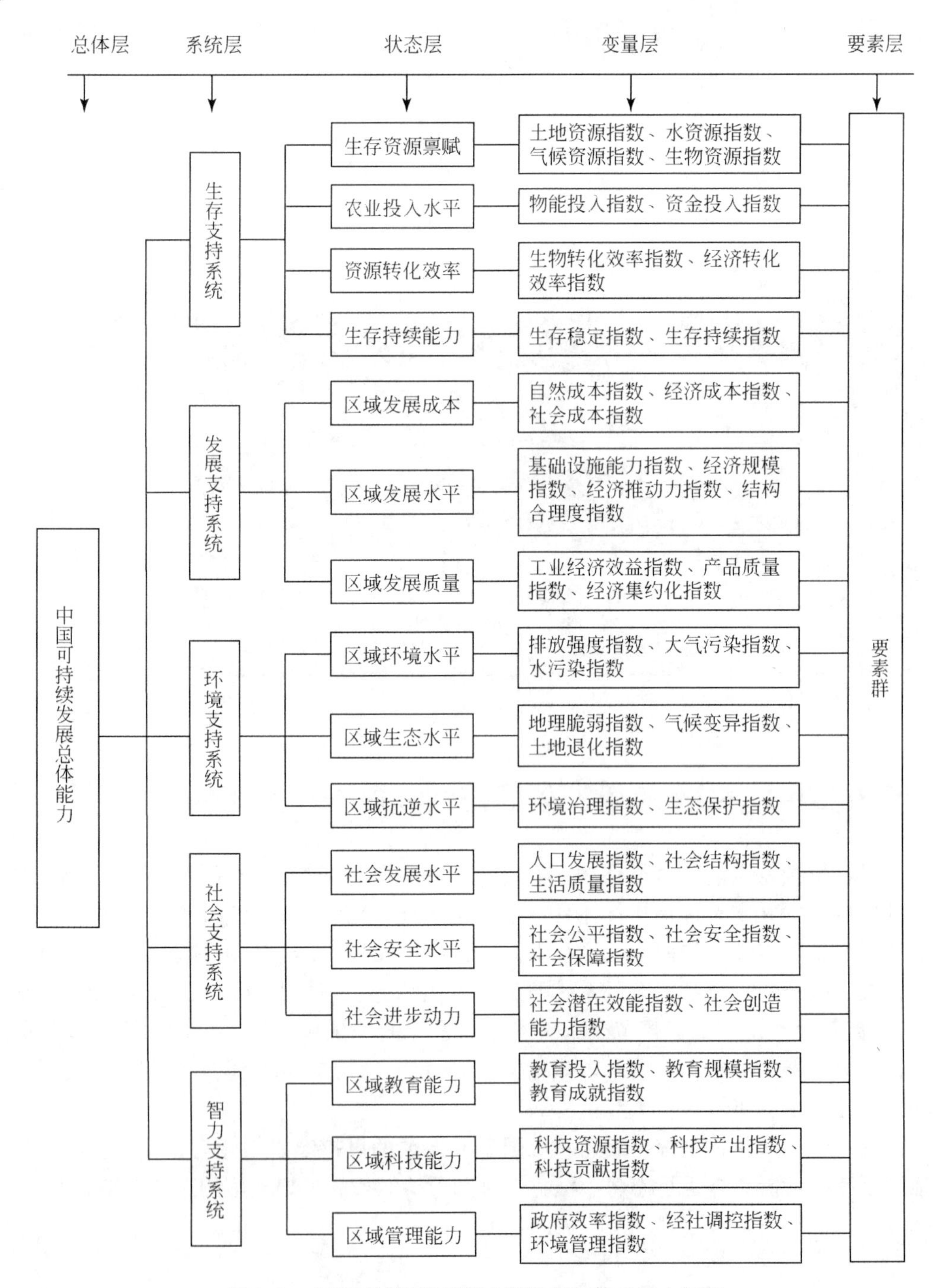

图 9.1　中国可持续发展能力评估指标体系基本框架

系统层：将可持续发展系统解析为内部具有内在逻辑关系的五大子系统，即生存支持系统、发展支持系统、环境支持系统、社会支持系统、智力支持系统。该层面主要揭示各子系统的运行状态和发展趋势。

状态层：反映决定各子系统行为的主要环节和关键组成成分的状态，包括某一时间断面上的状态和某一时间序列上的变化状况。

变量层：从本质上反映、揭示状态的行为、关系、变化等的原因和动力。本指标体系共遴选45个指数来加以表征。

要素层：采用可测的、可比的、可以获得的指标及指标群，对变量层的数量表现、强度表现、速率表现给予直接度量。本报告根据数据的可得性采用了240个“基层指标”，全面系统地对45个指数进行了定量描述，构成了指标体系的最基层要素。

二　2013年中国可持续发展能力评估指标体系

为了适应我国社会经济发展的基本形势，以及体现“十二五”规划、环保“十二五”规划等规划的目标指标，2013年中国可持续发展能力评估指标体系在上年指标体系的基础上作了如下修订：在区域发展方面增加了农村居民每百户拥有个人电脑数指标，在环境污染部分增加了工业废水重金属的人均排放和单位径流排放指标，在生态保护部分增加了草原面积占国土面积的比例指标，在专利部分增加了万人发明专利授权量和单位科研经费投入发明专利授权量指标，使得该指标体系的基层指标数由上年的234个扩充到240个，具体如下。

1. 生存支持系统

1.1　生存资源禀赋

1.1.1　土地资源指数

1.1.1.1　人均耕地面积

1.1.1.2　耕地质量

1.1.1.3　耕地面积的变化

1.1.2　水资源指数

1.1.2.1　人均水资源

1.1.2.2　水资源密度

1.1.3　气候资源指数

1.1.3.1　光合有效辐射

1.1.3.2　≥10℃积温

1.1.3.3　年均降水
1.1.3.4　年均霜日
1.1.4　生物资源指数
1.1.4.1　人均 NPP
1.1.4.2　NPP 密度
1.2　农业投入水平
1.2.1　物能投入指数
1.2.1.1　单位农林牧渔总产值农机总动力
1.2.1.2　单位农林牧渔总产值用电量
1.2.1.3　单位农林牧渔总产值化肥施用量
1.2.1.4　单位农林牧渔总产值用水量
1.2.1.5　单位农林牧渔总产值柴油使用量
1.2.1.6　单位农林牧渔总产值塑料薄膜使用量
1.2.1.7　单位农林牧渔总产值农药使用量
1.2.2　资金投入指数
1.2.2.1　农户人均生产经营费用现金支出
1.2.2.2　农业生产财政支出占财政支出的比例
1.2.2.3　单位播种面积农业生产财政支出
1.2.2.4　农业固定资产投资占全社会固定资产投资比例
1.2.2.5　单位播种面积农业固定资产投资
1.3　资源转化效率
1.3.1　生物转化效率指数
1.3.1.1　单位播种面积粮食产量
1.3.1.2　农业劳动生产力
1.3.1.3　单位农机总动力粮食产量
1.3.1.4　化肥利用效率
1.3.1.5　单位农业用水粮食产量
1.3.1.6　单位用电粮食产量
1.3.2　经济转化效率指数
1.3.2.1　人均农林牧渔总产值
1.3.2.2　单位播种面积农林牧渔总产值
1.3.2.3　农林牧渔增加值占其总产值比重

1.4　生存持续能力
1.4.1　生存稳定指数
1.4.1.1　农业产值波动系数
1.4.1.2　粮食产量波动系数
1.4.1.3　农村人均收入波动系数
1.4.2　生存持续指数
1.4.2.1　有效灌溉面积占耕地面积比例
1.4.2.2　旱涝保收面积占灌溉面积比例
1.4.2.3　节水灌溉率
1.4.2.4　旱涝盐碱治理率
1.4.2.5　成灾率
1.4.2.6　中等教育水平以上农业劳动者比例

2. 发展支持系统

2.1　区域发展成本
2.1.1　自然成本指数
2.1.1.1　地形限制系数
2.1.1.2　资源组合优势度
2.1.1.3　生态响应成本系数
2.1.2　经济成本指数
2.1.2.1　吸引力
2.1.2.1.1　人均外资
2.1.2.1.2　外资占本地 GDP 比例
2.1.2.1.3　人均进出口总额
2.1.2.1.4　外贸依存度
2.1.2.2　通达性
2.1.2.2.1　人均交通线路长度
2.1.2.2.2　交通密度
2.1.2.3　潜势度
2.1.2.3.1　交通运输仓储和邮政业投资占全社会固定资产投资比例
2.1.2.3.2　交通运输仓储和邮政业投资密度
2.1.2.3.3　人均交通运输仓储和邮政业投资
2.1.3　社会成本指数
2.1.3.1　人力资本系数

2.1.3.2　万人拥有智力资源量
2.1.3.3　经济增长对人口的弹性系数
2.2　区域发展水平
2.2.1　基础设施能力
2.2.1.1　单位面积货运周转量
2.2.1.2　每万人邮电业务总量
2.2.1.3　互联网普及率
2.2.1.4　每百人拥有的电话主线数
2.2.1.5　城镇居民每百户拥有个人电脑数
2.2.1.6　农村居民每百户拥有个人电脑数
2.2.2　经济规模指数
2.2.2.1　人均GDP
2.2.2.2　GDP密度
2.2.3　经济推动力指数
2.2.3.1　全社会固定资产投资占GDP比例
2.2.3.2　固定资产投资密度
2.2.3.3　人均固定资产投资额
2.2.3.4　人均储蓄额
2.2.3.5　人均社会商品零售总额
2.2.3.6　出口竞争优势系数
2.2.4　结构合理度指数
2.2.4.1　非农产值占总产值比例
2.2.4.2　产业结构高度化指数
2.2.4.3　第三产业增长弹性系数
2.2.4.4　高技术产业产值占GDP比例
2.3　区域发展质量
2.3.1　工业经济效益指数
2.3.1.1　工业效益总体水平
2.3.1.1.1　人均工业增加值
2.3.1.1.2　人均利税总额
2.3.1.1.3　人均主营业务收入
2.3.1.2　投入产出水平
2.3.1.2.1　工业全员劳动生产率

2.3.1.2.2 成本费用收益率
2.3.1.3 运营效率
2.3.1.3.1 流动资产周转率
2.3.1.3.2 资产负债率
2.3.1.4 盈利水平
2.3.1.4.1 总资产贡献率
2.3.1.4.2 净资产收益率
2.3.1.4.3 营运资金比例
2.3.1.4.4 工业增加值率
2.3.2 产品质量指数
2.3.2.1 产品质量优等品率
2.3.2.2 产品质量损失率
2.3.2.3 新产品产值率
2.3.3 经济集约化指数
2.3.3.1 万元产值水资源消耗
2.3.3.2 万元产值能源消耗
2.3.3.3 万元产值建设用地占用
2.3.3.4 万元产值工业废水排放量
2.3.3.5 万元产值工业废气排放量
2.3.3.6 万元产值工业固体废弃物排放量
2.3.3.7 全社会劳动生产率

3. 环境支持系统

3.1 区域环境水平
3.1.1 排放强度指数
3.1.1.1 废气排放水平
3.1.1.1.1 人均废气排放量
3.1.1.1.2 废气排放密度
3.1.1.2 废水排放水平
3.1.1.2.1 人均废水排放量
3.1.1.2.2 废水排放密度
3.1.1.3 废弃物排放水平
3.1.1.3.1 人均固体废弃物排放量
3.1.1.3.2 固体废弃物排放密度

3.1.2 大气污染指数
3.1.2.1 SO_2排放水平
3.1.2.1.1 人均SO_2排放量
3.1.2.1.2 SO_2排放密度
3.1.2.2 烟尘和粉尘排放水平
3.1.2.2.1 人均烟尘排放量
3.1.2.2.2 烟尘排放密度
3.1.2.2.3 人均粉尘排放量
3.1.2.2.4 粉尘排放密度
3.1.2.3 氮氧化物排放水平
3.1.2.3.1 人均氮氧化物排放量
3.1.2.3.2 氮氧化物排放密度
3.1.3 水污染指数
3.1.3.1 点源污染
3.1.3.1.1 人均化学需氧量（COD）排放量
3.1.3.1.2 单位径流化学需氧量（COD）排放量
3.1.3.1.3 人均氨氮排放量
3.1.3.1.4 单位径流氨氮排放量
3.1.3.1.5 人均工业废水重金属排放量
3.1.3.1.6 单位径流工业废水重金属排放量
3.1.3.2 面源污染
3.1.3.2.1 单位播种面积化肥施用量
3.1.3.2.2 单位播种面积农药使用量
3.2 区域生态水平
3.2.1 地理脆弱指数
3.2.1.1 地形起伏度
3.2.1.2 地震灾害频率
3.2.2 气候变异指数
3.2.2.1 干燥度
3.2.2.2 受灾率
3.2.3 土地退化指数
3.2.3.1 水土流失率
3.2.3.2 荒漠化率

3.2.3.3　盐碱化耕地占耕地面积的比例

3.3　区域抗逆水平

3.3.1　环境治理指数

3.3.1.1　污染治理投资占 GDP 比例

3.3.1.2　工业废水排放达标率

3.3.1.3　工业锅炉烟尘排放达标率

3.3.1.4　工业固体废弃物综合利用率

3.3.1.5　城市生活垃圾无害化处理率

3.3.1.6　工业用水重复利用率

3.3.1.7　环保产业产值占 GDP 比例

3.3.2　生态保护指数

3.3.2.1　森林覆盖率

3.3.2.2　自然保护区面积占国土面积的比例

3.3.2.3　水土流失治理率

3.3.2.4　造林面积占国土面积的比例

3.3.2.5　湿地面积占国土面积的比例

3.3.2.6　草原面积占国土面积的比例

4. 社会支持系统

4.1　社会发展水平

4.1.1　人口发展指数

4.1.1.1　出生时平均预期寿命

4.1.1.2　人口自然增长率

4.1.1.3　成人文盲率

4.1.1.4　赡养比

4.1.2　社会结构指数

4.1.2.1　第三产业劳动者占社会劳动者比例

4.1.2.2　城市化率

4.1.2.3　性别比例

4.1.3　生活质量指数

4.1.3.1　居民生活条件

4.1.3.1.1　居民收入水平

4.1.3.1.1.1　城市居民家庭人均可支配收入

4.1.3.1.1.2　农村居民家庭人均纯收入

4.1.3.1.2　居民医疗条件
4.1.3.1.2.1　千人拥有医生数
4.1.3.1.2.2　千人拥有病床数
4.1.3.1.2.3　人均公共卫生财政经费支出
4.1.3.1.3　居民住房面积
4.1.3.1.3.1　城市人均住房面积
4.1.3.1.3.2　农村人均住房面积
4.1.3.2　居民消费水平
4.1.3.2.1　人均消费支出
4.1.3.2.1.1　城市人均消费支出
4.1.3.2.1.2　农村人均消费支出
4.1.3.2.2　恩格尔系数
4.1.3.2.2.1　城市居民恩格尔系数
4.1.3.2.2.2　农村居民恩格尔系数
4.1.3.2.3　文化消费支出
4.1.3.2.3.1　城市人均文化消费支出
4.1.3.2.3.2　农村人均文化消费支出
4.1.3.2.3.3　城市人均文化消费占人均消费支出比例
4.1.3.2.3.4　农村人均文化消费占人均消费支出比例
4.2　社会安全水平
4.2.1　社会公平指数
4.2.1.1　城乡收入水平差异
4.2.1.2　行业收入水平差异
4.2.1.3　就业公平度
4.2.1.4　受教育公平度
4.2.2　社会安全指数
4.2.2.1　城镇失业率
4.2.2.2　贫困发生率
4.2.2.3　通货膨胀率
4.2.2.4　万人交通事故发生率
4.2.2.5　交通事故直接损失占GDP比例
4.2.2.6　万人火灾事故发生率
4.2.2.7　火灾事故直接损失占GDP比例

4.2.3　社会保障指数

4.2.3.1　城镇每万人拥有的社区服务设施数

4.2.3.2　社会保障财政支出占财政支出比例

4.2.3.3　人均社会保障财政支出

4.2.3.4　城镇职工养老保险覆盖率

4.2.3.5　城镇职工医疗保险覆盖率

4.2.3.6　城镇职工失业保险覆盖率

4.3　社会进步动力

4.3.1　社会潜在效能指数

4.3.1.1　劳动者文盲人口比例

4.3.1.2　劳动者小学程度人口比例

4.3.1.3　劳动者中学程度人口比例

4.3.1.4　劳动者大学程度以上人口比例

4.3.2　社会创造能力指数

4.3.2.1　未受教育人口参与比

4.3.2.2　第二产业人口参与比

4.3.2.3　科学家、工程师人口参与比

5. 智力支持系统

5.1　区域教育能力

5.1.1　教育投入指数

5.1.1.1　教育经费支出占 GDP 比例

5.1.1.2　各级在校学生人均教育经费

5.1.1.3　全社会人均教育经费支出

5.1.2　教育规模指数

5.1.2.1　万人中等学校在校学生数

5.1.2.2　万人在校大学生数

5.1.2.3　万人拥有中等学校教师数

5.1.2.4　万人拥有大学教师数

5.1.3　教育成就指数

5.1.3.1　中等学校以上在校学生数占学生总数比例

5.1.3.2　成人文盲变动

5.1.3.3　大专以上教育人口比例的变化

5.2　区域科技能力

5.2.1 科技资源指数
5.2.1.1 科技人力资源
5.2.1.1.1 万人拥有科技人员数
5.2.1.1.2 科学家工程师人数占科技人员比例
5.2.1.2 科技经费资源
5.2.1.2.1 R&D经费占GDP比例
5.2.1.2.2 地方科技事业费、科技三费占财政支出比例
5.2.1.2.3 大型企业科技活动经费占产品销售收入比例
5.2.1.2.4 科技人员平均经费
5.2.1.2.5 企业研发经费与政府研发经费之比
5.2.2 科技产出指数
5.2.2.1 科技论文产出
5.2.2.1.1 千名科技人员发表国际论文数
5.2.2.1.2 单位科研经费投入国际论文产出
5.2.2.1.3 千名科技人员发表国内论文数
5.2.2.1.4 单位科研经费投入国内论文产出
5.2.2.2 专利产出能力
5.2.2.2.1 万人专利授权量
5.2.2.2.2 万人发明专利授权量
5.2.2.2.3 单位科研经费投入专利授权量
5.2.2.2.4 单位科研经费投入发明专利授权量
5.2.3 科技贡献指数
5.2.3.1 直接经济效益
5.2.3.1.1 科技活动人员人均技术市场成交额
5.2.3.1.2 技术市场成交额占GDP比例
5.2.3.1.3 大中型企业新产品销售收入占主营业务收入比例
5.2.3.1.4 企业科技人员人均创造的新产品销售收入
5.2.3.1.5 人均高技术产业产值
5.2.3.2 间接经济效益
5.2.3.2.1 万元产值水资源消耗下降率
5.2.3.2.2 万元产值能耗下降率
5.2.3.2.3 万元产值建设用地下降率
5.2.3.2.4 万元产值废水排放下降率

5.2.3.2.5　万元产值废气排放下降率

5.2.3.2.6　万元产值的固体废物排放下降率

5.2.3.2.7　全社会劳动生产率的增长率

5.3　区域管理能力

5.3.1　政府效率指数

5.3.1.1　政府财政效率

5.3.1.1.1　财政自给率

5.3.1.1.2　财政收入弹性系数

5.3.1.1.3　人均财政收入

5.3.1.2　政府工作效率

5.3.1.2.1　公务员占总就业人数比例

5.3.1.2.2　行政管理费用占财政支出比例

5.3.1.2.3　政府消费占 GDP 比例

5.3.2　经社调控指数

5.3.2.1　经济调控绩效

5.3.2.1.1　财政收入占 GDP 比例

5.3.2.1.2　经济波动系数

5.3.2.1.3　市场化程度

5.3.2.1.3.1　非国有经济固定资产投资占全社会固定资产投资比例

5.3.2.1.3.2　非国有工业产值占工业总产值比例

5.3.2.2　社会调控绩效

5.3.2.2.1　城乡收入差距变动

5.3.2.2.2　失业率的变化

5.3.2.2.3　城市化率的变化

5.3.3　环境管理指数

5.3.3.1　环境影响评价执行力度

5.3.3.2　三同时制度执行力度

5.3.3.3　每千人拥有的环境保护工作人员数

5.3.3.4　环境问题来信处理率

5.3.3.5　环境问题来访处理率

5.3.3.6　每千人人大、政协环境提案建议数

5.3.3.7　每千人拥有的环保机构数

中国可持续发展能力综合评估（1995～2010）*

1995年，中国把可持续发展战略确立为国家的基本战略。为了反映中国可持续发展总体运行态势、演化轨迹和监测中国可持续发展战略实施的进展状况，《2013中国可持续发展战略报告》依据其提出的中国可持续发展能力评估指标体系，对1995年以来全国31个省、直辖市、自治区和主要宏观区域的可持续发展能力及其动态变化进行了综合评估，主要时段为1995～2010年。由于从1995～2010年刚好经历了"九五"、"十五"和"十一五"三个五年规划，因此报告增加了三个五年规划期间的可持续发展能力变化评估。2011年是我国"十二五"规划的开局之年，考虑到部分数据不能及时更新，报告尝试对全国及相应地区2011年可持续发展能力开展了初评估，但仅限于可持续发展总能力和排序。

本次评估把统计学中的增长指数法和多指标综合评价中的线性加权和法结合起来，通过等权处理和逐级汇总，从而获得了不同地区不同年份的可持续发展能力指数值。其主要特点是实现了可持续发展能力纵向和横向上对比的统一，即不仅在纵向上或时间序列上可以反映各地区可持续发展能力的演进方向和速度，而且同时可

* 本章由陈劭锋、刘扬、汝醒君、陈茜、苏利阳执笔，作者单位为中国科学院科技政策与管理科学研究所

以在横向上体现出一个地区可持续发展能力的相对大小、该地区与全国和其他地区可持续发展能力的差距、该地区在全国所处的地位及其动态变化。由于资料的限制和统计口径的差异，本次评估暂未包括我国的台湾地区、香港特别行政区和澳门特别行政区。

考虑到中国可持续发展能力的区域分异特点，我们在以往按照省级行政单元进行评估的基础上，对我国的东部地区（包括北京、天津、河北、辽宁、上海、江苏、浙江、福建、山东、广东和海南等11个省、直辖市）、中部地区（包括山西、吉林、黑龙江、安徽、江西、河南、湖北、湖南等8省）、西部地区（包括重庆、四川、贵州、云南、西藏、陕西、甘肃、青海、宁夏、新疆、广西、内蒙古等12个省、直辖市、自治区）和东北老工业基地（包括辽宁、吉林、黑龙江）的可持续发展能力进行评估，同时补充了地域上邻近的中部6省（山西、安徽、江西、河南、湖北、湖南）和国务院发展研究中心提出的8大综合经济区的可持续发展能力评估。这8大综合经济区除东北区与东北老工业基地的划分相同外，其他7个区分别是：北部沿海地区（包括北京、天津、河北、山东，2直辖市2省）、东部沿海地区（包括上海、江苏、浙江，1直辖市2省）、南部沿海地区（包括福建、广东、海南，3省）、黄河中游地区（包括陕西、山西、河南、内蒙古，3省1自治区）、长江中游地区（包括湖北、湖南、江西、安徽，4省）、西南地区（包括云南、贵州、四川、重庆、广西，3省1直辖市1自治区）、大西北地区（包括甘肃、青海、宁夏、西藏、新疆，2省3自治区）。

2008年席卷全球的金融危机不仅重创了欧美发达经济体，也对我国局部地区尤其是沿海地区造成了强烈的冲击，进而影响我国的可持续发展能力。当前，全球金融危机的阴霾尚未完全散去，经济发展的不稳定、不确定性因素依然存在，在我国经济刺激计划及带有明显绿色导向的“十二五”规划等政策和行动的推动下，我国可持续发展能力的格局也发生了较为明显的变化。

一　2010年中国可持续发展能力综合评估

（一）2010年中国各省、直辖市、自治区可持续发展能力综合评估结果

2010年中国各省、直辖市、自治区的可持续发展能力及各支持系统的发展水平如表10.1所示。

表 10.1　2010 年中国各省、直辖市、自治区可持续发展能力综合评估结果

地　区	生存支持系统	发展支持系统	环境支持系统	社会支持系统	智力支持系统	可持续发展能力
全　国	106.1	118.3	100.9	114.4	113.1	110.6
北　京	103.1	128.1	109.4	132.3	118.1	118.2
天　津	101.2	132.5	107.8	125.0	114.6	116.2
河　北	101.1	118.0	100.5	115.2	109.1	108.8
山　西	99.0	118.2	99.6	114.9	109.7	108.3
内蒙古	103.4	117.8	99.4	116.1	109.1	109.2
辽　宁	109.1	120.3	106.8	121.9	113.6	114.3
吉　林	110.7	121.0	108.5	120.7	112.5	114.7
黑龙江	108.4	116.4	107.9	119.2	112.5	112.9
上　海	102.8	124.6	120.9	129.7	115.6	118.7
江　苏	106.0	125.5	109.9	118.8	113.7	114.8
浙　江	109.7	122.6	112.4	116.5	112.1	114.7
安　徽	106.6	116.2	108.2	110.0	111.6	110.5
福　建	110.4	122.4	107.4	113.8	114.1	113.6
江　西	111.9	118.0	111.3	115.0	110.5	113.3
山　东	104.4	125.5	105.4	115.7	110.9	112.4
河　南	106.2	116.4	105.8	115.5	110.3	110.8
湖　北	108.3	116.8	109.0	115.4	113.1	112.5
湖　南	110.0	115.8	111.5	115.2	111.0	112.7
广　东	105.9	122.0	109.1	118.8	113.1	113.8
广　西	107.8	116.2	105.3	111.4	110.1	110.2
海　南	112.9	123.1	112.0	111.8	111.8	114.3
重　庆	107.2	114.4	103.5	112.6	114.1	110.4
四　川	108.5	113.3	104.7	109.9	110.7	109.4
贵　州	104.9	114.0	108.6	106.2	110.3	108.8
云　南	105.2	111.4	105.3	105.1	109.8	107.4
西　藏	106.9	105.5	108.8	97.2	104.2	104.5
陕　西	105.3	121.4	102.5	115.7	113.8	111.7
甘　肃	100.0	107.9	98.2	109.6	112.4	105.6
青　海	103.1	112.7	100.1	107.8	110.0	106.7
宁　夏	99.2	115.4	94.4	111.3	107.4	105.5
新　疆	104.8	114.6	95.3	122.6	109.6	109.4

注：1）1995 年全国为 100.0

2）本章所有表格数据均来源于中华人民共和国国家统计局（1995～2012）发布的相关统计年鉴

由表10.1可知，如果以1995年全国可持续发展能力指数为100，则2010年全国可持续发展能力指数为110.6。其各支持系统发展水平如图10.1所示。从中可以发现，中国目前的可持续发展能力主要由发展、社会和智力三大支持系统的发展来主导，而生存和环境两大支持系统的发展则呈现出相对明显的滞后性。因此，提升中国的可持续发展能力，要在保障其他系统健康发展的同时，注重加强以农业可持续性为核心的能力建设和以生态系统良性循环为导向的生态环境治理和保护力度，确保各系统协调发展。

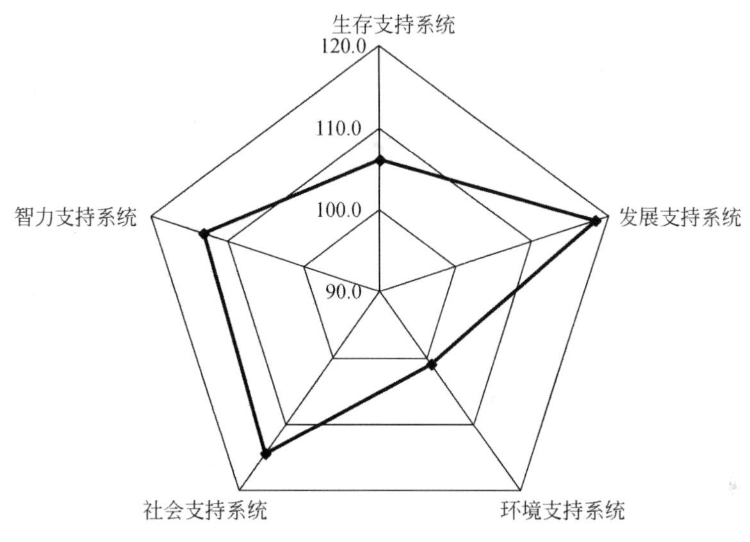

图10.1　全国可持续发展五大支持系统发展水平图

2010年，可持续发展能力超过全国平均水平的省、直辖市有北京、天津、辽宁、吉林、黑龙江、上海、江苏、浙江、福建、江西、山东、河南、湖北、湖南、广东、海南、陕西。其他省、直辖市、自治区的可持续发展能力均低于全国平均水平。

从2010年中国各省、直辖市、自治区可持续发展能力排序（图10.2和表10.2）看，上海的可持续发展能力最强，而西藏的可持续发展能力则最弱。可持续发展能力排在全国前十位的依次是：上海、北京、天津、江苏、吉林、浙江、辽宁、海南、广东、福建。位居后10位的依次是新疆、内蒙古、河北、贵州、山西、云南、青海、甘肃、宁夏、西藏。各省、直辖市、自治区五大支持系统排名也如表10.2所示。

与往年（2009年）相比，北京、天津、河北、上海、浙江、安徽、福建、山东、河南、湖北、湖南、西藏、陕西、甘肃、宁夏等15个省、直辖市、自治区可持续发展能力的位序保持不变，辽宁、江苏、江西、重庆、云南、新疆上升了一位，

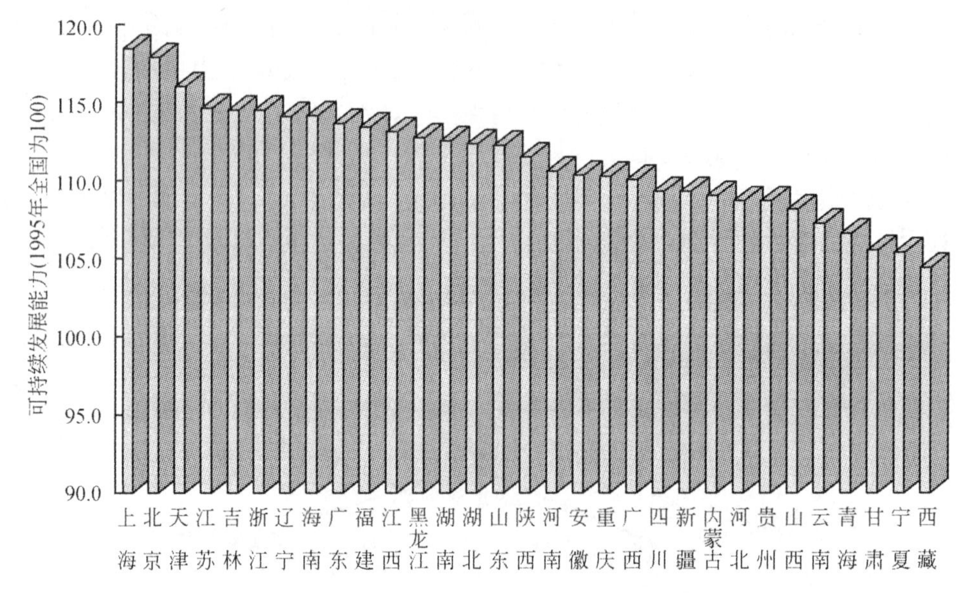

图 10.2　2010 年中国各省、直辖市、自治区可持续发展能力排序图

广西、贵州上升了两位，吉林上升了四位。山西、黑龙江、海南下降了一位，内蒙古、四川、青海下降了两位，而广东下降了五位。

表 10.2　2010 年中国各省、直辖市、自治区可持续发展能力排序

地　区	生存支持系统	排序	发展支持系统	排序	环境支持系统	排序	社会支持系统	排序	智力支持系统	排序	可持续发展总能力	排序
北　京	103.1	24	128.1	2	109.4	7	132.3	1	118.1	1	118.2	2
天　津	101.2	27	132.5	1	107.8	15	125.0	3	114.6	3	116.2	3
河　北	101.1	28	118.0	14	100.5	25	115.2	16	109.1	28	108.8	24
山　西	99.0	31	118.2	13	99.6	27	114.9	19	109.7	26	108.3	26
内蒙古	103.4	23	117.8	16	99.4	28	116.1	11	109.1	29	109.2	23
辽　宁	109.1	7	120.3	12	106.8	17	121.9	5	113.6	8	114.3	7
吉　林	110.7	3	121.0	11	108.5	12	120.7	6	112.5	11	114.7	5
黑龙江	108.4	9	116.4	18	107.9	14	119.2	7	112.5	12	112.9	12
上　海	102.8	26	124.6	5	120.9	1	129.7	2	115.6	2	118.7	1
江　苏	106.0	16	125.5	3	109.9	6	118.8	8	113.7	7	114.8	4
浙　江	109.7	6	122.6	7	112.4	2	116.5	10	112.1	14	114.7	6
安　徽	106.6	14	116.2	20	108.2	13	110.0	25	111.6	16	110.5	18
福　建	110.4	4	122.4	8	107.4	16	113.8	20	114.1	4	113.6	10

续表

地　区	生存支持系统	排序	发展支持系统	排序	环境支持系统	排序	社会支持系统	排序	智力支持系统	排序	可持续发展总能力	排序
江　西	111.9	2	118.0	15	111.3	5	115.0	18	110.5	20	113.3	11
山　东	104.4	22	125.5	4	105.4	19	115.7	12	110.9	18	112.4	15
河　南	106.2	15	116.4	19	105.8	18	115.5	14	110.3	21	110.8	17
湖　北	108.3	10	116.8	17	109.0	9	115.4	15	113.1	9	112.5	14
湖　南	110.0	5	115.8	22	111.5	4	115.2	17	111.0	17	112.7	13
广　东	105.9	17	122.0	9	109.1	8	118.8	9	113.1	10	113.8	9
广　西	107.8	11	116.2	21	105.3	20	111.4	23	110.1	23	110.2	20
海　南	112.9	1	123.1	6	112.0	3	111.8	22	111.8	15	114.3	8
重　庆	107.2	12	114.4	25	103.5	23	112.6	21	114.1	5	110.4	19
四　川	108.5	8	113.3	27	104.7	22	109.9	26	110.7	19	109.4	21
贵　州	104.9	20	114.0	26	108.6	11	106.2	29	110.3	22	108.8	25
云　南	105.2	19	111.4	29	105.3	21	105.1	30	109.8	25	107.4	27
西　藏	106.9	13	105.5	31	108.8	10	97.2	31	104.2	31	104.5	31
陕　西	105.3	18	121.4	10	102.5	24	115.7	13	113.8	6	111.7	16
甘　肃	100.0	29	107.9	30	98.2	29	109.6	27	112.4	13	105.6	29
青　海	103.1	25	112.7	28	100.1	26	107.8	28	110.0	24	106.7	28
宁　夏	99.2	30	115.4	23	94.4	31	111.3	24	107.4	30	105.5	30
新　疆	104.8	21	114.6	24	95.3	30	122.6	4	109.6	27	109.4	22

注：1995 年全国为 100.0

（二）2010 年中国东、中、西部和东北老工业基地及八大经济区的可持续发展能力综合评估结果

2010 年中国东、中、西部和东北老工业基地及八大经济区的可持续发展能力综合评估结果如表 10.3 所示。由表 10.3 可知，2010 年，中国东部地区、东北老工业基地和中部地区的可持续发展能力高于全国平均水平，而西部地区低于全国平均水平。从全国东、中、西部和东北老工业基地的可持续发展能力来看，东部地区高于东北老工业基地，东北老工业基地高于中部地区，中部地区又高于西部地区，呈现出比较显著的空间差异特征。再从八大经济区来看，东部沿海地区可持续发展能力最高，而大西北地区最低。各大经济区按照可持续发展能力由高到低的顺序依次是东部沿海地区、东北地区、南部沿海地区、北部沿海地区、长江中游地区、黄河中

游地区、西南地区、大西北地区。

表 10.3　2010 年中国东、中、西部和东北老工业基地及八大经济区的可持续发展能力综合评估结果

	地　区	生存支持系统	发展支持系统	环境支持系统	社会支持系统	智力支持系统	可持续发展总能力
东、中、西部和东北老工业基地	东部地区	106.2	123.8	106.5	119.2	113.6	113.9
	东北老工业基地	107.9	118.9	107.5	119.8	112.8	113.4
	中部地区（8 省）	107.6	116.5	106.1	114.9	111.3	111.3
	中部地区（6 省）	107.1	116.4	105.6	113.8	111.0	110.8
	西部地区	104.7	112.8	100.2	109.4	111.2	107.7
八大经济区	东北地区	107.9	118.9	107.5	119.8	112.8	113.4
	北部沿海地区	101.6	124.0	104.2	121.1	113.0	112.8
	东部沿海地区	106.7	126.0	111.0	120.7	113.7	115.6
	南部沿海地区	106.7	123.1	108.1	115.0	113.3	113.2
	黄河中游地区	103.2	116.9	101.8	115.1	110.9	109.6
	长江中游地区	107.5	116.5	109.3	113.3	111.3	111.6
	西南地区	106.2	113.9	104.5	108.5	110.9	108.8
	大西北地区	104.2	109.5	97.3	108.5	110.5	106.0

注：1）1995 年全国为 100.0

2）各地区分类如下：

东部地区（11 省、直辖市）包括北京、天津、河北、辽宁、上海、江苏、浙江、福建、山东、广东和海南；

东北老工业基地包括辽宁、吉林、黑龙江；

中部地区（8 省）包括山西、吉林、黑龙江、安徽、江西、河南、湖北、湖南；

中部地区（6 省）包括山西、安徽、江西、河南、湖北、湖南；

西部地区（12 省、直辖市、自治区）包括重庆、四川、贵州、云南、西藏、陕西、甘肃、青海、宁夏、新疆、广西、内蒙古；

东北地区包括辽宁、吉林、黑龙江；

北部沿海地区包括北京、天津、河北、山东；

东部沿海地区包括上海、江苏、浙江；

南部沿海地区包括福建、广东、海南；

黄河中游地区包括陕西、山西、河南、内蒙古；

长江中游地区包括湖北、湖南、江西、安徽；

西南地区包括云南、贵州、四川、重庆、广西；

大西北地区包括甘肃、青海、宁夏、西藏、新疆；

本章以下表同

二　中国可持续发展能力变化趋势（1995～2010）

（一）全国可持续发展能力变化趋势（1995～2010）

自1995年以来，全国可持续发展能力总体呈上升态势（图10.3），2010年比1995年增长了10.6%。除1997年比上年有所下降外，其他年份均有所增长。“九五”和“十五”期间，全国可持续发展能力年均增长率都为0.63%，而“十一五”期间，可持续发展能力年均增长率则为0.76%，呈现出加速增长的态势（表10.5），这同时也表明我国可持续发展能力建设力度近年来明显增强，成效显著。

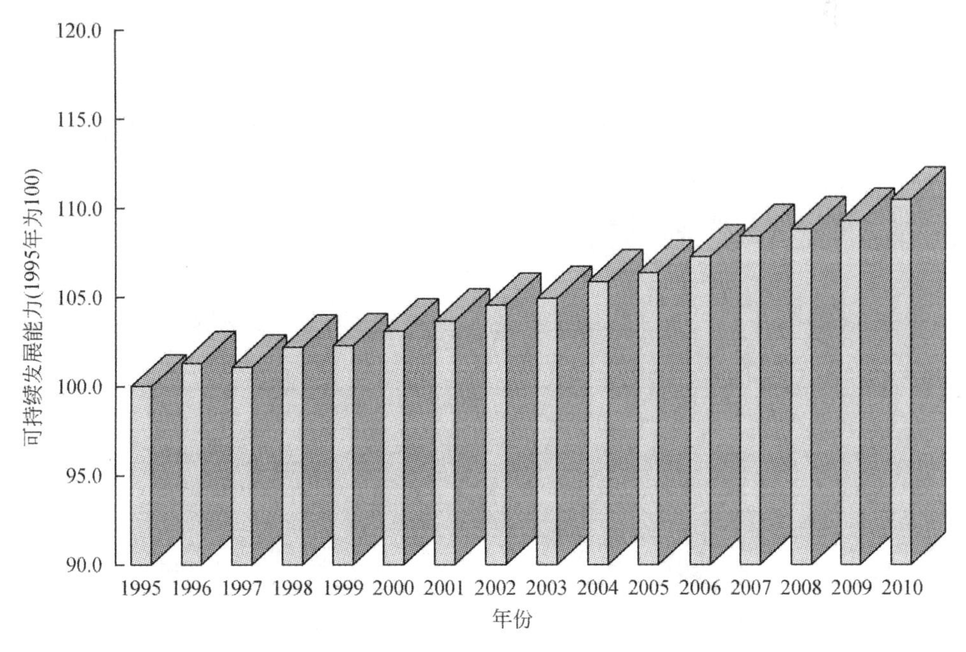

图10.3　全国可持续发展能力变化趋势图（1995～2010）

从全国可持续发展五大支持系统的发展变化（图10.4）来看，同样可以发现可持续发展能力的变化主要由发展、智力和社会三大系统的变化来驱动。自1995年以来，中国生存支持系统的变化经历了一个徘徊波动的上升过程，而环境支持系统的发展变化则非常缓慢，其间经历了一个相对缓和的波动过程，总体上基本保持稳定，尚未明显持续恶化，这说明了我国经济高速增长所带来的环境冲击部分得到缓解和遏制，环境治理和节能减排工作取得了一定的成效。

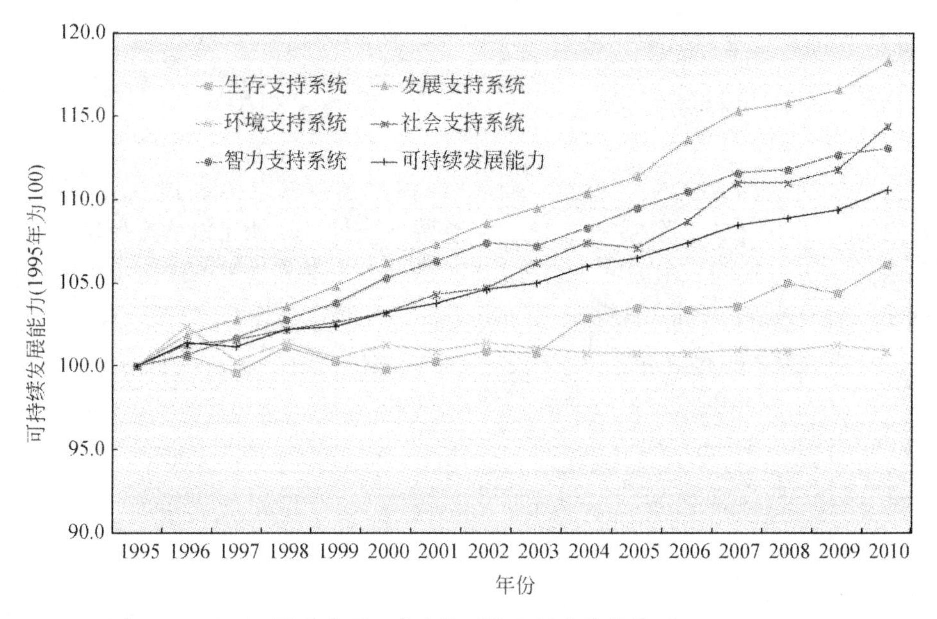

图 10.4　全国可持续发展五大支持系统发展变化趋势图（1995 ~ 2010）

（二）中国东、中、西部和东北老工业基地及八大经济区的可持续发展能力及其变化趋势（1995 ~ 2010）

表 10.4 和表 10.5 分别反映了 1995 ~ 2010 年中国东、中、西部和东北老工业基地及八大经济区的可持续发展能力的总体趋势和不同时期的变化情况。从中可以看出，自 1995 年以来，中国各区域的可持续发展能力总体呈现上升态势，但各大经济区可持续发展能力的增幅存在着比较明显的差异。从东、中、西部和东北老工业基地来看，西部地区增长最快，为 11.15%，其次是中部地区（中部 6 省为 11.13%，中部 8 省为 10.75%）、东北老工业基地（9.88%）和东部地区（9.73%），西部和中部地区增幅高于全国 10.6% 的平均水平。从各大经济区来看，黄河中游地区、西南地区、长江中游地区、大西北地区超过全国平均增长水平。其中黄河中游地区增长最快，为 11.72%，其次依次是西南地区（11.13%）、长江中游地区（10.93%）、大西北地区（10.65%）、东北老工业基地（9.88%）、南部沿海地区（9.80%）、东部沿海地区（9.68%）、北部沿海地区（9.20%）。

表 10.4　中国东、中、西部和东北老工业基地及八大经济区的可持续发展能力总体变化趋势（1995～2010）

地区		1995 年	1996 年	1997 年	1998 年	1999 年	2000 年	2001 年	2002 年	2003 年	2004 年	2005 年	2006 年	2007 年	2008 年	2009 年	2010 年
东、中、西部和东北老工业基地	东部地区	103.8	105.0	104.3	105.8	106.1	106.7	107.5	108.1	108.6	109.4	110.3	111.4	111.9	112.5	112.8	113.9
	东北老工业基地	103.2	104.7	103.2	105.3	105.2	105.6	106.8	107.3	108.2	109.0	109.4	110.1	110.7	111.6	112.2	113.4
	中部地区（8 省）	100.5	101.9	101.4	102.4	102.7	103.4	103.9	104.8	105.3	106.4	106.9	107.9	108.5	109.3	110.0	111.3
	中部地区（6 省）	99.7	101.0	100.7	101.6	101.9	102.8	103.1	104.1	104.6	105.7	106.2	107.3	108.0	108.7	109.4	110.8
	西部地区	96.9	98.4	97.9	98.9	99.1	100.1	100.7	101.4	102.2	103.0	103.5	104.0	105.3	106.1	106.7	107.7
八大经济区	东北地区	103.2	104.7	103.2	105.3	105.2	105.6	106.8	107.3	108.2	109.0	109.4	110.1	110.7	111.6	112.2	113.4
	北部沿海地区	103.3	104.0	103.0	104.7	104.8	105.8	106.3	106.9	107.8	108.7	109.5	110.5	111.2	111.9	111.7	112.8
	东部沿海地区	105.4	107.1	105.8	107.3	107.9	108.2	108.8	109.9	110.3	111.2	112.3	113.2	114.1	114.1	114.8	115.6
	南部沿海地区	103.1	104.4	104.7	105.6	106.1	106.4	107.3	107.8	108.0	108.6	109.8	110.5	110.5	111.2	112.6	113.2
	黄河中游地区	98.1	99.8	98.7	100.3	100.3	101.4	101.8	102.7	103.2	104.6	105.2	106.2	107.2	107.7	108.6	109.6
	长江中游地区	100.6	101.9	102.0	102.7	103.1	103.8	104.2	105.1	105.7	106.7	107.2	108.2	108.7	109.5	110.2	111.6
	西南地区	97.9	99.0	98.5	99.5	99.6	100.9	101.6	102.2	103.0	103.8	104.4	104.9	106.1	107.0	107.4	108.8
	大西北地区	95.8	97.4	97.0	97.9	98.3	98.9	99.9	100.4	101.3	101.9	102.0	102.7	103.8	104.6	105.5	106.0

注：1995 年全国为 100.0

表10.5　不同时期中国东、中、西部和东北老工业基地及八大经济区的可持续发展能力增长率（1995~2010）（单位：%）

地区	2000年比1995年增长	2005年比2000年增长	2010年比2005年增长	2010年比1995年增长	"九五"期间年均增长率	"十五"期间年均增长率	"十一五"年均增长率	1995~2010年均增长率
全国	3.20	3.20	3.85	10.60	0.63	0.63	0.76	0.67
东部地区	2.79	3.37	3.26	9.73	0.55	0.67	0.64	0.62
东北老工业基地	2.33	3.60	3.66	9.88	0.46	0.71	0.72	0.63
中部地区（8省）	2.89	3.38	4.12	10.75	0.57	0.67	0.81	0.68
中部地区（6省）	3.11	3.31	4.33	11.13	0.61	0.65	0.85	0.71
西部地区	3.30	3.40	4.06	11.15	0.65	0.67	0.80	0.71
北部沿海地区	2.42	3.50	3.01	9.20	0.48	0.69	0.60	0.59
东部沿海地区	2.66	3.79	2.94	9.68	0.53	0.75	0.58	0.62
南部沿海地区	3.20	3.20	3.10	9.80	0.63	0.63	0.61	0.62
黄河中游地区	3.36	3.75	4.18	11.72	0.66	0.74	0.82	0.74
长江中游地区	3.18	3.28	4.10	10.93	0.63	0.65	0.81	0.69
西南地区	3.06	3.47	4.21	11.13	0.61	0.68	0.83	0.71
大西北地区	3.24	3.13	3.92	10.65	0.64	0.62	0.77	0.68

中国东、中、西部和东北老工业基地及八大经济区的可持续发展能力具体变化趋势如图10.5~图10.15所示。

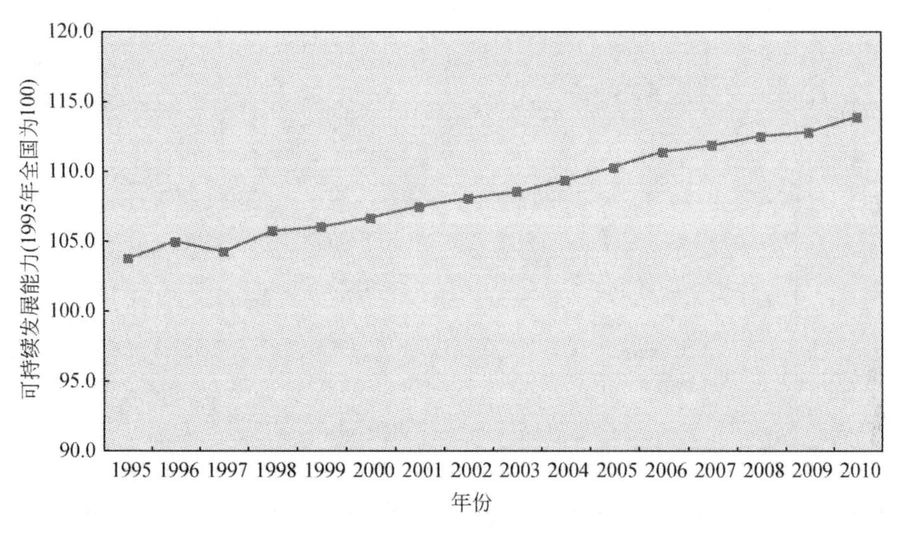

图 10.5　东部地区可持续发展能力变化趋势图（1995～2010）

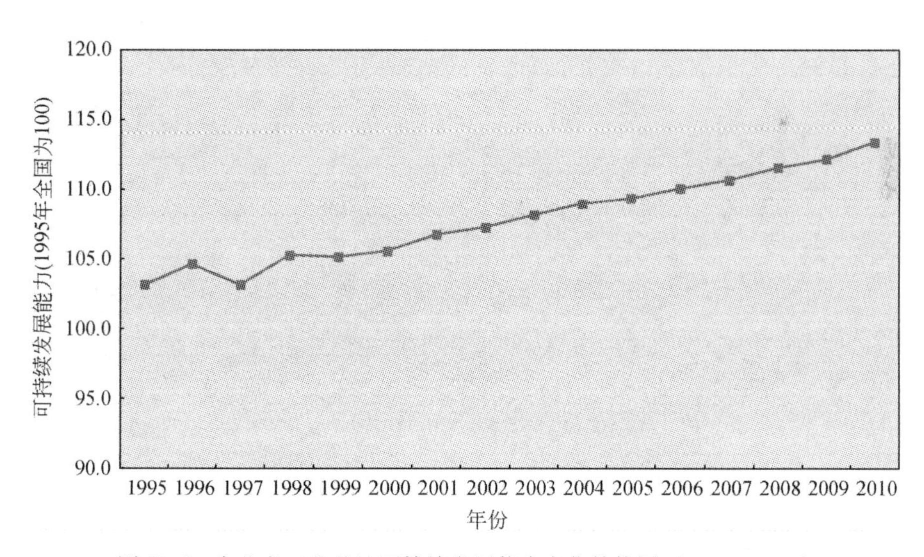

图 10.6　东北老工业基地可持续发展能力变化趋势图（1995～2010）

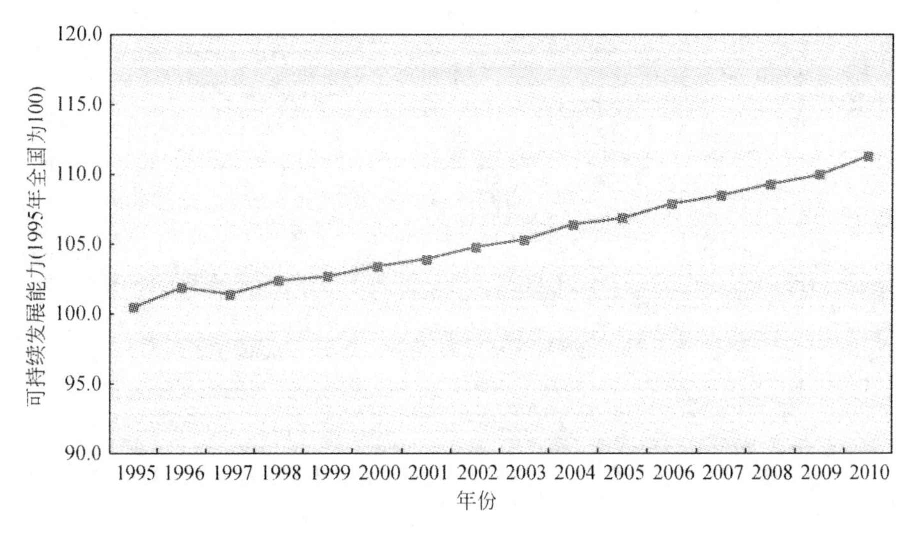

图 10.7　中部地区可持续发展能力变化趋势图（1995 ~ 2010）

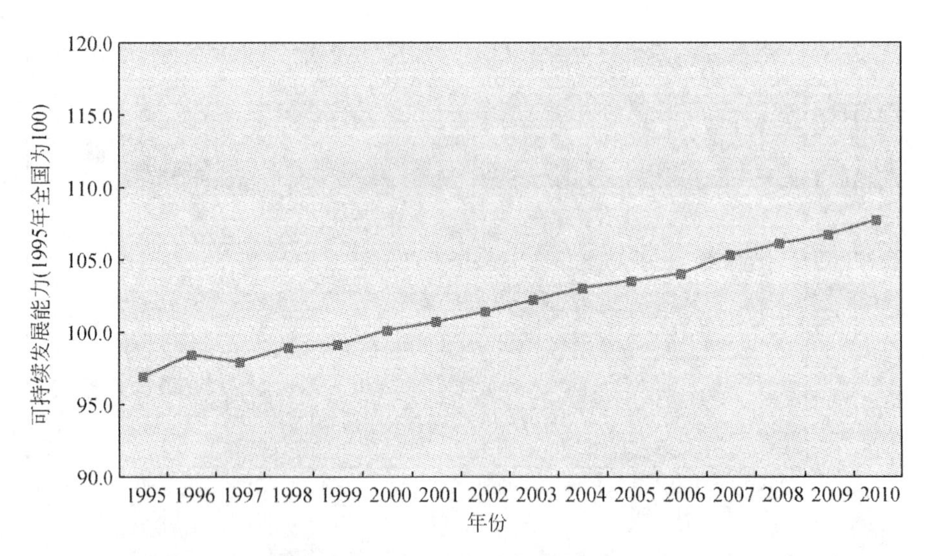

图 10.8　西部地区可持续发展能力变化趋势图（1995 ~ 2010）

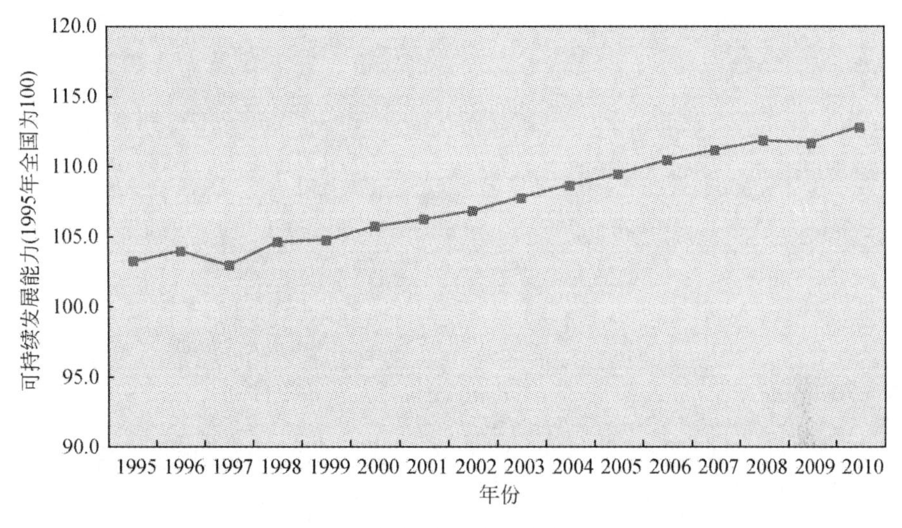

图 10.9　北部沿海地区可持续发展能力变化趋势图（1995～2010）

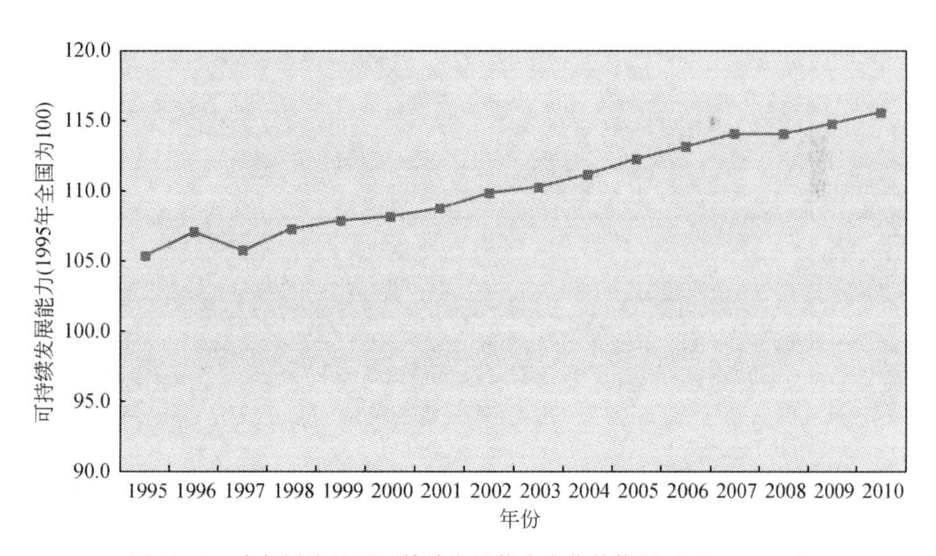

图 10.10　东部沿海地区可持续发展能力变化趋势图（1995～2010）

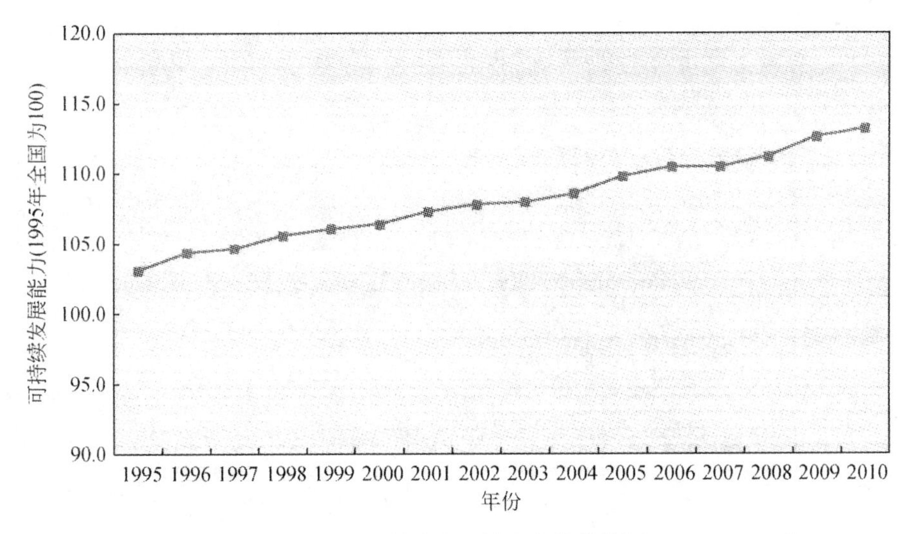

图 10.11　南部沿海地区可持续发展能力变化趋势图（1995 ~ 2010）

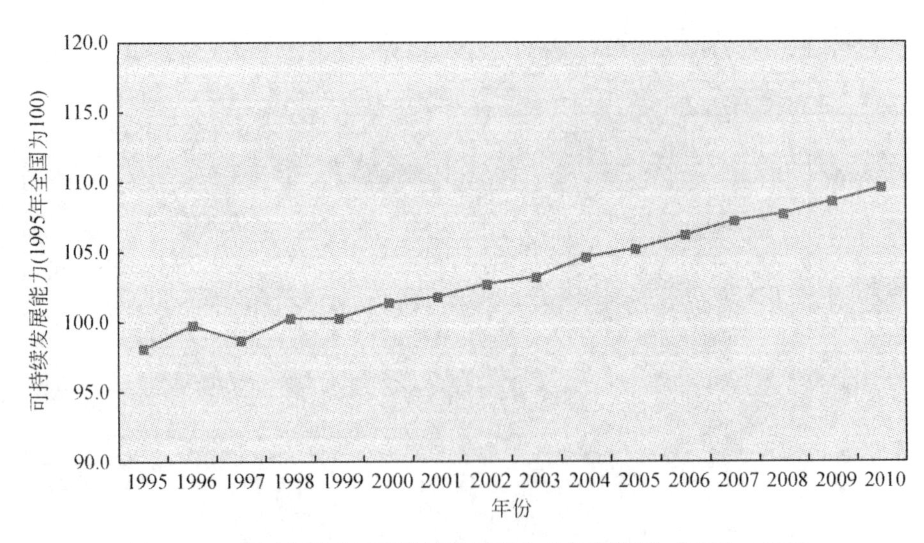

图 10.12　黄河中游地区可持续发展能力变化趋势图（1995 ~ 2010）

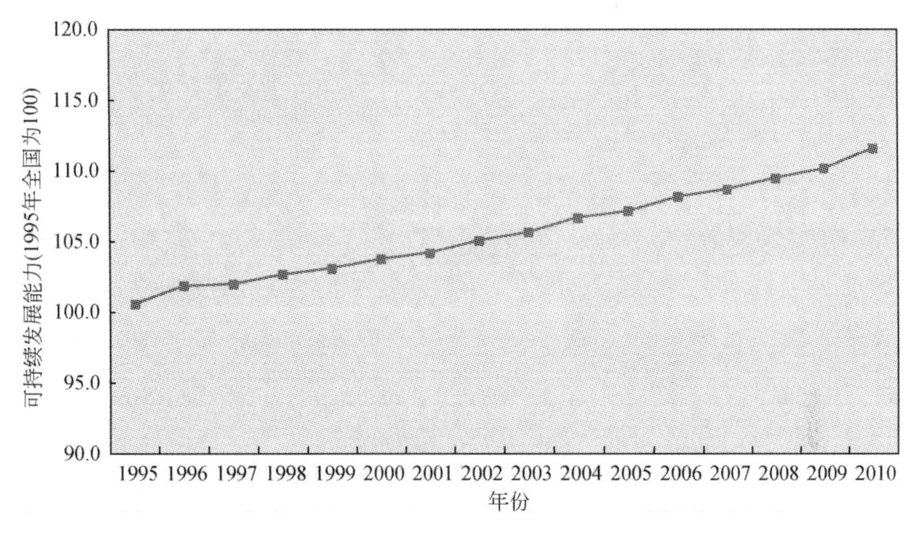

图 10.13　长江中游地区可持续发展能力变化趋势图（1995～2010）

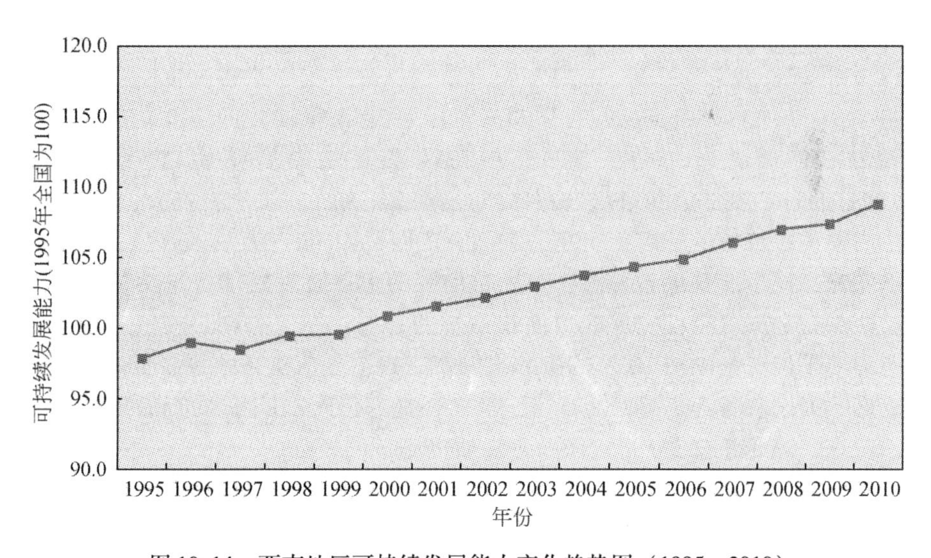

图 10.14　西南地区可持续发展能力变化趋势图（1995～2010）

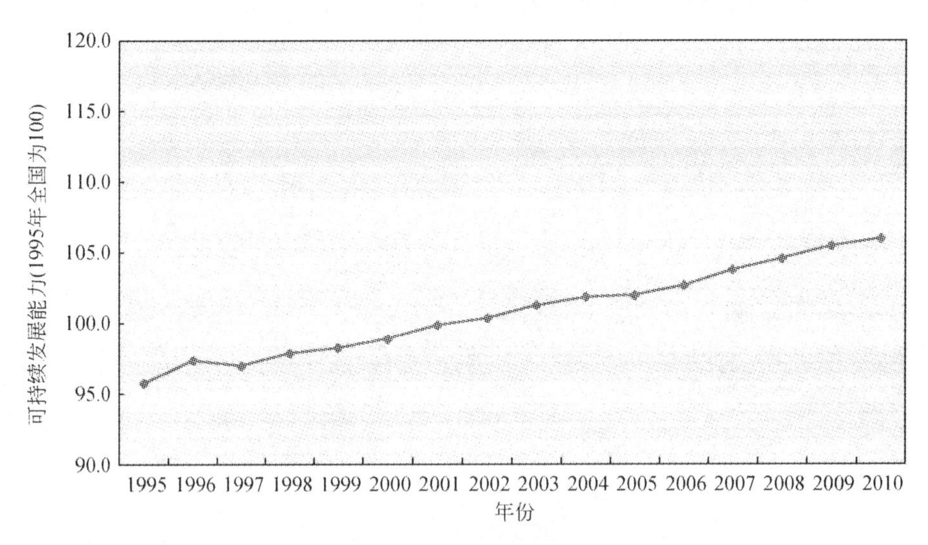

图 10.15　大西北地区可持续发展能力变化趋势图（1995 ~ 2010）

（三）中国 31 个省、直辖市、自治区可持续发展能力及其变化趋势（1995 ~ 2010）

1995 年以来，全国各省、直辖市、自治区可持续发展能力及位序变化趋势如表 10.6 和表 10.7 所示。由表可知，1995 ~ 2010 年全国各省、直辖市、自治区可持续发展能力总体呈上升态势。其中，可持续发展能力增幅超过全国平均水平（10.6%）的省、直辖市和自治区有西藏、贵州、陕西、江西、重庆、河南、青海、新疆、内蒙古、吉林、甘肃、山东、湖南、广西、四川、福建、云南、江苏、湖北、海南、安徽、辽宁。其他省、直辖市、自治区的可持续发展能力增幅低于全国平均水平。西藏是全国可持续发展能力增长最快的省份，而上海则最慢。其中，可持续发展能力增幅位居全国前 10 位的省、直辖市、自治区依次是西藏、贵州、陕西、江西、重庆、河南、青海、新疆、内蒙古、吉林。辽宁、山西、河北、宁夏、天津、浙江、广东、黑龙江、北京、上海分别位居全国后十位。

从不同时期来看，河北、山西、吉林、黑龙江、安徽、江西、山东、四川、云南、新疆等 10 省、自治区从“九五”到“十一五”，年均增长速度呈连续递增态势。除上述 10 省、自治区外，福建、河南、湖北、湖南、广西、海南、贵州、西藏、陕西、甘肃、青海、宁夏、重庆等 13 个省、自治区“十一五”期间可持续发展能力增长速度快于“十五”期间的增长速度，这不仅表明全国大部分地区的可持续发展能力近年来呈加速增长趋势，而且也反映了这些地区在可持续发展能力建设上的成效。

表 10.6　中国 31 个省、直辖市、自治区可持续发展能力的增长率（1995～2010）

地　区	2000 年比 1995 年增长/%	2005 年比 2000 年增长/%	2010 年比 2005 年增长/%	2010 年比 1995 年增长/%	“九五”期间年均增长率/%	“十五”期间年均增长率/%	“十一五”年均增长率/%	1995～2010 年年均增长率/%	排序
北　京	1.83	3.32	2.69	8.04	0.36	0.66	0.53	0.52	30
天　津	2.36	4.06	3.01	9.73	0.47	0.80	0.60	0.62	26
河　北	2.32	3.46	3.82	9.90	0.46	0.68	0.75	0.63	24
山　西	2.55	3.38	4.23	10.51	0.51	0.67	0.83	0.67	23
内蒙古	4.01	3.96	3.90	12.35	0.79	0.78	0.77	0.78	8
辽　宁	2.23	4.36	3.72	10.65	0.44	0.86	0.73	0.68	22
吉　林	2.84	4.00	4.94	12.23	0.56	0.79	0.97	0.77	10
黑龙江	1.64	3.32	3.67	8.87	0.33	0.66	0.72	0.57	29
上　海	1.73	3.22	2.77	7.91	0.34	0.64	0.55	0.51	31
江　苏	2.90	3.95	3.89	11.13	0.57	0.78	0.77	0.71	17
浙　江	2.58	3.63	3.15	9.66	0.51	0.72	0.62	0.62	27
安　徽	2.31	3.04	5.14	10.83	0.46	0.60	1.01	0.69	19
福　建	3.92	3.40	3.65	11.37	0.77	0.67	0.72	0.72	14
江　西	2.90	4.66	5.10	13.19	0.57	0.92	1.00	0.83	4
山　东	2.88	3.96	4.36	11.62	0.57	0.78	0.86	0.74	12
河　南	3.66	3.53	4.92	12.60	0.72	0.70	0.97	0.79	6
湖　北	3.55	2.76	4.26	10.95	0.70	0.55	0.84	0.69	20
湖　南	3.56	3.44	4.16	11.58	0.70	0.68	0.82	0.73	13
广　东	2.98	3.27	2.99	9.53	0.59	0.65	0.59	0.61	28
广　西	3.34	3.13	4.55	11.43	0.66	0.62	0.89	0.72	15
海　南	4.95	0.37	5.25	10.86	0.97	0.07	1.03	0.69	21
重　庆	3.88	3.44	4.94	12.77	0.76	0.68	0.97	0.80	5
四　川	3.16	3.75	4.09	11.41	0.62	0.74	0.81	0.72	16
贵　州	5.03	2.59	5.84	14.05	0.99	0.51	1.14	0.88	1
云　南	2.59	3.73	4.47	11.18	0.51	0.74	0.88	0.71	18
西　藏	3.82	2.42	7.29	14.08	0.75	0.48	1.42	0.88	2
陕　西	4.28	3.81	5.18	13.86	0.84	0.75	1.01	0.87	3
甘　肃	4.46	2.54	4.66	12.10	0.88	0.50	0.91	0.76	11
青　海	3.90	3.65	4.51	12.55	0.77	0.72	0.89	0.79	7
宁　夏	3.33	3.02	3.23	9.90	0.66	0.60	0.64	0.63	25
新　疆	2.98	3.49	5.50	12.44	0.59	0.69	1.08	0.78	9

表10.7 中国31个省、直辖市、自治区可持续

地区	1995年	排序	1996年	排序	1997年	排序	1998年	排序	1999年	排序	2000年	排序	2001年	排序	2002年	排序
北京	109.4	2	110.1	2	107.9	2	110.8	2	111.0	2	111.4	2	111.9	2	112.6	2
天津	105.9	3	106.9	3	106.4	3	107.8	3	107.4	3	108.4	3	109.4	3	110.4	3
河北	99.0	17	99.8	18	99.4	18	101.1	17	100.9	17	101.3	21	101.7	21	102.4	23
山西	98.0	22	99.4	23	98.5	22	99.1	25	99.3	25	100.5	24	101.1	24	102.6	22
内蒙古	97.2	25	99.5	22	98.1	25	100.6	20	100.3	20	101.1	23	101.2	23	102.0	24
辽宁	103.3	7	104.7	7	103.2	8	105.9	6	105.5	8	105.6	9	107.2	7	107.6	7
吉林	102.2	10	104.9	5	102.8	11	105.3	8	105.1	9	105.1	11	106.4	10	107.1	9
黑龙江	103.7	6	104.6	9	103.1	10	104.6	11	104.7	11	105.4	10	106.1	11	106.6	11
上海	110.0	1	113.9	1	110.7	1	113.7	1	112.7	1	111.9	1	114.1	1	113.7	1
江苏	103.3	8	104.9	6	103.2	9	105.3	9	105.8	7	106.3	7	106.8	8	107.3	8
浙江	104.6	4	106.1	4	105.4	5	106.0	5	106.9	4	107.3	5	107.9	5	109.5	4
安徽	99.7	16	100.8	16	100.4	16	101.2	16	101.9	16	102.0	18	102.1	18	103.5	17
福建	102.0	11	103.9	10	104.4	6	105.1	10	105.1	10	106.0	8	106.5	9	107.0	10
江西	100.1	15	101.7	14	102.3	13	102.2	15	102.6	14	103.0	15	104.3	14	105.0	14
山东	100.7	14	101.5	15	100.7	15	102.5	14	102.5	15	103.6	14	104.3	15	104.9	15
河南	98.4	19	99.9	17	98.6	21	100.4	22	100.0	22	102.0	19	102.0	19	102.9	20
湖北	101.4	12	102.4	12	102.1	14	103.7	12	103.8	12	105.0	12	104.9	13	105.2	13
湖南	101.0	13	102.4	13	102.8	12	103.1	13	103.8	13	104.6	13	105.4	12	106.4	12
广东	103.9	5	104.7	8	105.6	4	106.2	4	106.7	5	107.0	6	108.1	4	108.6	6
广西	98.9	18	99.6	21	99.5	17	101.0	18	100.8	18	102.2	17	103.3	16	104.6	16
海南	103.1	9	103.4	11	103.3	7	105.5	7	106.5	6	108.2	4	107.5	6	109.0	5
重庆	97.9	23	99.0	24	98.2	24	99.7	23	99.5	24	101.7	20	101.7	22	103.1	18
四川	98.2	20	99.7	20	98.8	19	100.6	21	100.2	21	101.3	22	101.9	20	102.7	21
贵州	95.4	28	96.7	28	96.7	27	97.7	27	98.1	28	100.2	25	99.5	29	101.3	26
云南	96.6	26	97.3	27	97.1	26	97.7	28	98.3	27	99.1	28	100.7	26	99.5	29
西藏	91.6	31	93.7	31	91.5	31	93.3	31	93.6	31	95.1	31	95.7	31	96.6	31
陕西	98.1	21	99.8	19	98.7	20	101.0	19	100.6	19	102.3	16	102.5	17	103.0	19
甘肃	94.2	30	96.4	29	95.5	30	96.8	29	97.4	29	98.4	30	99.3	30	99.5	30
青海	94.8	29	95.8	30	96.4	28	96.1	30	97.0	30	98.5	29	99.7	28	100.4	28
宁夏	96.0	27	97.5	26	96.1	29	98.3	26	98.6	26	99.2	27	100.1	27	100.6	27
新疆	97.3	24	98.9	25	98.5	23	99.6	24	99.9	23	100.2	26	100.8	25	102.0	25

注：1995年全国为100.0；2011年为粗算数

发展能力及排序（1995～2011）

2003年	排序	2004年	排序	2005年	排序	2006年	排序	2007年	排序	2008年	排序	2009年	排序	2010年	排序	2011年	排序
112.8	2	114.0	2	115.1	2	116.2	2	116.7	2	118.5	1	117.2	2	118.2	2	119.3	1
110.8	3	112.2	3	112.8	3	113.7	3	114.2	3	115.3	3	115.1	3	116.2	3	117.1	3
103.4	21	104.3	21	104.8	23	105.8	21	107.1	20	107.5	23	108.0	24	108.8	24	109.7	23
103.0	24	104.0	24	103.9	24	105.5	22	106.1	24	106.7	25	107.1	25	108.3	26	109.4	24
103.3	22	104.3	22	105.1	20	105.9	20	107.1	21	107.7	22	108.8	21	109.2	23	110.3	21
108.6	7	109.5	6	110.2	7	110.7	7	111.8	7	112.2	7	112.7	8	114.3	7	114.6	7
108.3	8	109.1	8	109.3	9	109.6	10	110.6	9	112.2	8	112.4	9	114.7	5	114.4	9
107.4	10	108.7	10	108.9	10	109.5	11	110.2	12	111.3	10	111.8	11	112.9	12	114.0	10
114.2	1	114.7	1	115.5	1	116.4	1	119.3	1	117.5	2	118.9	1	118.7	1	119.0	2
108.8	6	109.0	9	110.5	5	111.5	5	113.1	4	112.9	5	113.7	5	114.8	4	115.9	4
109.6	4	110.8	4	111.2	4	112.2	4	112.7	5	113.2	4	113.7	6	114.7	6	114.9	6
104.3	17	105.4	16	105.1	21	106.4	19	107.6	18	108.6	18	109.1	18	110.5	18	110.9	18
107.3	11	107.8	11	109.6	8	110.2	9	110.3	10	110.9	11	112.2	10	113.6	10	113.7	11
106.0	15	106.7	15	107.8	14	109.1	13	109.9	13	110.6	13	111.6	12	113.3	11	112.6	13
106.1	14	107.0	14	107.7	15	108.7	14	109.9	14	110.4	15	110.5	15	112.4	15	112.4	16
103.3	23	105.0	17	105.6	17	106.6	18	108.2	16	108.5	19	109.8	17	110.8	17	110.9	19
106.4	12	107.2	13	107.9	13	108.6	15	109.9	15	110.6	14	111.3	14	112.5	14	112.5	15
106.3	13	107.7	12	108.2	12	109.3	12	110.3	11	110.9	12	111.4	13	112.7	13	112.6	14
108.3	9	109.4	7	110.5	6	111.3	6	111.9	6	112.7	6	114.4	4	113.8	9	114.5	8
103.9	19	104.7	19	105.4	18	106.8	16	107.1	22	108.1	20	108.5	22	110.2	20	110.5	20
109.6	5	109.9	5	108.6	11	110.3	8	111.2	8	111.5	9	113.2	7	114.3	8	115.0	5
104.2	18	104.3	23	105.2	19	105.2	24	108.2	17	108.7	17	108.9	20	110.4	19	111.2	17
103.8	20	104.5	20	105.1	22	105.4	23	107.1	23	108.1	21	109.0	19	109.4	21	110.1	22
101.9	26	102.7	27	102.8	26	103.5	26	105.0	26	105.8	26	106.3	27	108.8	25	108.6	26
101.3	27	102.9	26	102.8	27	103.4	27	104.8	27	105.0	28	105.9	28	107.4	27	107.5	27
98.6	31	97.7	31	97.4	31	99.3	31	102.0	31	103.3	31	104.3	31	104.5	31	103.6	31
104.5	16	105.0	18	106.2	16	106.8	17	107.6	19	108.9	16	109.9	16	111.7	16	112.8	12
100.7	29	100.8	30	100.9	30	101.7	30	103.0	30	103.9	30	105.1	29	105.6	29	106.8	29
100.7	30	101.2	29	102.1	29	103.2	28	103.8	28	105.4	27	106.6	26	106.7	28	107.2	28
101.0	28	102.0	28	102.2	28	102.8	29	103.4	29	104.5	29	104.9	30	105.5	30	106.6	30
102.8	25	103.5	25	103.7	25	104.3	25	106.1	25	107.0	24	108.4	23	109.4	22	109.4	25

31个省、直辖市、自治区可持续发展能力具体变化趋势如图10.16～图10.46所示。

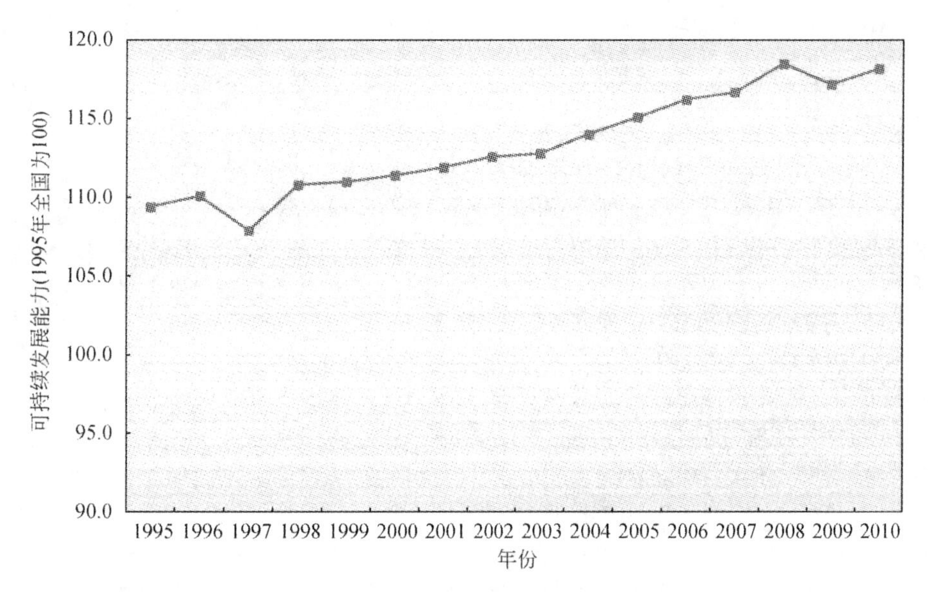

图10.16 北京可持续发展能力变化趋势图（1995～2010）

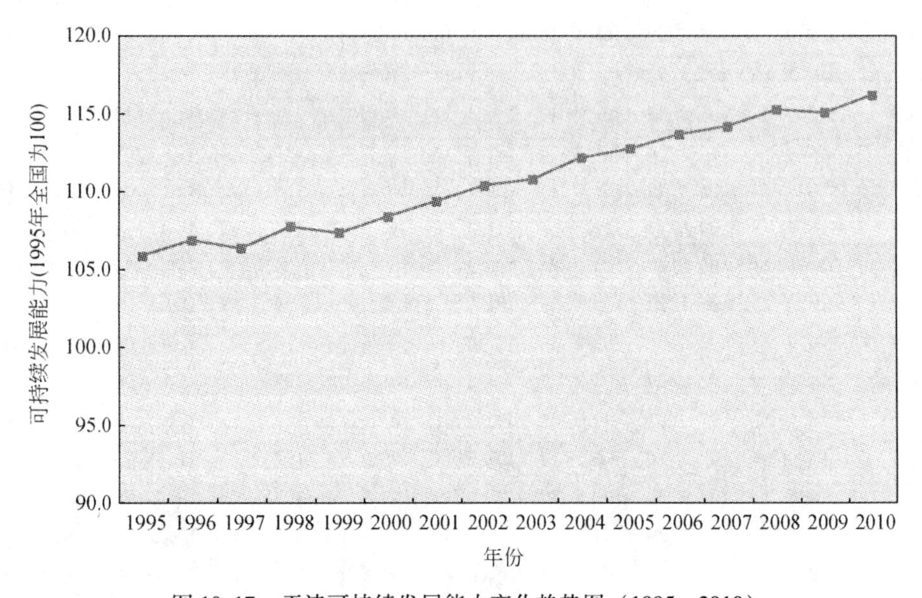

图10.17 天津可持续发展能力变化趋势图（1995～2010）

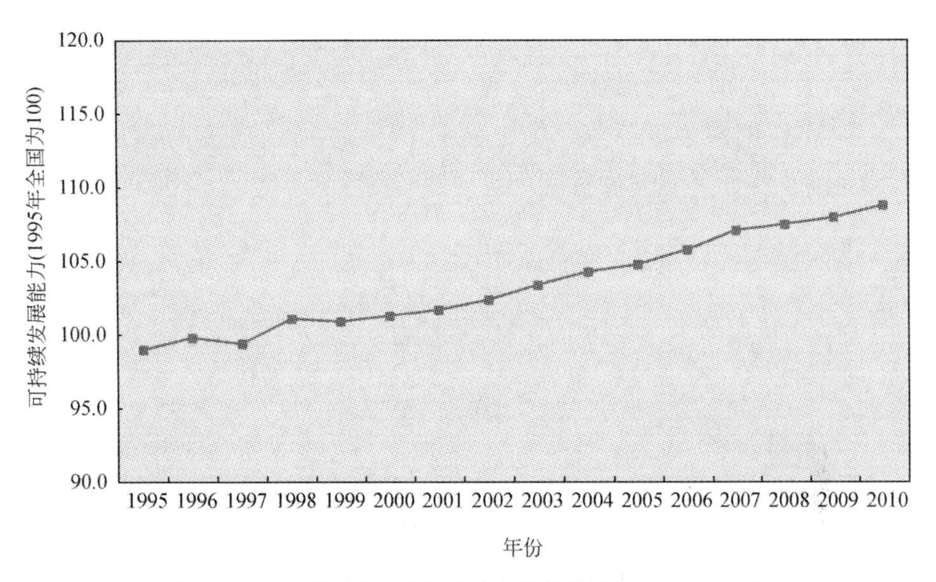

图 10. 18　河北可持续发展能力变化趋势图（1995 ~ 2010）

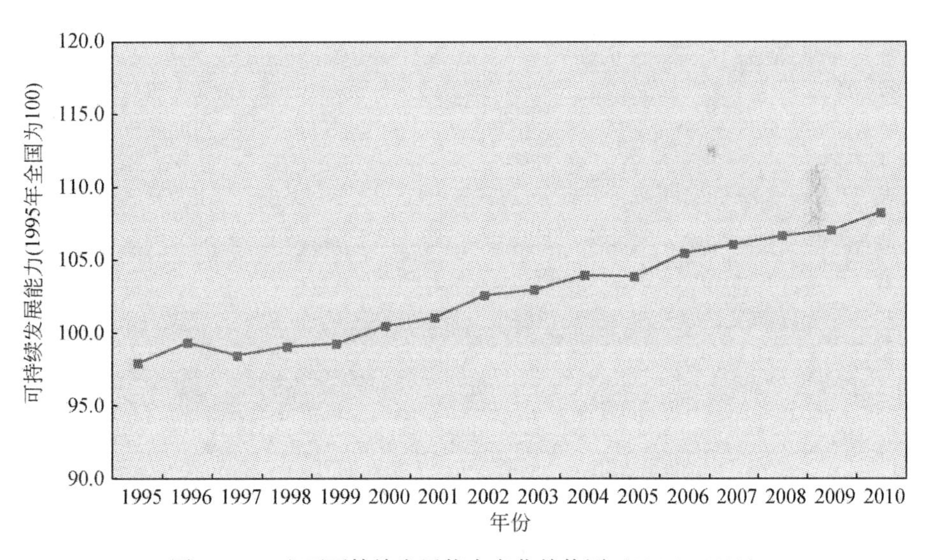

图 10. 19　山西可持续发展能力变化趋势图（1995 ~ 2010）

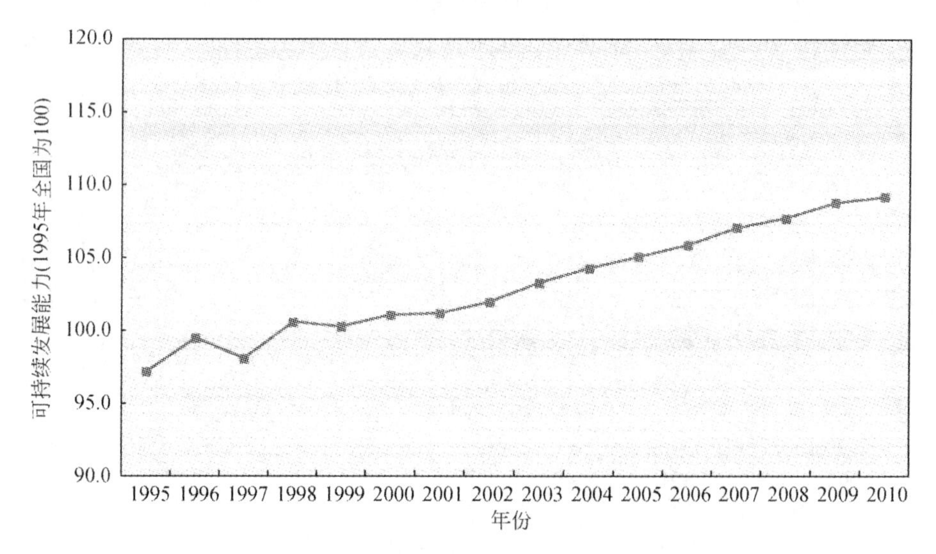

图 10.20　内蒙古可持续发展能力变化趋势图（1995～2010）

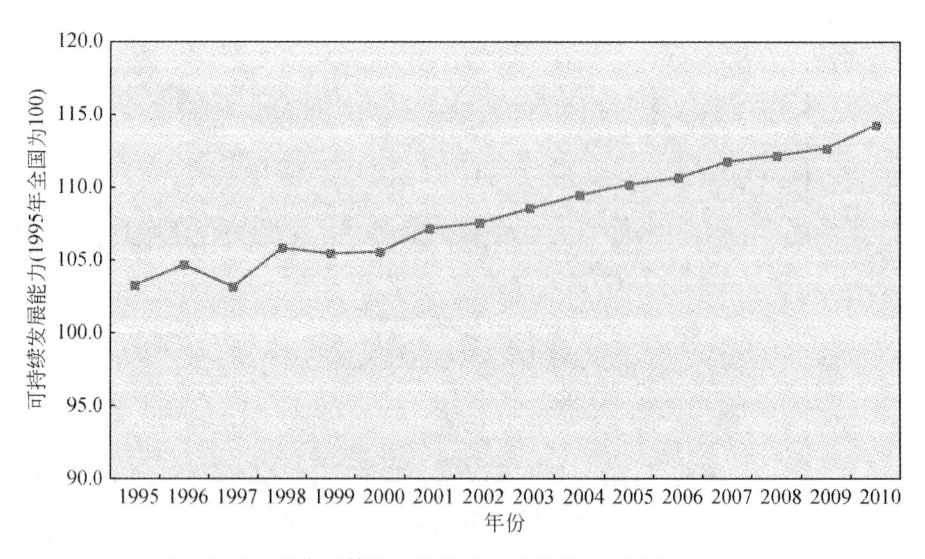

图 10.21　辽宁可持续发展能力变化趋势图（1995～2010）

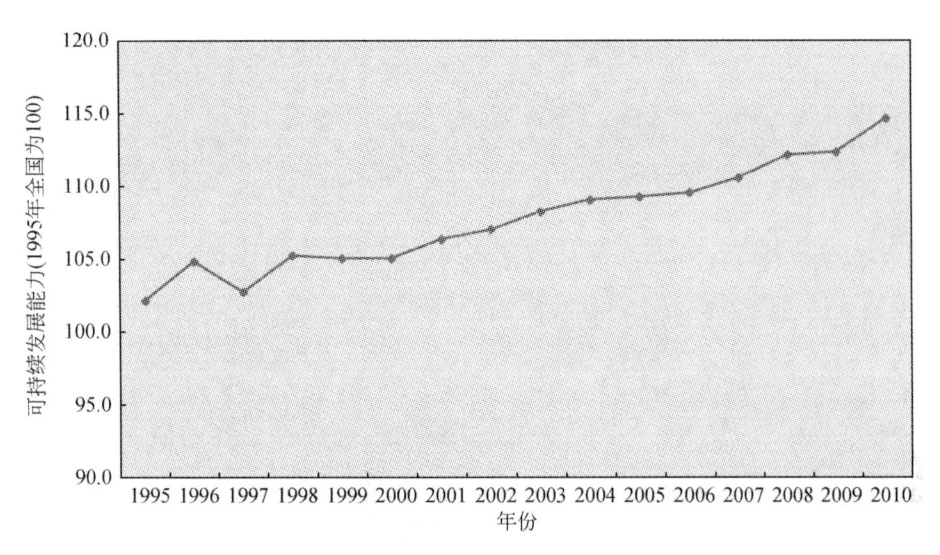

图 10.22　吉林可持续发展能力变化趋势图（1995～2010）

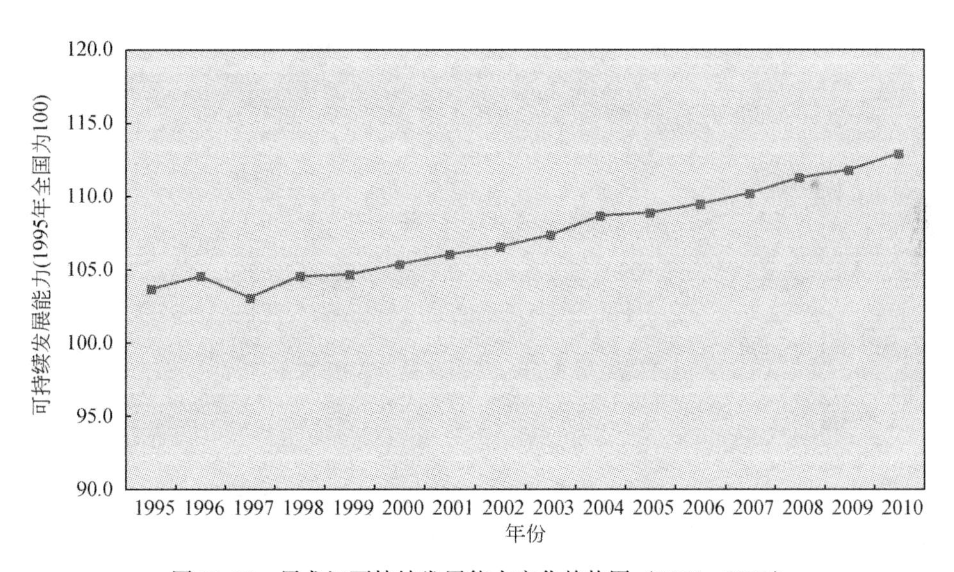

图 10.23　黑龙江可持续发展能力变化趋势图（1995～2010）

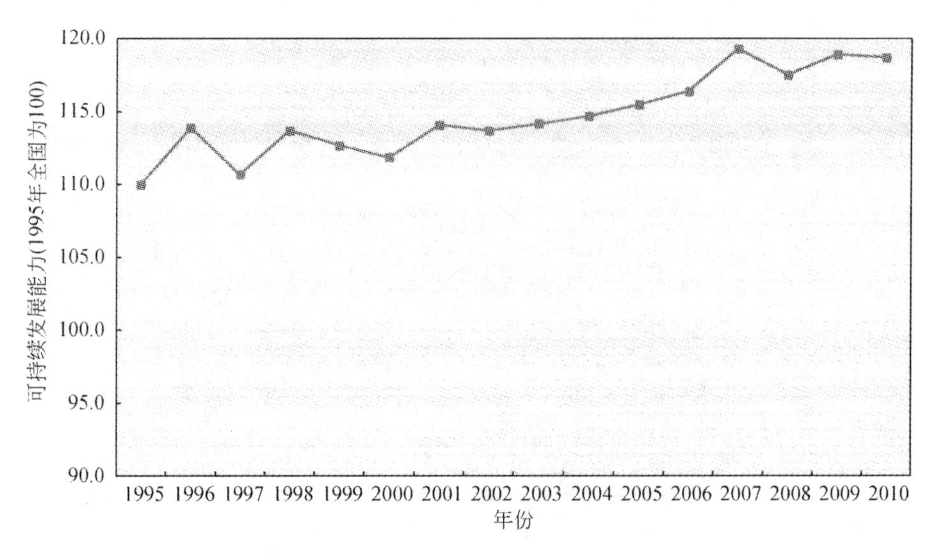

图10.24 上海可持续发展能力变化趋势图（1995～2010）

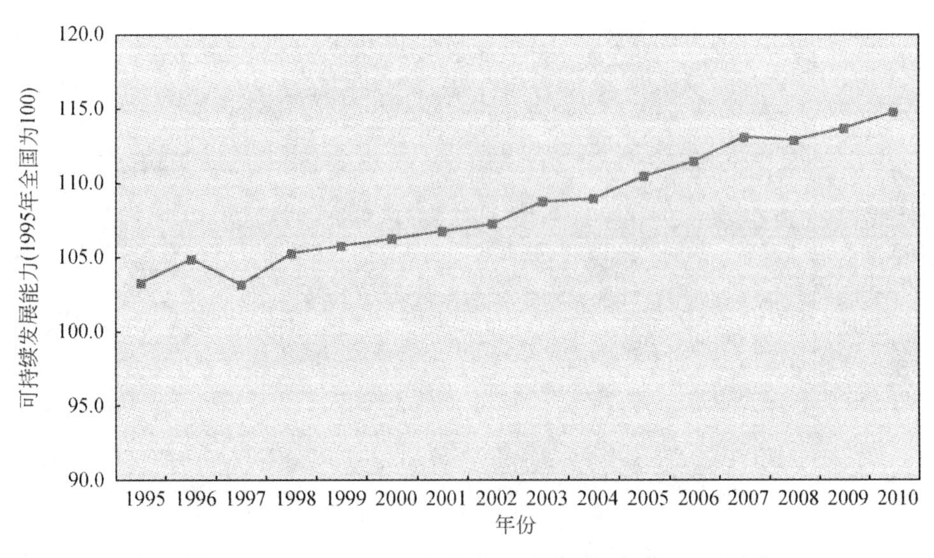

图10.25 江苏可持续发展能力变化趋势图（1995～2010）

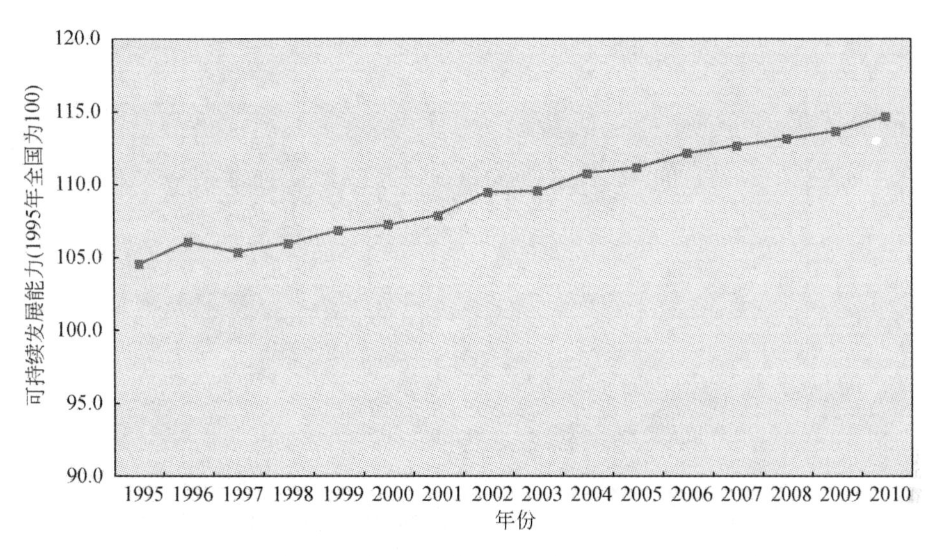

图 10.26　浙江可持续发展能力变化趋势图（1995～2010）

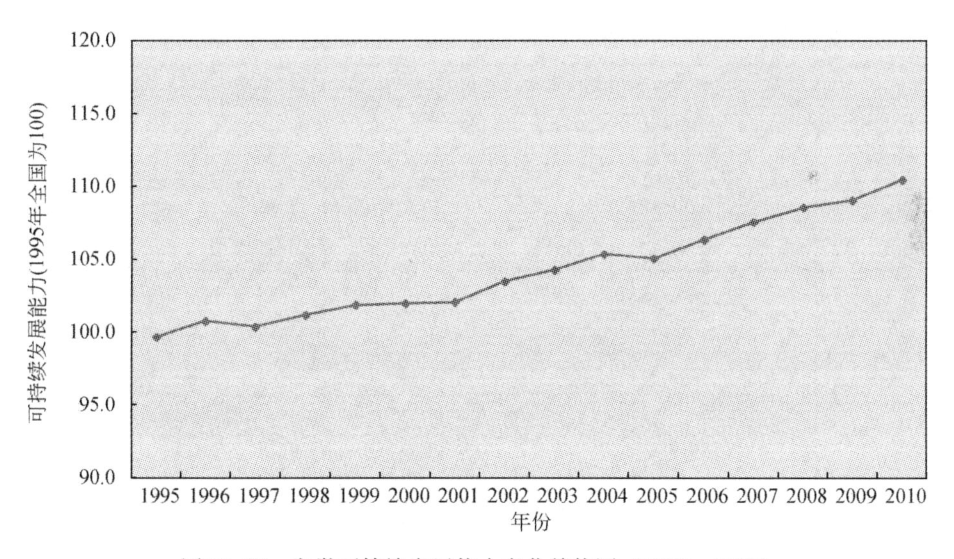

图 10.27　安徽可持续发展能力变化趋势图（1995～2010）

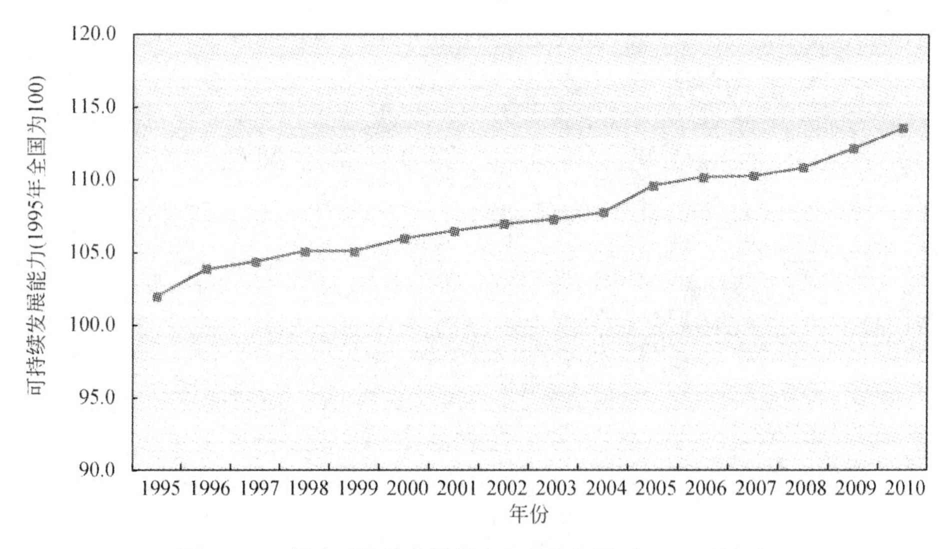

图 10.28　福建可持续发展能力变化趋势图（1995～2010）

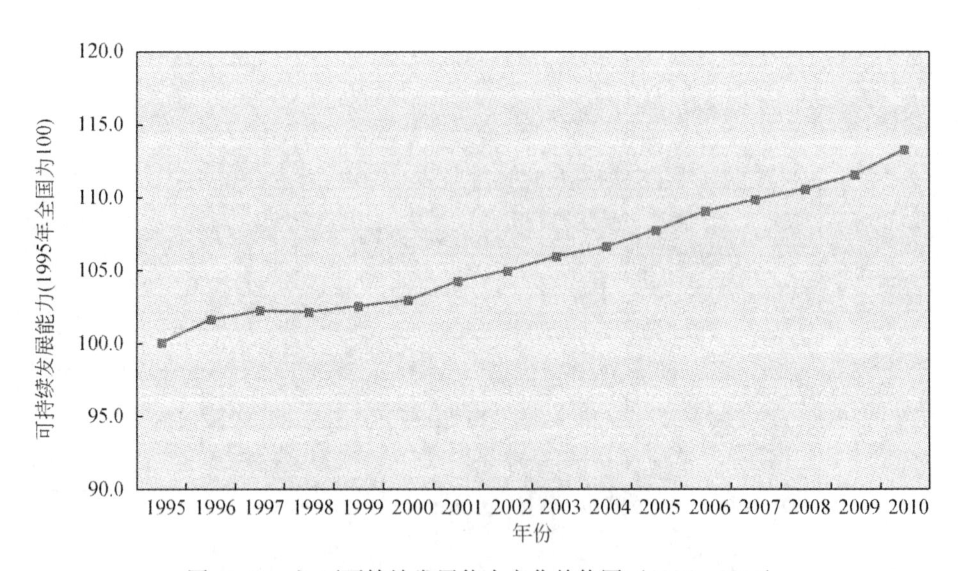

图 10.29　江西可持续发展能力变化趋势图（1995～2010）

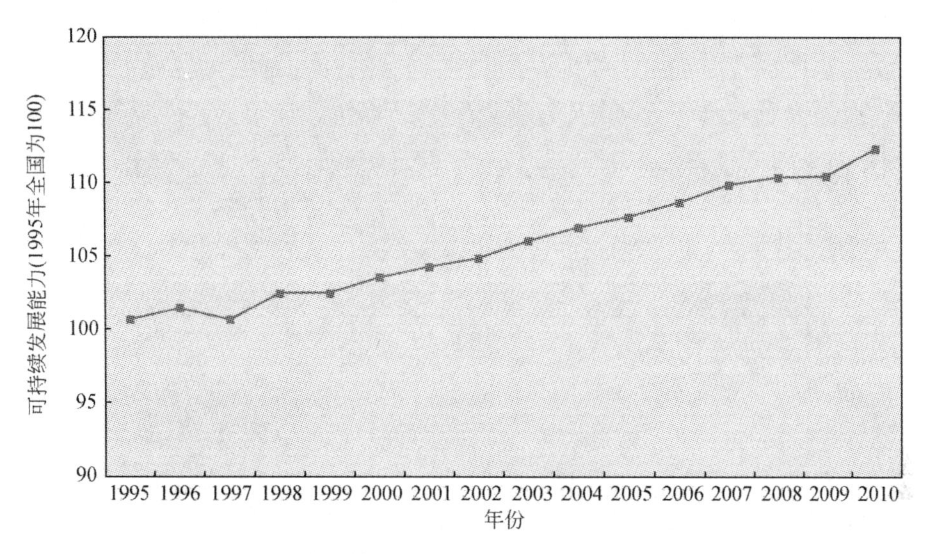

图 10. 30　山东可持续发展能力变化趋势图（1995 ~2010）

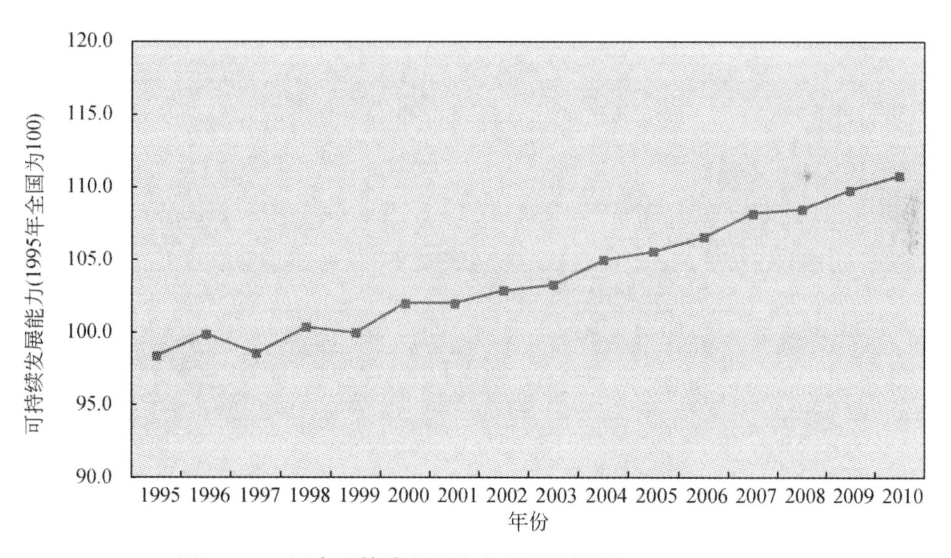

图 10. 31　河南可持续发展能力变化趋势图（1995 ~2010）

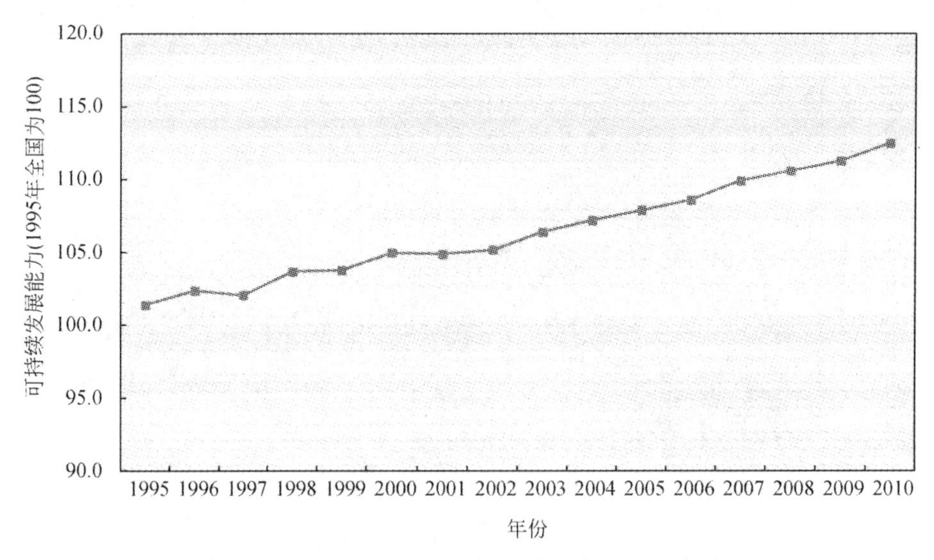

图 10.32　湖北可持续发展能力变化趋势图（1995～2010）

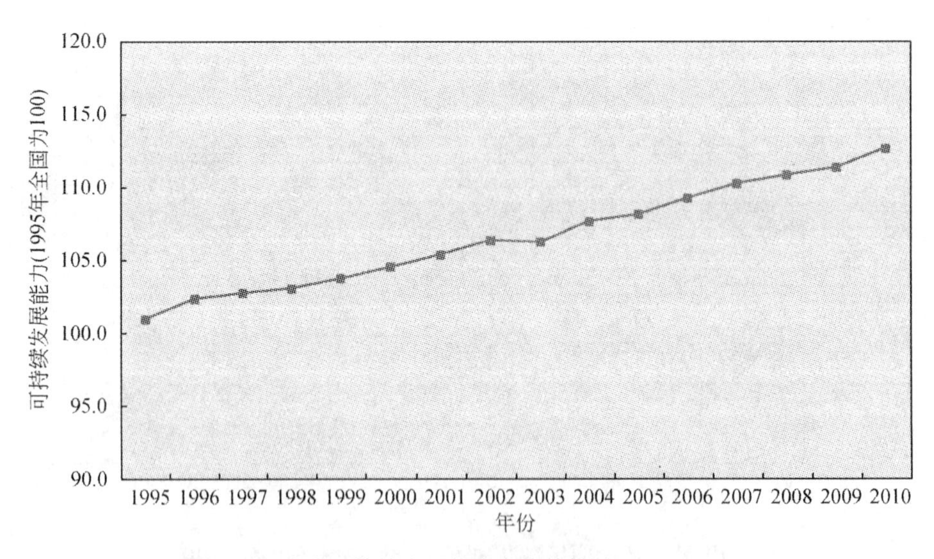

图 10.33　湖南可持续发展能力变化趋势图（1995～2010）

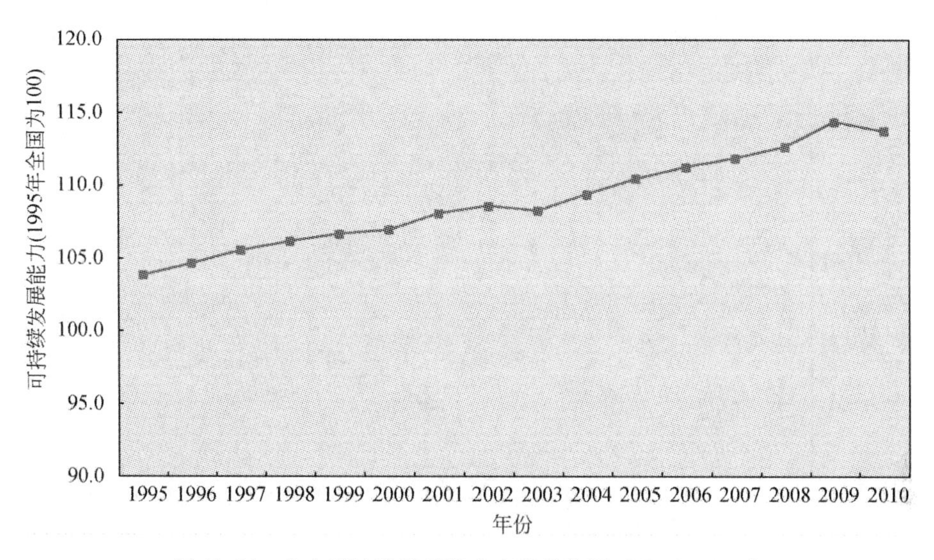

图 10.34　广东可持续发展能力变化趋势图（1995～2010）

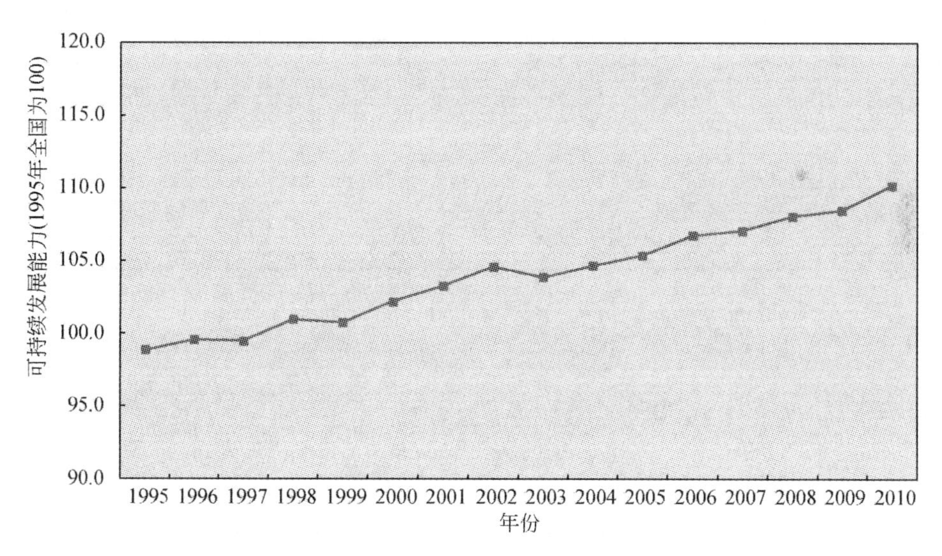

图 10.35　广西可持续发展能力变化趋势图（1995～2010）

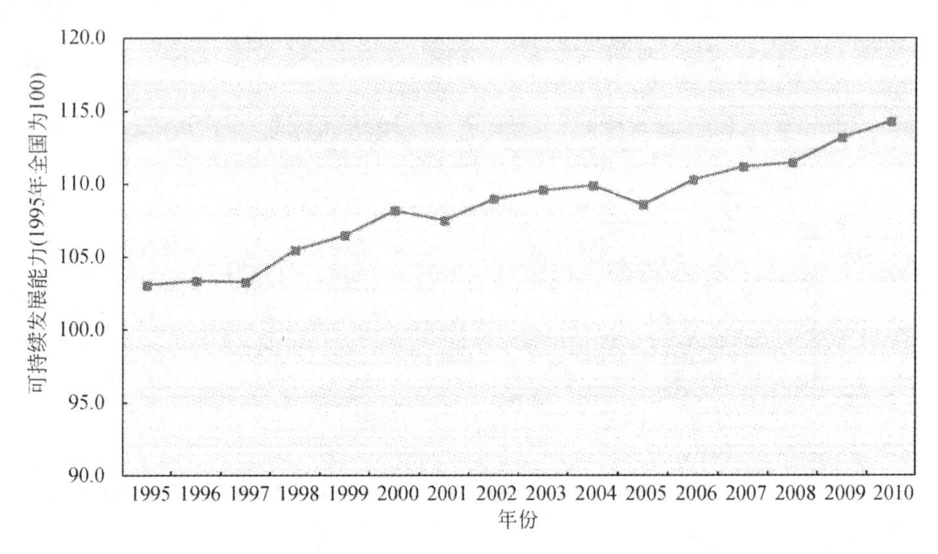

图 10.36 海南可持续发展能力变化趋势图（1995~2010）

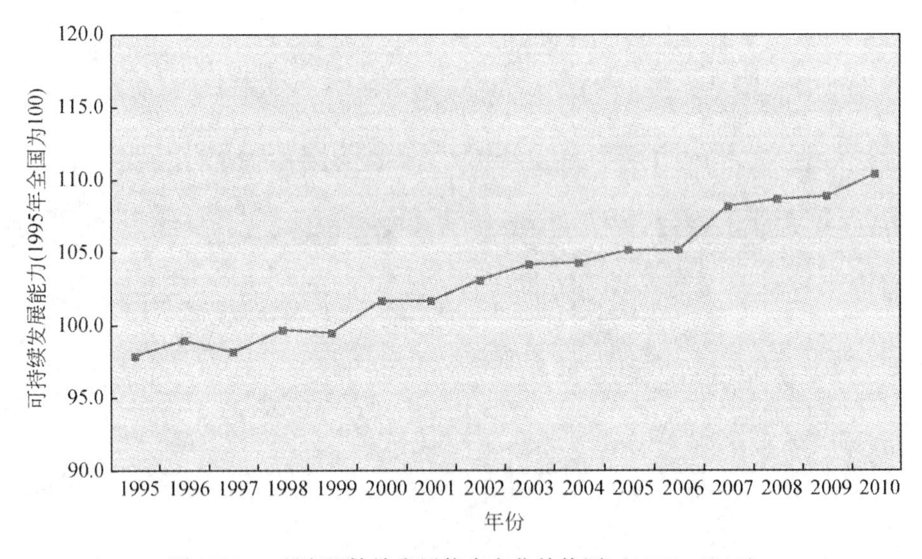

图 10.37 重庆可持续发展能力变化趋势图（1995~2010）

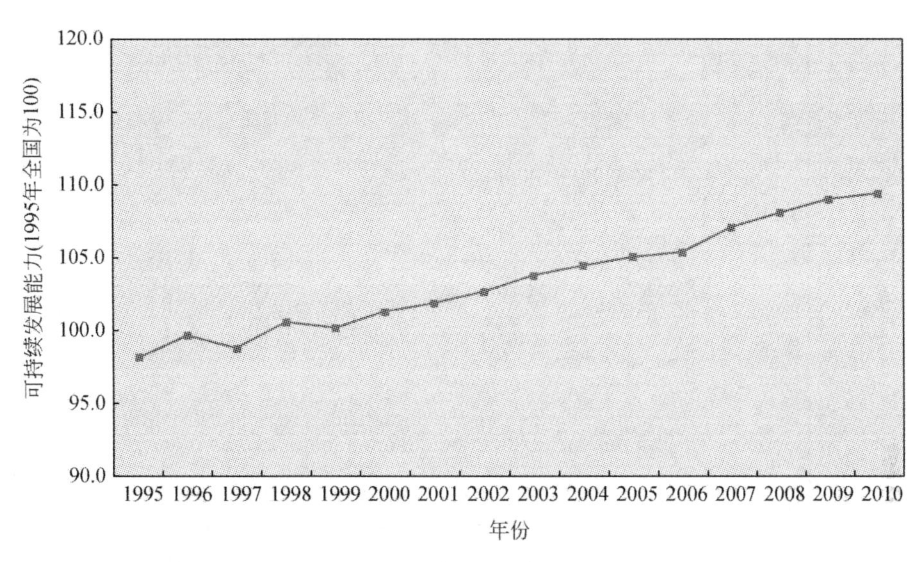

图 10. 38　四川可持续发展能力变化趋势图（1995 ~2010）

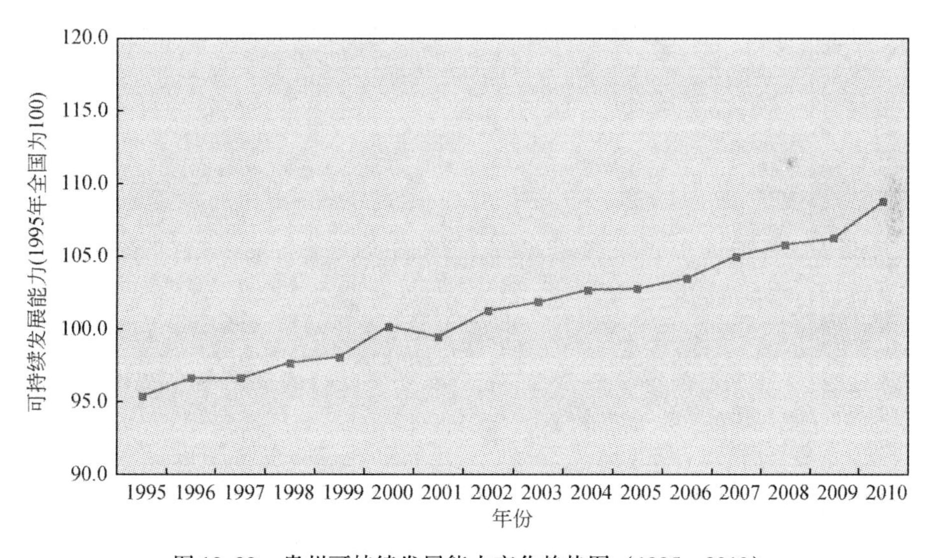

图 10. 39　贵州可持续发展能力变化趋势图（1995 ~2010）

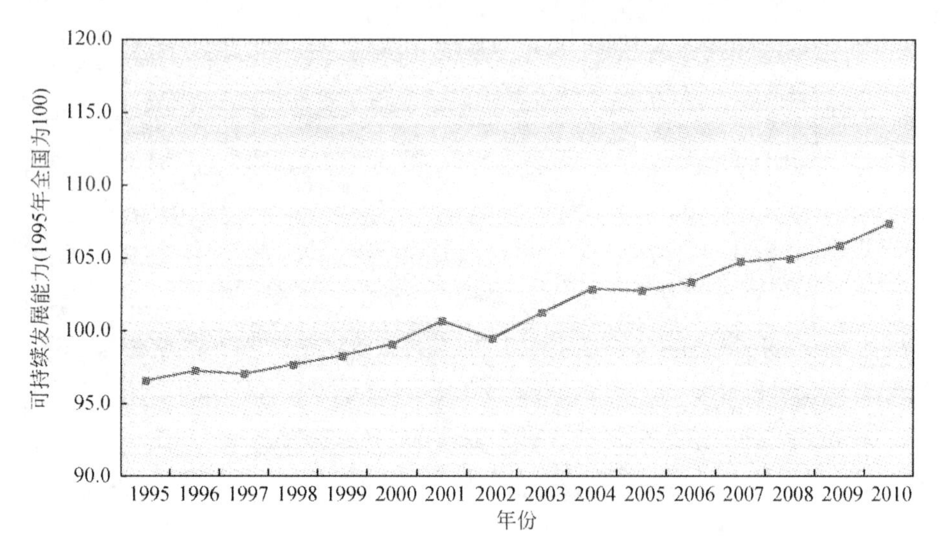

图 10.40 云南可持续发展能力变化趋势图（1995～2010）

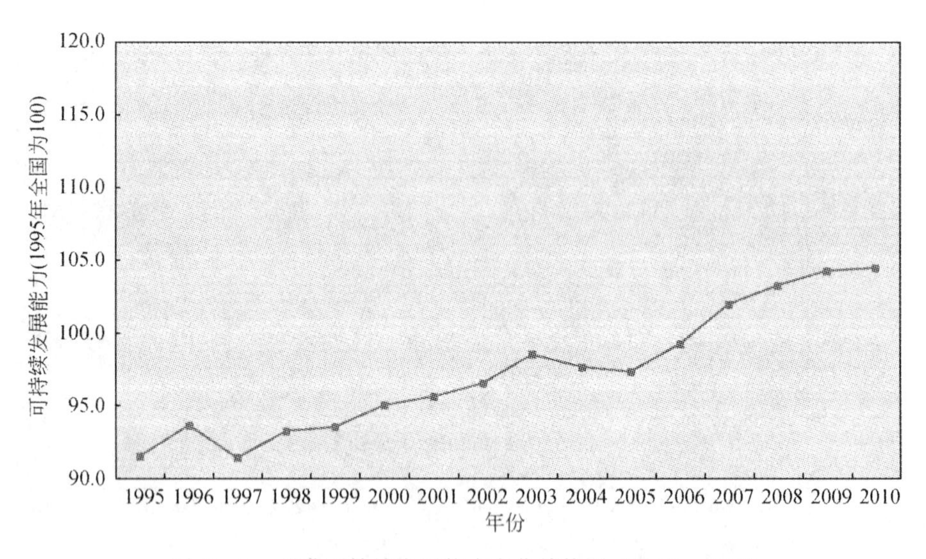

图 10.41 西藏可持续发展能力变化趋势图（1995～2010）

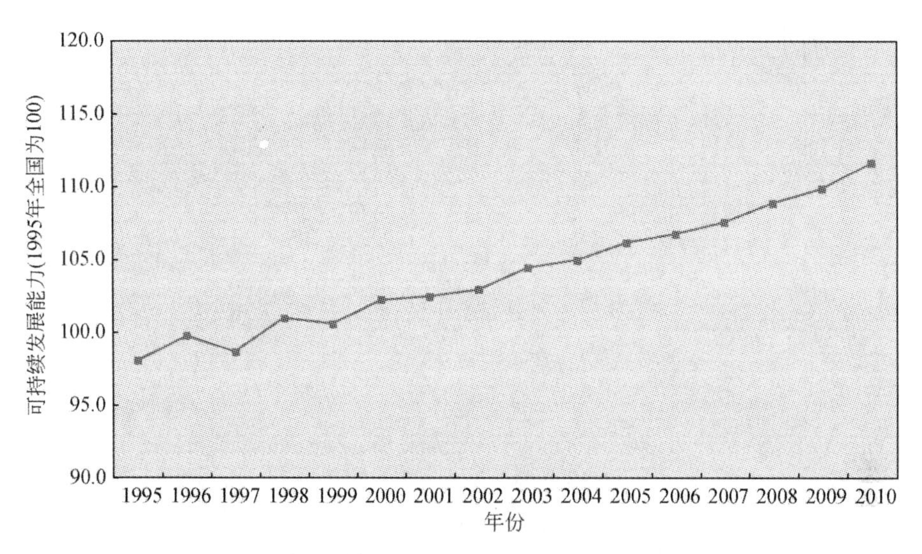

图 10.42　陕西可持续发展能力变化趋势图（1995～2010）

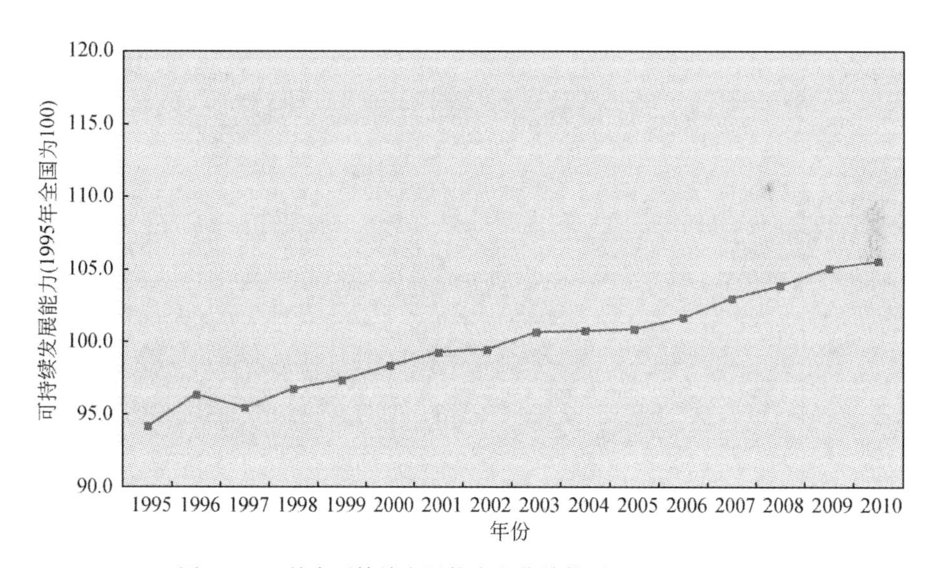

图 10.43　甘肃可持续发展能力变化趋势图（1995～2010）

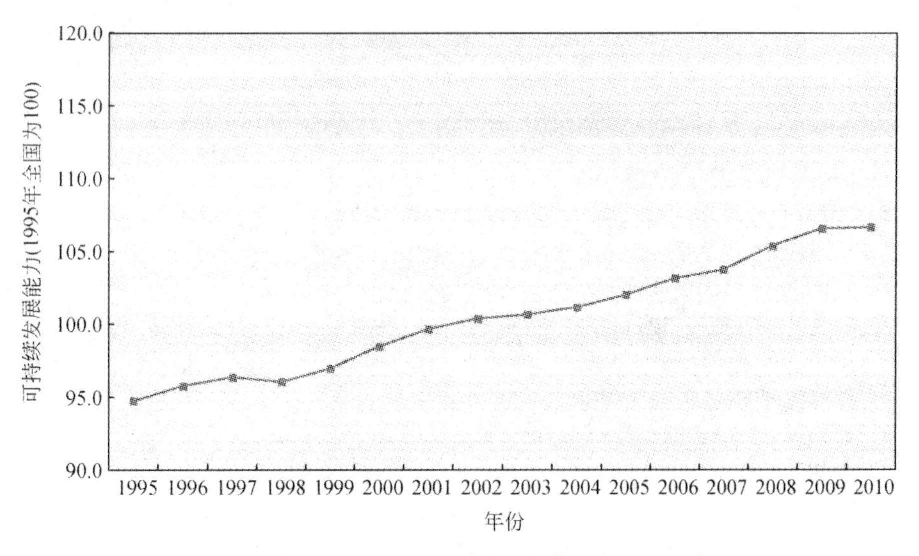

图 10.44　青海可持续发展能力变化趋势图（1995 ~ 2010）

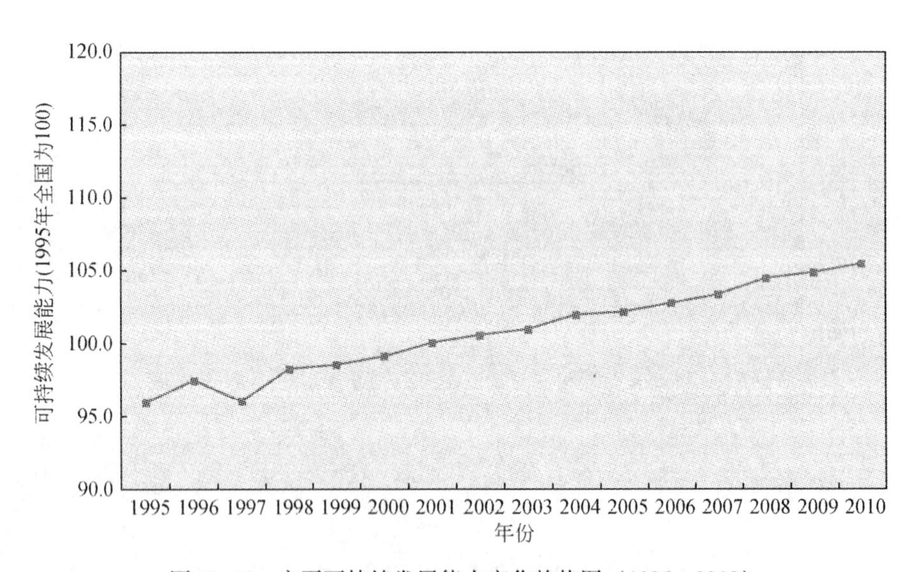

图 10.45　宁夏可持续发展能力变化趋势图（1995 ~ 2010）

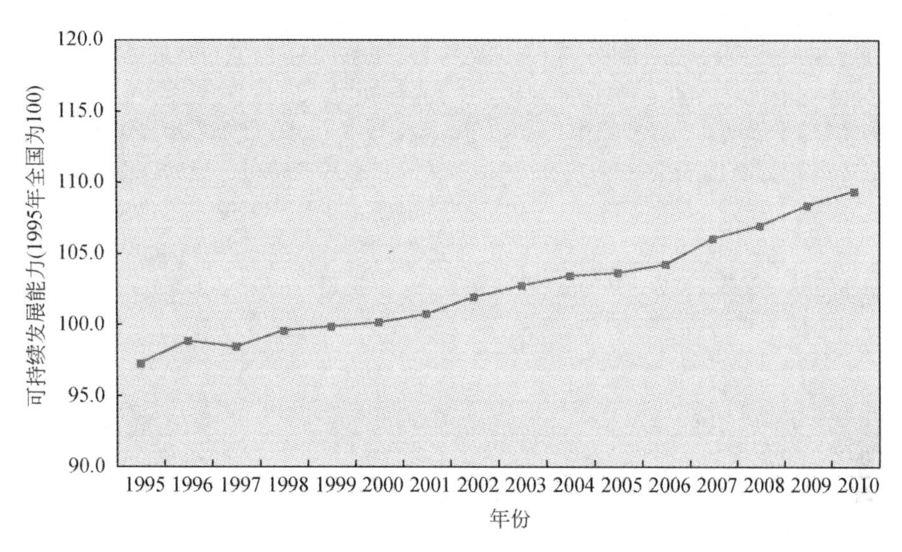

图 10.46　新疆可持续发展能力变化趋势图（1995～2010）

三　中国可持续发展能力系统分解变化趋势（1995～2010）

为了进一步揭示全国，各省、直辖市、自治区，东、中、西部地区和东北老工业基地及八大经济区的可持续发展能力具体变化趋势及其空间差异，可以对可持续发展能力进行层层分解来考察和分析，具体见中国可持续发展研究网（http：//www. china-sds. org/kcxfzbg/）和中国可持续发展数据库（http：//www. chinasd. csdb. cn/index. jsp）。

参考文献

国家统计局，科学技术部．1997～2011．1996～2011 中国科技统计年鉴．北京：中国统计出版社．

国家统计局国民经济综合统计司．2005．新中国五十五年统计资料汇编．北京：中国统计出版社．

国家统计局农村社会经济调查总队．1996～2011．1996～2011 中国农村统计年鉴．北京：中国统计出版社．

国家统计局人口和就业统计司，劳动和社会保障部规划财务司．1996～2011．1996～2011 中国劳动统计年鉴．北京：中国统计出版社．

国家统计局人口和社会科技统计司．1995～2007．中国人口统计年鉴 1995～2007．北京：中国统计出版社．

中国交通运输协会．1996～2011．中国交通年鉴 1996～2011．北京：中国交通年鉴社．

中华人民共和国国家统计局．1995～2012．1995～2012 中国统计年鉴．北京：中国统计出版社．

中华人民共和国国土资源部．1999～2009．中国国土资源年鉴1999～2009．北京：地质出版社．

中华人民共和国科学技术部．2007．中国科学技术指标2006．北京：科学技术文献出版社．

中华人民共和国科学技术部．2011．中国科学技术指标2010．北京：科学技术文献出版社．

《中国环境年鉴》编委会．1996～2011．中国环境年鉴1996～2011．北京：中国环境年鉴社．

《中国农业年鉴》编辑委员会．1995～2010．中国农业年鉴1995～2011．北京：中国农业出版社．

《中国水利年鉴》编纂委员会．1996～2011．中国水利年鉴1996～2011．北京：中国水利水电出版社．

《中国卫生年鉴》编辑委员会．1996～1998．中国卫生年鉴1996～1998．北京：人民卫生出版社．

第十一章 中国资源环境综合绩效评估（2000～2011）*

一 资源环境综合绩效评估方法——资源环境综合绩效指数

为了对国家和各地区的资源消耗和污染排放的绩效进行监测和综合评价，以便反映建设节约型社会的进展状况和检验各种政策措施的综合实施效果，中国科学院可持续发展战略研究组（2006）提出了节约指数或资源环境综合绩效指数（resource and environmental performance index，REPI）方法，之后又对原有表达式进行了部分调整（中国科学院可持续发展战略研究组，2009），形成了目前新的资源环境综合绩效指数表达式：

$$\mathrm{REPI}_j = \frac{1}{n}\sum_{i}^{n} w_i \frac{g_j/x_{ij}}{G_0/X_{i0}} \tag{11-1}$$

在式（11-1）中，REPI_j 是第 j 个省区的资源环境综合绩效指数；w_i 为第 i 种资源消耗或污染排放绩效的权重，x_{ij} 为第 j 个省区第 i 种资源消耗或污染物排放总量，g_j 为

* 本章由陈劭锋、刘扬、郑红霞、岳文婧、张静进执笔，作者单位为中国科学院科技政策与管理科学研究所

第 j 个地区的 GDP 总量，X_{i0} 为全国第 i 种资源消耗或污染物排放总量，G_0 为全国的 GDP 总量。那么，g/x 和 G/X 实际上分别表征的是各省区和全国资源消耗或污染物排放绩效。n 为所消耗的资源或所排放的污染物的种类数。换言之，资源环境综合绩效指数实质上表达的是一个地区 n 种资源消耗或污染物排放绩效与全国相应资源消耗或污染物排放绩效比值的加权平均。该指数越大，表明资源环境综合绩效水平越高，该指数越小，表明资源环境综合绩效水平越低。在实证研究中，为简化起见，我们不妨假定各资源消耗和污染物排放绩效的权重相同。

二 中国各省、直辖市、自治区的资源环境综合绩效评估（2000 ~ 2011）

通过资源环境综合绩效指数——REPI，我们对 2000 ~ 2011 年中国各省、直辖市、自治区的资源环境综合绩效及其变化趋势进行评估。在本次评估中，我们除保留原来的能源消费总量、用水总量、建设用地规模（表征对土地资源的占用）、固定资产投资（间接表达对水泥、钢材等基础原材料的消耗）、化学需氧量（COD）排放量（表征对水环境的压力）、二氧化硫排放量（表达对大气环境的压力）和工业固体废物排放总量等 7 个资源环境指标外，结合“十二五”规划，又补充增加了氨氮和烟粉尘 2 个排放量指标。由于从 2011 年起，环境指标的统计口径发生了一定的变化，考虑到年际之间的可比性，我们采用原指标的口径进行了适当调整，这可能对评估结果产生一定的影响。GDP 和固定资产投资均按 2005 年价计算。西藏由于数据不完整，不参与本次评估。

基于上述 9 类资源环境指标，采用式（11-1）对中国各省、直辖市、自治区 2000 ~ 2011 年的资源环境综合绩效进行评估，结果如表 11.1~ 表 11.3 所示。

表 11.1　中国各省、直辖市、自治区的资源环境综合绩效指数（2000 ~ 2011）

地　区	2000 年	2001 年	2002 年	2003 年	2004 年	2005 年	2006 年	2007 年	2008 年	2009 年	2010 年	2011 年
全　国	100.0	107.2	116.6	121.6	127.0	130.7	145.3	167.9	189.0	210.0	232.8	239.0
北　京	278.8	328.3	398.5	468.7	520.1	624.7	741.1	918.9	1062.1	1171.5	1280.4	1403.8
天　津	188.0	234.7	269.0	288.5	331.6	342.0	413.9	482.9	580.7	667.5	765.4	909.6
河　北	91.4	99.2	104.2	113.8	121.3	131.1	145.6	168.5	193.9	217.8	248.0	254.3
山　西	75.7	80.1	84.1	90.1	99.6	109.4	118.8	136.3	153.2	161.1	175.2	183.1
内蒙古	63.9	67.8	70.5	67.5	73.5	74.7	91.3	110.4	131.0	153.4	160.1	183.6

续表

地　区	2000年	2001年	2002年	2003年	2004年	2005年	2006年	2007年	2008年	2009年	2010年	2011年
辽　宁	88.1	98.2	110.8	121.9	133.9	127.3	142.0	161.9	190.3	220.0	254.6	287.3
吉　林	82.7	92.5	102.8	110.3	118.2	115.0	124.4	146.4	171.6	190.2	219.8	231.6
黑龙江	90.9	97.7	110.8	113.7	121.4	122.0	130.6	144.2	161.5	178.6	205.4	202.9
上　海	284.4	315.9	382.7	412.7	456.7	500.1	566.4	663.1	727.3	819.1	911.4	1134.8
江　苏	162.7	166.3	197.8	205.7	221.0	228.5	260.9	313.3	374.5	434.3	486.7	490.5
浙　江	185.7	208.4	224.7	239.4	262.6	297.1	331.3	385.9	441.8	488.4	562.4	562.1
安　徽	91.6	97.5	106.6	106.1	111.7	114.3	120.0	138.2	153.3	171.9	199.4	213.2
福　建	168.1	181.3	206.6	196.7	207.5	202.6	226.1	270.0	305.6	340.3	372.3	420.4
江　西	83.8	95.3	99.1	95.0	97.3	102.4	111.2	122.9	142.1	160.8	182.5	185.7
山　东	122.6	136.1	151.5	168.2	199.4	219.8	248.6	299.3	347.7	401.4	459.6	449.4
河　南	105.1	111.0	118.0	126.6	130.5	135.0	148.4	175.5	204.1	226.4	259.4	293.8
湖　北	86.7	97.1	105.3	110.7	117.0	124.7	136.3	161.2	188.0	217.0	251.9	273.0
湖　南	90.6	94.4	95.4	95.9	98.3	102.8	112.2	126.2	147.6	160.7	191.5	251.5
广　东	213.1	235.8	269.3	276.1	304.1	329.6	380.0	419.9	452.1	534.8	590.6	751.6
广　西	69.9	75.5	76.6	73.7	73.9	75.4	83.9	96.5	109.0	126.6	144.8	213.5
海　南	195.9	243.2	241.1	261.7	271.3	293.1	314.5	350.2	402.6	464.6	534.0	600.2
重　庆	106.1	112.9	119.3	124.6	129.4	134.7	149.1	171.1	197.3	219.2	252.8	308.5
四　川	71.4	77.3	86.0	89.6	97.9	109.0	123.3	150.2	180.8	210.9	221.8	269.7
贵　州	54.2	57.2	60.5	60.8	67.0	74.1	83.3	93.5	102.7	110.5	133.7	134.7
云　南	87.1	95.9	110.3	112.2	118.3	117.7	126.2	140.2	156.1	179.9	206.1	162.2
陕　西	84.2	91.1	101.7	106.2	111.6	119.0	131.2	151.1	172.9	213.1	240.3	239.2
甘　肃	63.1	72.6	70.2	68.7	75.3	75.9	83.3	101.7	111.6	115.6	125.3	121.4
青　海	75.7	81.6	93.4	84.5	78.7	66.3	70.4	77.9	85.3	94.7	97.7	105.5
宁　夏	37.5	41.1	47.0	46.1	59.0	48.9	56.6	64.4	73.1	80.9	77.4	79.8
新　疆	81.0	86.0	87.8	87.0	85.6	87.7	90.1	94.1	100.3	101.2	105.7	103.9

注：2000年全国为100.0；西藏由于资料不全，未列入评估

资料来源：1）《中国环境年鉴》编委会. 2001～2012. 中国环境年鉴2001～2012. 中国环境年鉴社

2）中华人民共和国国家统计局. 2001～2012. 2001～2012中国统计年鉴. 中国统计出版社

3）中华人民共和国国土资源部. 2001～2009. 中国国土资源年鉴2001～2008. 地质出版社

4）国家统计局能源统计司，国家能源局. 2005～2012. 中国能源统计年鉴2004～2011. 中国统计出版社

5）中华人民共和国住房和城乡建设部. 2010～2012. 中国城市建设统计年鉴2009～2011. 中国计划出版社

表 11.2　中国各省、直辖市、自治区的资源环境综合绩效水平排序（2000 ~ 2011）

地　区	2000 年排序	2001 年排序	2002 年排序	2003 年排序	2004 年排序	2005 年排序	2006 年排序	2007 年排序	2008 年排序	2009 年排序	2010 年排序	2011 年排序
北　京	2	1	1	1	1	1	1	1	1	1	1	1
天　津	5	5	4	3	3	3	3	3	3	3	3	3
河　北	13	12	17	13	14	12	12	12	12	13	14	15
山　西	23	24	25	22	20	20	21	21	21	21	23	24
内蒙古	27	28	27	28	28	27	24	24	24	24	24	23
辽　宁	16	13	12	12	10	13	13	13	13	11	11	12
吉　林	21	20	18	17	16	18	18	17	17	17	17	18
黑龙江	14	14	13	14	13	15	16	18	18	19	19	21
上　海	1	2	2	2	2	2	2	2	2	2	2	2
江　苏	8	8	8	7	7	7	7	7	7	7	7	7
浙　江	6	6	6	6	6	5	5	5	5	5	5	6
安　徽	12	15	15	19	18	19	20	20	20	20	20	20
福　建	7	7	7	8	8	9	9	9	9	9	9	9
江　西	20	18	20	21	23	23	23	23	23	22	22	22
山　东	9	9	9	9	9	8	8	8	8	8	8	8
河　南	11	11	11	10	11	10	11	10	10	10	10	11
湖　北	18	16	16	16	17	14	14	14	14	14	13	13
湖　南	15	19	21	20	21	22	22	22	22	23	21	16
广　东	3	4	3	4	4	4	4	4	4	4	4	4
广　西	26	26	26	26	27	26	26	26	26	25	25	19
海　南	4	3	5	5	5	6	6	6	6	6	6	5
重　庆	10	10	10	11	12	11	10	11	11	12	12	10
四　川	25	25	24	23	22	21	19	16	15	16	16	14
贵　州	29	29	29	29	29	28	27	28	27	27	26	26
云　南	17	17	14	15	15	17	17	19	19	18	18	25
陕　西	19	21	19	18	19	16	15	15	16	15	15	17
甘　肃	28	27	28	27	26	25	28	25	25	26	27	27
青　海	24	23	22	25	25	29	29	29	29	29	29	28
宁　夏	30	30	30	30	30	30	30	30	30	30	30	30
新　疆	22	22	23	24	24	24	25	27	28	28	28	29

注：按资源环境综合绩效指数从大到小排序。西藏未参与评估，所以有30个省、直辖市、自治区参与了排序

表 11.3　中国东、中、西部和东北老工业基地的资源环境综合绩效指数（2000～2011）

地　区	2000年	2001年	2002年	2003年	2004年	2005年	2006年	2007年	2008年	2009年	2010年	2011年
全　国	100.0	107.2	116.6	121.6	127.0	130.7	145.3	167.9	189.0	210.0	232.8	239.0
东部地区	136.8	149.7	171.8	185.8	204.2	216.3	246.3	287.1	330.5	378.3	429.2	434.0
东北老工业基地	81.3	89.9	102.5	110.4	119.1	114.9	125.7	142.8	165.8	187.7	217.4	229.0
中部地区	81.6	87.9	93.9	97.1	102.2	106.3	116.2	133.1	153.2	170.7	196.8	210.9
西部地区	65.1	70.8	75.8	76.2	80.4	83.1	93.5	108.8	124.4	140.1	154.6	168.6

注：1）2000 年全国为 100.0

2）东部地区包括辽宁、北京、天津、河北、上海、江苏、浙江、福建、山东、广东、海南，共 11 省、直辖市；东北老工业基地包括辽宁、吉林、黑龙江 3 省；中部地区包括黑龙江、吉林、山西、安徽、江西、河南、湖北、湖南等 8 省；西部地区包括内蒙古、广西、重庆、四川、贵州、云南、陕西、甘肃、青海、宁夏、新疆，共 11 省、直辖市、自治区。西藏由于数据缺乏未列入西部地区评估，以下图表均相同

资料来源：1）《中国环境年鉴》编委会 . 2001～2012. 中国环境年鉴 2001～2012. 中国环境年鉴社

2）中华人民共和国国家统计局 . 2001～2012. 2001～2012 中国统计年鉴 . 中国统计出版社

3）中华人民共和国国土资源部 . 2001～2009. 中国国土资源年鉴 2001～2008. 地质出版社

4）国家统计局能源统计司，国家能源局 . 2005～2012. 中国能源统计年鉴 2004～2011. 中国统计出版社

5）中华人民共和国住房和城乡建设部 . 2010～2012. 中国城市建设统计年鉴 2009～2011. 中国计划出版社

根据表 11.1～表 11.3，可以对中国各省、直辖市、自治区的资源环境综合绩效水平进行纵向和横向上的对比分析。

三　中国各省、直辖市、自治区的资源环境综合绩效评估结果分析（2000～2011）

（一）2011 年中国各省、直辖市、自治区的资源环境综合绩效水平分析

2011 年，北京市的资源环境综合绩效水平稳居全国之首，而宁夏则是全国资源环境综合绩效水平最低的省份，如图 11.1 所示。北京、上海、天津、广东、海南、浙江、江苏、山东、福建、重庆依次在全国资源环境综合绩效指数排序中位列前 10

位，其资源环境综合绩效综合指数高于全国平均水平，是全国平均水平的1.3～5.9倍。这些省、直辖市除重庆外，几乎全部分布在东部地区。资源环境综合绩效水平位列全国后10位的省、直辖市、自治区依次为黑龙江、江西、内蒙古、山西、云南、贵州、甘肃、青海、新疆、宁夏，其资源环境综合绩效指数为全国平均水平的0.3～0.8倍。这些省、直辖市、自治区全部分布在中西部地区，尤其以西部地区居多数。由此可见，中国的资源环境综合绩效水平呈现出比较明显的空间差异特征，这也可以从表11.3和图11.2中得到进一步揭示。

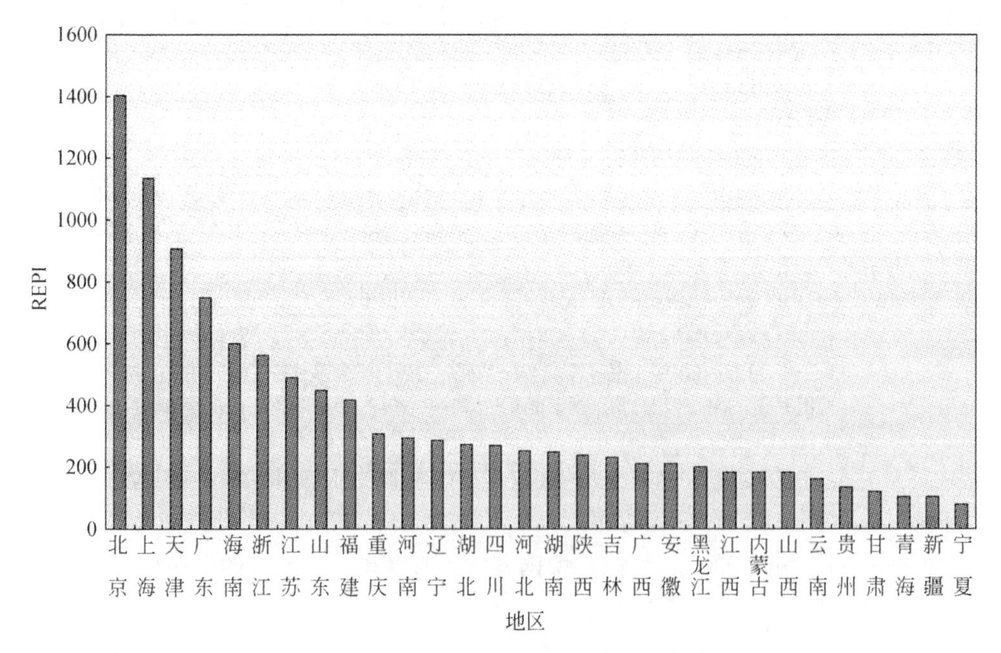

图11.1　2011年中国各省、直辖市、自治区资源环境综合绩效指数排序

由表11.3和图11.2可知，目前中国的资源环境综合绩效呈现东部地区高于东北老工业基地、东北老工业基地高于中部地区、中部地区又高于西部地区的空间分布格局。东部地区资源环境综合绩效指数高于全国平均水平，是全国平均水平的1.8倍。而东北老工业基地、中部地区和西部地区的资源环境综合绩效指数均低于全国平均水平，是全国平均水平的0.71～0.96倍。

就全国而言，与2010年相比，资源环境绩效指数仅增长了2.7%，明显低于以前各年的增速（除2005年外），说明我国的资源消耗和污染排放的反弹压力有加大趋势。虽然中国绝大多数省、直辖市、自治区的资源环境综合绩效水平有不同程度的提升（图11.3），如广西的增幅最大为47.4%，贵州的增幅最小，只有0.7%。

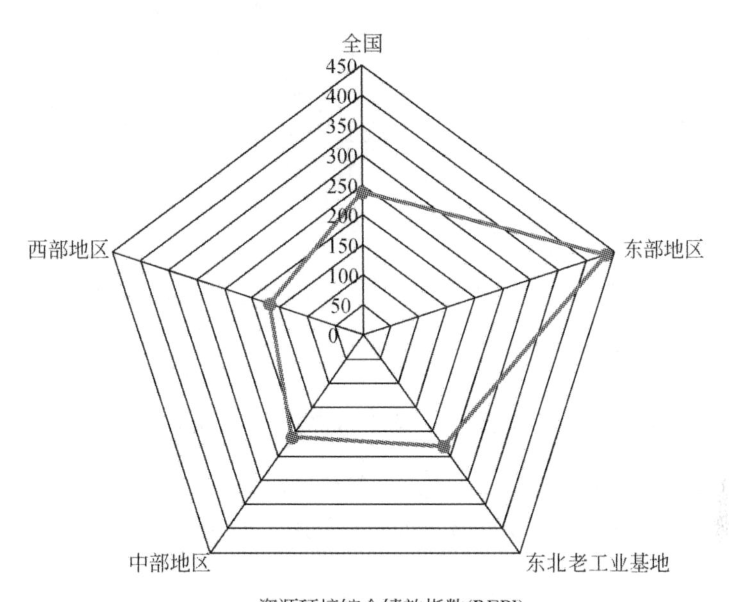

图 11.2　2011 年中国东、中、西部和东北老工业基地资源环境综合绩效水平比较

但是浙江、陕西、黑龙江、新疆、山东、甘肃、云南等 7 个省、自治区的资源环境绩效水平相较上年有不同程度的下降，这很可能与这些地区在促进经济发展的同时导致资源消耗和污染物排放的强烈反弹有关。

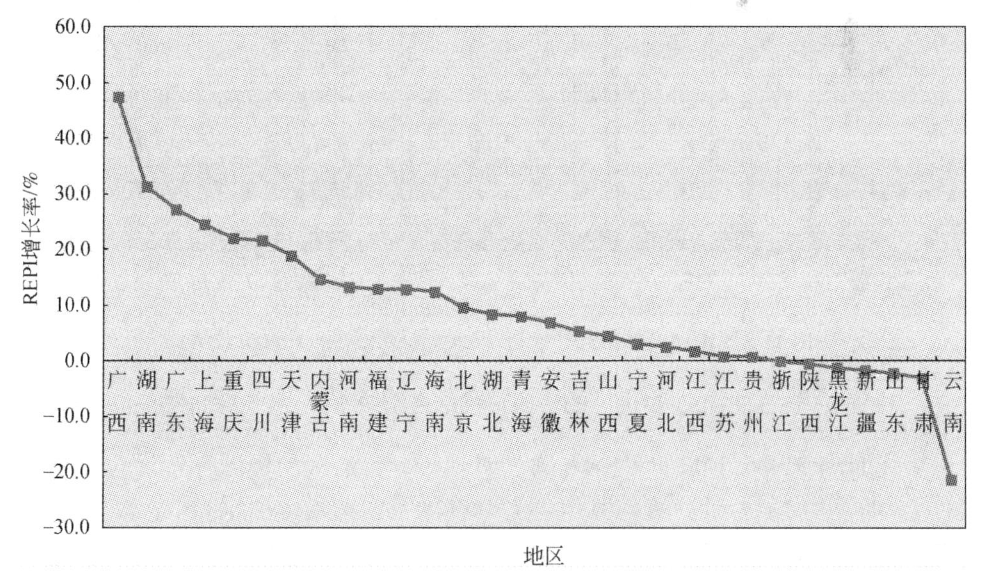

图 11.3　2011 年中国各省、直辖市、自治区资源环境综合绩效指数比 2010 年增长幅度排序

从资源环境综合绩效水平排序来看，与2010年相比，北京、天津、上海、江苏、安徽、福建、江西、山东、湖北、广东、贵州、甘肃、宁夏位序保持不变，内蒙古、海南、青海比往年上升1位，重庆、四川上升2位，湖南和广西分别上升5位和6位，河北、山西、辽宁、吉林、浙江、河南、新疆比往年下降1位，黑龙江、陕西比往年下降2位，而云南则下降7位。

（二）中国各省、直辖市、自治区的资源环境综合绩效水平变化趋势分析（2000～2011）

1. 中国的资源环境综合绩效水平变化趋势分析（2000～2011）

自2000年以来，全国的资源环境综合绩效指数总体呈上升趋势（图11.4），平均每年增长8.2%，说明全国的资源环境综合绩效水平比2000年有了比较显著的提高。

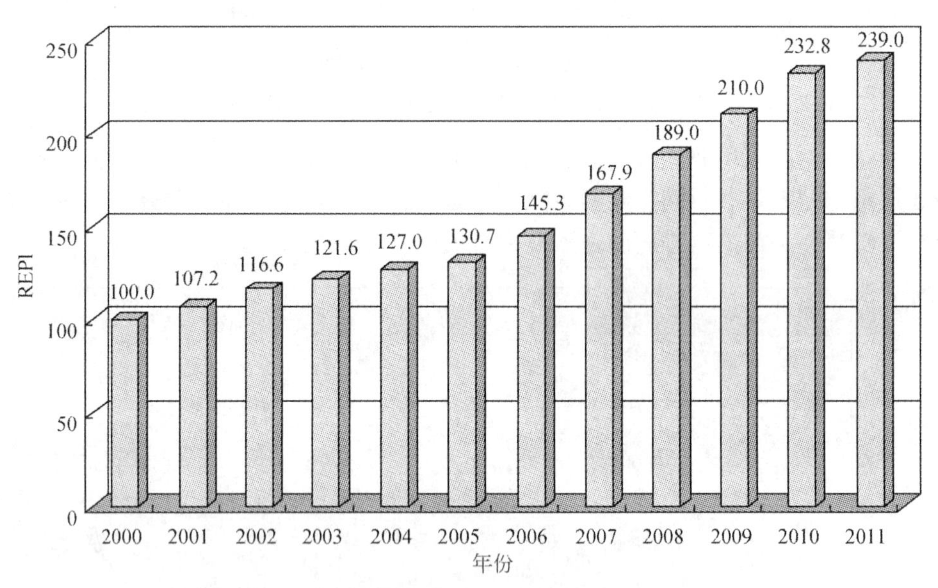

图11.4　中国的资源环境综合绩效指数变化趋势（2000～2011）

2. 中国各省、直辖市、自治区的资源环境综合绩效水平变化趋势分析（2000～2011）

从表11.4来看，2011年中国各省、直辖市、自治区的资源环境综合绩效指数相对于2000年均呈上升趋势。其中，上升幅度最大的前10位依次是北京、天津、上海、四川、山东、广东、辽宁、湖北、海南、广西；上升幅度排在后10位的依次是贵州、山西、安徽、黑龙江、江西、宁夏、甘肃、云南、青海、新疆，其上升幅度绝大多数低于全国平均增幅。

表 11.4　中国各省、直辖市、自治区资源环境综合绩效指数的变化情况（2000～2011）

地　区	2001 年比 2000 年增长/%	2002 年比 2001 年增长/%	2003 年比 2002 年增长/%	2004 年比 2003 年增长/%	2005 年比 2004 年增长/%	2006 年比 2005 年增长/%	2007 年比 2006 年增长/%	2008 年比 2007 年增长/%	2009 年比 2008 年增长/%	2010 年比 2009 年增长/%	2011 年比 2010 年增长/%	2000～2011 年平均增长/%
全　国	7.2	8.8	4.3	4.4	2.9	11.2	15.6	12.6	11.1	10.9	2.7	8.2
北　京	17.8	21.4	17.6	11.0	20.1	18.6	24.0	15.6	10.3	9.3	9.6	15.8
天　津	24.8	14.6	7.2	14.9	3.1	21.0	16.7	20.3	14.9	14.7	18.8	15.4
河　北	8.5	5.0	9.2	6.6	8.1	11.1	15.7	15.1	12.3	13.9	2.5	9.7
山　西	5.8	5.0	7.1	10.5	9.8	8.6	14.7	12.4	5.2	8.8	4.5	8.4
内蒙古	6.1	4.0	-4.3	8.9	1.6	22.2	20.9	18.7	17.1	4.4	14.7	10.1
辽　宁	11.5	12.8	10.0	9.8	-4.9	11.5	14.0	17.5	15.6	15.7	12.8	11.3
吉　林	11.9	11.1	7.3	7.2	-2.7	8.2	17.7	17.2	10.8	15.6	5.4	9.8
黑龙江	7.5	13.4	2.6	6.8	0.5	7.0	10.4	12.0	10.6	15.0	-1.2	7.6
上　海	11.1	21.1	7.8	10.7	9.5	13.3	17.1	9.7	12.6	11.3	24.5	13.4
江　苏	2.2	18.9	4.0	7.4	3.4	14.2	20.1	19.5	16.0	12.1	0.8	10.6
浙　江	12.2	7.8	6.5	9.7	13.1	11.5	16.5	14.5	10.5	15.2	-0.1	10.6
安　徽	6.4	9.3	-0.5	5.3	2.3	5.0	15.2	10.9	12.1	16.0	6.9	8.0
福　建	7.9	14.0	-4.8	5.5	-2.4	11.6	19.4	13.2	11.4	9.4	12.9	8.7
江　西	13.7	4.0	-4.1	2.4	5.2	8.6	10.5	15.6	13.2	13.5	1.8	7.5
山　东	11.0	11.3	11.0	18.5	10.2	13.1	20.4	16.2	15.4	14.5	-2.2	12.5
河　南	5.6	6.3	7.3	3.1	3.4	9.9	18.3	16.3	10.9	14.6	13.3	9.8
湖　北	12.0	8.4	5.1	5.7	6.6	9.3	18.3	16.6	15.4	16.1	8.4	11.0
湖　南	4.2	1.1	0.5	2.5	4.6	9.1	12.5	17.0	8.9	19.2	31.3	9.7
广　东	10.7	14.2	2.5	10.1	8.4	15.3	10.5	7.7	18.3	10.4	27.3	12.1
广　西	8.0	1.5	-3.8	0.3	2.0	11.3	15.0	13.0	16.1	14.4	47.4	10.7
海　南	24.1	-0.9	8.5	3.7	8.0	7.3	11.4	15.0	15.4	14.9	12.4	10.7
重　庆	6.4	5.7	4.4	3.9	4.1	10.7	14.8	15.3	11.1	15.3	22.0	10.2
四　川	8.3	11.3	4.2	9.3	11.3	13.1	21.8	20.4	16.6	5.2	21.6	12.8
贵　州	5.5	5.8	0.5	10.2	10.6	12.4	12.2	9.8	7.6	21.0	0.7	8.6
云　南	10.1	15.0	1.7	5.4	-0.5	7.2	11.1	11.3	15.2	14.6	-21.3	5.8
陕　西	8.2	11.6	4.4	5.1	6.6	10.3	15.2	14.4	23.3	12.8	-0.5	10.0
甘　肃	15.1	-3.3	-2.1	9.6	0.8	9.7	22.1	9.7	3.6	8.4	-3.1	6.1
青　海	7.8	14.5	-9.5	-6.9	-15.8	6.2	10.7	9.5	11.0	3.2	8.0	3.1
宁　夏	9.6	14.4	-1.9	28.0	-17.1	15.7	13.8	13.5	10.7	-4.3	3.1	7.1
新　疆	6.2	2.1	-0.9	-1.6	2.5	2.7	4.4	6.6	0.9	4.4	-1.7	2.3

资料来源：1）《中国环境年鉴》编委会. 2001～2012. 中国环境年鉴 2001～2012. 中国环境年鉴社

2）中华人民共和国国家统计局. 2001～2012. 2001～2012 中国统计年鉴. 中国统计出版社

3）中华人民共和国国土资源部. 2001～2009. 中国国土资源年鉴 2001～2009. 地质出版社

4）国家统计局能源统计司，国家能源局. 2005～2012. 中国能源统计年鉴 2004～2011. 中国统计出版社

5）中华人民共和国住房和城乡建设部. 2010～2012. 中国城市建设统计年鉴 2009～2011. 中国计划出版社

3. 中国东、中、西部和东北老工业基地资源环境综合绩效水平变化趋势分析(2000～2011)

从表11.3和图11.5来看，中国东、中、西部和东北老工业基地的资源环境综合绩效指数自2000年以来基本上呈稳定上升趋势。再从表11.5来看，2000～2011年，东部地区的资源环境综合绩效指数上升幅度最大，平均每年增加11.1%；其次为东北老工业基地，平均每年增加9.9%；而中部地区和西部地区增加幅度基本接近，均为9.0%。但是就资源环境综合绩效水平的空间格局而言，已经发生了部分变化。2000年，中国的资源环境综合绩效水平呈现出东部地区、中部地区、东北老工业基地、西部地区依次递减的空间分布格局，而2001年以后演变为东部地区、东北老工业基地、中部地区和西部地区依次递减。同时，除东部地区外，其他三个地区的资源环境综合绩效水平仍然低于全国平均水平，这种格局没有发生变化。

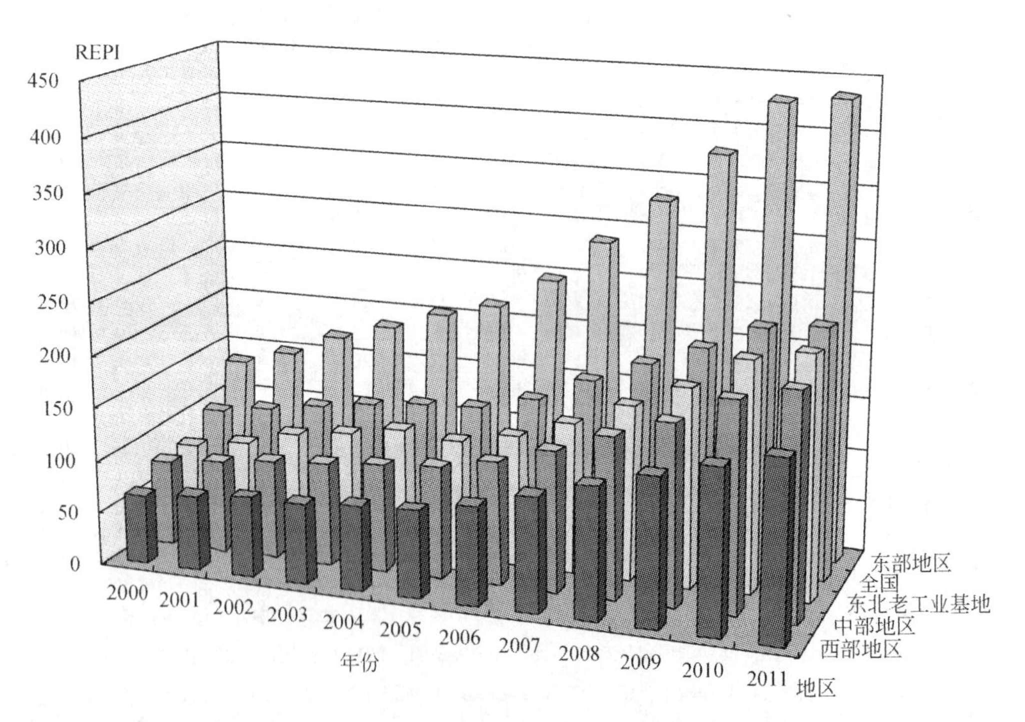

图11.5　中国东、中、西部和东北老工业基地资源环境综合绩效指数变化趋势(2000～2011)

表 11.5　中国东、中、西部和东北老工业基地资源环境综合绩效指数的变化情况（2000～2011）

地　区	2001年比2000年增长/%	2002年比2001年增长/%	2003年比2002年增长/%	2004年比2003年增长/%	2005年比2004年增长/%	2006年比2005年增长/%	2007年比2006年增长/%	2008年比2007年增长/%	2009年比2008年增长/%	2010年比2009年增长/%	2011年比2010年增长/%	2000～2011年平均增长/%
东部地区	9.4	14.8	8.1	9.9	5.9	13.9	16.6	15.1	14.5	13.5	1.1	11.1
东北老工业基地	10.6	14.0	7.7	7.9	-3.5	9.4	13.6	16.1	13.2	15.8	5.3	9.9
中部地区	7.7	6.8	3.4	5.3	4.0	9.3	14.5	15.1	11.4	15.3	7.2	9.0
西部地区	8.8	7.1	0.5	5.5	3.4	12.5	16.4	14.3	12.6	10.3	9.1	9.0

资料来源：1）《中国环境年鉴》编委会．2001～2012．中国环境年鉴 2001～2012．中国环境年鉴社

2）中华人民共和国国家统计局．2001～2012．2001～2012 中国统计年鉴．中国统计出版社

3）中华人民共和国国土资源部．2001～2009．中国国土资源年鉴 2001～2009．地质出版社

4）国家统计局能源统计司，国家能源局．2005～2012．中国能源统计年鉴 2004～2011．中国统计出版社

5）中华人民共和国住房和城乡建设部．2010～2012．中国城市建设统计年鉴 2009～2011．中国计划出版社

四　中国各省、直辖市、自治区资源环境综合绩效影响因素实证分析（2000～2011）

资源环境综合绩效指数作为国家或区域生态效率的一种衡量指标，其大小在一定程度上反映了国家或区域之间资源利用技术水平的相对高低和经济发展对资源环境产生压力的相对大小。它在一定时期内的发展变化也在某种程度上反映了国家或区域资源利用的广义科技进步状况。资源环境综合绩效受多种因素的影响，包括经济发展水平、经济结构、技术水平、产品结构等。为了从宏观上揭示中国资源环境综合绩效的影响因素，我们从经济发展水平和经济结构的角度对其进行实证分析。

1. 中国各省、直辖市、自治区资源环境综合绩效与经济发展水平之间的关系（2000～2011）

基于 2000～2011 年面板数据，可以得到该时期中国各省、直辖市、自治区资源环境综合绩效指数与其经济发展水平即人均 GDP 之间的关系图（图 11.6）。由图可知，随着人均 GDP 的不断提高，资源环境综合绩效指数呈上升趋势，这说明了资源

环境综合绩效水平与经济发展水平和发展阶段有关。总体而言，人均GDP每增加1000元，资源环境综合绩效指数平均增加13.0。尽管资源环境综合绩效水平与经济发展阶段有关，但并不意味着单纯依靠经济增长就可以自发地实现资源环境绩效水平的提升。

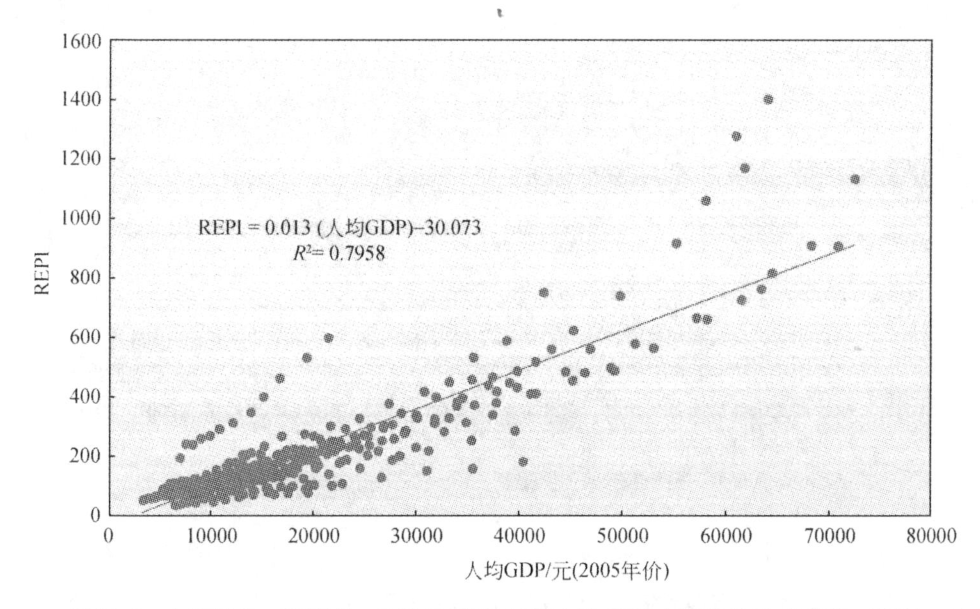

图11.6　中国各省、直辖市、自治区REPI与其人均GDP之间的关系（2000～2011）

2. 中国各省、直辖市、自治区资源环境综合绩效与经济结构之间的关系（2000～2011）

在不同的发展阶段下，产业或经济结构不同，资源环境绩效也会有所不同。工业化阶段尤其是工业化中期阶段往往对应着资源消耗最大、污染最严重的发展阶段，同时也是资源环境综合绩效最差的阶段。研究经济结构与REPI之间的关系，可以采用两种途径进行。一种是分别用第二、第三产业产值比例作为经济结构的衡量指标；另一种途径采用第三产业产值与第一产业产值之比形成的产业结构指数来反映整个国民经济结构的变化。从人类社会经济发展的一般演化规律来看，第一产业在国民经济中所占的比重逐步下降，第二产业所占的比重呈现出先增加后下降的趋势，即倒“U”形或钟形发展趋势，第三产业所占的比重则呈现出“S”形的演化趋势。因此，可以通过产业结构指数从整体上反映国民经济结构的变化情况。

图 11.7 展示了 2000～2011 年中国各省、直辖市、自治区资源环境绩效指数与其第二产业产值比例之间的关系。从图 11.7 可以发现 REPI 随着第二产业产值比例的增加大体呈现出下降趋势，第二产业产值比例最高的地区也是资源环境绩效相对最差的地区。这同时也在一定程度说明了工业化的中期阶段也是资源环境绩效相对较差的阶段。

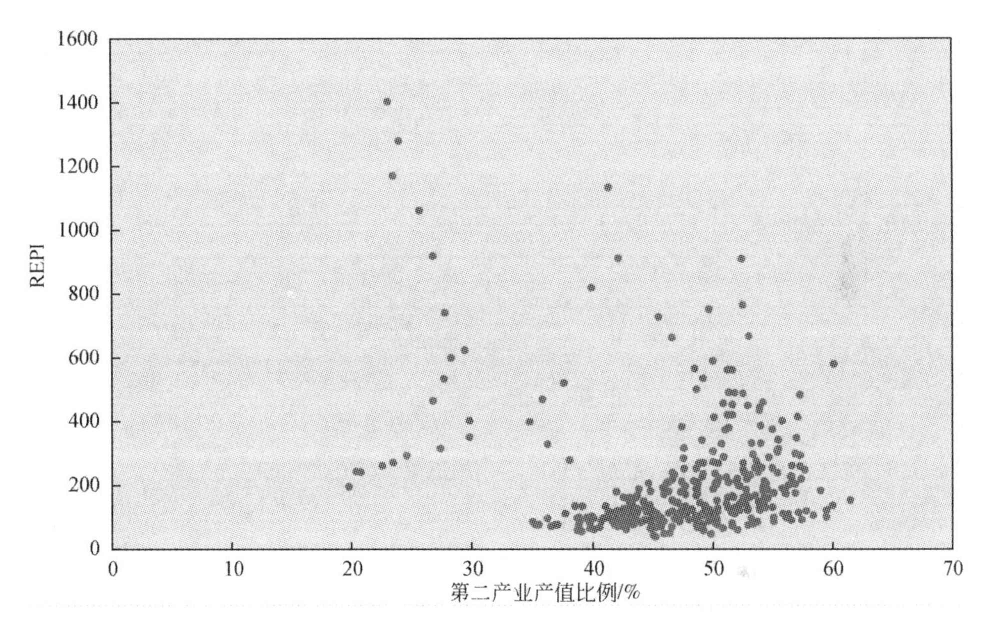

图 11.7　中国各省、直辖市、自治区 REPI 与其第二产业产值比例之间的关系（2000～2011）

图 11.8 反映的是 2000～2011 年中国各省、直辖市、自治区资源环境绩效指数与其第三产业产值比例之间的关系。从中可以发现 REPI 随着第三产业产值比例的增加而呈现出比较明显的正向相关关系。这在很大程度上说明了通过大力发展第三产业，优化经济结构有助于显著提升国家或地区的资源环境绩效。

如果采用经济结构指数来衡量经济结构状况，那么其与 REPI 之间的关系如图 11.9 所示。由图可知，二者之间大体呈现出三次函数关系。总体上看，REPI 随着产业结构指数的增加呈上升态势，但是在不同的产业结构演化阶段，REPI 变化出现拐点并形成了比较显著的阶段性特征。由此可见，不同阶段的结构调整可以对资源环境综合绩效的改善起到不同程度的推动作用。

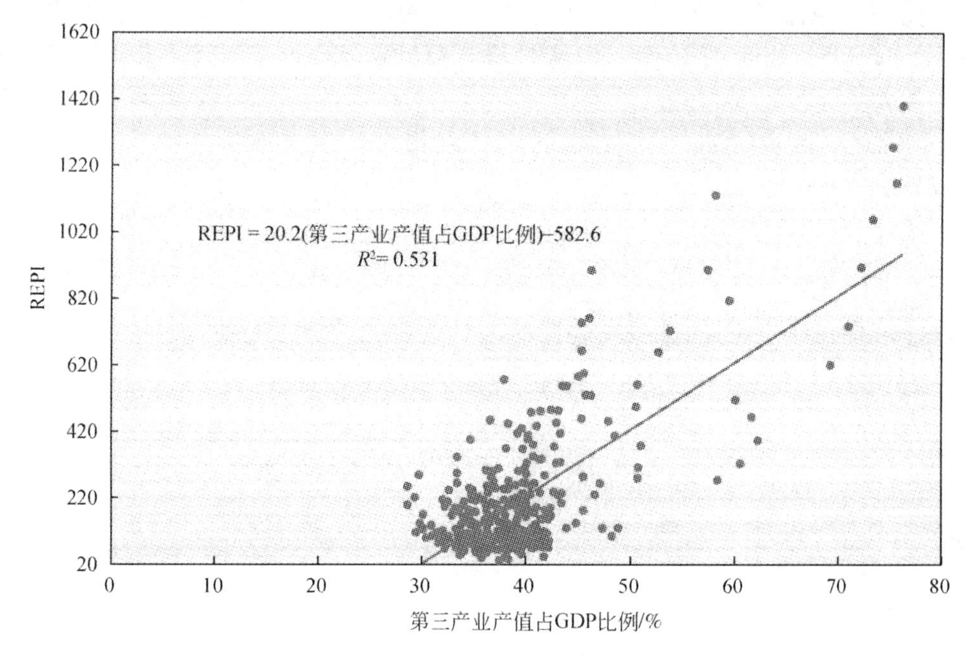

图 11.8　中国各省、直辖市、自治区 REPI 与其第三产业产值比例之间的关系（2000～2011）

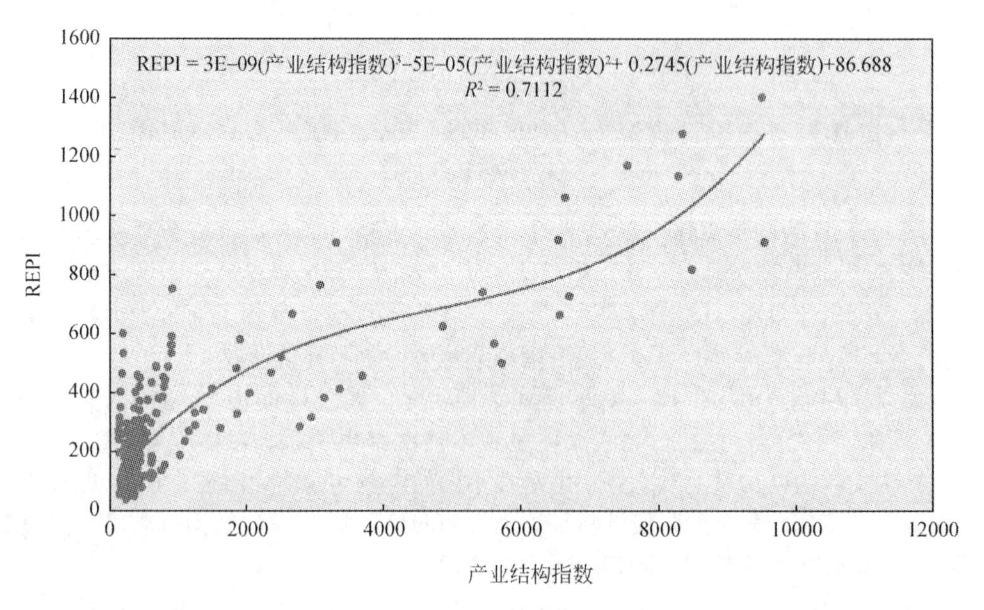

图 11.9　中国各省、直辖市、自治区 REPI 与其产业结构指数之间的关系（2000～2011）

总之，提高资源环境综合绩效并不意味着通过加速经济增长即可实现，而是要在促进增长的同时，通过采用多种综合配套措施包括加大结构调整力度、增强科技创新能力和提高管理水平等来实现。

参考文献

国家统计局工业交通统计司，国家发展和改革委员会能源局．2005～2008. 中国能源统计年鉴2004～2007. 北京：中国统计出版社．

国家统计局能源统计司，国家能源局综合司．2009～2011. 中国能源统计年鉴2008～2010. 北京：中国统计出版社．

《中国环境年鉴》编委会．2001～2012. 中国环境年鉴2001～2012. 北京：中国环境年鉴社．

中国科学院可持续发展战略研究组．2006. 2006中国可持续发展战略报告——建设资源节约型和环境友好型社会．北京：科学出版社．

中国科学院可持续发展战略研究组．2009. 2009中国可持续发展战略报告——探索中国特色的低碳道路．北京：科学出版社．

中华人民共和国国家统计局．2001～2012. 2001～2012中国统计年鉴．北京：中国统计出版社．

中华人民共和国国土资源部．2001～2009. 中国国土资源年鉴2001～2009. 北京：地质出版社．

中华人民共和国住房和城乡建设部．2010～2012. 中国城市建设统计年鉴2009～2011. 北京：中国计划出版社．

附　表

附表1　中国各省、直辖市、自治区能源绩效指数（2000～2011）

地区	2000年	2001年	2002年	2003年	2004年	2005年	2006年	2007年	2008年	2009年	2010年	2011年
全国	100.0	104.8	107.8	102.9	97.6	93.5	96.1	101.2	106.8	110.8	115.5	117.9
北京	113.5	121.8	132.0	139.9	144.3	150.6	159.2	171.2	185.5	196.9	205.0	220.3
天津	86.5	92.8	101.0	108.9	109.7	114.1	118.8	124.9	134.1	142.7	144.4	150.6
河北	62.7	62.0	62.4	61.0	60.7	60.2	62.2	64.8	69.2	72.8	75.4	78.3
山西	40.2	37.3	36.0	37.2	39.5	39.6	40.4	42.3	45.7	50.5	53.4	53.0
内蒙古	59.6	57.4	58.1	53.9	49.4	48.2	49.5	51.8	55.3	59.4	62.3	63.9
辽宁	52.9	57.7	63.9	67.1	65.2	70.5	73.2	76.2	80.3	82.9	86.5	91.3
吉林	69.1	73.7	68.8	66.4	68.8	81.3	84.1	88.0	92.6	98.7	104.2	108.1
黑龙江	64.5	72.0	79.8	78.6	79.0	81.7	84.5	88.1	92.5	98.3	103.2	107.3
上海	114.2	119.3	123.6	127.6	133.7	134.2	140.1	148.1	154.0	164.1	167.6	176.8
江苏	140.2	149.8	154.7	152.6	142.0	129.3	133.9	139.9	148.5	156.8	162.6	168.3
浙江	132.3	147.0	130.5	130.2	131.1	133.1	137.9	144.0	152.4	161.0	166.4	171.6
安徽	79.7	82.7	87.3	93.0	95.6	98.1	101.6	106.0	111.0	117.3	123.1	128.3
福建	135.5	132.5	132.7	130.4	128.6	127.3	131.5	136.3	141.6	147.1	152.4	157.5
江西	111.4	130.4	114.4	110.6	112.5	112.9	116.6	121.8	129.4	135.6	141.2	146.0
山东	104.3	131.0	99.7	99.3	97.1	90.7	93.9	98.4	105.2	111.3	116.4	121.0
河南	93.0	97.4	97.1	91.8	84.6	86.4	89.0	92.8	97.8	103.2	107.0	112.1
湖北	77.1	87.0	85.7	81.8	76.9	78.0	80.6	84.0	90.1	97.0	100.9	103.5
湖南	118.0	113.3	106.1	99.4	92.3	81.1	83.9	87.8	94.1	99.3	102.0	105.7
广东	152.5	156.4	157.6	156.8	155.0	150.2	154.7	159.8	167.0	174.4	179.7	186.6
广西	106.7	115.6	109.3	106.7	100.0	97.6	100.2	103.6	107.9	112.9	115.2	119.1
海南	138.0	139.0	131.6	128.1	130.7	130.3	131.8	132.9	136.5	140.3	147.7	140.5
重庆	101.5	89.1	109.8	107.6	100.9	83.7	86.6	90.6	95.4	101.0	105.9	109.9
四川	79.6	83.1	83.1	75.4	73.1	74.6	77.0	80.6	83.9	89.2	93.6	97.8
贵州	34.1	35.8	38.7	34.4	35.3	42.4	43.7	45.6	48.7	50.8	53.1	54.9
云南	77.6	82.3	75.8	76.6	72.8	68.6	69.6	72.5	76.2	79.8	83.0	85.8
西藏	-	-	-	-	-	82.2	-	-	-	-	93.5	-
陕西	98.2	90.4	88.1	87.7	86.4	84.2	87.2	91.4	97.1	101.8	105.7	109.5
甘肃	46.0	52.4	52.7	52.5	52.8	52.8	54.2	56.6	59.5	64.0	66.3	67.9
青海	40.9	44.1	45.1	45.8	42.4	38.8	38.6	39.8	41.5	44.4	46.8	42.7
宁夏	36.8	37.3	38.2	29.4	28.4	28.8	29.1	30.2	32.4	34.5	36.1	34.5
新疆	57.8	59.8	60.8	60.2	57.1	56.4	57.0	58.8	60.8	61.7	59.9	57.9
东部地区	105.7	113.7	111.5	112.4	111.1	109.2	113.2	118.4	125.2	131.5	136.2	141.4
东北老工业基地	59.4	64.9	69.4	70.3	69.9	76.0	78.7	82.0	86.4	90.4	94.7	99.2
中部地区	77.9	81.3	80.2	78.4	77.1	77.9	80.3	83.7	89.3	95.8	100.0	103.1
西部地区	69.2	70.6	71.7	67.8	65.2	64.5	66.0	68.8	72.5	76.6	79.6	81.4

注：1）2000年全国为100.0

2）GDP均按2005年价格计算，新疆2010年能源强度数据采用的是国家统计局、国家发展和改革委员会、国家能源局三部门联合发布的“2010年上半年全国单位GDP能耗等指标公报”数据；2011年能源强度数据是采用2005年GDP不变价计算

资料来源：1）国家统计局能源统计司，国家能源局．2005～2012．中国能源统计年鉴2004～2011．中国统计出版社

2）中华人民共和国国家统计局．2012．2012中国统计年鉴．中国统计出版社

附表2　中国各省、直辖市、自治区用水绩效指数（2000～2011）

地　区	2000年	2001年	2002年	2003年	2004年	2005年	2006年	2007年	2008年	2009年	2010年	2011年
全　国	100.0	106.9	118.2	134.3	141.8	155.5	170.3	193.7	209.0	226.1	247.3	266.5
北　京	461.9	535.5	671.4	737.1	850.8	956.5	1087.2	1226.7	1327.9	1446.1	1608.7	1700.2
天　津	423.6	561.3	606.5	677.0	728.3	800.5	922.2	1048.3	1278.2	1422.8	1736.0	1967.0
河　北	131.3	143.3	157.0	185.3	213.4	234.9	263.5	299.5	342.3	379.1	425.4	467.9
山　西	190.3	205.1	231.9	272.4	315.7	359.6	381.0	445.8	499.2	532.2	534.8	519.5
内蒙古	48.7	52.8	58.9	74.0	87.1	105.8	123.2	145.8	175.9	199.4	228.5	257.3
辽　宁	164.1	189.4	211.4	233.6	259.7	285.8	308.2	350.3	397.4	449.5	510.1	569.1
吉　林	91.1	107.5	110.7	131.0	154.1	174.2	191.6	227.1	255.1	271.5	285.9	297.7
黑龙江	53.2	60.0	75.3	85.2	90.2	96.2	102.3	112.5	123.4	129.1	141.6	146.6
上　海	229.9	259.2	293.9	315.8	332.8	361.0	416.1	473.0	520.7	538.9	589.3	646.8
江　苏	107.5	113.2	123.2	154.6	146.3	169.4	185.2	208.2	234.7	268.1	300.6	331.2
浙　江	171.2	185.5	206.2	238.8	271.0	302.7	347.4	393.4	421.9	503.2	548.4	611.5
安　徽	87.3	87.0	92.1	112.8	108.8	121.8	117.8	140.3	137.7	141.9	161.9	182.8
福　建	105.6	114.8	122.0	136.1	150.4	166.1	190.2	209.1	234.2	258.6	293.0	319.1
江　西	50.9	57.1	65.9	87.2	83.7	92.3	104.9	104.0	118.0	129.6	148.7	152.5
山　东	192.8	205.6	229.0	298.7	351.9	412.2	441.8	518.9	580.2	650.7	722.6	795.5
河　南	142.7	137.6	159.4	205.8	218.7	253.4	252.6	314.0	323.8	349.6	409.2	449.0
湖　北	70.9	75.0	94.7	102.1	114.7	123.1	136.5	156.5	169.6	185.1	207.7	229.4
湖　南	60.4	65.3	73.8	77.9	86.0	95.1	107.5	124.9	142.6	162.8	184.9	207.7
广　东	133.0	141.5	158.8	178.2	201.3	232.7	266.9	304.6	337.0	368.2	408.9	454.4
广　西	38.6	42.1	45.5	53.6	57.4	60.3	68.2	79.5	89.7	104.5	120.0	134.7
海　南	59.7	65.8	71.3	75.1	83.1	96.4	103.5	119.4	131.1	154.5	179.6	200.5
重　庆	173.7	185.7	194.9	207.4	217.8	230.6	252.1	276.3	295.9	329.9	381.4	441.9
四　川	98.7	108.0	118.7	131.3	147.6	164.7	184.5	212.4	242.9	258.5	288.7	327.4
贵　州	68.8	72.2	76.4	80.7	89.3	97.7	107.1	125.4	134.3	151.9	169.5	206.2
云　南	72.6	78.0	83.7	92.6	102.5	111.7	126.3	136.8	148.2	166.7	193.8	221.3
西　藏	24.2	26.9	27.8	37.1	37.5	35.5	38.1	41.5	44.6	61.0	60.1	76.9
陕　西	135.2	150.0	166.4	193.3	217.0	236.4	252.3	301.3	334.6	385.2	446.4	482.9
甘　肃	44.8	49.7	54.1	60.4	67.2	74.4	83.5	93.6	103.3	115.4	127.8	142.5
青　海	52.3	59.8	67.5	70.4	75.9	83.8	90.5	106.3	109.3	143.7	154.9	174.0
宁　夏	19.7	22.5	25.6	36.7	35.3	37.1	42.1	51.9	55.9	64.3	72.8	80.2
新　疆	15.9	17.0	18.9	19.9	22.4	24.2	26.7	29.7	32.3	34.7	38.1	43.6
东部地区	151.0	163.7	181.1	212.3	230.5	261.8	292.3	331.5	369.6	413.9	461.9	509.6
东北老工业基地	88.7	101.5	118.6	135.0	148.3	161.7	174.4	197.6	220.5	237.1	260.9	275.4
中部地区	79.2	84.8	98.6	115.0	122.8	135.9	146.0	167.0	180.7	194.1	217.8	234.8
西部地区	53.2	57.8	63.6	71.6	79.5	87.3	98.0	112.7	125.9	142.3	161.8	185.0

注：2000年全国为100.0

资料来源：1）中华人民共和国国家统计局．2003～2012．2003～2012中国统计年鉴．中国统计出版社

2）中华人民共和国水利部．2001～2002．中国水资源公报2000～2001．中国水利水电出版社

附表3　中国各省、直辖市、自治区建设用地绩效指数（2000～2011）

地　区	2000年	2001年	2002年	2003年	2004年	2005年	2006年	2007年	2008年	2009年	2010年	2011年
全　国	100.0	107.7	139.2	151.5	164.2	180.6	200.8	226.8	246.1	271.6	292.0	303.6
北　京	439.5	469.5	506.1	550.7	606.3	672.8	750.4	845.4	908.4	972.2	1042.9	1097.4
天　津	169.2	188.2	256.7	291.4	308.5	352.0	400.6	447.8	510.5	575.5	651.6	732.9
河　北	87.6	94.8	129.7	144.2	162.1	180.1	200.0	224.1	245.1	257.6	275.7	296.8
山　西	73.9	80.9	106.9	121.9	138.9	156.9	173.4	199.3	215.2	204.7	229.3	249.9
内蒙古	33.3	36.7	50.3	58.3	69.4	84.6	99.6	117.0	136.4	151.9	140.7	153.2
辽　宁	95.7	104.1	133.8	148.8	163.4	183.2	207.7	236.9	267.2	296.2	324.4	351.4
吉　林	57.4	62.6	78.3	86.1	96.3	107.5	123.1	142.2	164.1	173.6	192.9	214.7
黑龙江	53.0	57.8	85.7	94.3	104.8	116.6	130.4	145.6	161.7	173.8	189.7	214.9
上　海	649.1	713.4	907.4	999.5	1107.8	1201.5	1370.6	1541.3	1620.0	1752.8	1933.4	2091.9
江　苏	132.4	144.9	226.6	252.9	280.2	316.6	356.5	402.5	446.1	473.6	493.7	528.3
浙　江	286.3	308.4	337.2	370.5	409.0	444.6	488.8	539.5	573.5	599.3	630.2	681.6
安　徽	49.9	54.2	76.3	83.0	93.2	102.9	114.5	129.7	145.4	155.5	168.0	187.7
福　建	201.4	216.8	265.5	290.4	317.9	347.0	383.2	428.2	471.9	494.3	487.0	517.5
江　西	75.6	81.8	100.1	111.4	125.1	139.6	153.2	171.1	190.8	206.1	215.9	238.0
山　东	105.9	115.2	165.1	184.8	208.9	236.5	266.8	301.4	334.7	358.1	381.6	405.5
河　南	75.6	82.2	109.6	119.7	135.1	153.4	174.3	198.8	221.9	236.9	250.3	270.1
湖　北	80.2	87.0	112.3	122.6	135.2	150.2	168.8	191.8	215.9	243.3	231.2	253.6
湖　南	86.6	93.9	113.5	123.7	137.7	153.6	170.3	194.2	218.6	211.5	239.2	266.8
广　东	241.1	264.2	289.2	324.8	365.7	410.1	460.7	522.1	572.4	528.0	582.8	742.0
广　西	83.7	89.8	102.3	112.1	123.4	136.5	151.3	172.1	192.2	260.3	276.7	303.1
海　南	65.5	71.4	71.2	78.7	86.8	95.6	108.1	124.0	135.8	262.9	238.9	260.4
重　庆	112.5	121.9	149.0	159.8	173.2	190.0	210.4	240.5	271.9	281.8	296.7	312.6
四　川	79.7	86.2	107.1	118.3	132.2	147.4	165.6	188.5	207.2	222.6	234.3	248.6
贵　州	69.3	74.8	87.3	94.8	103.7	115.6	129.0	146.7	161.8	172.2	202.1	211.6
云　南	79.3	84.3	110.6	118.9	129.7	139.3	152.9	169.2	183.2	197.5	201.1	215.2
西　藏	50.1	56.4	100.3	103.3	112.8	123.1	136.0	151.8	164.0	183.9	198.2	458.5
陕　西	77.6	84.8	109.1	121.2	135.7	153.5	173.5	199.9	230.6	290.2	315.0	357.9
甘　肃	32.2	35.3	45.6	50.4	55.9	62.4	69.3	77.7	85.1	88.6	94.4	102.6
青　海	33.7	37.3	37.4	43.3	48.4	52.9	59.7	67.1	75.6	81.0	92.2	97.6
宁　夏	44.9	49.0	75.4	82.9	87.1	94.1	104.9	116.3	128.6	130.0	172.0	175.2
新　疆	32.6	35.4	50.0	54.8	60.5	66.5	73.5	81.9	90.5	91.9	99.5	101.8
东部地区	156.7	171.1	225.5	251.5	280.5	313.2	351.2	396.4	435.6	458.7	488.1	535.5
东北老工业基地	68.2	74.3	100.4	111.0	123.1	137.6	155.7	176.9	199.6	216.1	237.6	263.5
中部地区	68.0	73.9	98.0	107.7	120.6	135.0	151.3	171.8	192.2	202.2	216.1	238.7
西部地区	59.4	64.4	82.4	91.0	101.3	113.4	127.3	144.9	162.2	179.5	189.2	202.9

注：1）2000年全国为100.0

2）由于2009～2011年各地区建设用地缺乏数据，故统一按各地区城市建设用地增长率推算，可能导致一定偏差

资料来源：1）中华人民共和国国家统计局．2012. 2012中国统计年鉴．中国统计出版社

2）中华人民共和国国土资源部．2001～2009. 中国国土资源年鉴2001～2009. 地质出版社

3）中华人民共和国住房和城乡建设部．2010～2012. 中国城市建设统计年鉴2009～2011. 中国计划出版社

附表4　中国各省、直辖市、自治区固定资产投资绩效指数（2000～2011）

地　区	2000年	2001年	2002年	2003年	2004年	2005年	2006年	2007年	2008年	2009年	2010年	2011年
全　国	100.0	96.2	89.9	79.1	72.5	65.1	60.1	57.1	54.2	44.4	41.0	42.7
北　京	88.7	84.3	79.5	74.7	76.3	77.0	74.9	74.4	89.6	79.2	76.6	84.7
天　津	93.7	90.7	88.8	81.3	84.3	81.6	77.4	71.0	62.7	51.0	46.3	50.6
河　北	91.3	94.2	97.2	90.5	84.1	75.6	65.9	61.3	57.5	44.1	41.7	45.1
山　西	113.3	104.8	97.0	84.7	78.3	72.4	67.1	63.8	63.5	46.9	45.2	46.2
内蒙古	114.9	107.8	87.6	63.7	53.2	46.1	44.6	42.5	43.2	37.1	37.0	38.7
辽　宁	104.3	101.8	100.0	88.4	72.8	59.9	51.5	47.3	43.4	38.8	35.1	38.0
吉　林	102.9	97.8	91.2	87.4	84.6	65.0	51.2	43.9	39.6	35.1	33.4	42.4
黑龙江	113.5	107.3	109.2	110.4	105.6	99.1	88.2	81.4	76.9	60.8	53.2	58.5
上　海	79.0	82.0	82.9	84.5	84.3	82.3	83.6	87.9	95.4	95.7	108.1	128.3
江　苏	104.3	105.5	98.1	76.6	76.7	71.2	67.1	66.4	66.0	58.5	56.7	58.3
浙　江	87.1	80.2	74.0	64.4	64.1	64.3	63.8	68.9	74.9	68.5	69.6	71.1
安　徽	113.5	110.7	101.9	87.4	77.0	66.2	54.2	45.3	42.2	34.3	32.2	36.7
福　建	105.4	108.1	111.2	105.3	96.2	88.4	80.4	68.2	67.2	61.8	55.3	54.5
江　西	126.2	110.9	87.1	70.6	65.2	58.2	54.7	53.1	46.2	35.8	32.4	38.1
山　东	105.2	106.5	96.3	73.6	69.6	61.6	60.3	63.5	62.2	54.8	52.2	53.8
河　南	121.8	118.9	115.0	100.8	92.1	76.7	65.1	57.5	53.7	43.9	42.2	47.4
湖　北	84.6	83.1	83.8	84.3	79.4	76.9	71.0	65.4	62.2	50.0	46.1	46.0
湖　南	108.8	103.6	98.7	94.2	85.5	78.4	75.5	70.2	65.9	53.7	51.0	50.2
广　东	108.7	108.6	110.2	103.4	103.6	101.0	102.2	103.1	105.7	94.3	90.3	95.9
广　西	115.8	113.8	110.3	100.8	87.8	74.9	65.1	57.3	54.6	43.6	38.1	40.1
海　南	80.3	81.9	83.4	76.6	79.1	76.4	75.7	78.4	69.8	54.4	49.8	47.2
重　庆	100.4	90.6	78.0	69.2	61.7	56.0	51.4	48.4	48.0	41.2	38.4	42.3
四　川	82.9	80.4	75.7	70.2	70.0	64.4	61.1	57.3	56.6	39.9	40.8	45.5
贵　州	87.9	71.1	65.9	62.7	63.4	62.8	59.7	57.0	55.2	47.7	43.0	38.2
云　南	88.4	88.3	87.2	79.0	73.5	60.8	55.6	52.1	49.6	41.4	39.1	41.6
西　藏	–	–	–	–	–	–	–	–	–	–	–	–
陕　西	92.3	88.7	84.9	73.6	69.1	65.3	57.9	50.6	47.8	39.8	37.1	37.8
甘　肃	81.9	78.8	75.9	72.6	72.1	69.4	68.6	62.1	55.5	45.0	39.0	36.6
青　海	57.4	49.5	48.4	50.2	51.2	51.5	48.2	48.2	50.1	40.6	38.2	32.7
宁　夏	64.4	59.3	55.4	45.6	44.9	43.2	43.8	42.4	37.6	32.5	28.6	30.3
新　疆	72.4	69.6	66.6	63.0	62.2	60.8	58.9	58.4	59.0	51.9	47.8	42.3
东部地区	97.7	97.1	93.8	82.1	79.6	74.3	71.1	70.7	70.6	61.9	59.1	62.1
东北老工业基地	106.8	102.6	100.7	94.3	83.7	69.9	59.2	53.3	48.9	42.5	38.6	43.6
中部地区	109.0	104.2	98.9	90.7	83.7	74.1	65.3	58.9	54.8	44.3	41.5	45.5
西部地区	89.6	84.9	79.3	71.0	66.6	60.5	56.4	52.5	51.0	41.3	39.1	40.5

注：2000年全国为100.0；固定资产投资按2005年价格计算

资料来源：中华人民共和国国家统计局. 2001～2012. 2001～2012中国统计年鉴. 中国统计出版社

附表5　中国各省、直辖市、自治区二氧化硫排放绩效指数（2000～2011）

地　区	2000年	2001年	2002年	2003年	2004年	2005年	2006年	2007年	2008年	2009年	2010年	2011年
全　国	100.0	110.9	122.4	120.1	126.6	124.6	138.3	165.7	193.1	221.0	247.3	266.3
北　京	302.3	376.3	439.3	512.2	559.3	627.0	768.8	1021.6	1371.9	1568.1	1785.9	2266.4
天　津	105.5	145.5	186.9	194.5	256.2	253.2	301.8	363.3	431.4	509.8	602.4	713.8
河　北	76.5	85.2	94.1	94.5	106.2	115.0	126.3	147.4	180.1	212.6	242.4	235.7
山　西	32.4	35.7	40.4	40.8	45.3	47.9	55.5	68.5	78.8	85.7	99.1	100.0
内蒙古	45.9	52.1	52.1	34.8	46.0	46.1	51.3	65.4	78.4	93.8	108.2	122.4
辽　宁	87.1	105.5	123.0	132.2	147.6	115.5	125.4	147.2	182.1	221.5	260.2	265.0
吉　林	131.2	154.7	169.3	181.9	194.7	162.8	174.9	208.2	255.2	301.5	349.5	343.2
黑龙江	193.0	214.3	240.3	213.5	227.6	186.5	205.0	230.8	262.6	302.1	340.6	359.9
上　海	194.5	211.3	248.8	277.4	301.5	309.7	352.5	414.4	507.3	646.2	754.2	1217.6
江　苏	144.7	166.9	191.1	196.0	225.1	232.7	281.6	346.4	420.7	497.5	573.3	634.3
浙　江	210.8	233.5	249.4	243.1	251.1	268.1	305.7	377.9	447.8	514.9	595.7	665.3
安　徽	141.6	153.9	168.7	160.7	169.4	161.0	177.1	206.6	239.5	279.1	323.7	369.5
福　建	300.4	367.3	419.5	297.2	309.6	244.3	275.7	334.2	392.4	450.4	526.3	621.5
江　西	124.4	142.9	164.9	124.8	119.1	113.7	123.5	142.7	172.0	201.1	232.2	249.1
山　东	95.0	109.0	124.1	129.5	150.7	157.6	184.5	226.9	273.6	326.6	379.3	353.9
河　南	120.9	128.8	135.1	134.8	126.8	111.9	128.1	152.5	184.1	218.8	249.2	272.4
湖　北	124.3	140.4	153.6	149.3	146.0	157.9	168.7	207.6	248.7	293.7	343.1	370.9
湖　南	89.6	99.0	110.7	106.2	115.8	123.3	136.9	162.6	199.3	234.6	272.3	359.3
广　东	229.3	235.6	264.6	275.1	295.8	299.5	351.2	425.0	496.9	578.4	662.5	903.8
广　西	49.4	63.7	71.9	62.0	64.1	66.9	78.2	91.9	109.2	129.1	145.3	283.1
海　南	467.5	520.3	518.4	550.4	607.1	701.3	727.7	790.0	1025.9	1131.1	1003.3	981.0
重　庆	42.3	53.6	60.9	62.0	67.1	71.2	77.9	93.9	113.6	136.9	166.2	237.1
四　川	61.1	71.8	80.4	82.9	89.2	97.7	112.4	139.9	159.5	184.6	213.3	307.6
贵　州	14.5	16.5	18.8	20.7	23.2	25.4	26.5	32.4	40.2	47.1	54.3	65.0
云　南	100.4	115.9	123.9	108.4	114.3	113.9	120.5	139.5	164.2	184.9	207.1	170.4
西　藏	2983.2	2690.7	3037.7	4542.1	3812.6	2137.4	2421.8	2920.6	3039.5	3416.6	1989.5	2162.0
陕　西	61.9	68.5	73.8	68.7	72.7	73.3	78.5	96.1	116.7	146.5	173.5	167.8
甘　肃	54.2	59.2	56.4	54.0	61.4	59.0	67.9	79.5	91.3	101.0	102.4	101.9
青　海	165.2	168.8	206.9	122.9	112.4	75.3	81.4	89.6	101.1	110.6	120.6	125.8
宁　夏	30.3	34.4	34.1	29.1	32.4	30.7	31.0	36.2	43.2	53.6	61.5	52.1
新　疆	89.3	100.3	110.0	109.3	84.1	86.2	90.5	96.1	105.7	113.4	125.7	108.6
东部地区	140.9	161.0	183.2	188.0	210.6	210.6	241.8	292.2	352.4	416.7	480.9	518.4
东北老工业基地	116.2	137.6	157.2	161.4	176.7	141.4	153.5	178.6	216.0	257.5	298.3	304.5
中部地区	100.7	111.2	122.1	117.1	120.4	116.7	130.5	155.4	185.5	216.4	249.4	271.8
西部地区	48.9	57.2	62.4	57.9	63.2	64.8	71.0	85.4	101.1	118.8	136.0	156.8

注：2000年全国为100.0

资料来源：1）中华人民共和国国家统计局. 2001～2012. 2001～2012中国统计年鉴. 中国统计出版社

2）《中国环境年鉴》编委会. 2001～2012. 中国环境年鉴2001～2012. 中国环境年鉴社

附表 6　中国各省、直辖市、自治区烟粉尘排放绩效指数（2000～2011）

地　区	2000年	2001年	2002年	2003年	2004年	2005年	2006年	2007年	2008年	2009年	2010年	2011年
全　国	100.0	118.7	136.5	141.7	161.5	171.7	213.6	274.6	341.2	403.9	478.5	549.7
北　京	394.4	559.4	751.5	1028.5	1140.3	1488.9	1913.8	2616.5	3035.9	3455.2	3522.4	4119.8
天　津	187.9	280.9	407.5	456.5	641.6	690.3	967.7	1211.9	1521.9	1728.1	2195.6	2703.8
河　北	71.4	89.3	99.6	112.2	118.6	134.7	161.2	215.6	255.0	318.8	412.1	297.2
山　西	29.6	31.7	36.5	36.3	41.1	45.3	54.4	70.4	97.0	114.4	142.0	143.1
内蒙古	52.2	70.4	76.5	63.1	60.2	61.5	97.1	124.7	160.9	225.6	211.5	274.4
辽　宁	74.9	90.8	113.2	131.6	150.6	130.5	157.5	182.0	243.0	313.7	376.2	510.8
吉　林	87.2	104.0	125.4	138.2	140.5	127.7	148.5	190.6	246.1	275.2	398.1	388.3
黑龙江	105.9	119.2	136.9	139.1	149.4	159.5	181.0	207.0	255.5	313.9	394.4	336.7
上　海	608.3	739.0	1031.5	1070.6	1204.4	1426.8	1647.3	2047.5	2246.1	2518.6	2728.4	4082.0
江　苏	301.2	311.0	395.7	328.3	411.2	448.0	567.6	745.9	996.3	1224.1	1402.2	1519.0
浙　江	189.9	306.6	336.7	352.5	418.9	588.8	697.4	885.2	1084.4	1141.3	1460.8	1623.4
安　徽	112.0	133.4	156.2	117.8	130.7	136.9	163.0	218.0	245.7	300.9	375.4	519.1
福　建	253.2	319.7	394.8	379.7	402.1	393.3	455.7	552.5	661.2	792.1	873.1	1266.4
江　西	78.0	131.6	137.7	116.5	122.0	132.3	153.2	188.5	235.0	300.6	377.1	446.1
山　东	136.1	164.4	194.2	194.3	318.8	359.9	451.6	609.8	742.0	921.2	1136.0	1001.3
河　南	77.3	93.4	105.0	111.2	121.2	126.1	173.0	239.2	335.7	396.5	487.6	684.5
湖　北	101.9	129.8	148.5	163.7	175.8	191.8	229.1	317.8	422.6	534.8	724.4	846.9
湖　南	72.4	79.3	89.3	86.0	90.9	98.0	118.1	150.9	203.1	235.2	349.7	754.7
广　东	274.2	461.5	554.3	501.8	586.6	730.9	899.0	1106.0	1214.1	1725.5	1897.4	3138.3
广　西	39.8	52.8	62.7	59.3	64.6	70.0	95.7	136.1	172.6	179.2	256.2	613.5
海　南	347.0	511.9	537.7	594.7	718.1	793.5	941.1	1089.7	1402.3	1566.4	2180.4	3052.6
重　庆	92.6	108.4	123.4	129.3	142.3	157.1	183.0	231.1	298.4	386.4	463.4	910.3
四　川	57.8	64.9	79.5	87.1	97.9	122.2	173.2	285.3	444.4	594.3	566.3	846.1
贵　州	26.1	34.7	42.2	48.2	60.7	70.2	105.5	114.5	123.5	116.1	208.9	276.2
云　南	107.2	140.6	200.9	190.2	201.3	176.2	205.8	242.2	285.0	373.1	510.1	363.5
西　藏	844.1	1014.7	1145.6	1283.0	1078.7	1209.2	5480.2	3123.7	3439.2	2577.1	2894.1	1957.0
陕　西	55.4	72.9	88.5	89.5	92.3	104.2	133.8	164.0	242.1	381.1	439.2	395.7
甘　肃	72.2	84.9	99.4	91.1	108.1	114.6	131.0	203.8	233.5	232.4	249.7	314.1
青　海	48.4	63.0	73.4	70.4	59.2	62.1	74.3	90.6	100.8	117.1	111.8	163.3
宁　夏	24.9	35.0	37.4	31.5	58.7	55.9	66.4	80.9	112.1	142.2	92.8	116.6
新　疆	98.7	115.1	129.3	112.6	106.9	114.0	123.0	132.2	142.5	150.7	158.2	183.4
东部地区	172.6	223.3	268.1	277.3	340.3	374.3	457.0	581.9	713.7	884.6	1060.4	1111.7
东北老工业基地	85.6	101.4	122.7	135.3	147.9	137.9	162.1	191.0	247.3	304.3	386.3	416.8
中部地区	75.2	88.8	100.7	98.6	106.6	113.1	137.9	178.5	235.4	283.4	369.8	445.3
西部地区	55.9	70.1	83.3	82.0	89.5	97.2	129.3	168.5	213.7	257.3	294.4	386.4

注：2000 年全国为 100.0

资料来源：1）中华人民共和国国家统计局 . 2001～2012. 2001～2012 中国统计年鉴 . 中国统计出版社

2）《中国环境年鉴》编委会 . 2001～2012. 中国环境年鉴 2001～2012. 中国环境年鉴社

附表7　中国各省、直辖市、自治区化学需氧量排放绩效指数（2000～2011）

地　区	2000年	2001年	2002年	2003年	2004年	2005年	2006年	2007年	2008年	2009年	2010年	2011年
全　国	100.0	111.4	124.9	140.9	154.4	162.7	181.6	214.4	245.8	277.5	316.1	330.7
北　京	274.8	322.3	401.9	505.8	596.3	748.0	892.0	1053.7	1209.0	1364.9	1617.6	1517.6
天　津	135.5	266.4	308.9	280.1	308.7	332.7	389.8	469.0	563.5	657.1	777.4	995.2
河　北	103.6	122.0	136.3	153.0	167.0	188.6	205.4	238.8	290.1	338.6	396.6	547.8
山　西	89.0	99.5	113.0	112.4	122.0	136.1	153.4	183.9	208.1	228.5	269.1	335.4
内蒙古	86.1	86.8	116.0	118.3	142.6	163.5	194.2	239.8	290.1	341.1	397.1	464.2
辽　宁	83.9	94.7	119.1	144.2	177.6	155.4	178.4	209.5	255.4	299.8	355.7	478.2
吉　林	57.1	72.2	91.0	96.4	109.8	110.7	124.3	150.4	186.4	219.7	256.1	361.4
黑龙江	79.4	86.0	97.2	107.8	121.9	136.2	154.5	176.5	202.2	232.2	272.1	290.8
上　海	205.5	237.3	244.1	267.3	351.6	378.1	429.5	507.6	614.5	728.5	889.9	1012.7
江　苏	192.6	167.0	197.7	229.5	236.7	239.6	285.9	342.8	404.4	471.1	553.6	575.8
浙　江	144.6	172.6	195.0	230.0	266.0	280.8	320.9	386.8	445.9	509.0	601.2	533.5
安　徽	91.6	105.9	117.7	128.4	140.5	150.0	164.2	189.7	222.7	256.6	303.4	259.8
福　建	152.2	169.4	207.9	186.0	203.9	207.0	237.0	281.5	322.3	364.4	418.4	389.1
江　西	74.6	76.3	89.5	93.7	98.6	110.4	119.5	136.9	163.2	188.8	217.3	207.8
山　东	123.8	147.5	176.6	207.6	255.2	296.7	345.8	415.9	494.1	581.5	680.9	783.5
河　南	93.6	110.1	123.4	143.4	165.7	182.8	209.0	248.9	297.5	342.9	389.8	447.6
湖　北	71.8	82.2	90.5	103.7	119.1	133.1	148.3	176.9	206.0	237.9	274.7	295.2
湖　南	74.4	76.9	80.4	80.2	86.1	91.8	100.4	117.8	137.1	162.5	198.0	253.6
广　东	158.0	150.3	196.0	218.2	265.3	265.3	307.1	364.0	424.2	492.1	587.2	443.6
广　西	29.0	38.9	42.1	42.3	44.1	46.3	50.3	61.0	72.2	85.3	101.5	188.4
海　南	81.4	107.7	125.2	135.3	109.1	117.5	127.8	144.5	160.5	180.0	226.7	257.7
重　庆	97.4	110.3	123.5	132.1	142.8	160.4	183.7	223.7	266.3	308.4	369.3	348.8
四　川	55.5	59.5	69.5	77.3	92.5	117.3	129.4	154.9	177.0	203.0	235.8	271.9
贵　州	66.7	79.9	88.1	90.2	99.2	110.6	122.8	142.4	162.2	185.5	217.4	185.0
云　南	94.5	97.3	108.5	124.6	136.3	151.3	163.7	186.0	212.7	244.9	279.9	182.5
西　藏	43.2	177.2	275.0	311.7	199.6	222.1	229.1	260.1	285.9	321.4	193.0	284.7
陕　西	85.6	91.9	105.6	118.8	127.3	139.7	156.9	187.3	226.3	268.4	318.0	319.3
甘　肃	104.4	131.1	134.2	121.8	135.8	132.0	150.7	173.0	194.6	217.7	244.2	185.6
青　海	115.3	129.6	145.3	168.3	153.1	94.5	102.4	114.7	132.3	142.7	150.8	177.7
宁　夏	25.9	26.6	49.4	60.9	103.9	53.4	61.4	70.6	82.7	97.5	113.8	118.5
新　疆	101.9	108.5	115.1	114.6	111.6	119.5	125.0	139.4	156.0	168.9	180.9	188.6
东部地区	142.8	157.1	188.1	212.8	245.9	256.6	295.4	350.8	413.9	480.1	566.0	576.9
东北老工业基地	75.0	86.1	104.6	118.7	139.0	137.5	156.2	183.3	219.7	256.4	301.7	377.9
中部地区	79.1	88.9	99.8	107.8	119.9	130.7	145.7	171.3	200.9	232.0	271.6	302.2
西部地区	62.7	71.5	82.5	87.9	97.8	106.7	118.2	140.4	164.2	190.1	221.1	245.5

注：2000年全国为100.0

资料来源：1）《中国环境年鉴》编委会.2001～2012. 中国环境年鉴2001～2012. 中国环境年鉴社

2）中华人民共和国国家统计局.2012. 2012中国统计年鉴. 中国统计出版社

附表8　中国各省、直辖市、自治区氨氮排放绩效指数（2000～2011）

地　区	2000年	2001年	2002年	2003年	2004年	2005年	2006年	2007年	2008年	2009年	2010年	2011年
全　国	100.0	108.3	108.2	118.2	127.0	125.5	149.9	182.8	208.7	236.1	265.7	198.7
北　京	190.7	213.0	277.1	346.1	371.6	505.9	615.6	763.6	833.1	847.5	1002.2	821.0
天　津	187.1	209.6	185.6	186.4	230.3	208.9	303.5	350.5	437.5	594.7	423.7	487.6
河　北	139.0	151.1	103.2	122.3	142.4	147.5	169.7	216.9	255.9	286.6	324.1	289.5
山　西	92.1	101.4	71.5	80.2	90.2	100.0	115.5	124.9	145.2	156.8	176.2	179.8
内蒙古	81.9	90.5	83.5	91.4	106.8	79.4	124.4	170.7	195.2	228.2	219.7	248.7
辽　宁	85.8	93.5	83.6	97.5	111.6	89.9	126.2	155.6	190.3	222.2	280.2	238.5
吉　林	52.8	57.7	78.1	88.6	102.6	102.2	117.5	158.5	189.9	223.2	248.2	220.6
黑龙江	69.1	75.5	81.6	93.6	104.6	101.9	118.5	137.9	157.3	182.5	227.6	184.8
上　海	205.7	227.3	226.8	263.8	272.1	276.4	302.6	358.9	393.7	482.7	580.6	367.7
江　苏	107.1	118.0	162.3	205.4	226.1	222.4	261.6	332.7	401.7	486.3	565.5	338.0
浙　江	80.3	88.9	135.4	155.3	191.9	216.4	272.5	336.1	417.3	520.9	601.8	296.0
安　徽	67.6	73.6	79.0	86.5	100.0	102.6	103.7	127.0	164.0	189.1	229.9	165.1
福　建	133.2	144.8	126.0	121.3	135.7	128.1	156.1	293.6	331.8	372.6	427.7	234.4
江　西	79.2	86.2	98.5	104.1	110.7	121.3	132.3	141.6	174.5	197.3	221.3	141.1
山　东	110.9	122.0	147.6	182.7	200.4	222.2	257.9	317.5	391.2	458.5	519.0	394.5
河　南	101.2	110.3	96.0	103.6	103.5	103.5	130.9	165.9	208.1	233.8	272.2	256.7
湖　北	68.6	74.7	64.4	69.8	79.7	85.9	102.4	122.4	140.7	172.0	209.0	178.2
湖　南	85.3	92.9	48.1	62.0	63.6	66.4	75.6	95.6	116.5	134.1	171.4	147.0
广　东	120.3	132.9	177.2	188.1	230.9	229.2	283.0	252.0	273.6	318.4	384.8	264.8
广　西	86.6	93.8	66.0	58.2	48.4	45.5	64.8	86.8	106.6	141.7	163.8	158.6
海　南	112.8	123.1	134.9	149.2	118.0	130.4	129.1	149.5	146.6	184.2	221.6	147.3
重　庆	123.5	134.6	105.1	108.1	112.7	125.9	141.5	183.6	228.5	223.7	281.1	200.8
四　川	62.2	67.9	79.3	84.5	99.5	112.0	129.1	162.6	174.6	206.6	235.3	193.0
贵　州	82.8	90.1	92.1	85.4	100.5	113.2	127.7	146.6	163.2	192.5	224.0	136.9
云　南	114.6	122.4	148.2	161.2	179.5	185.2	196.3	220.2	243.6	287.4	295.7	151.6
西　藏	141.2	159.1	179.6	201.2	225.5	252.8	286.5	326.6	359.5	404.1	256.4	170.5
陕　西	91.3	100.3	132.6	129.8	140.6	153.8	175.1	202.8	191.8	217.9	247.5	193.6
甘　肃	84.3	92.6	57.0	63.1	67.6	57.8	66.4	111.9	123.2	110.7	142.0	101.6
青　海	104.2	116.4	130.5	109.5	98.4	78.9	89.4	101.4	115.1	126.8	123.9	129.0
宁　夏	36.9	40.6	40.7	38.8	80.2	36.6	70.2	98.8	111.3	124.5	87.3	84.5
新　疆	102.5	111.3	107.0	112.7	119.3	120.3	127.7	143.3	152.4	152.1	164.3	144.1
东部地区	116.6	128.4	147.0	169.5	194.4	195.0	238.2	285.4	332.9	391.8	453.8	314.6
东北老工业基地	70.8	77.3	81.7	94.2	107.3	95.9	121.8	150.2	178.8	208.7	255.2	215.8
中部地区	76.9	83.9	73.5	83.5	90.5	93.8	108.6	131.5	158.7	182.6	218.2	182.9
西部地区	83.3	90.7	88.0	89.0	95.5	91.2	114.8	148.0	165.7	188.6	208.8	170.0

注：2000年全国为100.0

资料来源：1）《中国环境年鉴》编委会．2001～2012．中国环境年鉴2001～2012．中国环境年鉴社

2）中华人民共和国国家统计局．2012．2012中国统计年鉴．中国统计出版社

附表9　中国各省、直辖市、自治区工业固体废物排放绩效指数（2000～2011）

地　区	2000年	2001年	2002年	2003年	2004年	2005年	2006年	2007年	2008年	2009年	2010年	2011年
全　国	100.0	99.5	102.0	105.6	97.3	96.7	96.7	95.2	96.4	98.2	91.7	74.8
北　京	243.2	272.3	327.6	322.9	335.3	395.6	408.1	497.1	597.5	613.2	662.2	807.1
天　津	302.9	277.3	279.4	320.3	317.2	244.4	243.7	259.8	286.4	325.6	311.2	384.9
河　北	58.8	50.8	57.9	61.2	37.0	43.2	56.1	48.2	50.1	49.6	38.6	30.2
山　西	20.7	24.3	23.9	24.6	25.8	26.6	28.4	28.1	26.0	30.1	27.7	20.8
内蒙古	52.4	55.5	51.2	50.3	47.1	37.3	37.5	35.5	43.2	44.3	36.3	29.9
辽　宁	43.9	46.0	49.0	53.9	56.5	55.2	49.6	51.8	53.2	55.3	63.0	43.2
吉　林	95.6	102.5	112.5	116.5	112.0	103.5	104.4	109.1	115.4	113.6	109.7	107.8
黑龙江	86.9	87.5	91.4	100.4	109.5	120.7	111.0	117.8	121.6	114.9	126.3	127.4
上　海	273.0	254.6	285.2	307.9	322.1	330.9	355.0	389.6	394.4	444.2	451.2	489.4
江　苏	234.1	220.5	230.6	255.3	244.3	227.0	208.7	234.6	251.8	272.3	271.8	261.0
浙　江	368.8	352.6	358.0	369.5	360.6	375.1	346.9	340.9	358.3	377.8	387.2	405.2
安　徽	81.3	76.4	80.0	84.9	89.9	89.6	84.1	81.0	71.9	72.6	76.9	69.7
福　建	126.2	58.5	80.2	123.8	122.8	122.1	124.8	126.5	128.2	121.8	117.6	224.0
江　西	34.3	40.9	33.8	36.1	38.7	40.7	43.3	46.6	50.1	52.1	56.2	52.3
山　东	129.1	123.5	130.8	143.3	141.7	140.7	134.5	141.7	145.8	150.3	148.8	135.5
河　南	119.6	120.1	121.8	128.3	126.8	120.4	114.0	110.2	114.4	112.4	127.3	104.7
湖　北	101.1	115.1	113.8	119.4	126.5	125.4	121.5	128.3	135.9	139.0	130.3	133.0
湖　南	120.2	125.2	138.2	133.8	126.4	137.7	141.8	131.9	151.5	152.9	154.6	118.6
广　东	500.9	471.2	515.4	538.7	532.4	547.4	595.3	542.8	477.6	534.2	521.7	535.3
广　西	79.6	68.6	79.3	68.7	75.2	80.2	81.7	80.6	76.2	82.6	86.2	81.1
海　南	410.6	567.4	496.3	566.9	509.9	496.9	485.9	523.8	414.7	507.4	557.7	314.7
重　庆	111.2	121.7	129.4	145.5	146.5	137.1	155.3	152.1	157.3	163.7	172.4	172.6
四　川	64.8	73.8	80.4	79.5	78.8	80.8	77.5	69.9	81.0	99.7	87.8	89.5
贵　州	37.8	39.5	35.4	29.8	27.4	29.0	27.3	30.5	34.8	30.9	31.2	38.6
云　南	49.7	54.0	53.7	58.7	55.1	52.2	45.5	42.9	42.2	43.5	45.2	27.8
西　藏	574.2	611.4	1553.1	2319.0	1113.8	2185.5	2201.1	4116.4	4143.8	2514.2	2853.1	117.4
陕　西	60.2	72.0	66.7	73.0	63.6	60.3	65.7	66.5	69.3	86.9	80.2	88.4
甘　肃	47.9	69.7	56.8	52.6	56.8	60.4	58.5	56.7	58.6	65.6	61.7	39.9
青　海	64.2	65.7	86.2	80.0	67.0	58.8	49.0	43.5	41.7	45.5	39.7	6.7
宁　夏	53.3	65.2	66.5	60.0	60.2	59.9	60.7	52.3	53.9	49.3	31.7	26.2
新　疆	157.9	157.0	132.2	136.3	146.2	141.3	128.5	106.7	103.8	85.3	77.3	64.9
东部地区	147.3	131.8	147.9	166.0	145.3	151.3	156.9	156.8	161.0	165.4	156.4	135.6
东北老工业基地	60.7	63.2	67.2	73.2	76.4	75.9	69.6	72.7	75.0	75.9	83.5	64.7
中部地区	68.4	74.3	72.9	75.5	77.8	79.2	79.8	80.1	81.0	85.1	86.6	74.2
西部地区	63.6	69.6	68.8	67.3	65.2	62.5	60.8	58.4	63.0	66.8	61.7	48.8

注：2000年全国为100.0

资料来源：1）中华人民共和国国家统计局．2001～2012. 2001～2012中国统计年鉴．中国统计出版社

2）《中国环境年鉴》编委会．2001～2012. 中国环境年鉴2001～2012. 中国环境年鉴社

附表 10　中国各省、直辖市、自治区能源绩效（2000～2011）（单位：万元 GDP/吨标准煤）

地　区	2000年	2001年	2002年	2003年	2004年	2005年	2006年	2007年	2008年	2009年	2010年	2011年
全　国	0.838	0.878	0.904	0.862	0.818	0.784	0.806	0.849	0.895	0.929	0.968	0.988
北　京	0.951	1.021	1.107	1.172	1.210	1.262	1.334	1.435	1.555	1.650	1.718	1.846
天　津	0.725	0.778	0.846	0.913	0.919	0.956	0.995	1.047	1.124	1.196	1.211	1.262
河　北	0.525	0.520	0.523	0.511	0.509	0.505	0.521	0.543	0.580	0.610	0.632	0.656
山　西	0.337	0.313	0.301	0.312	0.331	0.332	0.338	0.355	0.383	0.423	0.447	0.444
内蒙古	0.499	0.481	0.487	0.452	0.414	0.404	0.414	0.434	0.463	0.498	0.522	0.535
辽　宁	0.444	0.483	0.535	0.563	0.546	0.591	0.613	0.639	0.673	0.695	0.725	0.765
吉　林	0.579	0.617	0.576	0.556	0.576	0.681	0.705	0.737	0.776	0.827	0.873	0.906
黑龙江	0.540	0.603	0.669	0.659	0.662	0.685	0.708	0.738	0.776	0.824	0.865	0.899
上　海	0.957	1.000	1.036	1.070	1.121	1.124	1.174	1.242	1.290	1.376	1.404	1.482
江　苏	1.175	1.256	1.296	1.279	1.190	1.083	1.122	1.172	1.245	1.314	1.362	1.410
浙　江	1.109	1.232	1.094	1.091	1.099	1.115	1.156	1.207	1.278	1.350	1.395	1.438
安　徽	0.668	0.693	0.731	0.780	0.801	0.822	0.851	0.888	0.930	0.983	1.032	1.076
福　建	1.136	1.111	1.112	1.093	1.078	1.067	1.102	1.143	1.187	1.233	1.277	1.320
江　西	0.934	1.092	0.959	0.927	0.943	0.947	0.978	1.021	1.085	1.136	1.183	1.223
山　东	0.874	1.098	0.836	0.832	0.814	0.760	0.787	0.825	0.881	0.933	0.976	1.014
河　南	0.779	0.816	0.813	0.770	0.709	0.724	0.746	0.778	0.820	0.865	0.897	0.939
湖　北	0.646	0.729	0.718	0.686	0.645	0.654	0.675	0.704	0.755	0.813	0.845	0.867
湖　南	0.989	0.950	0.889	0.833	0.774	0.679	0.703	0.736	0.789	0.832	0.855	0.886
广　东	1.278	1.311	1.321	1.314	1.299	1.259	1.297	1.339	1.399	1.462	1.506	1.564
广　西	0.894	0.969	0.916	0.894	0.838	0.818	0.840	0.869	0.904	0.946	0.965	0.998
海　南	1.156	1.165	1.103	1.073	1.095	1.092	1.104	1.114	1.144	1.176	1.238	1.178
重　庆	0.851	0.747	0.920	0.902	0.846	0.702	0.726	0.760	0.799	0.847	0.887	0.921
四　川	0.667	0.696	0.696	0.632	0.613	0.625	0.645	0.675	0.703	0.747	0.784	0.819
贵　州	0.286	0.300	0.325	0.289	0.296	0.355	0.366	0.382	0.408	0.426	0.445	0.460
云　南	0.650	0.690	0.635	0.642	0.610	0.575	0.584	0.608	0.638	0.669	0.695	0.719
西　藏	0.823	0.757	0.738	0.735	0.724	0.706	0.731	0.766	0.814	0.853	0.886	0.918
陕　西	0.386	0.439	0.442	0.440	0.443	0.443	0.455	0.474	0.499	0.536	0.555	0.569
甘　肃	0.343	0.370	0.378	0.384	0.355	0.325	0.323	0.333	0.348	0.372	0.392	0.358
青　海	0.308	0.313	0.320	0.247	0.238	0.242	0.244	0.253	0.271	0.290	0.302	0.289
宁　夏	0.485	0.501	0.509	0.505	0.478	0.473	0.478	0.493	0.509	0.517	0.502	0.485
新　疆	0.886	0.953	0.934	0.942	0.931	0.915	0.949	0.992	1.050	1.102	1.141	1.185
东部地区	0.497	0.544	0.582	0.589	0.586	0.637	0.659	0.687	0.724	0.758	0.793	0.831
东北老工业基地	0.653	0.681	0.672	0.657	0.647	0.653	0.673	0.702	0.748	0.803	0.838	0.864
中部地区	0.580	0.592	0.601	0.568	0.546	0.540	0.553	0.577	0.607	0.642	0.667	0.682
西部地区	0.838	0.878	0.904	0.862	0.818	0.784	0.806	0.849	0.895	0.929	0.968	0.988

注：GDP 以 2005 年价格计算，余同；2001 年部分地区能源消费总量采用相邻年份插值。新疆 2010 年能源强度数据采用的是国家统计局、国家发展和改革委员会、国家能源局三部门联合发布的“2010 年上半年全国单位 GDP 能耗等指标公报”数据；2011 年能源强度数据是采用 2005 年 GDP 不变价计算

资料来源：1）国家统计局能源统计司，国家能源局．2005～2012．中国能源统计年鉴 2004～2011．中国统计出版社

2）中华人民共和国国家统计局．2012．2012 中国统计年鉴．中国统计出版社

附表11 中国各省、直辖市、自治区用水绩效（2000～2011）（单位：元GDP/立方米用水）

地区	2000年	2001年	2002年	2003年	2004年	2005年	2006年	2007年	2008年	2009年	2010年	2011年
全国	21.1	22.6	25.0	28.4	30.0	32.8	36.0	40.9	44.1	47.8	52.2	56.3
北京	97.6	113.1	141.8	155.7	179.7	202.0	229.6	259.1	280.4	305.4	339.8	359.1
天津	89.5	118.5	128.1	143.0	153.8	169.1	194.8	221.4	269.9	300.5	366.7	415.4
河北	27.7	30.3	33.2	39.1	45.1	49.6	55.7	63.2	72.3	80.1	89.9	98.8
山西	40.2	43.3	49.0	57.5	66.7	76.0	80.5	94.2	105.4	112.4	113.0	109.7
内蒙古	10.3	11.1	12.4	15.6	18.4	22.3	26.0	30.8	37.2	42.1	48.3	54.3
辽宁	34.7	40.0	44.7	49.3	54.8	60.4	65.1	74.0	83.9	94.9	107.7	120.2
吉林	19.2	22.7	23.4	27.7	32.6	36.8	40.5	48.0	53.9	57.3	60.4	62.9
黑龙江	11.2	12.7	15.9	18.0	19.0	20.3	21.6	23.8	26.1	27.3	29.9	31.0
上海	48.6	54.7	62.1	66.7	70.3	76.2	87.9	99.9	110.0	113.8	124.5	136.6
江苏	22.7	23.9	26.0	32.6	30.9	35.8	39.1	44.0	49.6	56.6	63.5	70.0
浙江	36.2	39.2	43.5	50.4	57.2	63.9	73.4	83.1	89.1	106.3	115.8	129.1
安徽	18.4	18.4	19.5	23.8	23.0	25.7	24.9	29.6	29.1	30.0	34.2	38.6
福建	22.3	24.2	25.8	28.7	31.8	35.1	40.2	44.2	49.5	54.6	61.9	67.4
江西	10.7	12.1	13.9	18.4	17.7	19.5	22.1	22.0	24.9	27.4	31.4	32.2
山东	40.7	43.4	48.4	63.1	74.3	87.0	93.3	109.6	122.5	137.4	152.6	168.0
河南	30.1	29.1	33.7	43.5	46.2	53.5	53.4	66.3	68.4	73.8	86.4	94.8
湖北	15.0	15.8	20.0	21.6	24.2	26.0	28.8	33.0	35.8	39.1	43.9	48.5
湖南	12.7	13.8	15.6	16.4	18.2	20.1	22.7	26.4	30.1	34.4	39.1	43.9
广东	28.1	29.9	33.5	37.6	42.5	49.1	56.4	64.3	71.2	77.8	86.4	96.0
广西	8.2	8.9	9.6	11.3	12.1	12.7	14.4	16.8	18.9	22.1	25.3	28.4
海南	12.6	13.9	15.1	15.9	17.6	20.4	21.9	25.2	27.7	32.6	37.9	42.3
重庆	36.7	39.2	41.2	43.8	46.0	48.7	53.2	58.3	62.5	69.7	80.6	93.3
四川	20.9	22.8	25.1	27.7	31.2	34.8	39.0	44.9	51.3	54.6	61.0	69.1
贵州	14.5	15.3	16.1	17.0	18.9	20.6	22.6	26.5	28.4	32.1	35.8	43.6
云南	15.3	16.5	17.7	19.6	21.6	23.6	26.7	28.9	31.3	35.2	40.9	46.7
西藏	28.6	31.7	35.1	40.8	45.8	49.9	53.3	63.6	70.7	81.3	94.3	102.0
陕西	9.5	10.5	11.4	12.8	14.2	15.7	17.6	19.8	21.8	24.4	27.0	30.1
甘肃	11.0	12.6	14.3	14.9	16.0	17.7	19.1	22.5	23.1	30.4	32.7	36.7
青海	4.2	4.7	5.4	7.8	7.5	7.8	8.9	11.0	11.8	13.6	15.4	16.9
宁夏	3.4	3.6	4.0	4.2	4.7	5.1	5.6	6.3	6.8	7.3	8.0	9.2
新疆	31.9	34.6	38.2	44.8	48.7	55.3	61.7	70.0	78.1	87.4	97.5	107.6
东部地区	18.7	21.4	25.1	28.5	31.3	34.1	36.8	41.7	46.6	50.1	55.1	58.2
东北老工业基地	16.7	17.9	20.8	24.3	25.9	28.7	30.8	35.3	38.2	41.0	46.0	49.6
中部地区	11.2	12.2	13.4	15.1	16.8	18.4	20.7	23.8	26.6	30.1	34.2	39.1
西部地区	21.1	22.6	25.0	28.4	30.0	32.8	36.0	40.9	44.1	47.8	52.2	56.3

资料来源：1）中华人民共和国国家统计局 . 2003～2012. 2003～2012 中国统计年鉴 . 中国统计出版社

2）中华人民共和国水利部 . 2001～2002. 中国水资源公报 2000～2001. 中国水利水电出版社

附表12　中国各省、直辖市、自治区建设用地绩效（2000～2011）（单位：万元GDP/亩）

地　区	2000年	2001年	2002年	2003年	2004年	2005年	2006年	2007年	2008年	2009年	2010年	2011年
全　国	2.14	2.30	2.98	3.24	3.51	3.86	4.29	4.85	5.26	5.81	6.24	6.49
北　京	9.40	10.04	10.82	11.78	12.96	14.38	16.04	18.07	19.42	20.79	22.30	23.46
天　津	3.62	4.02	5.49	6.23	6.60	7.53	8.56	9.57	10.91	12.30	13.93	15.67
河　北	1.87	2.03	2.77	3.08	3.46	3.85	4.28	4.79	5.24	5.51	5.89	6.35
山　西	1.58	1.73	2.28	2.61	2.97	3.35	3.71	4.26	4.60	4.38	4.90	5.34
内蒙古	0.71	0.78	1.07	1.25	1.48	1.81	2.13	2.50	2.92	3.25	3.01	3.28
辽　宁	2.05	2.22	2.86	3.18	3.49	3.92	4.44	5.06	5.71	6.33	6.94	7.51
吉　林	1.23	1.34	1.67	1.84	2.06	2.30	2.63	3.04	3.51	3.71	4.12	4.59
黑龙江	1.13	1.24	1.83	2.02	2.24	2.49	2.79	3.11	3.46	3.72	4.06	4.59
上　海	13.88	15.25	19.40	21.37	23.68	25.69	29.30	32.95	34.64	37.48	41.34	44.73
江　苏	2.83	3.10	4.85	5.41	5.99	6.77	7.62	8.60	9.54	10.13	10.55	11.29
浙　江	6.12	6.59	7.21	7.92	8.75	9.51	10.45	11.54	12.26	12.81	13.47	14.57
安　徽	1.07	1.16	1.63	1.77	1.99	2.20	2.45	2.77	3.11	3.32	3.59	4.01
福　建	4.31	4.63	5.68	6.21	6.80	7.42	8.19	9.16	10.09	10.57	10.41	11.06
江　西	1.62	1.75	2.14	2.38	2.67	2.99	3.28	3.66	4.08	4.41	4.62	5.09
山　东	2.26	2.46	3.53	3.95	4.47	5.06	5.70	6.44	7.16	7.66	8.16	8.67
河　南	1.62	1.76	2.34	2.56	2.89	3.28	3.73	4.25	4.74	5.07	5.35	5.77
湖　北	1.71	1.86	2.40	2.62	2.89	3.21	3.61	4.10	4.62	5.20	4.94	5.42
湖　南	1.85	2.01	2.43	2.64	2.94	3.28	3.64	4.15	4.67	4.52	5.11	5.70
广　东	5.15	5.65	6.18	6.95	7.82	8.77	9.85	11.16	12.24	11.29	12.46	15.86
广　西	1.79	1.92	2.19	2.40	2.64	2.92	3.24	3.68	4.11	5.57	5.92	6.48
海　南	1.40	1.53	1.52	1.68	1.86	2.04	2.31	2.65	2.90	5.62	5.11	5.57
重　庆	2.40	2.61	3.18	3.42	3.70	4.06	4.50	5.14	5.81	6.02	6.34	6.68
四　川	1.70	1.84	2.29	2.53	2.83	3.15	3.54	4.03	4.43	4.76	5.01	5.32
贵　州	1.48	1.60	1.87	2.03	2.22	2.47	2.76	3.14	3.46	3.68	4.32	4.52
云　南	1.70	1.80	2.37	2.54	2.77	2.98	3.27	3.62	3.92	4.22	4.30	4.60
西　藏	1.07	1.21	2.14	2.21	2.41	2.63	2.91	3.25	3.51	3.93	4.24	9.80
陕　西	1.66	1.81	2.33	2.59	2.90	3.28	3.71	4.27	4.93	6.20	6.73	7.65
甘　肃	0.69	0.75	0.98	1.08	1.20	1.33	1.48	1.66	1.82	1.89	2.02	2.19
青　海	0.72	0.80	0.80	0.93	1.03	1.13	1.28	1.43	1.62	1.73	1.97	2.09
宁　夏	0.96	1.05	1.61	1.77	1.86	2.01	2.24	2.49	2.75	2.78	3.68	3.75
新　疆	0.70	0.76	1.07	1.17	1.29	1.42	1.57	1.75	1.94	1.97	2.13	2.18
东部地区	3.35	3.66	4.82	5.38	6.00	6.70	7.51	8.48	9.31	9.81	10.44	11.45
东北老工业基地	1.46	1.59	2.15	2.37	2.63	2.94	3.33	3.78	4.27	4.62	5.08	5.63
中部地区	1.45	1.58	2.10	2.30	2.58	2.89	3.23	3.67	4.11	4.32	4.62	5.10
西部地区	1.27	1.38	1.76	1.95	2.17	2.42	2.72	3.10	3.47	3.84	4.04	4.34

注：由于2009～2011年各地区建设用地缺乏数据，故按各地区城市建设用地面积增长率推算，可能导致一定偏差

资料来源：1）中华人民共和国国家统计局．2012．2012中国统计年鉴．中国统计出版社

2）中华人民共和国国土资源部．2001～2009．中国国土资源年鉴2001～2009．地质出版社

3）中华人民共和国住房和城乡建设部．2010～2012．中国城市建设统计年鉴2009～2011．中国计划出版社

附表13　中国各省、直辖市、自治区固定资产绩效（2000~2011）（单位：元GDP/元）

地　区	2000年	2001年	2002年	2003年	2004年	2005年	2006年	2007年	2008年	2009年	2010年	2011年
全　国	3.20	3.08	2.88	2.53	2.32	2.08	1.92	1.83	1.73	1.42	1.31	1.37
北　京	2.84	2.70	2.55	2.39	2.44	2.47	2.40	2.38	2.87	2.54	2.45	2.71
天　津	3.00	2.90	2.84	2.60	2.70	2.61	2.48	2.27	2.01	1.63	1.48	1.62
河　北	2.92	3.01	3.11	2.90	2.69	2.42	2.11	1.96	1.84	1.41	1.34	1.44
山　西	3.63	3.35	3.10	2.71	2.51	2.32	2.15	2.04	2.03	1.50	1.45	1.48
内蒙古	3.68	3.45	2.81	2.04	1.70	1.48	1.43	1.36	1.38	1.19	1.18	1.24
辽　宁	3.34	3.26	3.20	2.83	2.33	1.92	1.65	1.51	1.39	1.24	1.12	1.22
吉　林	3.29	3.13	2.92	2.80	2.71	2.08	1.64	1.41	1.27	1.12	1.07	1.36
黑龙江	3.63	3.44	3.49	3.54	3.38	3.17	2.82	2.61	2.46	1.95	1.70	1.87
上　海	2.53	2.62	2.65	2.70	2.70	2.63	2.67	2.81	3.05	3.06	3.46	4.11
江　苏	3.34	3.38	3.14	2.45	2.46	2.28	2.15	2.12	2.11	1.87	1.81	1.87
浙　江	2.79	2.57	2.37	2.06	2.05	2.06	2.04	2.21	2.40	2.19	2.23	2.28
安　徽	3.63	3.54	3.26	2.80	2.46	2.12	1.74	1.45	1.35	1.10	1.03	1.17
福　建	3.38	3.46	3.56	3.37	3.08	2.83	2.57	2.18	2.15	1.98	1.77	1.75
江　西	4.04	3.55	2.79	2.26	2.09	1.86	1.75	1.70	1.48	1.15	1.04	1.22
山　东	3.37	3.41	3.08	2.36	2.23	1.97	1.93	2.03	1.99	1.75	1.67	1.72
河　南	3.90	3.81	3.68	3.23	2.95	2.46	2.08	1.84	1.72	1.41	1.35	1.52
湖　北	2.71	2.66	2.68	2.70	2.54	2.46	2.27	2.09	1.99	1.60	1.48	1.47
湖　南	3.48	3.32	3.16	3.02	2.74	2.51	2.42	2.25	2.11	1.72	1.63	1.61
广　东	3.48	3.48	3.53	3.31	3.32	3.23	3.27	3.30	3.38	3.02	2.89	3.07
广　西	3.71	3.64	3.53	3.23	2.81	2.40	2.08	1.83	1.75	1.40	1.22	1.29
海　南	2.57	2.62	2.67	2.45	2.53	2.45	2.42	2.51	2.23	1.74	1.59	1.51
重　庆	3.21	2.90	2.50	2.22	1.97	1.79	1.65	1.55	1.54	1.32	1.23	1.36
四　川	2.65	2.57	2.42	2.25	2.24	2.06	1.95	1.83	1.81	1.28	1.31	1.46
贵　州	2.81	2.28	2.11	2.01	2.03	2.01	1.91	1.83	1.77	1.53	1.38	1.22
云　南	2.83	2.83	2.79	2.53	2.35	1.95	1.78	1.67	1.59	1.33	1.25	1.33
西　藏	–	–	–	–	–	–	–	–	–	–	–	–
陕　西	2.95	2.84	2.72	2.36	2.21	2.09	1.85	1.62	1.53	1.27	1.19	1.21
甘　肃	2.62	2.52	2.43	2.32	2.31	2.22	2.20	1.99	1.78	1.44	1.25	1.17
青　海	1.84	1.58	1.55	1.61	1.64	1.65	1.54	1.54	1.60	1.30	1.22	1.05
宁　夏	2.06	1.90	1.77	1.46	1.44	1.38	1.40	1.36	1.20	1.04	0.92	0.97
新　疆	2.32	2.23	2.13	2.02	1.99	1.94	1.89	1.87	1.89	1.66	1.53	1.35
东部地区	3.13	3.11	3.00	2.63	2.55	2.38	2.28	2.26	2.26	1.98	1.89	1.99
东北老工业基地	3.42	3.29	3.22	3.02	2.68	2.24	1.90	1.71	1.56	1.36	1.24	1.40
中部地区	3.49	3.34	3.16	2.90	2.68	2.37	2.09	1.88	1.75	1.42	1.33	1.46
西部地区	2.87	2.72	2.54	2.27	2.13	1.94	1.81	1.68	1.63	1.32	1.25	1.30

注：固定资产投资按2005年价格计算

资料来源：中华人民共和国国家统计局．2001~2012．2001~2012中国统计年鉴．中国统计出版社

附表 14 中国各省、直辖市、自治区二氧化硫排放绩效（2000～2011）（单位：万元 GDP/吨）

地 区	2000年	2001年	2002年	2003年	2004年	2005年	2006年	2007年	2008年	2009年	2010年	2011年
全 国	58.2	64.6	71.2	69.9	73.7	72.5	80.5	96.4	112.4	128.6	143.9	155.0
北 京	176.0	219.0	255.7	298.1	325.5	364.9	447.5	594.6	798.5	912.6	1039.4	1319.1
天 津	61.4	84.7	108.8	113.2	149.1	147.4	175.7	211.4	251.1	296.7	350.6	415.4
河 北	44.5	49.6	54.8	55.0	61.8	66.9	73.5	85.8	104.8	123.7	141.1	137.2
山 西	18.9	20.8	23.5	23.7	26.3	27.9	32.3	39.9	45.9	49.9	57.7	58.2
内蒙古	26.7	30.3	30.3	20.3	26.8	26.8	29.9	38.1	45.6	54.6	63.0	71.2
辽 宁	50.7	61.4	71.6	76.9	85.9	67.2	73.0	85.7	106.0	128.9	151.4	154.2
吉 林	76.4	90.0	98.6	105.9	113.3	94.8	101.8	121.1	148.5	175.5	203.4	199.7
黑龙江	112.3	124.7	139.8	124.3	132.5	108.5	119.3	134.3	152.8	175.8	198.2	209.0
上 海	113.2	123.0	144.8	161.4	175.5	180.3	205.2	241.2	295.2	376.1	438.9	708.7
江 苏	84.2	97.1	111.2	114.0	131.0	135.5	163.9	201.6	244.8	289.6	333.7	369.2
浙 江	122.7	135.9	145.1	141.5	146.1	156.0	177.9	219.9	260.6	299.7	346.7	387.2
安 徽	82.4	89.6	98.2	93.5	98.6	93.7	103.1	120.2	139.4	162.4	188.4	215.0
福 建	174.8	213.8	244.1	173.0	180.2	142.2	160.4	194.5	228.4	262.1	306.3	361.7
江 西	72.4	83.1	96.0	72.7	69.3	66.2	71.9	83.0	100.1	117.0	135.1	145.0
山 东	55.3	63.5	72.2	75.4	87.7	91.7	107.4	132.0	159.3	190.1	220.8	206.0
河 南	70.4	75.0	78.6	78.5	73.8	65.2	74.6	88.8	107.2	127.3	145.0	158.6
湖 北	72.3	81.7	89.4	86.9	85.0	91.9	98.2	120.8	144.7	170.9	199.7	215.8
湖 南	52.1	57.6	64.4	61.8	67.4	71.8	79.7	94.6	116.0	136.5	158.5	209.1
广 东	133.5	137.1	154.0	160.1	172.2	174.3	204.4	247.3	289.2	336.6	385.6	526.0
广 西	28.7	37.1	41.9	36.1	37.3	38.9	45.5	53.5	63.6	75.2	84.6	164.7
海 南	272.1	302.8	301.7	320.3	353.3	408.2	423.6	459.8	597.1	658.3	583.9	571.0
重 庆	24.6	31.2	35.5	36.1	39.1	41.4	45.3	54.7	66.1	79.7	96.7	138.0
四 川	35.6	41.8	46.8	48.2	51.9	56.9	65.4	81.4	92.8	107.4	124.1	179.0
贵 州	8.4	9.6	10.9	12.1	13.5	14.8	15.4	18.9	23.4	27.4	31.6	37.8
云 南	58.4	67.5	72.1	63.1	66.5	66.3	70.1	81.2	95.5	107.6	120.5	99.2
西 藏	1736.7	1565.8	1767.8	2643.4	2219.4	1244.0	1409.5	1699.6	1769.1	1988.4	1157.9	1258.3
陕 西	36.0	39.9	43.0	40.0	42.3	42.7	45.7	56.0	67.9	85.3	101.0	97.7
甘 肃	31.5	34.5	32.8	31.4	35.7	34.4	39.5	46.3	53.2	58.8	59.6	59.3
青 海	96.2	98.2	120.4	71.5	65.4	43.8	47.4	52.2	58.8	64.3	70.2	73.2
宁 夏	17.7	20.0	19.9	16.9	18.9	17.9	18.0	21.0	25.2	31.2	35.8	30.4
新 疆	52.0	58.4	64.0	63.6	48.9	50.2	52.7	55.9	61.5	66.0	73.1	63.2
东部地区	82.0	93.7	106.6	109.4	122.5	122.6	140.7	170.1	205.1	242.5	279.9	301.7
东北老工业基地	67.6	80.1	91.5	94.0	102.8	82.3	89.4	103.9	125.7	149.9	173.6	177.2
中部地区	58.6	64.7	71.1	68.1	70.1	67.9	75.9	90.4	107.9	125.9	145.1	158.2
西部地区	28.5	33.3	36.3	33.7	36.8	37.7	41.3	49.7	58.8	69.1	79.1	91.2

资料来源：1）中华人民共和国国家统计局．2001～2012. 2001～2012 中国统计年鉴．中国统计出版社

2）《中国环境年鉴》编委会．2001～2012. 中国环境年鉴 2001～2012. 中国环境年鉴社

附表15　中国各省、直辖市、自治区烟粉尘排放绩效（2000～2011）（单位：万元GDP/吨）

地　区	2000年	2001年	2002年	2003年	2004年	2005年	2006年	2007年	2008年	2009年	2010年	2011年
全　国	51.4	61.0	70.2	72.9	83.1	88.3	109.9	141.2	175.5	207.7	246.1	282.8
北　京	202.9	287.8	386.5	529.0	586.5	765.9	984.4	1345.9	1561.6	1777.3	1811.9	2119.2
天　津	96.6	144.5	209.6	234.8	330.0	355.1	497.8	623.4	782.8	888.9	1129.4	1390.8
河　北	36.7	45.9	51.2	57.7	61.0	69.3	82.9	110.9	131.2	164.0	212.0	152.9
山　西	15.2	16.3	18.8	18.7	21.1	23.3	28.0	36.2	49.9	58.8	73.1	73.6
内蒙古	26.9	36.2	39.3	32.5	31.0	31.6	50.0	64.2	82.8	116.0	108.8	141.1
辽　宁	38.5	46.7	58.2	67.7	77.4	67.1	81.0	93.6	125.0	161.4	193.5	262.8
吉　林	44.8	53.5	64.5	71.1	72.2	65.7	76.4	98.0	126.6	141.5	204.8	199.7
黑龙江	54.5	61.3	70.4	71.6	76.8	82.0	93.1	106.5	131.4	161.5	202.9	173.2
上　海	312.9	380.1	530.6	550.7	619.5	733.9	847.3	1053.2	1155.3	1295.5	1403.5	2099.7
江　苏	155.0	160.0	203.5	168.8	211.5	230.5	291.9	383.7	512.5	629.6	721.3	781.3
浙　江	97.7	157.7	173.2	181.3	215.5	302.9	358.7	455.3	557.8	587.1	751.4	835.0
安　徽	57.6	68.6	80.3	60.6	67.2	70.4	83.8	112.1	126.4	154.8	193.1	267.0
福　建	130.2	164.4	203.1	195.3	206.8	202.3	234.4	284.2	340.1	407.4	449.1	651.4
江　西	40.1	67.7	70.8	59.9	62.8	68.1	78.8	96.9	120.9	154.6	194.0	229.5
山　东	70.0	84.6	99.9	99.9	164.0	185.1	232.3	313.7	381.7	473.9	584.4	515.1
河　南	39.7	48.0	54.0	57.2	62.3	64.9	89.0	123.1	172.7	204.0	250.8	352.1
湖　北	52.4	66.8	76.4	84.2	90.4	98.7	117.9	163.5	217.4	275.1	372.6	435.6
湖　南	37.2	40.8	45.9	44.3	46.8	50.4	60.7	77.6	104.5	121.0	179.9	388.2
广　东	141.1	237.4	285.1	258.1	301.8	376.0	462.4	568.9	624.5	887.6	976.0	1614.3
广　西	20.5	27.2	32.2	30.5	33.2	36.0	49.2	70.0	88.8	92.2	131.8	315.6
海　南	178.5	263.3	276.6	305.9	369.4	408.2	484.1	560.5	721.3	805.7	1121.6	1570.2
重　庆	47.7	55.7	63.5	66.5	73.2	80.8	94.1	118.9	153.5	198.8	238.3	468.3
四　川	29.7	33.4	40.9	44.8	50.4	62.9	89.1	146.8	228.6	305.7	291.3	435.2
贵　州	13.4	17.8	21.7	24.8	31.2	36.1	54.2	58.9	63.5	59.7	107.5	142.1
云　南	55.1	72.3	103.3	97.8	103.5	90.6	105.8	124.6	146.6	191.9	262.4	187.0
西　藏	434.2	521.9	589.3	660.0	554.9	622.0	2818.9	1606.8	1769.1	1325.6	1488.7	1006.6
陕　西	28.5	37.5	45.5	46.0	47.5	53.6	68.8	84.4	124.5	196.0	225.9	203.5
甘　肃	37.1	43.7	51.1	46.9	55.6	59.0	67.4	104.8	120.1	119.5	128.4	161.5
青　海	24.9	32.4	37.8	36.2	30.5	32.0	38.2	46.6	51.8	60.2	57.5	84.0
宁　夏	12.8	18.0	19.2	16.2	30.2	28.8	34.2	41.6	57.6	73.2	47.8	60.0
新　疆	50.8	59.2	66.5	57.9	55.0	58.7	63.3	68.0	73.3	77.5	81.4	94.3
东部地区	88.8	114.8	137.9	142.7	175.0	192.5	235.1	299.3	367.1	455.0	545.4	571.8
东北老工业基地	44.0	52.2	63.1	69.6	76.1	70.9	83.4	98.3	127.2	156.5	198.7	214.4
中部地区	38.7	45.7	51.8	50.7	54.8	58.2	71.0	91.8	121.1	145.8	190.2	229.0
西部地区	28.7	36.0	42.9	42.2	46.0	50.0	66.5	86.7	109.9	132.3	151.4	198.7

资料来源：1）中华人民共和国国家统计局. 2001～2012. 2001～2012中国统计年鉴. 中国统计出版社

2）《中国环境年鉴》编委会. 2001～2012. 中国环境年鉴2001～2012. 中国环境年鉴社

附表16　中国各省、直辖市、自治区化学需氧量排放绩效（2000～2011）（单位：万元GDP/吨）

地　区	2000年	2001年	2002年	2003年	2004年	2005年	2006年	2007年	2008年	2009年	2010年	2011年
全　国	80.4	89.5	100.4	113.2	124.1	130.8	145.9	172.3	197.5	223.0	254.0	265.7
北　京	220.8	259.0	323.0	406.4	479.2	601.1	716.8	846.7	971.5	1096.8	1299.9	1219.5
天　津	108.9	214.0	248.2	225.0	248.1	267.3	313.3	376.8	452.8	528.0	624.7	799.7
河　北	83.2	98.1	109.5	122.9	134.2	151.5	165.1	191.9	233.1	272.1	318.7	440.2
山　西	71.5	79.9	90.8	90.3	98.0	109.4	123.3	147.8	167.2	183.6	216.3	269.6
内蒙古	69.2	69.7	93.2	95.1	114.6	131.4	156.1	192.7	233.1	274.1	319.1	373.0
辽　宁	67.4	76.1	95.7	115.8	142.7	124.9	143.4	168.4	205.2	240.9	285.8	384.2
吉　林	45.8	58.0	73.2	77.4	88.2	89.0	99.9	120.8	149.8	176.5	205.8	290.5
黑龙江	63.8	69.1	78.1	86.6	97.9	109.5	124.1	141.8	162.5	186.6	218.6	233.7
上　海	165.1	190.7	196.1	214.8	282.5	303.8	345.1	407.9	493.8	585.4	715.1	813.8
江　苏	154.8	134.2	158.9	184.4	190.2	192.5	229.7	275.5	325.0	378.5	444.8	462.7
浙　江	116.2	138.7	156.7	184.8	213.7	225.6	257.9	310.8	358.3	409.1	483.1	428.7
安　徽	73.6	85.1	94.6	103.2	112.9	120.6	131.9	152.4	179.0	206.2	243.8	208.7
福　建	122.3	136.2	167.1	149.5	163.8	166.3	190.5	226.2	259.0	292.8	336.2	312.7
江　西	60.0	61.3	71.9	75.3	79.3	88.7	96.1	110.0	131.1	151.7	174.6	167.0
山　东	99.5	118.5	141.9	166.8	205.0	238.5	277.9	334.2	397.1	467.3	547.1	629.6
河　南	75.2	88.5	99.1	115.3	133.2	146.9	168.0	200.0	239.1	275.6	313.3	359.7
湖　北	57.7	66.1	72.7	83.3	95.7	106.9	119.2	142.2	165.5	191.1	220.7	237.2
湖　南	59.8	61.8	64.6	64.4	69.2	73.7	80.7	94.7	110.2	130.6	159.1	203.8
广　东	126.9	120.7	157.5	175.3	213.2	213.2	246.8	292.5	340.9	395.5	471.9	356.4
广　西	23.3	31.3	33.8	34.0	35.4	37.2	40.4	49.0	58.0	68.6	81.6	151.4
海　南	65.4	86.5	100.6	108.7	87.7	94.4	102.7	116.1	129.0	144.6	182.2	207.1
重　庆	78.3	88.7	99.3	106.2	114.8	128.9	147.6	179.8	214.0	247.8	296.7	280.3
四　川	44.6	47.8	55.9	62.2	74.4	94.3	104.0	124.5	142.2	163.1	189.5	218.5
贵　州	53.6	64.2	70.8	72.5	79.7	88.9	98.7	114.4	130.3	149.1	174.7	148.6
云　南	75.9	78.2	87.2	100.2	109.6	121.6	131.5	149.5	170.9	196.8	224.9	146.6
西　藏	34.7	142.3	221.0	250.5	160.4	178.5	184.1	209.0	229.7	258.2	155.1	228.8
陕　西	68.8	73.9	84.9	95.4	102.3	112.3	126.1	150.5	181.8	215.7	255.6	256.6
甘　肃	83.9	105.4	107.8	97.9	109.2	106.1	121.1	139.1	156.3	174.9	196.2	149.2
青　海	92.7	104.2	116.8	135.2	123.1	75.9	82.3	92.2	106.3	114.7	121.1	142.8
宁　夏	20.8	21.4	39.7	48.9	83.5	42.9	49.3	56.7	66.5	78.3	91.4	95.2
新　疆	81.8	87.2	92.5	92.1	89.7	96.0	100.5	112.0	125.4	135.7	145.4	151.6
东部地区	114.8	126.3	151.1	171.0	197.6	206.2	237.3	281.9	332.6	385.8	454.8	463.6
东北老工业基地	60.3	69.2	84.0	95.4	111.7	110.5	125.5	147.3	176.6	206.0	242.4	303.6
中部地区	63.6	71.4	80.2	86.6	96.3	105.1	117.1	137.7	161.4	186.4	218.2	242.8
西部地区	50.4	57.4	66.3	70.6	78.6	85.7	94.9	112.8	131.9	152.8	177.7	197.3

资料来源：1）《中国环境年鉴》编委会. 2001～2012. 中国环境年鉴2001～2012. 中国环境年鉴社

2）中华人民共和国国家统计局. 2012. 2012中国统计年鉴. 中国统计出版社

附表17　中国各省、直辖市、自治区氨氮排放绩效（2000～2011）（单位：万元GDP/吨）

地　区	2000年	2001年	2002年	2003年	2004年	2005年	2006年	2007年	2008年	2009年	2010年	2011年
全　国	984.0	1065.7	1065.2	1163.6	1249.3	1234.6	1475.0	1799.1	2054.1	2323.6	2614.5	1955.3
北　京	1876.9	2096.5	2727.2	3405.6	3657.2	4978.2	6058.1	7514.6	8198.4	8339.7	9861.6	8079.3
天　津	1841.6	2062.6	1826.4	1834.6	2266.1	2055.6	2986.5	3449.4	4305.6	5852.1	4169.3	4798.2
河　北	1367.9	1486.9	1015.6	1203.1	1401.4	1451.0	1669.7	2134.5	2517.9	2820.1	3189.0	2848.4
山　西	906.2	997.7	704.0	789.2	887.5	983.8	1136.2	1229.1	1428.8	1542.7	1734.1	1769.7
内蒙古	805.5	890.8	821.7	899.7	1051.4	781.0	1223.9	1680.0	1920.8	2245.4	2161.7	2447.6
辽　宁	844.0	920.0	822.8	959.1	1098.5	884.3	1241.9	1531.7	1872.6	2186.2	2757.1	2347.0
吉　林	519.6	567.9	768.2	872.2	1009.2	1005.6	1156.5	1559.2	1869.0	2196.4	2442.0	2170.7
黑龙江	680.1	743.3	802.7	921.5	1029.3	1002.5	1166.2	1357.4	1547.9	1796.2	2239.8	1818.6
上　海	2024.3	2236.8	2232.0	2596.1	2677.8	2719.9	2977.7	3531.3	3873.8	4750.3	5713.3	3618.7
江　苏	1054.0	1161.5	1596.8	2021.3	2225.1	2188.1	2574.7	3273.9	3953.2	4785.2	5564.7	3325.6
浙　江	790.5	874.3	1332.0	1527.8	1888.1	2129.8	2681.2	3307.4	4106.3	5126.2	5921.7	2913.1
安　徽	664.9	724.1	777.7	850.8	983.7	1009.5	1020.2	1249.8	1613.9	1860.8	2262.0	1625.1
福　建	1311.1	1425.2	1239.9	1194.0	1334.9	1260.5	1535.7	2889.5	3265.2	3666.8	4208.6	2306.6
江　西	779.5	848.1	969.5	1024.9	1089.8	1193.2	1301.6	1393.8	1717.0	1941.9	2177.5	1388.2
山　东	1091.5	1200.7	1452.9	1797.4	1971.8	2186.5	2538.2	3124.5	3849.3	4512.3	5106.7	3881.6
河　南	995.4	1085.0	944.3	1019.2	1018.8	1018.0	1288.5	1633.0	2047.4	2300.8	2678.4	2525.9
湖　北	675.4	735.5	634.1	686.6	783.8	844.9	1008.1	1204.1	1385.0	1692.9	2056.7	1753.1
湖　南	839.0	914.6	473.8	609.8	625.4	653.1	744.0	940.3	1146.6	1319.2	1686.9	1446.9
广　东	1183.8	1308.1	1743.8	1851.2	2271.8	2255.7	2784.5	2479.5	2692.5	3133.5	3786.9	2605.5
广　西	852.5	923.3	649.8	572.9	476.0	447.7	637.5	854.0	1049.3	1394.4	1612.2	1560.6
海　南	1110.2	1211.2	1327.5	1468.2	1160.9	1282.8	1270.7	1471.4	1442.6	1812.9	2180.4	1449.4
重　庆	1215.3	1324.6	1034.0	1064.2	1108.7	1238.5	1392.0	1807.0	2248.9	2201.2	2765.7	1975.8
四　川	612.5	667.7	780.4	831.4	978.9	1102.3	1270.0	1599.6	1718.3	2033.0	2315.7	1899.5
贵　州	814.8	886.5	906.8	840.7	988.6	1114.1	1256.7	1442.7	1605.8	1894.0	2204.1	1347.4
云　南	1127.5	1204.2	1458.4	1586.7	1766.0	1822.0	1931.6	2167.3	2397.0	2828.5	2909.8	1491.7
西　藏	1389.3	1565.8	1767.8	1979.9	2219.4	2488.0	2818.9	3213.6	3538.1	3976.8	2523.2	1677.7
陕　西	898.8	986.9	1305.2	1276.8	1383.9	1513.0	1723.3	1995.5	1887.3	2144.0	2435.3	1905.4
甘　肃	829.6	910.9	560.6	620.6	665.3	568.8	653.5	1100.7	1211.9	1089.2	1397.2	999.9
青　海	1025.8	1145.8	1284.5	1078.0	968.5	776.2	879.4	998.1	1132.9	1247.3	1219.2	1269.5
宁　夏	363.3	400.0	400.7	382.1	789.1	360.4	690.4	972.6	1095.2	1225.5	859.5	831.6
新　疆	1008.3	1095.0	1053.1	1109.4	1174.1	1183.7	1256.8	1410.1	1500.0	1496.8	1616.9	1417.9
东部地区	1147.1	1263.1	1446.5	1667.6	1913.0	1918.7	2343.9	2808.6	3276.2	3855.8	4465.9	3095.5
东北老工业基地	696.7	760.5	804.1	927.3	1055.9	944.0	1198.4	1478.5	1759.1	2053.7	2511.0	2123.8
中部地区	756.9	825.9	723.0	821.8	891.0	923.5	1069.0	1294.1	1561.7	1796.8	2147.3	1800.1
西部地区	819.2	892.7	866.0	875.9	939.4	897.5	1129.9	1456.4	1630.4	1856.0	2054.9	1672.8

资料来源：1）《中国环境年鉴》编委会 . 2001～2012. 中国环境年鉴2001～2012. 中国环境年鉴社

2）中华人民共和国国家统计局 . 2012. 2012中国统计年鉴 . 中国统计出版社

附表18　中国各省、直辖市、自治区工业固体废物排放绩效（2000～2011）（单位：万元 GDP/吨）

地　区	2000年	2001年	2002年	2003年	2004年	2005年	2006年	2007年	2008年	2009年	2010年	2011年
全　国	1.42	1.42	1.45	1.50	1.38	1.38	1.38	1.36	1.37	1.40	1.31	1.06
北　京	3.46	3.88	4.66	4.59	4.77	5.63	5.81	7.07	8.50	8.73	9.42	11.48
天　津	4.31	3.95	3.98	4.56	4.51	3.48	3.47	3.70	4.08	4.63	4.43	5.48
河　北	0.84	0.72	0.82	0.87	0.53	0.62	0.80	0.69	0.71	0.71	0.55	0.43
山　西	0.29	0.35	0.34	0.35	0.37	0.38	0.40	0.40	0.37	0.43	0.39	0.30
内蒙古	0.75	0.79	0.73	0.72	0.67	0.53	0.53	0.51	0.61	0.63	0.52	0.43
辽　宁	0.62	0.66	0.70	0.77	0.80	0.79	0.71	0.74	0.76	0.79	0.90	0.61
吉　林	1.36	1.46	1.60	1.66	1.59	1.47	1.49	1.55	1.64	1.62	1.56	1.53
黑龙江	1.24	1.25	1.30	1.43	1.56	1.72	1.58	1.68	1.73	1.63	1.80	1.81
上　海	3.88	3.62	4.06	4.38	4.58	4.71	5.05	5.54	5.61	6.32	6.42	6.96
江　苏	3.33	3.14	3.28	3.63	3.48	3.23	2.97	3.34	3.58	3.87	3.87	3.71
浙　江	5.25	5.02	5.09	5.26	5.13	5.34	4.94	4.85	5.10	5.38	5.51	5.77
安　徽	1.16	1.09	1.14	1.21	1.28	1.28	1.20	1.15	1.02	1.03	1.09	0.99
福　建	1.80	0.83	1.14	1.76	1.75	1.74	1.78	1.80	1.82	1.73	1.67	3.19
江　西	0.49	0.58	0.48	0.51	0.55	0.58	0.62	0.66	0.71	0.74	0.80	0.74
山　东	1.84	1.76	1.86	2.04	2.02	2.00	1.91	2.02	2.07	2.14	2.12	1.93
河　南	1.70	1.71	1.73	1.83	1.80	1.71	1.62	1.57	1.63	1.60	1.81	1.49
湖　北	1.44	1.64	1.62	1.70	1.80	1.78	1.73	1.83	1.93	1.98	1.85	1.89
湖　南	1.71	1.78	1.97	1.90	1.80	1.96	2.02	1.88	2.16	2.18	2.20	1.69
广　东	7.13	6.70	7.33	7.67	7.58	7.79	8.47	7.72	6.80	7.60	7.42	7.62
广　西	1.13	0.98	1.13	0.98	1.07	1.14	1.16	1.15	1.08	1.18	1.23	1.15
海　南	5.84	8.07	7.06	8.07	7.26	7.07	6.92	7.45	5.90	7.22	7.94	4.48
重　庆	1.58	1.73	1.84	2.07	2.08	1.95	2.21	2.16	2.24	2.33	2.45	2.46
四　川	0.92	1.05	1.14	1.13	1.12	1.15	1.10	0.99	1.15	1.42	1.25	1.27
贵　州	0.54	0.56	0.50	0.42	0.39	0.41	0.39	0.43	0.49	0.44	0.44	0.55
云　南	0.71	0.77	0.76	0.84	0.78	0.74	0.65	0.61	0.60	0.62	0.64	0.40
西　藏	8.17	8.70	22.10	33.00	15.85	31.10	31.32	58.57	58.97	35.78	40.60	1.67
陕　西	0.86	1.02	0.95	1.04	0.91	0.86	0.93	0.95	0.99	1.24	1.14	1.26
甘　肃	0.68	0.99	0.81	0.75	0.81	0.86	0.83	0.81	0.83	0.93	0.88	0.57
青　海	0.91	0.93	1.23	1.14	0.95	0.84	0.70	0.62	0.59	0.65	0.56	0.10
宁　夏	0.76	0.93	0.95	0.85	0.86	0.85	0.86	0.74	0.77	0.70	0.45	0.37
新　疆	2.25	2.23	1.88	1.94	2.08	2.01	1.83	1.52	1.48	1.21	1.10	0.92
东部地区	2.10	1.88	2.11	2.36	2.07	2.15	2.23	2.23	2.29	2.35	2.23	1.93
东北老工业基地	0.86	0.90	0.96	1.04	1.09	1.08	0.99	1.03	1.07	1.08	1.19	0.92
中部地区	0.97	1.06	1.04	1.07	1.11	1.13	1.14	1.14	1.15	1.21	1.23	1.06
西部地区	0.90	0.99	0.98	0.96	0.93	0.89	0.86	0.83	0.90	0.95	0.88	0.69

资料来源：1）中华人民共和国国家统计局．2001～2012．2001～2012 中国统计年鉴．中国统计出版社

2）《中国环境年鉴》编委会．2001～2012．中国环境年鉴 2001～2012．中国环境年鉴社

附表 19　中国各省、直辖市、自治区能源消费总量（2000～2011）（单位：万吨标准煤）

地　区	2000年	2001年	2002年	2003年	2004年	2005年	2006年	2007年	2008年	2009年	2010年	2011年
全　国	138553	143199	151797	174990	203227	235997	258676	280508	291448	306647	324939	348002
北　京	4144	4313	4436	4648	5140	5522	5904	6285	6327	6570	6960	7003
天　津	2794	2918	3022	3215	3697	4085	4500	4943	5364	5871	6810	7602
河　北	11196	12301	13405	15298	17348	19836	21794	23585	24322	25437	27549	29508
山　西	6728	7968	9340	10386	11251	12750	14098	15601	15675	14952	16101	18319
内蒙古	3549	4073	4560	5778	7623	9666	11221	12777	14100	15337	16813	18744
辽　宁	10656	10656	10602	11253	13074	13611	14987	16544	17801	19505	21362	22697
吉　林	3766	3863	4531	5174	5603	5315	5908	6557	7221	7701	8300	9104
黑龙江	6166	6037	6004	6714	7466	8050	8731	9377	9979	10467	11232	12133
上　海	5499	5818	6249	6796	7406	8225	8876	9670	10207	10360	11192	11478
江　苏	8612	8881	9609	11060	13652	17167	19041	20948	22232	23670	25730	27589
浙　江	6560	6530	8280	9523	10825	12032	13219	14524	15107	15574	16863	17828
安　徽	4879	5118	5316	5457	6017	6506	7069	7739	8325	8895	9712	10577
福　建	3463	3850	4236	4808	5449	6142	6828	7587	8254	8921	9810	10658
江　西	2505	2329	2933	3426	3814	4286	4660	5053	5383	5810	6360	6922
山　东	11362	9955	14599	16625	19624	24162	26759	29177	30570	32409	34800	37141
河　南	7919	8244	9055	10595	13074	14625	16232	17838	18976	19948	21645	23127
湖　北	6269	6052	6713	7708	9120	10082	11049	12143	12845	13535	14944	16572
湖　南	4071	4622	5382	6298	7599	9709	10581	11629	12355	13319	14858	16173
广　东	9448	10179	11355	13099	15210	17921	19971	22217	23476	24648	26894	28496
广　西	2669	2669	3120	3523	4203	4869	5390	5997	6497	7074	7918	8598
海　南	480	520	602	684	742	822	920	1057	1135	1233	1359	1600
重　庆	2428	3016	2696	3069	3670	4943	5368	5947	6472	7019	7843	8792
四　川	6518	6810	7510	9204	10700	11816	12986	14214	15145	16321	17901	19704
贵　州	4279	4438	4470	5534	6021	5641	6172	6800	7084	7560	8165	9071
云　南	3468	3490	4131	4450	5210	6024	6621	7133	7511	8034	8679	9545
西　藏	2731	3257	3713	4170	4776	5571	6129	6775	7417	8041	8877	9755
陕　西	3012	2905	3174	3525	3908	4368	4743	5109	5346	5482	5921	6501
甘　肃	897	930	1019	1123	1364	1670	1903	2095	2279	2348	2567	3190
青　海	1179	1279	1378	2015	2322	2536	2830	3077	3229	3386	3681	4317
宁　夏	3328	3496	3723	4177	4910	5506	6047	6576	7069	7527	8579	9933
新　疆	74214	75921	86395	97009	112167	129524	142799	156537	164796	174198	189329	201601
东部地区	20588	20556	21137	23141	26143	26976	29626	32478	35002	37673	40894	43934
东北老工业基地	42303	44233	49274	55758	63944	71323	78329	85937	90761	94627	103152	112928
中部地区	34058	36363	39494	46568	54707	62611	69412	76500	82151	88129	96944	108148
西部地区	138553	143199	151797	174990	203227	235997	258676	280508	291448	306647	324939	348002

注：2011 年能源消费总量数据是根据能源消费强度和 GDP 推算；2001 年能源消费总量个别地区的能源总量采用差值修正。新疆 2010 年能源强度数据是根据国家统计局、国家发展和改革委员会、国家能源局三部门联合发布的“2010 年上半年全国单位 GDP 能耗等指标公报”中单位 GDP 能耗变化率数据推算

资料来源：1）国家统计局能源统计司，国家能源局．2005～2012．中国能源统计年鉴 2004～2012．中国统计出版社

2）中华人民共和国国家统计局．2001～2012．2001～2012 中国统计年鉴．中国统计出版社

附表 20　中国各省、直辖市、自治区总用水量（2000～2011）（单位：亿立方米）

地　区	2000年	2001年	2002年	2003年	2004年	2005年	2006年	2007年	2008年	2009年	2010年	2011年
全　国	5497.6	5567.4	5497.3	5320.4	5547.8	5633.0	5795.0	5818.7	5910.0	5965.2	6022.0	6107.2
北　京	40.4	38.9	34.6	35.0	34.6	34.5	34.3	34.8	35.1	35.5	35.2	36.0
天　津	22.6	19.1	20.0	20.5	22.1	23.1	23.0	23.4	22.3	23.4	22.5	23.1
河　北	212.2	211.2	211.4	199.8	195.9	201.8	204.0	202.5	195.0	193.7	193.7	196.0
山　西	56.4	57.6	57.5	56.2	55.9	55.7	59.3	58.7	56.9	56.3	63.8	74.2
内蒙古	172.2	175.8	178.2	166.9	171.5	174.8	178.7	180.0	175.8	181.3	181.9	184.7
辽　宁	136.4	128.8	127.1	128.3	130.2	133.3	141.2	142.9	142.8	142.8	143.7	144.5
吉　林	113.5	105.1	111.7	104.0	99.2	98.4	102.9	100.8	104.1	111.1	120.0	131.2
黑龙江	296.8	287.5	252.3	245.8	259.4	271.5	286.2	291.4	297.0	316.3	325.0	352.4
上　海	108.4	106.2	104.3	109.0	118.1	121.3	118.6	120.2	119.8	125.2	126.3	124.5
江　苏	445.6	466.4	478.7	433.5	525.6	519.7	546.4	558.3	558.3	549.2	552.2	556.2
浙　江	201.2	205.4	208.0	206.0	207.8	209.9	208.3	211.0	216.6	197.8	203.0	198.5
安　徽	176.7	193.0	199.8	178.6	209.7	208.0	241.9	232.1	266.4	291.9	293.1	294.6
福　建	176.4	176.4	182.9	182.8	184.9	186.9	187.3	196.3	198.0	201.4	202.5	208.8
江　西	217.6	210.9	202.1	172.5	203.5	208.1	205.7	234.9	234.2	241.3	239.7	262.9
山　东	244.0	251.6	252.4	219.4	214.9	211.0	225.8	219.5	219.9	220.0	222.5	224.1
河　南	204.7	231.4	218.8	187.6	200.7	197.8	227.0	209.3	227.5	233.7	224.6	229.1
湖　北	270.6	278.5	240.9	245.1	242.7	253.4	258.8	258.7	270.7	281.4	288.0	296.7
湖　南	316.0	318.6	306.9	318.8	323.6	328.4	327.7	324.3	323.6	322.3	325.2	326.5
广　东	429.8	446.3	447.0	457.5	464.8	459.0	459.4	462.5	461.5	463.4	469.0	464.2
广　西	292.5	291.1	297.5	278.4	290.8	312.9	314.4	310.4	310.1	303.4	301.6	301.8
海　南	44.0	43.6	44.1	46.3	46.3	44.1	46.5	46.7	46.9	44.5	44.4	44.5
重　庆	56.3	57.4	60.3	63.2	67.5	71.2	73.2	77.4	82.8	85.3	86.4	86.8
四　川	208.5	207.8	208.6	209.9	210.4	212.3	215.1	214.0	207.6	223.5	230.3	233.5
贵　州	84.2	87.2	89.9	93.7	94.3	97.2	100.0	98.0	101.9	100.4	101.4	95.9
云　南	147.1	146.2	148.5	146.1	146.9	146.8	144.8	150.0	153.1	152.6	147.5	146.8
西　藏	78.7	77.9	78.0	75.1	75.5	78.8	84.1	81.5	85.5	84.3	83.4	87.8
陕　西	122.7	121.4	122.6	121.6	121.8	123.0	122.3	122.5	122.2	120.6	121.8	122.9
甘　肃	27.9	27.2	27.0	29.0	30.2	30.7	32.2	31.1	34.4	28.8	30.8	31.1
青　海	87.2	84.2	81.5	64.0	74.0	78.1	77.6	71.0	74.2	72.2	72.4	73.6
宁　夏	480.0	487.1	474.6	500.7	497.1	508.5	513.4	517.7	528.2	530.9	535.1	523.5
新　疆	2060.9	2093.9	2110.5	2038.1	2145.2	2144.6	2194.8	2218.1	2216.3	2196.9	2214.8	2220.4
东部地区	546.6	521.4	491.1	478.1	488.8	503.2	530.3	535.0	543.9	570.1	588.7	628.1
东北老工业基地	1652.2	1682.6	1589.9	1508.6	1594.7	1621.3	1709.5	1710.1	1780.4	1854.2	1879.5	1967.6
中部地区	1757.3	1763.4	1766.8	1748.5	1780.0	1834.3	1855.8	1853.8	1875.7	1883.3	1892.5	1888.4
西部地区	5497.6	5567.4	5497.3	5320.4	5547.8	5633.0	5795.0	5818.7	5910.0	5965.2	6022.0	6107.2

资料来源：1）中华人民共和国国家统计局．2003～2012. 2003～2012 中国统计年鉴．中国统计出版社

2）中华人民共和国水利部．2001～2002. 中国水资源公报 2000～2001. 中国水利水电出版社

附表 21　中国各省、直辖市、自治区建设用地（2000～2011）（单位：千公顷）

地　区	2000年	2001年	2002年	2003年	2004年	2005年	2006年	2007年	2008年	2009年	2010年	2011年
全　国	36206	36413	30724	31065	31551	31922	32365	32720	33058	32709	33580	35309
北　京	280	292	302	309	320	323	327	333	338	348	358	367
天　津	373	376	311	314	344	346	349	360	368	380	395	408
河　北	2094	2102	1685	1691	1699	1733	1771	1782	1794	1877	1968	2035
山　西	955	961	822	828	837	841	858	865	869	963	980	1016
内蒙古	1659	1665	1376	1396	1417	1439	1456	1478	1492	1567	1945	2043
辽　宁	1540	1544	1323	1327	1363	1370	1380	1391	1399	1427	1488	1541
吉　林	1186	1188	1040	1042	1046	1050	1055	1060	1065	1144	1172	1198
黑龙江	1959	1963	1460	1462	1470	1474	1478	1483	1492	1547	1597	1583
上　海	253	254	222	227	234	240	237	243	254	254	254	254
江　苏	2383	2400	1714	1744	1807	1832	1869	1902	1934	2048	2214	2297
浙　江	792	813	838	874	907	941	975	1013	1049	1094	1164	1173
安　徽	2038	2039	1590	1599	1613	1622	1640	1652	1662	1754	1860	1890
福　建	609	615	553	564	576	589	612	631	647	694	802	848
江　西	964	969	876	889	896	906	927	940	954	999	1087	1110
山　东	2926	2957	2305	2336	2384	2422	2462	2489	2511	2633	2774	2895
河　南	2547	2553	2096	2124	2140	2152	2167	2178	2187	2271	2419	2508
湖　北	1577	1583	1338	1344	1355	1368	1378	1390	1400	1410	1704	1768
湖　南	1450	1457	1315	1322	1331	1339	1362	1374	1390	1634	1656	1674
广　东	1562	1575	1617	1653	1685	1715	1753	1777	1790	2128	2167	1872
广　西	889	898	871	877	890	910	933	944	954	802	861	883
海　南	264	265	291	291	292	293	293	296	298	172	220	226
重　庆	573	576	519	540	559	569	578	586	593	658	731	808
四　川	1702	1715	1523	1533	1547	1562	1578	1588	1603	1709	1868	2025
贵　州	550	555	518	525	535	541	547	552	557	583	560	616
云　南	887	891	740	749	764	775	788	799	816	849	936	994
西　藏	86	87	55	60	61	63	65	66	67	67	70	34
陕　西	903	907	783	788	795	799	805	809	817	737	778	780
甘　肃	1126	1128	958	960	964	967	970	972	977	1035	1086	1124
青　海	285	287	321	310	312	320	322	325	327	336	340	365
宁　夏	252	255	182	187	198	203	205	209	212	235	202	222
新　疆	1544	1544	1182	1200	1210	1221	1227	1234	1240	1320	1349	1476
东部地区	13075	13193	11161	11329	11610	11804	12028	12217	12381	13054	13802	13916
东北老工业基地	4685	4695	3822	3831	3879	3894	3912	3934	3957	4118	4257	4322
中部地区	12676	12714	10536	10611	10689	10752	10865	10942	11020	11723	12474	12747
西部地区	10369	10419	8975	9065	9191	9306	9408	9495	9589	9831	10658	11336

注：由于2009～2011年各地区建设用地缺乏数据，故按各地区城市建设用地面积增长率推算，可能导致一定偏差

资料来源：1）中华人民共和国国家统计局．2012. 2012中国统计年鉴．中国统计出版社

2）中华人民共和国国土资源部．2001～2009. 中国国土资源年鉴2001～2009. 地质出版社

3）中华人民共和国住房和城乡建设部．2010～2012. 中国城市建设统计年鉴2009～2011. 中国计划出版社

附表 22　中国各省、直辖市、自治区二氧化硫排放量（2000～2011）（单位：万吨）

地　区	2000年	2001年	2002年	2003年	2004年	2005年	2006年	2007年	2008年	2009年	2010年	2011年
全　国	1995.1	1947.8	1926.6	2158.5	2254.9	2549.4	2588.8	2468.1	2321.2	2214.4	2185.1	2217.6
北　京	22.4	20.1	19.2	18.3	19.1	19.1	17.6	15.2	12.3	11.9	11.5	9.8
天　津	33.0	26.8	23.5	25.9	22.8	26.5	25.5	24.5	24.0	23.7	23.5	23.1
河　北	132.1	128.9	127.9	142.2	142.8	149.6	154.5	149.2	134.5	125.3	123.4	141.2
山　西	120.2	119.9	119.9	136.3	141.5	151.6	147.8	138.7	130.8	126.8	124.9	139.9
内蒙古	66.4	64.6	73.1	128.8	117.9	145.6	155.7	145.6	143.1	139.9	139.4	140.9
辽　宁	93.2	83.9	79.3	82.3	83.1	119.7	125.9	123.4	113.1	105.1	102.2	112.6
吉　林	28.6	26.5	26.5	27.2	28.5	38.2	40.9	39.9	37.8	36.3	35.6	41.3
黑龙江	29.7	29.2	28.7	35.6	37.3	50.8	51.8	51.5	50.6	49.0	49.0	52.2
上　海	46.5	47.3	44.7	45.0	47.3	51.3	50.8	49.8	44.6	37.9	35.8	24.0
江　苏	120.2	114.8	112.0	124.1	124.0	137.3	130.4	121.8	113.0	107.4	105.0	105.4
浙　江	59.3	59.2	62.4	73.4	81.4	86.0	85.9	79.7	74.1	70.1	67.8	66.2
安　徽	39.5	39.6	39.6	45.5	48.9	57.1	58.4	57.2	55.6	53.8	53.2	52.9
福　建	22.5	20.0	19.3	30.4	32.6	46.1	46.9	44.6	42.9	42.0	40.9	38.9
江　西	32.3	30.6	29.3	43.7	51.9	61.3	63.4	62.1	58.3	56.4	55.7	58.4
山　东	179.6	172.2	169.0	183.6	182.1	200.3	196.2	182.2	169.2	159.0	153.8	182.8
河　南	87.7	89.7	93.7	103.9	125.6	162.5	162.4	156.4	145.2	135.5	133.9	137.0
湖　北	56.0	54.0	53.9	60.9	69.2	71.7	76.0	70.8	67.0	64.4	63.3	66.6
湖　南	77.3	76.2	74.3	84.8	87.2	91.9	93.4	90.4	84.0	81.2	80.1	68.5
广　东	90.5	97.3	97.4	107.5	114.8	129.4	126.7	120.3	113.6	107.0	105.1	84.7
广　西	83.0	69.7	68.3	87.4	94.4	102.3	99.4	97.4	92.5	89.0	90.4	52.1
海　南	2.0	2.0	2.2	2.3	2.3	2.2	2.4	2.6	2.2	2.2	2.9	3.3
重　庆	83.9	72.2	70.0	76.6	79.5	83.7	86.0	82.6	78.2	74.6	71.9	58.7
四　川	122.3	113.5	111.7	120.7	126.4	129.9	128.1	117.9	114.8	113.5	113.1	90.2
贵　州	145.0	138.1	132.5	132.3	131.5	135.8	146.5	137.5	123.6	117.5	114.9	110.4
云　南	38.6	35.7	36.4	45.3	47.8	52.2	55.1	53.4	50.2	49.9	50.1	69.2
西　藏	0.1	0.1	0.1	0.1	0.1	0.2	0.2	0.2	0.2	0.2	0.4	0.4
陕　西	62.3	61.9	63.8	76.6	81.8	92.2	98.1	92.7	88.9	80.4	77.9	91.7
甘　肃	36.9	37.0	42.7	49.4	48.4	56.3	54.6	52.3	50.2	50.0	55.2	62.4
青　海	3.2	3.5	3.2	6.0	7.4	12.4	13.0	13.4	13.5	13.6	14.3	15.6
宁　夏	20.6	20.0	22.2	29.3	29.3	34.3	38.3	37.0	34.8	31.4	31.1	41.1
新　疆	31.1	30.0	29.6	33.1	48.0	51.9	54.9	58.0	58.5	59.0	58.8	76.3
东部地区	801.3	772.5	756.9	835.0	852.3	967.5	962.8	913.2	843.4	791.7	771.9	792.0
东北老工业基地	151.5	139.6	134.5	145.1	148.9	208.7	218.6	214.8	201.5	190.5	186.9	206.1
中部地区	471.2	465.7	465.9	537.9	590.1	685.1	694.1	667.0	629.3	603.5	595.7	616.8
西部地区	693.3	646.2	653.5	785.5	812.4	896.6	929.7	887.7	848.3	819.0	817.1	808.6

注：2011 年数据为工业和生活排放量之和

资料来源：1）中华人民共和国国家统计局 . 2012. 2012 中国统计年鉴 . 中国统计出版社

2）《中国环境年鉴》编委会 . 2001～2012. 中国环境年鉴 2001～2012. 中国环境年鉴社

附表 23　中国各省、直辖市、自治区烟粉尘排放量（2000 ~ 2011）（单位：万吨）

地　区	2000年	2001年	2002年	2003年	2004年	2005年	2006年	2007年	2008年	2009年	2010年	2011年
全　国	2257.4	2060.4	1953.7	2070.0	1999.8	2093.7	1897.2	1685.3	1486.5	1371.3	1277.8	1215.7
北　京	19.4	15.3	12.7	10.3	10.6	9.1	8.0	6.7	6.3	6.1	6.6	6.1
天　津	21.0	15.7	12.2	12.5	10.3	11.0	9.0	8.3	7.7	7.9	7.3	6.9
河　北	160.1	139.2	136.8	135.5	144.7	144.5	136.9	115.5	107.5	94.6	82.1	126.7
山　西	148.9	152.9	150.1	173.2	176.4	181.7	170.4	152.8	120.3	107.5	98.6	110.6
内蒙古	66.0	54.1	56.4	80.4	101.9	123.4	93.1	86.4	78.9	65.8	80.7	71.1
辽　宁	122.6	110.3	97.5	93.5	92.2	119.9	113.4	112.9	95.9	84.0	80.0	66.1
吉　林	48.7	44.6	40.5	40.5	44.7	55.1	54.5	49.3	44.3	45.0	35.4	41.3
黑龙江	61.2	59.4	57.0	61.8	64.3	67.2	66.4	65.0	58.9	53.4	47.9	63.0
上　海	16.8	15.3	12.2	13.2	13.4	12.6	12.3	11.4	11.4	11.0	11.2	8.1
江　苏	65.3	69.7	61.2	83.8	76.8	80.7	73.2	64.0	54.0	49.4	48.6	49.8
浙　江	74.4	51.0	52.3	57.3	55.2	44.3	42.6	38.5	34.6	35.8	31.3	30.7
安　徽	56.6	51.7	48.4	70.2	71.7	76.0	71.8	61.3	61.3	56.5	51.9	42.6
福　建	30.2	26.0	23.2	26.9	28.4	32.4	32.1	30.5	28.8	27.0	27.9	21.6
江　西	58.3	37.6	39.7	53.0	57.3	59.6	57.8	53.2	48.3	42.7	38.8	36.9
山　东	141.9	129.2	122.2	138.5	97.4	99.2	90.7	76.7	70.6	63.8	58.1	73.1
河　南	155.3	140.0	136.4	142.6	148.7	163.2	136.1	112.8	90.1	84.6	77.4	61.7
湖　北	77.3	66.1	63.1	62.8	65.0	66.8	63.3	52.3	44.6	40.0	33.9	33.0
湖　南	108.1	107.6	104.2	118.5	125.7	130.8	122.5	110.2	93.3	91.6	70.6	36.9
广　东	85.6	56.2	52.6	66.7	65.5	60.0	56.0	52.3	52.6	40.6	41.5	27.6
广　西	116.7	95.2	88.7	103.3	106.0	110.6	91.9	74.4	66.2	72.6	58.0	27.2
海　南	3.1	2.3	2.4	2.4	2.2	2.2	2.1	2.1	1.8	1.8	1.5	1.2
重　庆	43.4	40.4	39.1	41.6	42.4	42.9	41.4	38.0	33.7	29.9	29.2	17.3
四　川	146.4	142.0	127.9	129.9	130.2	117.5	94.1	65.4	46.6	39.9	48.2	37.1
贵　州	91.2	74.5	66.9	64.4	57.0	55.5	41.7	44.1	45.5	53.9	33.8	29.4
云　南	40.9	33.3	25.4	29.2	30.7	38.2	36.5	34.8	32.7	28.0	23.0	36.7
西　藏	0.3	0.3	0.3	0.3	0.4	0.4	0.1	0.2	0.2	0.3	0.3	0.5
陕　西	78.8	65.8	60.2	66.6	72.9	73.4	65.1	61.5	48.5	35.0	34.8	44.0
甘　肃	31.3	29.2	27.4	33.1	31.1	32.8	32.0	23.1	22.2	24.6	25.6	22.9
青　海	12.4	10.6	10.2	11.9	15.9	17.0	16.1	15.0	15.3	14.5	17.5	13.6
宁　夏	28.4	22.2	22.9	30.7	18.3	21.3	20.2	18.7	15.2	13.4	23.3	20.8
新　疆	31.8	29.6	28.5	36.4	42.7	44.4	45.7	47.7	49.1	50.2	52.9	51.1
东部地区	740.5	630.2	585.3	640.6	596.7	615.9	576.3	518.9	471.2	422.0	396.1	417.9
东北老工业基地	232.5	214.3	195.0	195.8	201.2	242.2	234.3	227.2	199.1	182.4	163.3	170.4
中部地区	714.4	659.9	639.4	722.6	753.8	800.4	742.8	656.9	561.1	521.3	454.5	426.0
西部地区	687.1	596.9	553.6	627.5	649.1	677.0	577.8	509.1	453.9	427.8	427.0	371.2

注：2011 年数据为工业和生活排放量之和

资料来源：1）中华人民共和国国家统计局 . 2012. 2012 中国统计年鉴 . 中国统计出版社

2）《中国环境年鉴》编委会 . 2001 ~ 2012. 中国环境年鉴 2001 ~ 2012. 中国环境年鉴社

附表24　中国各省、直辖市、自治区化学需氧量排放量（2000～2011）（单位：万吨）

地　区	2000年	2001年	2002年	2003年	2004年	2005年	2006年	2007年	2008年	2009年	2010年	2011年
全　国	1445.0	1404.8	1366.9	1332.9	1339.2	1414.2	1428.2	1381.8	1320.7	1277.5	1238.1	1293.6
北　京	17.9	17.0	15.2	13.4	13.0	11.6	11.0	10.6	10.1	9.9	9.2	10.6
天　津	18.6	10.6	10.3	13.0	13.7	14.6	14.3	13.7	13.3	13.3	13.2	12.0
河　北	70.7	65.2	64.0	63.6	65.8	66.1	68.8	66.7	60.5	57.0	54.6	44.0
山　西	31.7	31.2	31.0	35.8	38.0	38.7	38.7	37.4	35.9	34.4	33.3	30.2
内蒙古	25.6	28.1	23.8	27.4	27.5	29.7	29.8	28.8	28.0	27.9	27.5	26.9
辽　宁	70.1	67.7	59.3	54.6	50.0	64.4	64.1	62.8	58.4	56.3	54.2	45.2
吉　林	47.6	41.1	35.7	37.2	36.6	40.7	41.7	40.0	37.4	36.1	35.2	28.4
黑龙江	52.2	52.7	51.4	51.0	50.5	50.4	49.8	48.8	47.6	46.2	44.4	46.7
上　海	31.9	30.5	33.0	33.8	29.4	30.4	30.2	29.4	26.7	24.3	22.0	20.9
江　苏	65.4	83.1	78.4	76.7	85.4	96.6	93.0	89.1	85.1	82.2	78.8	84.1
浙　江	62.6	58.0	57.8	56.2	55.7	59.5	59.3	56.4	53.9	51.4	48.7	59.8
安　徽	44.3	41.7	41.1	41.2	42.7	44.4	45.6	45.1	43.3	42.4	41.1	54.5
福　建	32.2	31.4	28.2	35.1	35.9	39.4	39.5	38.3	37.8	37.6	37.3	45.0
江　西	39.0	41.5	39.1	42.2	45.4	45.7	47.4	46.9	44.5	43.5	43.1	50.7
山　东	99.9	92.2	86.0	83.0	77.9	77.0	75.8	72.0	67.9	64.7	62.1	59.8
河　南	82.0	76.0	74.3	70.7	69.6	72.1	72.1	69.4	65.1	62.6	62.0	60.4
湖　北	70.2	66.8	66.3	63.4	61.4	61.6	62.6	60.1	58.6	57.6	57.2	60.6
湖　南	67.4	71.0	74.1	81.4	85.0	89.5	92.3	90.4	88.5	84.8	79.8	70.3
广　东	95.1	110.5	95.2	98.2	92.7	105.8	104.9	101.7	96.4	91.1	85.8	125.0
广　西	102.6	82.7	84.6	92.7	99.4	107.0	111.9	106.3	101.3	97.6	93.7	56.7
海　南	8.5	7.0	6.6	6.8	9.3	9.5	9.9	10.1	10.1	10.0	9.2	9.1
重　庆	26.4	25.4	25.0	26.1	27.0	26.9	26.4	25.1	24.2	24.0	23.5	28.9
四　川	97.6	99.2	93.6	93.6	88.2	78.3	80.6	77.1	74.9	74.8	74.1	73.9
贵　州	22.8	20.7	20.5	22.0	22.3	22.6	22.9	22.7	22.2	21.6	20.8	28.1
云　南	29.7	30.8	30.1	28.5	29.0	28.5	29.4	29.0	28.1	27.3	26.8	46.8
西　藏	4.0	1.1	0.8	0.8	1.4	1.4	1.5	1.5	1.5	1.5	2.9	2.2
陕　西	32.7	33.4	32.3	32.1	33.8	35.0	35.5	34.5	33.2	31.8	30.8	34.9
甘　肃	13.8	12.1	13.0	15.8	15.8	18.2	17.8	17.4	17.1	16.8	16.8	24.8
青　海	3.3	3.3	3.3	3.2	3.9	7.2	7.5	7.6	7.5	7.6	8.3	8.0
宁　夏	17.5	18.7	11.1	10.2	6.6	14.3	14.0	13.7	13.2	12.5	12.2	13.1
新　疆	19.7	20.1	20.5	22.9	26.2	27.1	28.8	29.0	28.7	28.7	29.6	31.8
东部地区	572.7	573.2	534.0	534.5	528.7	575.0	570.8	551.0	520.1	497.8	475.0	515.5
东北老工业基地	170.0	161.5	146.4	142.9	137.1	155.5	155.6	151.6	143.5	138.5	133.8	120.3
中部地区	434.4	422.0	413.0	423.1	429.2	443.0	450.2	438.1	420.9	407.7	396.2	401.8
西部地区	391.7	374.5	357.8	374.5	379.9	394.8	404.6	391.1	378.2	370.6	364.0	373.9

注：2011年数据为工业和生活排放量之和

资料来源：1）中华人民共和国国家统计局.2012.2012中国统计年鉴.中国统计出版社

2）《中国环境年鉴》编委会.2001～2012.中国环境年鉴2001～2012.中国环境年鉴社

附表25　中国各省、直辖市、自治区氨氮排放量（2000～2011）（单位：万吨）

地　区	2000年	2001年	2002年	2003年	2004年	2005年	2006年	2007年	2008年	2009年	2010年	2011年
全　国	118.0	118.0	128.8	129.7	133.0	149.8	141.3	132.3	127.0	122.6	120.3	175.8
北　京	2.1	2.1	1.8	1.6	1.7	1.4	1.3	1.2	1.2	1.3	1.2	1.6
天　津	1.1	1.1	1.4	1.6	1.5	1.9	1.5	1.5	1.4	1.2	2.0	2.0
河　北	4.3	4.3	6.9	6.5	6.3	6.9	6.8	6.0	5.6	5.5	5.5	6.8
山　西	2.5	2.5	4.0	4.1	4.2	4.3	4.2	4.5	4.2	4.1	4.2	4.6
内蒙古	2.2	2.2	2.7	2.9	3.0	5.0	3.8	3.3	3.4	3.4	4.1	4.1
辽　宁	5.6	5.6	6.9	6.6	6.5	9.1	7.4	6.9	6.4	6.2	5.6	7.4
吉　林	4.2	4.2	3.4	3.3	3.2	3.6	3.6	3.1	3.0	2.9	3.0	3.8
黑龙江	4.9	4.9	5.0	4.8	4.8	5.5	5.3	5.1	5.0	4.8	4.3	6.0
上　海	2.6	2.6	2.9	2.8	3.1	3.4	3.5	3.4	3.4	3.0	2.8	4.7
江　苏	9.6	9.6	7.8	7.0	7.3	8.5	8.3	7.5	7.0	6.5	6.3	11.7
浙　江	9.2	9.2	6.8	6.8	6.3	6.3	5.7	5.3	4.7	4.1	4.0	8.8
安　徽	4.9	4.9	5.0	5.0	4.9	5.3	5.9	5.5	4.8	4.7	4.4	7.0
福　建	3.0	3.0	3.8	4.4	4.4	5.2	4.9	3.0	3.0	3.0	3.0	6.1
江　西	3.0	3.0	2.9	3.1	3.3	3.4	3.5	3.7	3.4	3.4	3.5	6.1
山　东	9.1	9.1	8.4	7.7	8.1	8.4	8.3	7.7	7.0	6.7	6.6	9.7
河　南	6.2	6.2	7.8	8.0	9.1	10.4	9.4	8.5	7.6	7.5	7.2	8.6
湖　北	6.0	6.0	7.6	7.7	7.5	7.8	7.4	7.1	7.0	6.5	6.1	8.2
湖　南	4.8	4.8	10.1	8.6	9.4	10.1	10.0	9.1	8.5	8.4	7.5	9.9
广　东	10.2	10.2	8.6	9.3	8.7	10.0	9.3	12.0	12.2	11.5	10.7	17.1
广　西	2.8	2.8	4.4	5.5	7.4	8.9	7.1	6.1	5.6	4.8	4.7	5.5
海　南	0.5	0.5	0.5	0.5	0.7	0.7	0.8	0.8	0.9	0.8	0.8	1.3
重　庆	1.7	1.7	2.4	2.6	2.8	2.8	2.8	2.5	2.3	2.7	2.5	4.1
四　川	7.1	7.1	6.7	7.0	6.7	6.7	6.6	6.0	6.2	6.0	6.1	8.5
贵　州	1.5	1.5	1.6	1.9	1.8	1.8	1.8	1.8	1.8	1.7	1.6	3.1
云　南	2.0	2.0	1.8	1.8	1.8	1.9	2.0	2.0	2.0	1.9	2.1	4.6
西　藏	0.1	0.1	0.1	0.1	0.1	0.1	0.1	0.1	0.1	0.1	0.2	0.3
陕　西	2.5	2.5	2.1	2.4	2.5	2.6	2.6	2.6	3.2	3.2	3.2	4.7
甘　肃	1.4	1.4	2.5	2.5	2.6	3.4	3.3	2.2	2.2	2.7	2.4	3.7
青　海	0.3	0.3	0.3	0.4	0.5	0.7	0.7	0.7	0.7	0.7	0.8	0.9
宁　夏	1.0	1.0	1.1	1.3	0.7	1.7	1.0	0.8	0.8	0.8	1.3	1.5
新　疆	1.6	1.6	1.8	1.9	2.0	2.2	2.3	2.3	2.4	2.6	2.7	3.4
东部地区	57.3	57.3	55.8	54.8	54.6	61.8	57.8	55.3	52.8	49.8	48.4	77.2
东北老工业基地	14.7	14.7	15.3	14.7	14.5	18.2	16.3	15.1	14.4	13.9	12.9	17.2
中部地区	36.5	36.5	45.8	44.6	46.4	50.4	49.3	46.6	43.5	42.3	40.3	54.2
西部地区	24.1	24.1	27.4	30.2	31.8	37.7	34.0	30.3	30.6	30.5	31.5	44.1

注：由于2000年氨氮尚未列入统计，为了统一计算，假定与2001年相同，2011年数据为工业和生活排放量之和

资料来源：1）中华人民共和国国家统计局.2012.2012中国统计年鉴．中国统计出版社

2）《中国环境年鉴》编委会.2001～2012．中国环境年鉴2001～2012．中国环境年鉴社

附表 26　中国各省、直辖市、自治区工业固体废物产生量（2000～2011）（单位：万吨）

地　区	2000年	2001年	2002年	2003年	2004年	2005年	2006年	2007年	2008年	2009年	2010年	2011年
全　国	81608	88840	94509	100428	120030	134449	151541	175632	190127	203943	240944	322772
北　京	1139	1136	1053	1186	1303	1238	1356	1275	1157	1242	1269	1126
天　津	470	575	643	644	753	1123	1292	1399	1479	1516	1862	1752
河　北	7028	8847	8503	8975	16765	16279	14229	18688	19769	21976	31688	45129
山　西	7695	7211	8295	9252	10167	11183	11817	13819	16213	14743	18270	27556
内蒙古	2376	2483	3044	3647	4702	7363	8710	10973	10622	12108	16996	23584
辽　宁	7563	7865	8146	8250	8879	10242	13013	14342	15841	17221	17273	28270
吉　林	1604	1635	1631	1736	2026	2457	2802	3113	3415	3941	4642	5379
黑龙江	2694	2925	3086	3097	3170	3210	3914	4130	4472	5275	5405	6017
上　海	1355	1605	1595	1659	1811	1964	2063	2165	2347	2255	2448	2442
江　苏	3038	3553	3796	3894	4673	5757	7195	7354	7724	8028	9064	10475
浙　江	1386	1603	1778	1976	2318	2514	3096	3613	3785	3910	4268	4446
安　徽	2815	3262	3415	3522	3767	4196	5028	5960	7569	8471	9158	11473
福　建	2191	5133	4131	2981	3361	3773	4238	4815	5371	6349	7487	4415
江　西	4796	4377	5850	6182	6524	7007	7393	7777	8190	8898	9407	11372
山　东	5407	6215	6559	6786	7922	9175	11011	11935	12988	14138	16038	19533
河　南	3625	3935	4251	4467	5140	6178	7464	8851	9557	10786	10714	14574
湖　北	2818	2694	2977	3112	3266	3692	4315	4683	5014	5561	6813	7596
湖　南	2355	2464	2434	2754	3269	3366	3688	4560	4520	5093	5773	8487
广　东	1694	1990	2045	2246	2609	2896	3057	3852	4833	4741	5456	5849
广　西	2108	2648	2535	3224	3291	3489	3894	4544	5417	5693	6232	7438
海　南	95	75	94	91	112	127	147	158	220	201	212	421
重　庆	1305	1300	1348	1336	1489	1777	1764	2087	2311	2552	2837	3299
四　川	4714	4513	4573	5145	5847	6421	7600	9654	9237	8597	11239	12684
贵　州	2272	2367	2879	3772	4560	4854	5827	5989	5844	7317	8188	7598
云　南	3187	3134	3433	3418	4053	4661	5972	7098	7986	8673	9392	17335
西　藏	17	18	8	6	14	8	9	5	6	11	11	301
陕　西	2625	2408	2887	2948	3820	4588	4794	5480	6121	5547	6892	7118
甘　肃	1704	1286	1734	2073	2139	2249	2591	3001	3199	3150	3745	6524
青　海	337	368	314	379	508	649	882	1129	1337	1348	1783	12017
宁　夏	479	431	466	582	645	719	799	1046	1143	1398	2465	3344
新　疆	718	784	1008	1087	1129	1295	1581	2137	2438	3206	3914	5219
东部地区	31366	38597	38343	38688	50506	55088	60697	69597	75514	81576	97065	123857
东北老工业基地	11861	12425	12863	13083	14075	15909	19729	21584	23728	26437	27320	39665
中部地区	28402	28503	31939	34122	37329	41289	46421	52892	58950	62767	70182	92453
西部地区	21825	21722	24221	27611	32183	38065	44414	53136	55655	59589	73683	106161

资料来源：1）中华人民共和国国家统计局 . 2001～2012. 2001～2012 中国统计年鉴 . 中国统计出版社
2）《中国环境年鉴》编委会 . 2001～2012. 中国环境年鉴 2001～2012. 中国环境年鉴社